网络空间安全丛书

网络安全设计权威指南

[美] 萨米·塞达里(O. Sami Saydjari) 著

王向宇 栾浩 姚凯 译

清华大学出版社

北京

北京市版权局著作权合同登记号　图字：01-2019-7446

O. Sami Saydjari

Engineering Trustworthy Systems, Get Cybersecurity Design Right the First Time

EISBN: 978-1-260-11817-9

本书封面贴有 McGraw-Hill Education 公司防伪标签，无标签者不得销售。

版权所有，侵权必究。举报：010-62782989，beiqinquan@tup.tsinghua.edu.cn。

图书在版编目(CIP)数据

网络安全设计权威指南 /(美)萨米·塞达里(O. Sami Saydjari) 著；王向宇，栾浩，姚凯译. —北京：清华大学出版社，2021.1 (2024.5 重印)

(网络空间安全丛书)

书名原文：Engineering Trustworthy Systems, Get Cybersecurity Design Right the First Time

ISBN 978-7-302-57322-7

Ⅰ.①网⋯　Ⅱ.①萨⋯　②王⋯　③栾⋯　④姚⋯　Ⅲ.计算机网络—网络安全—指南　Ⅳ.①TP393.08-62

中国版本图书馆 CIP 数据核字(2021)第 006301 号

责任编辑：王　军
装帧设计：孔祥峰
责任校对：成凤进
责任印制：刘海龙

出版发行：清华大学出版社
　　　　　网　　　址：https://www.tup.com.cn, https://www.wqxuetang.com
　　　　　地　　　址：北京清华大学学研大厦 A 座　　　　邮　　编：100084
　　　　　社 总 机：010-83470000　　　　　　　　　　邮　　购：010-62786544
　　　　　投稿与读者服务：010-62776969，c-service@tup.tsinghua.edu.cn
　　　　　质 量 反 馈：010-62772015，zhiliang@tup.tsinghua.edu.cn
印 装 者：三河市龙大印装有限公司
经　销：全国新华书店
开　本：170mm×240mm　　　印　张：27　　字　数：607 千字
版　次：2021 年 1 月第 1 版　　印　次：2024 年 5 月第 4 次印刷
定　价：128.00 元

产品编号：085278-01

业 界 推 荐

本书是网络安全领域的"圣经",是我们应对国家安全面临的巨大威胁时的重要参考书籍。

——John M. Poindexter 博士,美国海军退役中将、美国前国家安全顾问

阅读本书是一次绝对精彩的技术之旅!本书编排合理,是对如何设计和构建可信安全系统的全面思考和回顾,是作者数十年经验和思想的沉淀。Sami 清楚地展示了包括图表以及外部参考文献在内的指导材料,还编写了详尽可用的摘要信息和供进一步思考的问题清单。本书可作为高级安全课程的教科书,也可作为安全专家的参考用书。Sami 不仅描述了用于设计可信赖系统的各项技术,还分析了这些技术的缺点。Sami 并没有试图"推销"任何特定方法,仅是做了客观的介绍和论述,将更大的思考空间留给了读者。

本书是我十多年来一直苦苦追寻的至宝,可用于我的高级信息安全课程体系的教学。本书在我的书架上占据一个显要位置,位于 Ross Anderson 的《安全工程》和 Michael Howard 的《编写安全代码》之间。如果你参与了设计或评价可信赖系统的任何工作,本书也应该放在你的书架上。

——Eugene Spafford,美国普渡大学计算机科学教授、CERIAS 项目负责人

Sami Saydjari 是当今网络安全的复兴者。Sami 第一个认识到网络安全一旦失守,将带来与核战争类似的社会变化。Sami 早期的坚忍不拔促成 DARPA 的第一项网络安全研究投资。本书是有关网络安全的权威教科书,将成为未来可信赖系统的指导基础。像达·芬奇那般耀目的才华一样,本书提供了有见地的哲学、深刻精辟的理解、实用的指南以及详尽的指导,可用于构建减轻网络安全威胁的未来系统!

——Marv Langston 博士,网络安全技术顾问、前海军军官、DARPA 办公室主任、
美国海军首任 CIO、美国国防部副 CIO

Sami 是安全领域杰出的专家之一,他奉献了这部安全领域最优秀的作品。购买并阅读这本令人耳目一新的专业安全书籍应该是你的首要目标!对于希望全面了解网络安全领域的任何人士来说,本书绝对是首选的书籍。本书是一项令人印象深刻的重要成果,能够完整且准确地解决很多关键安全问题。

——Edward G. Amoroso 博士,TAG Cyber 的首席执行官、AT&T 前首席安全官

Sami Saydjari 在其职业生涯中，经历了网络安全发展的大部分历程。本书是作者毕生心血和经验的结晶，内容全面，通俗易懂。值得注意的是，本书着重将"系统"作为一个整体通盘考虑而不仅是组件的集合，帮助读者掌握如何甄别信息及应对风险。我强烈建议那些正在构建未来关键网络基础架构中应用系统的人士，应尽快学习本书并合理运用相关技术。这些关键基础架构现已扩展到工厂、飞机、汽车和住宅。安全专家们只有吸取过去的经验教训，网络安全行业才有更加光明的未来。

——Carl Landwehr，IEEE 研究员、美国国家网络安全名人堂成员

Sami 撰写了一本权威、永恒且实用的网络安全指南书籍。本书的结构可用于帮助读者从广泛的领域获取知识，这些领域包括从战略、风险管理到以安全为核心的可信系统的技术设计概念。每章都以一组批判性思维的问题作为结尾。如果组织(企业或政府)能够采用审慎的态度正确回答这些问题，将极大加深组织在目标系统风险方面的理解。本书提醒我们，社会对信息技术的依赖日益增长，新技术正在给人类社会的日常生活带来更大风险。Sami 提供了多种方法评估风险并诊断组织的优缺点，然后在考虑成本和对目标系统的影响基础上提出一种有效降低风险的周全方法。本书着重指出：目前敌对者的覆盖范围、速度和对脆弱性的了解超过了组织的防御能力；这就是组织必须学习如何投入资源来创建、设计和构建最值得信赖的系统的原因。组织未来的安全性取决于此。

——Melissa Hathaway，美国总统布什和奥巴马的网络顾问，现任 Hathaway 全球战略总裁

在本书中，Sami 完美捕捉到网络战不对称的本质。本书帮助组织平衡安全竞争环境，迫使敌对者举步维艰。任何建立或运行安全测试团队的组织都必须阅读本书。专注于"攻击者"是一个错误，Sami 解释了如何以及为什么需要将策略和战术人员召集在一起以期建立一支真正有效的测试团队。遵循本书中的经验，可将测试团队从黑客变为网络的保护者。

——Jim Carnes，国防部安全测试中心前主任

Sami Saydjari 的新书展现了设计和构建安全计算机系统方面数十年的经验，极具价值。书中提及的安全系统设计风险管理方法别具一格，很值得一读。

——Steven B. Lipner，美国国家网络安全名人堂成员

本书首次汇集了网络安全设计工作的所有重要方面，包括网络安全整体观点、故障类型和影响以及风险缓解策略的最新思路。本书将成为网络安全新手和经验丰富的专业人士必不可少的参考书。Sami 的思想和见解极为深刻，提供了经典安全架构和相关示例，即使是最困难的概念也讲得简明易懂。

——Tom Longstaff，Johns Hopkins 大学工程学系计算机科学、
网络安全和信息系统工程项目主席

作为严格的"第一性原则设计"的长期支持者，我以无限的热忱支持本书。网络安全从业人员、设计人员和研究人员都会发现，本书为其目标系统增添了不可估量的切实价值。本书涉及的深度和广度令我印象深刻。

——Roy Maxion 博士，卡内基·梅隆大学计算机科学系研究教授

本书并非仅是安全领域的一本普通新作。本书的真正优势在于超越简单的恐怖袭击故事和空洞的阐述，直击破坏当前安全防御能力和策略的实际操作问题的核心。这样做是为了鼓励读者更审慎地思考在建立可持续的、可发展的和全面性的网络安全保护中普遍缺乏的战略设计和规划。在此将本书推荐给那些真正需要妥善防御网络安全风险的组织和人员。

——Kymie Tan，喷气推进实验室系统工程师

Sami Saydjari 用全面且简明的方法解决网络安全问题，该方法借鉴了生物学和天文学等其他领域的示例，提高了透明度和目的性。本书适时推出，在 Sami 作为 DARPA 顶级网络安全专家之一的多年经验与我们日常生活中无处不在的技术之间达成平衡。本书文采飞扬，易于理解，即使你以前没有接受过任何计算机科学的正式培训，同样可从这本优秀书籍中汲取营养。

——Teri Shors，威斯康星大学奥什科什分校生物学系教授，《了解病毒》一书的作者

本书认可系统工程的必要性，使人们对网络安全有了全新认识。本书强调"网络安全对保障目标系统十分重要"，而 IT 安全人员常忽视这一点。

——Joe Weiss，PE、CISM、CRISC、ISA 研究员、IEEE 高级会员、ISA99 董事总经理

译者序

随着数字化转型和数据科学浪潮的兴起，以及云计算、物联网等技术的蓬勃发展，传统的企业安全遇到极大挑战。

如今，企业与外界之间的界限变得更加模糊，越来越多组织的系统都将信息存储在第三方平台之上。信息系统的外延扩展；移动应用的占比越来越高，呈现出无处不可访问、无时不可计算的趋势。IT 技术和业务日趋融合；信息技术不仅仅只是业务的载体，而是进一步成为业务的一部分。数据即资产，决策基于数据。所有这些变化，无一不增加了信息系统的复杂性。

数字安全(网络安全和数据安全)领域是一个没有硝烟的战场，各类组织的多样化系统处于聚光灯下，经受着各种挑战。一方面，脚本小子们为一时的得逞而沾沾自喜，另一方面，有组织的犯罪机构试图通过网络攻击攫取利益，此外，还有国家级团体发起基于特定目的的持续威胁攻击。攻击，每时每刻都在全球各地上演，引起社会关注的攻击只是冰山一角。大部分攻击处于潜伏状态，在特定条件下才会触发；有些组织受到入侵，但是，为了保护商誉而选择与攻击方私下和解。

同时，各国越来越重视网络安全和数据安全，纷纷出台各种法律法规，无论是欧盟的《欧盟通用数据保护条例》，还是我国的《网络安全法》《数据安全法》《个人信息保护法》，都对组织的信息安全提出明确要求。

在信息安全领域，技术在不断发展；过去几十年间，防火墙、数据防泄露、日志管理、灾难恢复、访问控制、API 安全等技术不断涌现，安全投资持续升温。

而企业和机构疲于奔命，一直处于被动应对状态，远谈不上"安全可控"。数字化发展程度越高，其背后所隐藏的风险也越大，越是迫切地需要网络安全技术来保驾护航。因此，有必要重新审视全局安全设计，整体考虑安全水平和能力。正如安全专家所熟知的那样，体系完善的系统首先是设计出来的。如果最初设计存在瑕疵，后期补救将需要耗费巨大的人力物力。发现问题的时间越晚，所需的投入就越大。因此，必须在需求和设计阶段就未雨绸缪，而不能等到使用和维护阶段才仓皇应战。

有鉴于此，清华大学出版社引进了《网络安全设计权威指南》一书，希望通过本书的传播，能够帮助广大信息技术专家对信息系统系统的安全水平有更加全面和深入的认识，加强安全架构设计意识。本书作者 Sami 在网络安全领域拥有丰富经验，是当今网络安全的复兴派；本书是作者 Sami 毕生经验的沉淀和总结，将系统视为一个整体而非组件的简单组合，帮助读者得心应手地处置网络威胁。本书讲述最新、最广泛的网络安全技术，探讨战略和风险管理，呈现以安全为核心的可信系统的设计。本书内容通俗易懂，直击要害，极具启发性，Sami 将一幅网络安全设计的全景图在读者面前徐徐展开。无论是网络安全的新手和老兵，还是从事架构、设计、建设、运营、运维、认证、评估或审计的专业人员，本书绝对是首选的案边书。

本书的翻译从 2020 年 5 月开始，历经近 6 个月的艰苦努力才全部完成。在翻译过程中，译者力求忠于原著，尽可能准确传达作者的原意。先后有十几名译者参与了翻译；正是这些人士的辛勤付出，才有了本书的出版。译者团队的所有成员为能亲身参与这本网络安全经典著作的翻译、校对和出版工作而备感荣幸。

感谢栾浩、王向宇、姚凯在组稿、翻译、校对和定稿期间投入的大量时间，保证全书内容表达的准确、一致和连贯。

同时，还要感谢本书的审校单位——江西立赞科技有限公司(简称"江西立赞")。江西立赞主要提供数字科技服务、软件研发服务、信息系统审计、信息安全咨询、人才培养与评价等服务。拥有一支具备国内外双重认证的信息安全技术专家、信息系统审计师、软件工程造价师和内部审计师等专家所组成的专业咨询团队。江西立赞在信息安全建设咨询、信息化项目造价评审和信息系统审计等工作，具有丰富的实践经验。江西立赞是 DSTP、CDSA、DSAT 三项品牌的全国授权招生单位和运管工作的落地单位。在本书的译校过程中，江西立赞投入了多名专家助力本书的译校工作。

同时，感谢本书的审校单位上海珪梵科技有限公司(简称"上海珪梵")。上海珪梵是一家集数字化软件技术与数字安全于一体的专业服务机构，专注于数字化软件技术与数字安全领域的研究与实践，并提供数字科技建设、数字安全规划与建设、软件研发技术、网络安全技术、数据与数据安全治理、软件项目造价、数据安全审计、信息系统审计、数字安全与数据安全人才培养与评价等服务。上海珪梵是数据安全职业能力人才培养专项认证的全国运营中心。在本书的译校过程中，上海珪梵的多名专家助力本书的译校工作。

2024 年 04 月的再版印刷过程中，感谢中科院南昌高新技术产业协同创新研究院、中国软件评测中心(工业和信息化部软件与集成电路促进中心)、中国卫生信息与健康医疗大数据学会信息及应用安全防护分会、数据安全关键技术与产业应用评价工业和信息化部重点实验室、中国计算机行业协会数据安全专业委员会给予本书的指导和支持。一并感谢北京金联融科技有限公司等单位在本书译校工作中的大力支持。

最后，感谢清华大学出版社和王军等编辑的严格把关，悉心指导，正是有了他们的辛勤努力和付出，才有了本书中文译本的出版发行。

本书涉及内容广泛，立意精深。因译者能力有限，在翻译中难免有不妥之处，恳请广大读者朋友指正。

译者简介

栾浩，获得美国天普大学 IT 审计与网络安全专业理学硕士学位、马来亚威尔士国际大学(IUMW)计算机科学专业博士研究生，持有 CISSP、CISA、CDSA、CDSE、CISP、数据安全评估师、TOGAF 9 等认证。现任首席技术官职务，负责金融科技研发、数据安全、云计算安全和信息科技审计以及内部风险控制等工作。栾浩先生担任中国计算机行业协会数据安全产业专家委员会专家、中国卫生信息与健康医疗大数据学会信息及应用安全防护分会委员、DSTH 技术委员会委员、(ISC)² 上海分会理事。栾浩先生担任本书翻译工作的总技术负责人，并承担全书的校对、通稿和定稿工作。

王向宇，获得安徽科技学院网络工程专业工学学士学位，持有 CDSA(注册数据安全审计师)、CDSE(数据安全工程师云方向)、数据安全评估师、CISP、软件工程造价师等认证。现任高级安全经理职务，负责安全事件处置与应急、数据安全治理、安全监测平台研发与运营、数据安全课程研发、云平台安全和软件研发安全等工作。王向宇先生担任 DSTH 技术委员会委员。王向宇先生负责本书第 11~12 章的翻译工作，以及全书的校对和通稿工作，同时担任本书翻译团队的项目经理。

姚凯，获得中欧国际工商学院工商管理专业管理学硕士学位，高级工程师，持有 CISSP、CDSA、CCSP、CEH、CISA 等认证。担任首席信息官职务，负责 IT 战略规划、策略程序制定、IT 架构设计与实现、系统取证和应急响应、数据安全、业务持续与灾难恢复演练及复盘等工作。姚凯先生担任 DSTH 技术委员会委员。姚凯先生承担本书前言、第 21 章、第 24 章的翻译工作和全书校对工作，并为本书撰写了译者序。

方芳，获得北京邮电大学自动化专业工学硕士学位，持有 CISSP 等认证。现任民生银行规划管理架构师职务，负责信息科技战略规划与设计等工作。方芳女士承担第 22 章、第 25 章的翻译工作，以及本书部分章节的校对工作。

吕丽，获得吉林大学文秘专业文学学士学位，持有 CISSP、CISA、CISP-PTE 等认证。现任中银金融商务有限公司信息安全经理职务，负责信息科技风险管理、网络安全技术评估、信息安全体系制度管理、业务连续性及灾难恢复体系管理、安全合规与审计等工作。吕丽女士承担第 23 章的翻译工作，以及全书独立校对工作。

徐健宁，获得博士研究生学历，现任南昌大学科技学院院长职务，徐健宁先生承担本书部分章节的校对工作。

唐刚，获得北京航空航天大学网络安全专业理学硕士学位，高级工程师，现任中国软件评测中心(工业和信息化部软件与集成电路促进中心)副主任，承担网络和数据安全相关课题的研究和标准制定工作。唐刚先生承担本书部分章节的校对工作。

张建林，获得北京师范大学计算机科学与应用专业工学学士学位，持有 CISSP、CISA、CISP 等认证。现任中国卫生信息与健康医疗大数据学会信息及应用安全防护分会副主任委员职务，负责医疗卫生信息化建设和卫生健康行业数字安全的研究，行业数字安全人才培养，成果转化等工作。张建林先生承担本书部分章节的校对工作。

肖文棣，获得华中科技大学软件工程专业工程硕士学位，持有 CISSP、CCSP 等认证。现任高级安全专家职务，负责参与企业的信息系统审计、安全咨询、安全服务、安全教育培训等工作。肖文棣先生承担第 6~7 章的翻译工作。

郑伟，获得华中科技大学计算机科学与技术专业工学学士学位，持有 CISSP 等认证。现任诺基亚通信无线产品安全负责人职务，负责产品安全规划、需求分析、安全规范制定及漏洞管理等工作。郑伟先生承担第 17 章的翻译工作。

刘北水，获得西安电子科技大学通信与信息系统专业工学硕士学位，持有 CISSP 和 CISP 等认证，现任工业和信息化部电子第五研究所信息安全中心工程师职务，负责密码应用安全、电子政务信息安全等工作。刘北水先生承担第 19~20 章的翻译工作。

朱建滨，获得河海大学地质工程专业工学学士学位，持有 CISSP 等认证。现任信息安全管理职务，负责信息安全治理、风险和合规、数据安全和隐私等工作。朱建滨先生承担第 5 章的翻译工作。

史坦晶，获得浙江大学港口与航道工程专业工学学士学位，持有 CISA 等认证。现任中交上海航道勘察设计研究院有限公司信息工程所副所长职务，负责公司 IT 架构、网络安全规划和运维以及 IT 技术研发等工作。史坦晶先生承担第 13、14 章的翻译工作。

高峰，获得悉尼科技大学通信工程专业工学硕士学位，持有 CISSP 和 CISA 等认证。现任可口可乐 IT 高级经理职务，负责大中华区企业基础架构、公有云、安全合规等工作。高峰先生承担第 10 章、第 16 章的翻译工作。

朱函，获得东南大学计算机技术工程领域专业工程硕士学位，持有 CISSP 等认证现任信息化部经理职务，负责信息安全规划、建设及运营等工作。朱函女士承担第 8~9 章的翻译工作。

荣晓燕，获得北京理工大学软件工程专业工程硕士学位，持有 CISSP、CISA、CISP 等认证。现任北京信息安全测评中心高级工程师职务，负责网络安全咨询工作。荣晓燕女士承担第 4 章的翻译工作。

赵晨曦，获得北京交通大学海滨学院软件工程专业工学学士学位，持有 CISP、CISP-PTE 等认证。现任国家能源集团下属中能电力信息安全高级经理职务，负责数据治理、等级保护、攻防和零信任等方向研究工作。赵晨曦先生承担第 15 章的翻译工作。

蒋颖睿，获得北京信息科技大学网络工程专业工学学士学位。现任信息安全工程师职务，负责公司的数据安全、数据核查审计和 IT 审计等工作。蒋颖睿女士承担前言、第 2 章和第 18 章的翻译工作。

李婧，获得北京理工大学软件工程专业工学硕士学位，高级工程师，持有 CISSP、CISP、CISA 等认证。现任中国软件评测中心(工业和信息化部软件与集成电路促进中心)网络安全和数据安全研究测评事业部副主任职务，负责数据安全和网络安全的研究、测评、安全人才培养、成果转化等工作。李婧女士现任中国计算机行业协会数据安全产业专家委员会委员。李婧女士承担本书部分章节的校对工作。

余莉莎，获得南昌大学工商管理专业管理学硕士学位，持有 CDSA、DSTP-1 和 CISP 等认证。负责数据安全评估、咨询与审计、数字安全人才培养体系等工作。余莉莎女士承担本书部分章节的通读工作。

赵超杰，获得燕京理工学院计算机科学与技术专业工学学士学位，持有 CDSA、DSTP-1(数据安全水平考试一级)等认证。现担任安全技术经理职务，负责渗透测试、攻防演平台研发、安全评估与审计、安全教育培训、数据安全课程研发等工作。赵超杰先生承担本书部分章节的校对和通读工作。

牛承伟，获得中南大学工商管理专业管理学硕士学位，持有 CDSA、CISP 等认证。现任广州越秀集团股份有限公司数字化中心技术经理职务，负责云计算、云安全、数据安全、虚拟化运维安全、基础架构和资产安全等工作。牛承伟先生担任 DSTH 技术委员会委员。牛承伟先生承担本书部分章节的校对工作。

白俊超，获得南昌大学工业工程专业管理学学士学位，持有 CISP-A、CDSA、数据安全评估师等认证，现任江西立赞科技有限公司营销总监职务，负责数字科技、数据安全、人才培养与评价业务等工作。白俊超先生担任江西省数字经济学会数据安全专委会执行秘书长职务；担任南昌大学创新创业学院、经济管理学院特聘讲师职务。白俊超先生承担本书部分章节的通读工作。

刘玉霞，获得对外经济贸易大学金融学专业经济学硕士学位，持有中级会计师、中级经济师、银行从业资格和基金从业资格等认证。现任蒙商银行高级经理职务，负责科技外包风险管理、信息安全等工作。刘玉霞女士承担本书的部分校对工作。

张士莹，获得中北大学网络工程专业工学学士学位，持有 CISSP、CISP 等认证。现任中核核信高级架构师职务，负责安全运营建设、应用系统安全建设和信息安全评估等工作。张士莹先生承担本书的部分校对工作。

王涛，获得新疆财经大学工商管理专业管理学硕士学位，持有 CISP 等认证。现任交通银行新疆分行高级信息安全管理职务，负责信息安全管理、信息科技风险评估、漏洞检测扫描、漏洞修复方案制定、分行安全运营平台的运维、安全审计平台的管理与运维以及数据防泄露系统的管理与运维等工作。王涛女士承担本书的部分校对工作。

以下专家参加了本书各章节的校对和通读等工作，在此一并感谢：

戴赟先生，获得上海大学通信工程专业工学学士学位。

杨志洪先生，获得上海外国语大学工商管理专业管理学硕士学位。

王文娟女士，获得中国防卫科技学院信息安全专业工学学士学位。

于新宇先生，获得上海交通大学密码学专业理学硕士学位。

蒋洪鸣先生，获得新加坡南洋理工大学电子电气工程专业工程学士学位。

张德馨先生，获得中国科学院大学电子科学与技术专业工学博士学位。

朱信铭女士，获得北京理工大学自动控制专业工学硕士学位。

王翔宇先生，获得北京邮电大学电子与通信工程专业工学硕士学位。

黄峰先生，获得成都信息工程学院电子信息工程专业工学学士学位。

曹顺超先生，获得北京邮电大学电子与通信工程专业工程硕士学位。

张浩男先生，获得长春理工大学光电信息学院软件专业工学学士学位。

袁豪杰先生，获得清华大学航空工程专业工学硕士学位。

牟春旭先生，获得北京邮电大学电子与通信工程专业工学硕士学位。

安健先生，获得太原理工大学控制科学与工程专业工学硕士学位。

张嘉欢先生，获得北京交通大学信息安全专业工学硕士学位。

杨晓琪先生，获得北京大学软件工程专业工学硕士学位。

王儒周先生，获得元智大学资讯工程专业工学硕士学位。

孟繁峻先生，获得北京航空航天大学软件工程专业工学硕士学位。

黄金鹏先生，获得中国科学院大学计算机技术专业工学硕士学位。

刘芮汐女士，获得上海理工大学统计学专业经济学硕士学位。

苏宇凌女士，获得大连海事大学经济学专业经济学硕士学位。

在本书译校过程中，原文涉猎广泛，内容涉及诸多难点。数据安全之家(DSTH)技术委员会、(ISC)²上海分会的诸位安全专家给予了高效且专业的解答，这里衷心感谢(ISC)²上海分会理事会及分会会员的参与、支持和帮助。

作 者 简 介

三十年来，O. Sami Saydjari 先生一直是网络安全领域富有远见卓识的思想领袖，为 DARPA(美国国防部高级研究计划局)、NSA(美国国家安全局)和 NASA(美国国家航空航天局)等关键部门工作。

Sami 已经发表了十多篇具有里程碑意义的安全论文，就网络安全政策为美国政府提供咨询，并通过 CNN、PBS、ABC、《纽约时报》《金融时报》《华尔街日报》和《时代》杂志等主流媒体访谈提升大众的安全意识。

技术编辑简介

  Earl Boebert 于 1958 年在美国斯坦福大学就读时编写了第一套计算机程序代码。随后，Earl 在美国空军担任 EDP 军官，他的一个空军项目获得美国空军表彰奖章。而后，Earl 加入霍尼韦尔公司，从事军事、航空航天和安全系统工作，并获得霍尼韦尔技术成就最高奖。Earl 是 Secure Computing Corporation 的首席科学家和技术创始人，领导了 Sidewinder 安全服务器的开发。此后，Earl 在桑迪亚国家实验室担任高级科学家，并完成了自己的职业生涯。

  Earl 是 13 项专利的发明者，曾参与撰写一本介绍软件验证的书籍，另写过一本书分析 Deepwater Horizon 灾难(墨西哥湾漏油事件)的成因。Earl 参与了美国国家科学、工程和医学科学院的 11 项研究和其他工作，并于 2011 年担任美国国家科学院院士。

  Peter G. Neumann 博士在 SRI International 工作了 47 年，是计算机科学实验室的首席科学家。在 20 世纪 60 年代，Peter 一直在新泽西州 Murray Hill 的贝尔实验室工作，广泛参与 Multics 的开发。Peter 拥有哈佛大学的 AM、SM 和博士学位，也是达姆施塔特工业大学的自然学博士，Peter 是 ACM、IEEE 和 AAAS 的会员。1985 年 Peter 主持成立 ACM 风险论坛。Peter 于 1995 年发表的著作《计算机相关风险》仍然在业界使用。Peter 曾在达姆施塔特工业大学、斯坦福大学、加州大学伯克利分校和马里兰大学任教。

序

任何领域的网络安全专家都需要阅读本书，并在学习和温习之后，会发现应当将本书保存在手边。

本书按照不同精细度、广度、深度和细微层次进行论述，安全专家可在职业生涯的各个阶段反复学习本书，书中蕴含的智慧将发挥重要作用。

本书涵盖网络安全的基本要素乃至复杂精妙的主题，安全专家通过阅读本书将对网络安全有更深刻透彻的理解，快速提高自己的能力，在网络安全领域大显身手。

掌握本书内容将令安全专家的能力在同行中遥遥领先，并将为个人或所在组织提供关键性战略优势。

目前，无论对网络安全架构设计师、评估师、审计师、认证员、测试员、红队成员、网络应急响应团队成员或信息技术经理，本书都非常实用。本书涵盖当前最全面的网络安全知识，包括一些在交叉领域涉及的内容。这是一本讲解深入的技术类书籍，涵盖很多十分重要但以前尚未出版的网络安全工程方面的材料。

本书由作者精心打造，确保完整性、广度和深度，旨在填补安全架构设计类文献的空白，并让安全专家以易于消化吸收的形式掌握这一复杂学科。本书的组织结构使其可作为网络安全工程以及整个社区的指南。

本书既适合安全领域的行家，也适合新手。真正安全大师的书架上一定放有本书，以便在遇到具有挑战性的问题时将本书作为网络安全知识的权威参考。胸怀大志的安全专家将发现本书是无价之宝，将有助于全面了解和吸收安全领域的所有知识点和经验。本书既适合网络安全方向的学生，也适合网络安全专家在所选择从事的领域终身学习。

作为 Sami 的专业导师，我十分荣幸与 Sami 一起工作，并见证一些重大举措。不管是知识的深度还是广度，Sami 的表现力、洞察力和创造力都给我留下了深刻印象，让我感到震惊。

国家安全局的许多高级领导人也对 Sami 印象深刻。Sami 在商业界和学术界也享有杰出声誉；很多技术会议领导者也希望请到 Sami，来传播诸多网络安全主题方面的智慧。

网络安全工程领域急需一本专业相关的书籍，我认为没有人比 Sami 更适合写这本书了。Sami 在网络安全工程领域拥有超过 30 年的经验，涉猎该领域的各个方面，是网络安全领域的先驱之一。Sami 还是国际公认的、有才华的网络安全架构师。Sami 对网络安全领域这个复杂学科有着广泛而深刻的理解，而且具备以清晰易懂的方式传达最复杂精妙内容的技能。Sami 是全球公认的网络安全学科权威人士之一，致力于传播知识和经验，将网络空间打造成一个更安全的地方。

本书将成为未来数十年里网络安全工程的参考书。希望安全专家们阅读后可将本书传播给身边所有关注这个领域的人士。本书的内容需要加速且广泛地传播。目前安全专家们严重落后于所需水平，而本书可帮助安全专家们跟上当今先进攻击者的水平。

——Brian Snow，前美国国家安全局研究与工程、信息保证和密码学院技术总监

致　　谢

Teri Shors 是我出版第一本著作的专职作者导师，也是我十分信任的顾问。Teri Shors 在我撰写著作的整个过程中耐心地投入了大量时间，我非常感谢她在整个过程和内容上的指导。

在我的职业生涯中，Brian Snow 一直是我的导师和挚友，与我就网络安全设计原理进行过数百次宝贵的讨论。

Earl Boebert 和 Peter G. Neumann 从技术角度出发提供综合性评论，Steve Lipner 的技术支持确保本书以最高质量交付给即将学习本书的安全专家。

同时，感谢以下行业专家(按字母顺序)和许多位在进行深入对话后希望保持匿名的专家，这些专家为我在安全领域的成就提供了极大的帮助。

Scott Borg(任职于 Cyber Consequences Unit)

Dick Clarke(曾任职于 NSC)

Debbie Cooper(自由职业者)

Jeremy Epstein(任职于 NSF)

Don Faatz(任职于 Mitre)

Wade Forbes(自由职业者)

Tom Haigh(曾任职于 Honeywell)

Jerry Hamilton(曾任职于 DARPA SETA)

Sam Hamilton(曾任职于 Orincon)

Will Harkness(曾任职于 DoD)

Melissa Hathaway(曾任职于 NSC)

Cynthia Irvine(任职于 NPS)

Jonathan Katz(任职于马里兰大学)

Dick Kemmerer(任职于 UC Santa Barbara)

Carl Landwehr(曾任职于 NRL)

Marv Langston(曾任职于 DARPA)

Karl Levitt(任职于 UC Davis)

Pete Loscocco(任职于 DoD)

John Lowry(曾任职于 BBN)

Steve Lukasik(曾任职于 DARPA)

Teresa Lunt(曾任职于 DARPA)

Roy Maxion(任职于卡内基·梅隆大学)

Cathy McCollum(任职于 Mitre)

John McHugh(任职于 Red Jack)

Bob Meushaw(曾任职于 DoD)

Spence Minear(曾任职于 Honeywell)

Carol Muehrcke(任职于 Cyber Defense Agency)

Corky Parks(曾任职于 DoD)

Rick Proto(曾任职于 DoD)

Greg Rattray(曾任职于美国空军)

Ron Ross(任职于 NIST)

Bill Sanders(任职于 UIUC)

Rami Saydjari(医生)

Razi Saydjari(医生)

Dan Schnackenberg(曾任职于波音公司)

Fred Schneider(任职于康奈尔大学)

Greg Schudel(曾任职于 BBN)

Dan Stern(曾任职于 TIS)

Sal Stolfo(任职于哥伦比亚大学)

Kymie Tan(任职于 NASA 喷气推进实验室)

Laura Tinnel(任职于 SRI)

Bill Unkenholz(任职于 DoD)

Paulo Verissimo(任职于卢森堡大学)

Jim Wallner(曾任职于 CDA)

Chuck Weinstock(任职于 Software Engineering Institute)

Jody Westby(律师)

Joel Wilf(任职于 NASA JPL)

Ken Williams(任职于 Zeltech)

Brian Witten(任职于 Symantec)

Mary Ellen Zurko(曾任职于 IBM)

前　言

主要内容

本书论述如何使用永恒的原理(Timeless Principle)设计可信赖系统。可信赖性(Trustworthiness)是一种微妙而复杂的属性，关系到系统满足其要求的信心。本书的重点放在网络安全需求上。对目标系统设计师的信任是由人类用户基于信仰或合理证据授予的。信任往往有特定目的。例如，人们可能信任某人可修复下水管道，却不太可能信任这个人管理自己的财务。本书介绍如何通过系统设计原则获取信任。

阅读本书的安全专家们将从实践角度学习可信赖工程的原理。

这些原理是对基本工程原理的补充，安全专家们对此应有所了解。此外，本书还假定阅读本书的安全专家们对网络安全机制(例如访问控制、防火墙、恶意代码、加密和身份验证技术)有基本了解。本书介绍如何将这些机制构建到可信赖系统中。与之相似，有关物理建筑设计的书籍假定建筑专家已掌握基本的材料科学、物理学、应用力学，并了解砖、玻璃、砂浆和钢的特性。

读者和受众

本书受众包括各领域的系统工程师、信息技术安全专家。网络安全专业人员、计算机科学家、计算机工程师和系统工程师都将因为对构建可信赖系统原理的深入理解而受益。

本书的受众目标如下：

- 向网络安全工程师和系统工程师讲述实现网络安全属性的原理。
- 列举大量示例，着重于实际工程技术，而非仅停留在理论层面。
- 为已经基本了解加密和防火墙等网络安全机制的系统架构师提供指导。

两个要点

阅读本书的安全专家们将领会到本书中的两个重点，在此稍加解释：军事关注点和对"旧理念"的尊重。

在网络空间，军事关注点用国家级敌对者和潜在的全球战争诠释"网络安全"。尽管作者也具有商界网络安全方面的经验，但绝大部分网络安全方面的经验是在军事和情报界。这种经验偏向的部分原因是军事和情报界首先认识到需要解决网络安全领域的重要问题。引起军事关注的另一个原因是，在许多情况下(不是全部)，网络安全问题的军事版本通常是商业领域相同问题的超集或更难版本。因此，解决军事环境下的问题可使解决方案扩展到风险通常较低的商业环境。在此，为阐明网络安全原理在军事领域以外的网络安全问题中的运用，本书通过营利性和非营利性示例来说明军事关注点。

第二个重点是对"旧理念"和新理念的引用。有些安全专家倾向于忽略早于 x 年的想法，随着技术发展的步伐不断以指数速度增长，x 似乎越来越小。有些安全专家倾向于认为网络安全纯粹是技术问题，如果组织只是构建一些灵活的小工具(如设备或软件)，那么这些专家的观点是合理的。作者称此为"小工具心态(Widget Mentality)"。在实际环境中，具体的某个安全组件的确很重要，但对整体的认知和理解也必不可少。事实上，在不了解问题本质和根本解决方案的情况下，开发的小工具往往也是无效的。

本书关注网络安全基本原理的形式，以便设计师能够了解要构建的小工具、应满足的安全需求，在网络空间内的部署和互连以及在遭到攻击时如何操作这些小工具。

术语

网络安全领域仍相对年轻(只有大约 60 年)，因此安全术语仍在不断更新。这可能影响人们理解当前所说的内容或是仅两年前论文里的内容。甚至安全领域本身也有许多不同名称：计算机安全、信息保证、信息运营、数字安全、安全和隐私以及网络安全(本书选择的术语)。为更好地解决术语问题，本书的作者选定一个术语并努力在整本书中保持一致，但需要指出的是，在当前领域和历史文献中相应的术语可能会有变化。尤其是当有很长的历史基础使用一个词来代替另一个词时，作者可能没有完全一致地做到这一点。

在使用术语方面，作者一直在努力避免使用似乎困扰网络安全领域的大量首字母缩写词。使用首字母缩写词的趋势令作者非常难以适从，因为这似乎有意阻碍理解。有些安全专家用首字母缩写词创建一种秘密语言，使创建这种秘密语言的人们看起来更加博学，并使其他阅读这种秘密语言的人士感觉自己知识欠缺。本书作者看到这种秘密语言经常用于将非专业人士排除在受众之外。非常糟糕的是，网络安全专家们在彼此并不知情的情况下独自发展出一些术语。如果一个首字母缩写词已在白话中极为重要，那么作者将在首次使用时提供该首字母缩写词，以便阅读本书的人可理解其他内容。网络安全概念非常复杂，但非常值得理解。作者尽量让具有一定专业知识的更多受众可接触和理解其中的概念。

类比

类比(Analogy)学习是一种非常高效的方法。类比学习为人们已知的事物提供支撑，并在各领域之间提供丰富的联系。本书充分利用了类比方法，包括生物学类比、物理攻击类比、航空类比(可能是因为作者是一名职业飞行员)和游戏类比。有时作者会因为使用的类比过度简化而取笑自己。但作者相信这些类比为帮助读者理解更复杂的想法提供了有用的基础。类比绝不意味着仅从字面上理解，当然，有时也会偏离所解释的内容。因此，尽可能多地琢磨这些类比，并适度地将类比作为深入了解的跳板。

编排特点

作者提供一些功能帮助像作者这样的视觉学习者以及其他非视觉学习者。

- 每章开头都列出学习目标,因此安全专家可从宏观上理解阅读该章的价值。
- 本书列出多个重要攻击和防御本质的板块。
- 大量使用图片和表格,其中大部分是本书的原创内容。
- 每章靠近末尾处的"小结"总结正文中的要点,与每章开头的"学习目标"相呼应。
- 每章末尾列出一系列带有批判性思维的问题,这些问题有助于巩固安全专家对知识点和主题的认知和理解。
- 网络安全领域的一些最有经验的知名专家审阅并对本书提出了改进建议。
- 本书中的许多信息在其他地方无法找到。这些信息吸收了作者作为网络安全研究员、架构师和工程师三十多年工作经验的精华。

各部分内容简介

本书分为五个主要部分,按逻辑对各章分组,以帮助安全专家扎实学习基础知识,为安全专家将来的事业发展提供有力支持。

- 第 I 部分"什么是真正的网络安全?"定义网络安全问题本身及其包含的各个方面。指出解决问题的第一步(也是最重要的一步)是理解问题本身。
- 第 II 部分"攻击带来什么问题?"分析攻击、故障以及攻击者的心态。网络安全工程师必须深刻理解攻击的本质,以便组织针对攻击设计出正确的防御措施。
- 第 III 部分"缓解风险的构建块"探索第 I 部分和第 II 部分所列问题的解决方案。
- 第 IV 部分"如何协调网络安全?"全方位探讨应对网络安全问题和攻击空间的原理,并提出包括依赖性和入侵容忍度的网络安全架构原则。
- 第 V 部分"推进网络安全"使安全专家了解安全领域的发展方向,以及如何最好地运用新获得的知识来改善周边环境的网络安全。

深度和广度

作者努力从原理角度介绍大部分网络安全中最重要的主题,请到数十位备受尊崇的同事审阅主题清单,确保本书没有遗漏任何重要内容。本书强调广度,因为设计原则必须是整体性的,必须立刻理解并同时获得全部价值。每写到一章的结尾处时,作者都会联想到大量关于章节内所讨论内容的"为什么"和"怎么做"的问题。但作者又不得不抑制住写下这些问题的冲动。原因在于作者认为本书需要尽快出版,以帮助大家了解一些绝无仅有且非常重要的原理。如果增加素材,出版时间将进一步推迟。作者的许多同事都说这本书应该编成一个系列,因为书里的每一章都可单独写成一本书。尽管作者感受到"期望"的份量，但创建一系列丛书，进一步解释每一章将是一个大项目。在本书中，作者已尽力使其涵盖更广，为阅读本书的安全专家提供有关此领域原理的最基本知识。

工程革新

掌握本书的安全专家们将位于安全领域中所有网络安全工程师的顶层。这些安全专家能为组织机构定义网络安全架构的目标，即所谓的未来架构(To-be Architecture)。定义这样一个远大目标既充满挑战又令人兴奋。同时，出于本能，人们对未知事物有着发自内心的恐惧。有一种社会技术可帮助人们和组织机构克服这种恐惧和抵触，以破坏性最小的方式实现变革。作者有言在先，工程革新至少与定义未来架构一样困难，这些架构能应对各种敌对者和不断变化的技术的挑战。因此，有必要投入部分时间和精力了解如何才能既不会破坏服务系统，又不会造成伤害和失败。这个主题超出了本书的范围，但作者打算在不久的将来写书讨论。同时，作者建议网络安全工程师学习一些行业心理学的基本原理，如 Daniel Pink 在 *Drive* 一书中讨论的原理。

写作动机

作者的职业生涯经历了网络安全的大多数领域，在作者学习与运用的同时，网络安全也在成长并进化。对于具有高风险的重要系统而言，学习并运用知识是一种"在职培训"。这有点像一边驾驶飞机一边建造飞机，有时过于刺激。

网络安全领域的好书并不稀缺，本书引用和赞扬了很多书籍。然而，几乎没有人能在了解基础知识后，通盘考虑整体安全态势，采用切合实际的方式有组织地解决问题。作者认为，当务之急是传播这些基础知识，以便安全专家们可站在前辈的肩膀上，继续解决即将出现的重要问题。

网络攻击对整个社会构成了生存威胁，解决安全威胁是作者毕生追求的目标，希望也是每位安全专家的目标。

参考资源和术语表

本书正文中穿插一些引用，供安全专家进一步阅读；具体做法是将相关资源的编号放在方括号中。安全专家可扫描封底的二维码，下载"参考资源"文件。例如，对于[TSCE85]，可从该文件中找到编号[TSCE85]对应的文章题目和相关信息，进一步研究和学习。

另外，扫描封底的二维码，还可下载本书的术语表。

目　　录

第 ▌ 部分

什么是真正的
网络安全？

　　第 I 部分定义网络安全问题及其所涉及的范畴。理解如何解决问题的第一步、也是最关键的一步是充分理解问题的本源。

第 1 章 问题之所在

学习目标

- 阐述网络安全问题的本质。
- 列举关键运营问题并说明其重要性。
- 描述与传统安全相对比，网络安全的不对称性。
- 定义网络安全解决方案的各方面内容。
- 描述网络安全中预防、检测与响应之间的权衡(平衡性)。

设计并建立可信赖的信息系统是一项非常困难的工作。这是一个崭新领域，从 20 世纪 60 年代末开始，受军事保密需求的刺激，需要在不同安全许可级别(Clearance Level)控制用户访问机密数据的权限[ANDE72]。图 1-1 展示了网络安全重要历史事件的大致时间表 [CORB65][MULT17][WARE70][TCSE85][SPAF88][MILL09][CERT04][ICAN07][LANG13]。

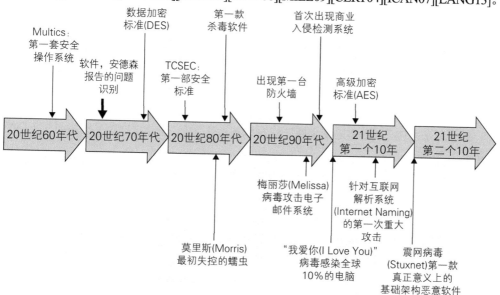

图 1-1　网络安全技术和网络攻击行为简史

目前技术尚未达到完美程度，在设计更值得信赖的系统方面还有大量工作需要完成。本章探讨可信赖系统的设计及运营本质，并解释设计和运营如此重要的原因。

1.1　建立在信任基础上的安全设计

本书主要讲述的是可信赖系统工程(Engineering Trustworthy System)。首先需要理解什么是系统(System)。系统是一系列组件(Component)的集合，这些组件一起运行以实现某种更强大的功能。一般来说，宇宙是一个系统，地球是一个系统，一个国家是一个系统，选举过程是一个系统，人的身体是一个系统，一个组织也是一个系统。虽然本书的原理几乎概括了所有系统，但本书重点研究基于网络的计算机系统，也称为信息技术(Information Technology，IT)。

本书会穿插使用"系统"一词。"系统"通常指受保护的系统(也叫攻击目标系统，Mission System，视上下文语境而定)或该防御系统的网络安全子系统。如果"系统"一词没有用"防御(Defended)""目标(Mission)"或"网络安全(Cybersecurity)"来限定，则指一般的系统，或从上下文语境中可清楚地分析出是某个特殊指代。

1.1.1　什么是信任？

信任(Trust)是对系统具有特定属性的信心。有人会问：什么可信？有各种各样的潜在特性，包括可靠性。本书重点介绍三类具体的网络安全属性：

(1) 机密性(Confidentiality)——信任系统不会轻易泄露用户认为敏感的数据(例如网上银行账户的口令)；

(2) 完整性(Integrity)——信任数据和系统本身不易遭到破坏(这使得完整性成为最基本的属性)；

(3) 可用性(Availability)——信任系统在面临拒绝服务(Denial of Service，DoS)攻击(即停止其运营的尝试)时仍能正常运转。

综合起来，这三类基本的安全属性称为CIA。请注意，关于这些定义的用词并非是绝对的。

可信赖性的通用概念称为可信性(Dependability)。可信性往往与网络安全之外的其他属性有关，包括可靠性(Reliability)、隐私(Privacy)以及安全性(Safety)等。正如接下来你将看到的，学习网络安全的学生必然是可信的学生。网络安全是基于信任的，因此底层系统必须是可信的。本书的重点是网络安全方面的可信性，亦称可信赖性(Trustworthiness)。建议进一步阅读更多关于可信性领域的著作[NEUM17]。

可以预见，网络安全与可靠性所涉及的随机故障(Random Failure)形成鲜明对比，因为网络安全涉及更具挑战性的问题，即智能引导、故意诱导的系统故障，称为网络攻击

(Cyberattack)。换句话说，可信赖性是在主动威胁的环境中实现的，而不是在被动失败的情况下构建的。

从现实角度看，很难百分之百确保地实现所有的网络安全属性。实现这些目标系统的能力取决于在设计过程中做出的权衡(稍后将详细介绍)，以及敌对者(Adversary)愿意拿出多少资源来战胜上面提到的安全属性。因此，可信赖性指一个系统可靠地实现其网络安全(Cybersecurity)特性的信心。图1-2 给出了"自上而下(Top-Down)"型攻击的基本设计结构，以帮助安全专家们了解防御者(Defender)在试图获得所需的属性时面临挑战的本质。

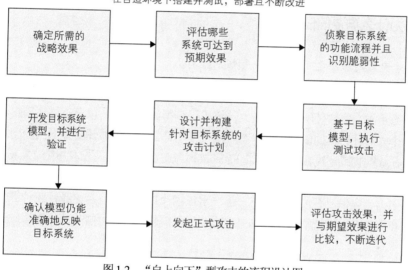

图1-2　"自上向下"型攻击的流程设计图

1.1.2　信任与信心

为什么业界使用"可信赖的(Trustworthy)"而不是"可信(Trusted)"？从历史上看，"可信系统(Trusted System)"一词源于计算机安全领域，见于诸如"可信计算机安全评价标准"(橘皮书，The Orange Book)[LIPN15]等文件中。信任需要信心(Trust Involves Belief)。信心可建立在强有力的证据或不加怀疑的基础之上。术语"可信"是指某人或某团体对某个系统得出的结论。有时，结论有充分论据，但有些结论毫无依据。大多数用户信任自己的计算机，因为用户很难想象出计算机可能不值得其信任。用户通常认为系统设计者不会向其出售一个不可信赖的系统，或者用户根本就想不到这些问题。本书使用"可信赖的"一词来表示一个系统值得信任，因为其基于证据所述的要求，包括本书中列出的网络安全工程原理的使用。

可信赖性是有根据的信心。

1.1.3　工程

为什么是"工程(Engineering)"？所有系统都有一定程度的可信赖性。可信赖性可在设计中明确指出，也可以是不经意间的副产品。所有系统属性都是如此。然而，对于许多系统来说，"可信赖性"只是一个副作用。本书旨在帮助系统设计者明确地达到某种程度的系统可信赖性。这取决于系统设计者的目标，系统设计者能承担的各项因素，如目标系统受到的影响、上市时间以及易用性(Usability)。

1.1.4　为什么需要信任？

人类和无政府状态之间，只有九顿饭的距离。

——阿尔弗雷德·亨利·刘易斯

为什么组织需要信任所用的系统？计算机已变得如此普及，以至于许多用户没有意识到社会和个人对计算机的依赖程度。有些用户使用计算机的主要体验是上网向朋友发送电子邮件、在线购物或通过社交媒体(如 Facebook)与朋友们互动。在这些用户看来，计算机是有用的，可信赖性是好的，但也许不是必要的。实际上，社会中最重要的服务职能，包括银行、电力、电信、石油和天然气，都严重依赖计算机，而且越来越依赖计算机。换言之，运行在这些关键领域的系统，如果严重缺乏可信赖性，则可能导致这些服务的灾难性损失。

> 社会不可避免地依赖于可信赖的系统。

虽然给苏茜姑妈发邮件可能是一件令人温馨、愉悦的事情，但在高纬度的北方的冬天，获得家里取暖所需的电力是一件生死攸关的事情。一天内无法进入银行账户可能不是什么大不了的事，但失去这些账户中的资产或摧毁对货币的信心是一个具有重大社会后果的关键问题。因此，所有系统工程师都必须对网络安全工程原理具有很强的掌控能力，并且知道何时需要引入网络安全专家来帮助设计、提升网络安全属性的可信赖性。

1.2　运营视角：基本问题

无论一个系统有多么安全，这个系统都会受到攻击，有些攻击还可能成功。表 1-1 给出了一些最具历史意义的成功攻击的样本[JAMA16][ARN17][STRI17][WEIN12][SPAF88][RILE17][STRO17]。表 1-1 按攻击日期排序，旨在传递一些概要信息。

- 攻击类型：机密性、完整性和可用性。
- 攻击目标：政府、工业和基础架构(Infrastructure)。
- 敌对者类别：独行黑客、黑客活动主义者和敌对国家。
- 动机(Motivation)：实验出错、战争、间谍活动和报复行为。
- 损害程度：尴尬程度、数十亿美元的损失以及侵犯主权。

表 1-1　历史上一些重要的网络攻击

编号	名称	描述	攻击目标	发生年份	后果及影响
1	莫里斯蠕虫(Morris Worm)	小车失控(Buggy Out-of-Control)网络爬虫	Internet	1988	5000 万美元
2	Solar Sunrise	青少年黑客攻击政府 500 台 Sun Solaris 系统	政府 Sun Solaris 系统	1998	美国国防部长为此感到懊恼
3	美国国防部/美国宇航局攻击	青少年黑客攻击美国国防部服务器；美国宇航局国际空间站软件	美国国防部/美国宇航局	1999	美国国防部/美国宇航局对此感到懊恼
4	梅丽莎(Melissa)病毒	通过附件/Outlook 传播的 Word 病毒	Word/Outlook	1999	8000 万美元
5	黑手党(MafiaBoy)DDoS	针对商业网站的攻击	网站	2000	12 亿美元
6	互联网瘫痪	对 13 个域名服务器的 DDOS 攻击	Internet DNS	2002	几乎是巨大的
7	信用卡诈骗	支付卡网络遭到黑客入侵	信用卡	2009	未知
8	网络攻击 ROK (Cyberattack-ROK)	针对政府、金融、新闻的 DDoS 僵尸网络	韩国/美国	2009	22 万台主机受到感染
9	震网(Stuxnet)	控制 1000 台伊朗核离心机	伊朗	2009	两年内停滞不前
10	PayPal 支付	暂停维基解密遭报复攻击	PayPal	2010	未知
11	火焰(Flame)	窃听受害者的Windows病毒	中东	2012	未知
12	Opi Israel	大范围 DDoS "抹杀" 以色列	以色列	2012	破坏稳定
13	Wanna Cry	勒索软件蠕虫利用 Windows 中的已知脆弱性，使用已知补丁	医疗保健	2017	23 万台计算机受感染

网络安全不仅是一个需要巧妙设计的问题，也是一项需要谨慎运营的工作。当系统受到攻击时，会提出一些对系统的设计和运营都很重要的问题。接下来分析这些问题。表 1-2 对常见安全运营问题进行总结。

表 1-2　关于安全破坏的基本运营问题

编号	问题
1	组织是否受到攻击?
2	攻击的本质是什么?
3	到目前为止，攻击目标系统的影响是什么?
4	潜在的攻击目标系统影响有哪些?
5	攻击是什么时候开始的?
6	谁在攻击?
7	攻击者的目标是什么?
8	攻击者的下一步是什么?
9	组织能做些什么?
10	组织的选择有哪些? 每种安全选项的防御效果如何?
11	组织的缓解措施将如何影响业务运营?
12	组织今后如何更好地保护自己?

1.2.1　组织是否受到攻击?

这似乎是一个十分简单的问题，但实际上，答案可能相当复杂且充满不确定性。任何规模的现代组织都在以某种方式不断遭遇失败(有些失败影响甚微，有些失败则影响巨大)。有些组织倾向于认为所有故障都是系统设计中的意外错误(软件漏洞，或 Bug)，这通常会导致无法正确识别早期由攻击(Attack)引起的故障(Failure)。在这个场景下，可能延迟反应，从而产生比其他情况下更大的损害。

组织可进一步询问运营团队能否确定其系统何时受到攻击。这在一定程度上取决于设计是否审慎周全，以及能否充分理解系统设计阶段的残余风险(Residual Risk)，如了解脆弱性(漏洞)是什么以及攻击者将如何利用该脆弱性。组织应使用有效的诊断工具来确定系统故障的轨迹和本质，这对于解决问题是非常有价值的。同样重要的是，组织应使用专门设计的、用于检测正在实施的攻击的以及功能齐备的入侵检测系统(Intrusion Detection System，IDS)(详见第 14.1 节)。入侵(Intrusion)指获取针对特定系统的、未经授权而访问的网络攻击行为。

与所有系统一样，防御者只有充分了解入侵检测系统本身的各种特性，才能理解如何正确使用入侵检测系统并解释其反馈的信息和报告。组织必须了解入侵检测系统在各种计算机和网络运营条件(如流量负载和类型)下的能力及其脆弱性(或漏洞,Vulnerability)。例如,如果一套入侵检测系统无法检测某些类型的攻击[TAN02,IGUR08],那么必须声明无法检测到这些攻击类型,否则 IDS 报告"没有检测到任何安全攻击行为"是没有意义的,而且将造成严重误导。攻击执行的动态过程如图 1-3 所示,以帮助读者理解如何开展常规性攻击。攻击执行方法包括一系列步骤,每一步都建立在前一步成功的基础上,并遵循如图 1-2 所示的战略目标。这种方法遵循所谓的缺陷假设方法(Flaw Hypothesis Methodology,FHM),FHM 方法生成合理的事件链以获得访问权限[ABRA95]。有关敌对者和攻击的进一步讨论,请参见第 6.1 节。

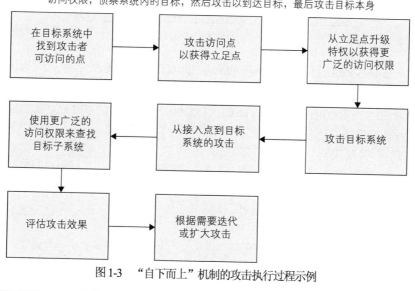

图 1-3　"自下而上"机制的攻击执行过程示例

> 了解网络安全机制的工作性能至关重要。

1.2.2　攻击的本质是什么?

假设运营团队将系统故障识别为"攻击",那么必须快速识别出是什么类型的攻击,在系统中的什么地方成功了,完成了什么操作,使用了什么机制(Mechanism),以及该攻击利用了哪些脆弱性。这些信息对于规划和执行攻击响应至关重要。攻击应急响应需要时间和资源,并可能对目标系统(Mission)运转产生重大影响。例如,如果计算机蠕虫病毒(Worm Virus)(见图 1-4)在整个网络中传播,响应动作可能是关闭所有路由器以防止病毒进一步扩散,但这也基本上会导致所有服务停止运转,可能造成比网络安全攻击本身更大的业务危机。

攻击展板: 红色代码(Code Red)	
名称	红色代码
类型	蠕虫
确认时间	2001
系统目标	微软Internet信息服务 (Internet Information Service)
脆弱性	缓冲区溢出
目标系统	指定地址(包括白宫)的分布式拒绝服务
普遍性	100~200万台服务器(17%~33%)
破坏	20亿美元的生产效益损失
重要性	攻击政府的基础架构

图1-4   攻击描述: 红色代码蠕虫

确定攻击的本质包括能够捕获攻击包序列中的攻击行为,捕获可能潜伏在防御者组织内部或传播的攻击代码,具有快速分析数据包和代码以确定其目标和机制的工具,并对执行这类功能的司法取证(Forensic)组织(如CERT)提供的已知攻击的本质有重要的基本认知。有关此工作流的摘要,请参见图1-5。

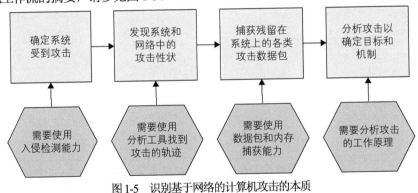

图1-5   识别基于网络的计算机攻击的本质

1.2.3 到目前为止, 攻击目标系统的影响是什么?

随着攻击行为的展开,通常会出现"战争迷雾(Fog of War)"现象——不确定发生了什么,影响有多严重。更让高层决策者感到困惑的是,IT专家经常阐述的是某些服务器或设备受到影响,而不是目标系统受到影响。这是因为服务器和设备之间的连接,以及其支持目标系统的能力,还没有得到很好梳理。例如,一个报告第327号服务器关闭且第18号设备没有响应这两个具体事实;而另一个报告域名系统(Domain Name System, DNS)在第327号服务器上运行,若没有DNS,业务系统将无法顺利运转,在第327号服务器和第18号设备重新启动前,所有在线零售都将暂停。获得后一个报告更难,然而后一个报告才是首席执行官所需要的。如果一千台服务器中有一台宕机,通常并不重要,除非这台服务器是唯一运行关键功能的服务器。

确定系统问题对目标系统影响的能力称为目标系统映射(Mission Mapping)问题。目标系统映射需要对系统中的所有子系统如何支持目标系统功能有一个先于经验(Priori)的明确理解。这是个难题。在一个给定系统中完全理解目标系统映射已超出最先进的技术水平，但只要有一点技术诀窍，运营团队就可利用现有技术完成很多先期工作。这需要一份所有设备、计算机和软件的资产清单(Inventory)，包括其位置(物理和网络)、目标系统与这些资产的依赖关系以及如果资产不可用会出现什么状况。这些资产清单有助于规划运营的持续性、意外事件和恢复程序，而这些反过来又对改进设计以建立更好的自动故障恢复非常重要，例如，在主机停机时，将 DNS 等关键服务转移到其他服务器之上。

了解攻击目标系统的影响对于确定应对攻击的可行方案至关重要。如果影响很小，防御者必须非常谨慎，不要出现反应过度的情形，否则将造成比攻击更大的伤害。例如，如果一所大学数学专业的学生攻击一个组织的系统，以"借用"一些超级计算机的时间来提高某个模拟的保真度，且该组织拥有备用的超级计算机容量，那么在应对这种攻击时，采取诸如切断组织与互联网的通信这样严厉的措施是小题大做，是非常愚蠢的。

目标系统影响评估对网络安全至关重要。

1.2.4　潜在的攻击目标系统影响是什么？

到目前为止，在评估对目标系统造成的损害时，重要的是要了解损失是如何引起连锁反应的。例如，当组织有 1 万台计算机时，控制一个计算机系统通常无关紧要。而若该计算机是组织内分发所有软件更新的主服务器，则这个看似无足轻重的攻击行为将可能完全更改该组织的系统脆弱性配置文件。因此，潜在损害评估必须是攻击目标系统影响评估的一部分。如果敌对者正处于对目标系统造成严重损害的顶端，那么更高成本和更高影响的行动就变得可行。决策者不仅要知道攻击者在哪里，还要知道攻击者要去往哪里。著名曲棍球运动员韦恩·格雷茨基曾经说过："我滑向冰球要去的地方，而不是冰球现在的位置。"卓有成效的攻击目标系统影响(Mission Impact)评估工作亦是如此。

为预测目标系统影响，防御者需要明确理解攻击目标系统映射(如前所述)以及级联故障模型(Cascading Failure Model)，理解一个故障如何引发相互依赖的系统中的其他故障。如果组织针对一系列关键攻击进行"博弈"(利用博弈论的概念和技术，提前几步预测对手的行动以及对手对防御行动的反击)，将有助于理解如何预测攻击方向[HAMI01，HAMI01a]。这称为网络攻略(Cyber Playbook)[SAYD02](详见第 23.3 节)。

1.2.5　攻击是什么时候开始的？

了解攻击的开始时间对于确定可能对目标系统造成的损害非常重要(例如，哪些数据可能遭到盗窃或哪些系统可能已损坏)以及系统最后一次"正常工作状态"是什么时候。掌控最后的正常工作状态对于确定要回滚(Rollback)到哪个系统状态以及诊断攻击者如何进入系统至关重要。

1.2.6　谁在攻击?

网络攻击的归属(Attribution)问题是网络安全的首要难题之一[IRC05，NICO12，NRC10]。仅仅因为攻击来自于特定的计算机，并不意味着该计算机的所有者就是恶意攻击者。事实上，通常情况下，此攻击来源的特定计算机已由攻击者攻克并控制，然后由攻击者使用；而攻击该计算机的计算机也很有可能先期已经遭到攻击，以此类推。尽管如此，能够知道攻击路径还是很有帮助的，因为攻击路径可通过上游路由器(位于从攻击计算机到受害者计算机的路径上)，明确地过滤掉攻击数据包(通过确定其源 IP 地址和端口)来阻止攻击。这可能涉及获得组织网络内的系统管理员、互联网服务提供商或攻击上游的另一个系统所有者的帮助。

有时，可识别出攻击者或攻击组织。在一些场景中，可通过将指纹识别技术(Fingerprinting)运用于相关代码来实现这一目的；就像人类有指纹一样，攻击者更喜欢使用软件编码风格和技术来体现其特定指纹。这有助于通过执法、国际条约或某种形式的外交公开途径来追究攻击者的责任。

1.2.7　攻击者的目标是什么?

攻击通常是通过一系列攻击步骤(Attack Step)来进行，每个步骤本身都可认为是一个单独的而又与其他步骤相关的攻击。攻击序列(Attack Sequence)通常有一些特定的目标或功能，而这些目标或功能又可能是实现某个战略目标的更大计划的一部分。很少有攻击者进行攻击只是为了看看能否进入系统(尽管这种情况在 20 世纪 70 年代经常发生，当时黑客攻击是计算机科学精英的爱好)。进攻的第一步往往不是唯一的一步。通常，攻击者只是试图"拥有(Own, 指攻击者试图非法获取最高权限)"计算机，以便在未来的攻击(如大规模分布式拒绝服务攻击)中使用受控计算机。有时，受控计算机只是一个中间接入点(进入系统的方式)，此后进入下一个接入点，再进入另一个接入点，进入一个系统越来越需要特权和施加保护的部分。通过分析到目前为止的攻击序列，可预测攻击者正在攻击哪个子系统，以及攻击者试图达到什么目标。

> 识别攻击者的目标可以提高防御能力。

1.2.8　攻击者的下一步行动是什么?

作为攻击者目标分析的一部分,猜想攻击者的下一步是很重要的。预测攻击者的下一步可帮助优化防御的有效性,如变更防火墙(见图1-6)中的预防规则来阻止该步骤,或提高入侵检测系统的敏感度,以便更好地检测正在进行的步骤(也可更好地记录该步骤,或在该步骤成功之前将其关闭)。

防御展板：防火墙	
类型	边界防御
能力	阻止来自系统网络外部的攻击
手段	从规则指定的IP地址、端口(有时还包含内容)过滤网络流量
局限性	只能过滤先前已识别并为其编写规则的攻击
影响	限制网络流量会导致合法应用程序以难以预测的方式失败
攻击空间	旨在阻止来自系统网络外部的已知计算机网络攻击

图1-6　防御描述:防火墙

1.2.9　组织能做些什么?

完整执行攻击序列需要一定时间,执行每个攻击步骤也是如此。在每个阶段,防御者都有机会采取防御手段。防御者可部署很多动态防御安全措施,例如,更改防火墙规则、路由器配置、主机安全设置(如操作系统安全设置)以及入侵检测系统的设置。并非所有动作都与所有攻击步骤相关。例如,如果蠕虫已在组织的系统中泛滥,那么将组织与蠕虫进入的网络断开连接几乎没有好处(现实中,类似操作弊大于利)。

掌握了攻击序列是如何成功执行的以及攻击序列目标的信息,防御者可创建一个列表,包括防御者可能采取的行动,根据成本和收益评价所有安全措施,并决定最终采取哪些安全手段。防御者必须记住,在决策过程或防御执行过程中,时间的流逝不会停止。某些防御行动的执行最终可能为时已晚。

1.2.10　组织的选择有哪些? 每个安全选项的防御效果如何?

前面分析了如何响应攻击并动态地采取行动;这可产生一套防御方案,称为行动方案(Course of Action)。评价每类攻击的有效性取决于防御者对攻击机制的了解程度(如何成功实施? 如何实际利用?),以及攻击的方向。这两个估计值都有很大的不确定性。防御者必须在目前已知信息的情况下做出最佳决策。防御行动可在其他防御行动之前或期间获得更多信息。防御者应牢记，决策周期太长将意味着可能完全失去目标系统。

1.2.11　组织的缓解措施将如何影响业务运营?

作为对可能的行动方案进行成本效益分析(Cost-Benefit Analysis)的一部分，了解每项行动对目标系统的潜在负面影响至关重要。例如，阻止端口 80 上的所有网络流量可能阻止销售创收或导致实时控制系统意外故障。在实际使用之前，要预估可能的行动方案对目标系统的影响。为有效地做到这一点，防御者必须了解目标系统如何依赖于底层的信息技术基础架构(IT Infrastructure)[HAMI01，HAMI01a]。

1.2.12　组织今后该如何更好地保护自己?

与成功防御特定攻击一样重要，从攻击事件中吸取重要经验教训以帮助防御未来的攻击更加重要。入侵是如何进行的? 做出了什么防御选择? 为什么? 这些防御措施有效吗? 损坏程度如何? 如果行动更迅速或采用不同措施，损失会有多大? 防御系统应该如何改变以防止将来发生类似的攻击，以及如何修改检测和响应系统来改进下一次的决策? 如果防御者希望在一个持续改进的周期中，并在攻击者能力不断升级之前领先，那么上述这些问题都是在每次遭受重大攻击后必须回答的。

1.3　网络空间效应的不对称性

网络空间(Cyberspace)是一个复杂的超维空间，网络空间与三维物理空间有很大不同。这使得动态网络安全控制(Dynamic Cybersecurity Control)(见 23.1 节)异常困难。

人脑常通过类比来掌握新思想。类比是一种快速学习概念的有效方法，包含许多相似的子概念。同时，类比也有局限性，在思考像网络空间这样的问题时会产生错误。表 1-3 列举了网络空间不同于物理空间的一些重要方面。这些属性将依次讨论。

表 1-3　网络空间与物理空间不对称的性质

	物理空间	网络空间
可理解性	直观	非直观
维度	三维	数千个维度
非线性	运动状态的子弹效果是很明显的	非线性效应(例如影响范围/地域、持续性、"屈服")
耦合	普遍理解的相互依赖性	信息使用的复杂性使相互依赖问题复杂化

(续表)

	物理空间	网络空间
速度	大多数攻击以可察觉的速度存在	攻击可能聚合得太慢,无法察觉,而其他攻击则发生在毫秒内
表现	大多数攻击都有物理表现	通常没有物理表现,发现时为时已晚
可检测性	越界和妥协是很容易察觉的	可能根本察觉不到攻击

1.3.1　维度

与三维物理空间相比,网络空间有数千个维度(Dimensionality)。这使人们很难想象攻击是如何开展的,以及防御系统如何预防和控制攻击。例如,与一个国家的实际物理边界不同,入侵必须越过其中一个物理边界。而在网络空间,系统是通过网络连接起来的,而不必考虑边界。系统中的软件拥有数百个不同来源,所有资源都可能在软件生命周期的某个地方受到破坏。因此,当攻击从防御者自己的系统中出现时,攻击似乎来自任何地方。这是典型的"第五纵队(Fifth Column)"或内鬼;在这里,公民(本例中指内部计算机)可能与防御者对抗[REMY11]。

1.3.2　非线性

非线性(Nonlinearity)是指由一系列系统输入产生的输出不成比例增加的特性。非线性的原因和影响有两个不同的方面。从原因上讲,指的是发动网络攻击所需的投资。对于核战争来说,存在一个重要的"进入壁垒"——需要投资才能进行某些活动。对于网络攻击,投资主要是时间和少量技能。人们可从互联网下载恶意软件,对其进行定制,然后将其指向目标,立即造成重大损害,风险很小。同样,也存在非线性效应。在物理空间,炸弹有特定的作用范围。在网络空间中的破坏可能是高度不可预测的,特别是当使用自传播攻击(如蠕虫)时,释放一个简单应用程序的效果可能相当大[SPAF88]。

1.3.3　耦合

系统以难以理解的方式耦合,也就是说,由于微妙的相互依赖关系,系统的行为是相互关联的。对分布式系统的一个幽默描述是"一台你甚至不知道存在的计算机发生故障会导致你自己的计算机无法使用"(摘自莱斯利·兰波特的作品)。一个著名例子是现代网络系统对域名系统(DNS)的依赖性。DNS 翻译人类可以理解的名称,比如"维基百科(en.wikipedia.org)"进入一个计算机可理解的 Internet 地址,这是一个层次结构的数字集,很像电话号码。没有 DNS,大部分互联网都会突然停止。还有许多其他示例,如许可软件的许可服务器、授权和身份验证服务器、用于访问本地计算机以外网络的路由器和路由表(到其他计算机的路径),以及承载关键内容的云提供商。系统的这种耦合增加了网络空间的维度,是使非线性效应成为可能的关键因素之一(例如,更改路由表中的一个条目或错误宣传可能是导致互联网大面积崩溃的快捷路径)。

> 网络空间的相互依赖产生了非线性。

1.3.4　速度

数据以接近光速在网络上传输。理论上,数据在一秒内可绕地球 7.5 圈。在交换机和路由器中,由于设置了正确的数量级,数据的传输速度比光速慢一些。攻击通常还要慢一些,因为攻击者通常需要依次攻击多台计算机,因此攻击速度受到接管一台计算机,然后设置并执行序列中的下一个攻击步骤所需的时间量的限制。这一切都造成了数量级从几秒到几分钟的减速,但与人类的决策和反应时间相比,攻击速度仍然非常快。例如,攻击可能在 15 分钟内传遍全世界[STAN02]。

另一个例子是,一般计算机在连接到网络[HUTC08]后的 4 分钟内受到攻击。

> 网络攻击的传播速度超过了人类的决策速度。

1.3.5　表现形式

一个国家为了参与一场地面战争,必须重新配置坦克等资产,并调动军队。这需要时间,而且迹象很明显。但发动网络攻击可以相当隐蔽地进行。攻击者可以接管多台计算机以准备攻击,并且可以在防御者的系统中预先放置恶意软件(Malicious Software 或 Malware),当需要执行攻击时,则可利用这些恶意软件。攻击可通过"低速缓慢(Low and Slow)"的方式隐藏在网络流量中——利用其他网络流量并缓慢地执行诸如网络侦察(Network Reconnaissance)的操作,从而不会触发来自入侵检测系统的警报。一旦攻击者成功入侵计算机,就可从审计日志中删除证据,并使实现攻击序列的软件代码隐藏在受害计算机上(例如,确保攻击者的恶意进程不会出现在进程表清单中,或使攻击代码只出现在软件的运行映像中,而不会出现在磁盘上)。

1.3.6　可检测性

当一次物理攻击成功时,后果往往可见、损害明显或者攻击者的存在显而易见。网络攻击的影响则不那么明显。间谍(Espionage)窃取数据很难被发现。防御者甚至不知道数据已经丢失，这样攻击者就可以利用这些数据以及攻击者所知道数据的意外元素。例如，如果 A 公司的谈判立场由与其进行交易的 B 公司所知晓，那么这些数据就可以由 B 公司加以利用，为 B 公司创造一个更好的交易。当然，如果 A 公司知道其谈判立场已泄露，A 公司至少可选择退出交易或完全改变交易的本质。类似地，如果发生蓄意破坏(Sabotage)，即系统的完整性遭到破坏，攻击者可完全"拥有"(即控制)防御者的系统，并在防御者不知道攻击者已经达到这种破坏程度的情况下为所欲为。

1.4　网络安全解决方案

网络安全解决方案包含许多重要方面。令人困惑的不同产品的排列和术语的爆炸式增长，有些产品和术语仅是为了营销目的；这很容易使安全专家们只见树木，不见森林。为使组织更好地了解全貌，本节概述解决方案的类型。图 1-7 显示了各类型解决方案是如何相互关联和依赖的。

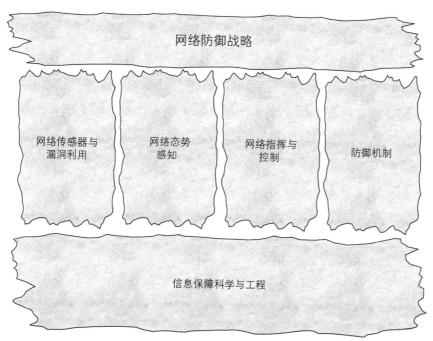

图 1-7　网络安全解决方案和相互关系

(1) 信息保障科学和工程是解决空间"映射(Map)"的基础。

(2) 防火墙和加密等防御机制是安全构建块(Security Building Block，SBB，指安全组件)的基础。

(3) 网络指挥与控制(Cyber Command and Control)构成了网络安全的大脑和肌肉，制定和执行决策以动态防御不断变化的攻击情况。

(4) 网络态势感知(Cyber Situation Awareness)为系统中正在发生的尽可能多的攻击以及对目标系统的影响提供了一个广泛的战略视角。

(5) 网络传感器(Cybersensor)与漏洞利用解决方案提供检测相关攻击事件的数据,以促进对网络态势的理解。

(6) 网络防御战略(Cyber Defense Strategy)是通过经验、实验和理论发展起来的,是关于如何理解和控制一个系统以正确防御的知识。

1.4.1 信息保障科学与工程

网络安全的基础是什么?是网络安全的知识,以及如何最好地利用其机制和原则。这是被该领域经常忽视的一个方面。事实上,这是本书的主要动机之一。为了理解如何有效地使用网络安全技术和技巧来阻止攻击和维护目标系统,需要利用系统工程的知识进行编码。在这里,可以探索目标是如何表现出来的,这样网络传感器就可以进行适当设计来检测表现形式。

1.4.2 防御机制

组织范围内安装的所有网络安全机制的集合构成防御机制(Defense Mechanism)。防御机制包括防火墙(Firewall)、审计(Audit)、身份验证(Authentication)、授权(Authorization)、恶意软件检测(Malware Detection)、入侵检测系统(Intrusion Detection System,IDS)、入侵防御系统(Intrusion Prevention System,IPS)、操作和系统配置等子系统。其中,有些机制是静态的,有些是在引导时可配置的,有些是在系统运行期间动态重新配置的,有些是阻止攻击的预防性系统,有些是检测攻击,有些是从攻击中恢复。检测到的是网络传感器的一部分,那些动态可重新配置的是网络驱动的一部分,根据攻击调整配置(见第23.1节)。

1.4.3 网络传感器与漏洞利用

网络传感器检测到网络攻击的某些表现形式。所有传感器(Sensor)都有各自的优点(Strength)、缺点(Weakness)和盲点(Blind Spot),所有这些都会随着环境的动态变化而改变。网络传感器产生的数据需要通过与其他传感器数据的关联来加以利用,并区分真正的攻击检测和错误警报。所有传感器的联合需要覆盖整个攻击空间。此外,传感器在系统中的放置和配置方式,即传感器架构与检测攻击高度相关。这需要仔细考虑。最先进的技术也只能检测到一小部分攻击[SANTI15]。这些问题将在后续章节中详细讨论。

1.4.4　网络态势认知

知道攻击已经发生或正在发生只是过程的开始[ONWU11]。如前所述，防御者必须了解攻击对目标影响的严重性，对目标系统的潜在影响，以及攻击会引发什么样的进一步攻击，敌对者的目标系统可能是什么，这样防御者才能洞悉攻击者的下一步"行动"，以及防御者可用的行动方案。网络态势认知(Cyber Situation Understanding)需要深入了解组织应用系统如何连接到支持目标系统，攻击空间是什么，以及攻击如何与组织应用系统交互，从而在攻击者成功执行每一个新的攻击步骤时，通过处置系统脆弱性(Vulnerability)以期改变风险状况。

1.4.5　网络驱动

与传感器形成情境理解的基础相同，网络驱动为指挥与控制(Command and Control，C2)制定的行动奠定基础。执行器(Actuator)执行改变系统防御动态配置的动作。驱动可能包括更改防火墙规则、重新配置路由器或交换机、重新配置操作系统以更改其响应方式、更改安全子系统以要求不同级别或类型的身份验证或授权，或者通过改变入侵检测系统的参数提高敏感度来更好地检测攻击。驱动通常是一系列人为干预(Human-in-the-Loop)的动作(那些需要人工干预而不是完全自动化的动作)，只有手动运行才能完成一些改变。这可能很慢，而且容易出错。启动错误可能产生严重后果，例如，错误配置路由器导致组织全部业务系统离线。以前考虑过的包含多个操作的脚本需要提前开发并得到适当保护，以便只有高权限和高身份验证的用户才能调用这些脚本，从而快速执行脚本。

驱动基础架构需要提前设置。

1.4.6　网络指挥与控制

有一系列可能的行动，并以适当的编排方式迅速执行是一个很好的基础，但决策支持过程是系统更高层次的大脑功能，它决定做什么，特别是在持续攻击的压力下进行决策。"指挥"是指一旦做出决定，就要正确地向适当的驱动系统发出指令。"控制"是指确保指挥正确执行并有效；这种评估反馈到另一个指挥与控制循环中。真实的决策支持过程也是指挥与控制的一部分。这由一个剧本组成，以确定在组织所处情况下的有效策略。因此，剧本与网络态势认知具有深刻的联系，因为某些剧本只在特定情况下才有意义，而且决定最佳剧本的标准也取决于系统状态和攻击状态。

1.4.7　网络防御战略

确定在何种情况下哪些指挥最有效的知识是国防网络战略和战术(Cyber Strategy and Tactics)的关键。有句老话说,智慧来自不明智的行动。同样,战略战术知识来源于对攻防交锋的分析,确定哪些有效、哪些无效。在战争中占领高地的概念几乎可以肯定来自古代战争,没有占领高地的一方会失败。同样,攻防交锋分析是战略战术知识的基础。这包括其他人对抗流行病的经验(这就是为什么要尽可能公开分享这些经历的本质)以及练习中的模拟交锋,甚至是格丹肯交锋(假设思维实验)。这些知识,再加上知识工程和博弈论,构成了这个尚处于初级阶段的新兴网络安全领域的基础。

战略战术知识来源于攻防交锋。

1.5　预防和治疗的成本效益考虑

当然,"一分预防往往抵得上十分治疗"。只要能提前防御成功,攻击就可以阻断了。检测攻击并从攻击造成的损害中恢复是非常昂贵的。

同时,也有两种情况不能盲目套用这句老话。

第一,从成本或目标系统对系统的影响(如性能或功能)看,预防某些攻击可能代价太高。与预防死锁(Deadlock)以及检测和恢复死锁的计算机操作系统设计问题类似。预防操作系统死锁对性能的影响通常是不可接受的[PETE83];事实证明,如果可足够快地捕获死锁并从中恢复,用户甚至不会注意到,也不会造成任何伤害[COUL12]。在网络安全设计中,安全工程师必须考虑类似的折中场景。

第二,即使采取了一分的预防措施,投资于十分的治疗措施仍然是有价值的;也就是说,即使已经预防某类攻击,也要能发现此类攻击并作出反应。预防机制有时会失败,甚至可能遭到黑客成功破解,因此,看似冗余的检测-响应(Detection-Response)可能成为最后一道防线,起到拯救作用。有时内部人员(Insider)可绕过防火墙之类的预防机制,直接在防火墙边界内的组织计算机上插入恶意代码。

总之,预防和检测-响应技术不是互斥的,协同使用时效果最好;有时以叠加方式使用,以获得最佳结果,这将在关于分层架构的章节中讨论(见 13.1 节和 20.5 节)。

1.6　小结

本章详细讲述了网络安全问题空间和解决方案空间,旨在帮助网络安全专家们掌握全局,了解网络安全的各个方面是如何紧密结合在一起的。下一章将继续帮助安全专家们建立正确的思维框架和视角，引导安全专家们成为高效的网络安全战略思想家。

总结如下：

- 系统的可信赖性是系统的基本属性，必须从一开始就将其设计到系统中。
- 对可信赖的系统的追求引发了许多与网络安全和其他属性有关的问题，包括与处理攻击有关的运营问题。
- 与物理攻击相比，网络攻击在速度、影响级别(四两拨千斤)和隐蔽性方面都是独一无二的。
- 网络安全解决方案空间涉及设计和动态控制的复杂组合。
- 网络安全工程涉及与目标系统的许多微妙权衡。

1.7　问题

(1) 为什么网络安全必须成为系统设计的一部分，而不是在系统创建后才添加？讨论如何根据这一原则提高传统系统(Legacy System)的安全性。

(2) 网络安全必须回答哪些运营问题？列出其他重要的运营问题和考虑事项，分析为什么这些问题和考虑因素也很重要。

(3) 为什么与物理安全相比，网络安全对防御者来说尤其具有挑战性？非对称威胁意味着什么？是如何运用的？讨论非对称威胁对构建有效防御的影响。

(4) 网络安全解决方案空间有哪些方面？这些方面之间有什么关系？讨论解决方案方面的各类组合之间的关系实质以及对设计的影响。

(5) 在网络安全和系统功能的其他方面之间，有哪些重要的工程权衡？讨论这些权衡的本质以及作出权衡决定时可能使用的标准。

第 2 章　正确思考网络安全

学习目标
- 了解网络安全的主要衡量标准是风险及其组成部分。
- 了解安全与目标系统之间的权衡。
- 理解攻击和防御系统之间的联系。
- 了解系统间接口处具有极高风险的本质。
- 了解网络安全所定义的"自上而下"和"自下而上"设计方法的可取之处。

本章引导安全专家正确思考网络安全。给安全专家提供一个视角，告诉安全专家如何身处数百万棵树中却能感知整片森林(即对整体的宏观认知)，以及如何区分那些最重要的问题和那些尽可忽略的问题。本章旨在帮助安全专家建立一种全局思维模式。本章涉猎网络安全的各个方面，以便为安全专家提供一个宏观的建设性理论参考框架。

2.1　关于风险

从根本上讲，理解网络安全就是理解风险，理解风险从何而来，如何使用合理成本在尽量减少对目标系统(Mission)影响的情况下有效降低风险。风险(Risk)是网络安全的底线。在考虑安全对策(Countermeasure)并决定其是否有用时，安全专家们应该问一问，安全对策在短期和长期降低风险的程度。

风险有两个重要的组成部分：目标系统产生负面情况的可能性和突发情况的影响程度。系统设计可降低不良后果发生的概率，减少不良后果的数量和程度。防御者的设计会影响负面后果产生的概率，使攻击者的攻击行为更困难、更昂贵或面临的风险更大。坏结果的数量可通过系统构建方式来改变——例如，组织可决定完全不在计算机上存储最敏感的信息。后续章节将进一步讨论如何管理风险(参见第 4.1 节和第 7.1 节)。本节旨在强调风险是网络安全的底线标准。如果防御不能减少成功攻击的概率或减少网络攻击造成的伤害，就必须质疑这种防御的效用。

> 网络安全就是理解并降低风险。

2.2　网络安全的权衡：性能和功能

网络安全专家倾向于认为，安全是一个系统中最重要的部分。这是一种错觉并会导致错误的想法，可能产生与设计师所追求的目标相反的效果。现实情况是，网络安全总与目标系统的功能权衡，目标系统功能有两个重要方面：性能和功能。花费在网络安全上的资金并非是花费在目标系统上的资源。安全系统工程就是关于如何优化目标系统，使目标系统风险最小化，而不是如何最大化网络安全的投资规模。

> 网络安全总是在目标系统的功能之间进行权衡。

即使那些误认为网络安全是任何系统的首要需求的网络安全狂热者，也会发现设计总在网络安全与目标系统之间的某个平衡点结束。信息安全工程师可设计出一个特定的或动态范围内可控的点，或可在所做出的关于权衡的决策集的任何地方插入。经验丰富的信息安全工程师往往与目标系统所有者共同制定恰当的权衡点，并设计一套系统，以期获得权衡空间中的期望点。图2-1 从概念上描述了权衡空间(Trade-off Space)。

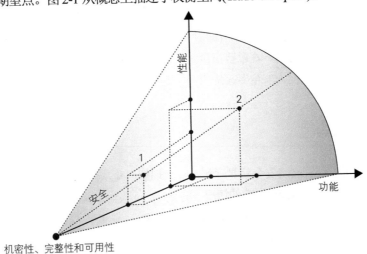

图2-1　网络安全、功能、性能三者间的权衡

系统重新配置或参数的动态更改应当能根据动态变化的情况将系统从一个平衡点平稳移到另一平衡点。防御者的情况是高度复杂且不断变化的，因此没有一种适合所有情况的最优化权衡。防御者必须允许目标系统有广泛的机动范围，并必须允许运营人员了解何时以及如何在这些平衡点之间逐步过渡。

目标系统需要与安全性权衡的方面包括：用户友好度(User-friendliness)、上市时间、员工士气、商机流失、机会成本、服务或产品数量、服务或产品质量、服务或产品成本以及有限的资源(如算力、电力、空间和冷却);可参见表 2-1。作为前期工程流程的一部分,需要仔细权衡,如果能将典型的有争议的权衡对抗变成目标系统和网络安全专家之间富有成效的对话,则可显著改进系统设计,更好地满足双方需求。

表 2-1　安全权衡的因素

序号	方面	示例
1	用户友好度	记住口令十分麻烦
2	上市时间	安全需求可能导致上市时间延迟
3	员工士气	检查大量安全日志会让某些雇员麻木且沮丧
4	商机流失	由于网络安全会同时影响性能和功能,一些目标系统的商业机会可能转瞬即逝
5	机会成本	通常,投资是一种零和游戏,所以投资网络安全意味着没有资源投入目标系统功能中
6	服务或产品数量	网络安全费用会占用一部分系统资源,而这些资源本可用于生产更多产品或服务
7	服务或产品质量	网络安全费用会占用一部分系统资源,而这些资源本可用于生产更优质的产品或服务
8	服务或产品成本	网络安全产生的开销会增加服务或产品的成本
9	有限的资源(如算力、电力、空间和冷却)	网络安全消耗系统资源,这是一种零和游戏。用于网络安全意味着这些资源无法用于目标系统

2.2.1　用户友好度

网络安全可能会令系统更难于使用。例如,用户必须随身携带一张特殊的卡(如智能卡)来验证自己的身份。这看起来只是一个小负担,却是一个极大不便,使系统更不易使用且用户体验不佳。为加强安全性,让用户只能访问需要知道的内容,这会增加识别需求、证明需求、注册需求和管理授权的负担。此外,这样的严格限制大大减少了发现可能需要的关键数据的机会,而这种需求无法提前预知。例如,营销部门也许可通过挖掘客户服务数据库发现如何完善组织的产品或服务。除非这种协同作用已事先认可并早做规划,否则这类协作可能会消失。现代架构开始利用和支持数据和服务探索概念,使系统随着目标系统和技术的变化更具适应性和发展性。

有时,网络安全工作有可能阻碍信息共享和协作创新所带来的优势。正如 9·11 委员会所观察到的情况一样[NCTA04],信息无法共享将导致灾难性后果,极有可能妨碍关联美国双子塔遭 9·11 袭击的重要数据。此外,执行员工审查程序以期建立员工可信度的需求也具有很强的侵略性,令员工感到极度不适,甚至可能导致高素质员工放弃申请工作的机会,进而影响组织的劳动力资源,降低潜在的创新并减缓生产力的发展。

权衡示例:在访问数据和服务之前要求授权的确十分重要,但也非常麻烦。一种平衡方式可能是要求只对 5%~10% 的最敏感数据和服务进行预授权,并简单地允许组织内部自由访问其余部分(但需要执行持续审计活动)。应对审计日志开展准实时分析,在必要时可就滥用情况开展调查并与员工谈话。这使组织能从信任员工和偶然发现中获得大部分利益;对于最重要的数据和服务,则需要明确地授权访问,从而保护重要资产。

2.2.2 上市时间

众所周知,上市时间可决定产品或服务的成败——尤其当商业目标是通过成为事实标准(如 Windows)确立市场主导地位时。额外强加的安全需求常导致在创建支持本组织目标系统的创新力方面产生延迟。原因很简单:向任何类型的系统添加新需求都会使其更复杂、需要更多工作、更多审查和更多测试。有时,组织的安全专业问题会大量积压。没有足够的安全专家解决问题将导致进一步延迟。每耽搁一天,都会导致利润下滑或目标系统无法完成,而这些后果可能对组织未来的成功至关重要。需要考虑安全性是如何管理风险的,如果增加繁重的安全需求且没有得到适当平衡,则可能增加组织的风险。

权衡示例:通常要求新软件部署网络安全授权、身份验证服务、执行决策和审计所有访问交易等安全控制措施。这可能延迟上市时间,特别当开发人员必须找一个安全顾问进行开发时。权衡方式可通过代理服务执行身份验证、授权(Authorization)和审计(Audit)等控制措施实现。代理服务在服务前端执行安全功能,上市盈利后,当有更多时间和资源时,再将安全服务更完善地整合到服务中。

2.2.3 员工士气

组织通过人员安全流程(如背景调查,Background Investigation)和网络安全控制流程(如注册使用服务和数据)创建安全环境,可能造成不信任或压抑的气氛。此外,除了想要获得信任的基本需求外,员工们还需要感到自己是有生产力且有能力的。过于苛刻的网络安全制约因素可能限制生产力,因为需要执行与安全有关的目标系统(如每年举办安全课程),而且与安全相关的目标系统会阻碍其他目标系统的执行(等待批准使用一些新的数据或服务时)。最终,员工会觉得自己不受信任,无法充分发挥自身的潜力。这种不信任感将对创造力和创新产生致命影响。有这种倾向的员工要么压抑自己的创造力,要么选择离开组织。高层次人才流失带来的损失很难量化但非常现实,足以让一个卓越组织失去生命力。

权衡示例:安排员工参加培训并通过考试以证明员工的网络安全意识达到预期目标,即确保员工理解如何正确地进行自我管理,同时避免员工们每年都要反复阅读同样的材料。此外,如前所述,尽量减少需要获得预授权的服务和数据集的数量,以让员工们感到更受信任,以期提高士气。

2.2.4　商机流失

有时，机会的时间窗口很窄——机不可失，时不再来。例如，宇宙飞船可能有一个发射窗口，发射窗口与每隔几十年才出现一次的行星轨道参数相符，或与对某个事件(如超新星)的独特观测相关。一个更具商业化的示例是，武打明星周边产品的发布往往与电影的上映时间同步，因为这是影迷兴趣最高的时候。时间同步的需求对新功能的开发造成时间限制。拖延可能意味着错失良机。其他需求可能要求一定的计算性能，如动画或音乐的实时呈现。如果安全需求将性能降到某个阈值以下，则无法再创建相关功能。这种情况下，如果没有经过适当考虑，安全实际上会阻止创建重要的新功能。

权衡示例：性能通常是一个重要因素，添加细粒度的安全控制措施可能使性能变得不可接受。一个权衡方案是创建较宽松的安全控制或创建专用运行环境；可通过使用虚拟化环境实现专用运行环境，不同敏感度水平的用户可采用彼此独立的分离架构。权衡方案的设计意味着不需要针对每个事务检查安全性。

2.2.5　机会成本

原本用于保障特定目标系统安全性的资源和人力成本另作他用。安全是一种投资，应该像其他所有投资一样以投资回报标准衡量，但安全性回报不仅是利润。如果公司的人才库中有 5%的人员专门从事安全方面的工作，如果有机会，安全专家们是否会设计一些新的、有趣的目标系统安全功能进而影响到性能？同样，如果所有员工每天花 10 分钟处理设备的安全措施(执行与安全相关的任务，如登录或学习新的安全标识材料)，那就是有 10 分钟不考虑本职工作的目标系统。安全性的 10 分钟乘以成千上万的员工数量再乘以成千上万的人天数量就是一项重大投资。安全投资可能错过了哪些重要机会？有没有办法让时间变成 9 分钟或 8 分钟？是否可运用二八定律(Pareto 80/20 Rule)[KOCH11]找到一种新方法，以20%的成本获得 80%的安全价值？这个场景下，成本就是时间。

权衡示例：随着组织对登录流程的策略和限制越来越多，登录流程耗费的时间也越来越长。系统可设计为在完成整个网络策略和检查限制之前，立即允许用户访问本地资源和常用的网络资源。这样，用户可更高效地访问网络上一些更敏感的资源。

2.2.6　服务或产品数量

在当今的信息经济中，可创造的服务或产品的数量往往取决于 IT 资源的支持。如果所在的行业直接销售 IT 服务，如云计算或计算服务，那么这种效果是非常直接和显著的。用于网络安全的任何资源(即任何类型的系统管理)不能作为服务出售给消费者，这将意味着利润损失。再如，如果一个组织执行了大量数据分析，而且提供的"价值"是分析产物，那么网络安全之类的开销会直接从可用资源库(包括存储、网络带宽和计算)中扣减。网络安全对审计数据和入侵检测数据有显著的存储需求,在组织内部传输此类数据有较大的带宽要求,对分析用于攻击和滥用的数据有显著的算力需求。带宽和算力需求可能与目标系统本身所需的业务运营资源相互竞争。

权衡示例:组织应该考虑制定和执行网络安全组件使用系统资源的"预算(Budget)"。这样的预算可确保明确的权衡和取舍,并可开展深入的思考、谨慎的规划和合理的布局。还可避免网络安全控制措施蚕食目标系统资源,最终远远超出决策者认知和期望的范围。预算策略也确保权衡是可控且动态的,从而能够适应不断变化的场景和环境。这样的预算也可能会推动解决方案创新,即至少在收集数据的网络的边缘分析数据,且只传递"最核心部分(Golden Nugget)"以供进一步分析。

2.2.7　服务或产品质量

与数量类似,组织的产品或服务的质量也取决于组织可用的系统资源。分析常受可用资源的限制。例如,寻找最优解的算法的复杂度通常与受分析集合中的元素数量呈指数关系。当元素数量达到数千、数十万甚至数百万时,计算真正的最优解通常是不可行的。可使用启发式计算近似的最优解。优化在商业成功中起着关键作用,如最小化生产材料的开销,或者规划前往多个城市的最便宜路线(称为旅行商问题[CORM93])。通常,近似最优解的质量取决于专用于该流程的计算资源量。由于安全等开销活动导致的资源量减少,可能导致解决方案不理想,从而降低成果质量并给组织造成浪费和损失。基于前面所讨论的原因,应谨慎地管理和监督网络安全对系统资源的使用,以确保获得对目标系统的最佳或次佳的权衡。

权衡示例:某些情况下,网络安全进程将分配到专用硬件上,使用专用资源方案;这与弹性计算(Elastic Computing, EC)方案[YADA10]相对;EC方案从其余目标系统使用的同一资源池中提取资源。专用资源方案的优点是:

(1) 网络更安全。因为在目标系统软件中运行的潜在恶意软件可能"破坏(Break Out)"虚拟环境并攻击安全机制,从而给组织造成灾难性后果。

(2) 为安全系统消耗的资源通常不超过分配给安全系统的资源,因此几乎不干扰目标系统(至少在存储和计算方面是这样;不过,网络带宽几乎总是共享的)。

专用资源方案的缺点是:IT预算几乎总是一个零和游戏(Zero-sum Game),因此分配给网络安全资源的资金不能分配给目标系统资源。功能隔离通常导致更多的空闲时间,还必须调整资源大小来应对偶尔出现的负载激增情形。隔离导致的后果如下:

(3) 专用安全性资源的剩余容量本可作为目标系统的资源,但这种隔离剥夺了共享权,导致资源利用率低下。

(4) 在发生严重的紧急情况时,需要消耗额外的目标系统资源(例如,有一个重大的网络攻击正在发生,因而需要执行更多数据收集和分析,以查找攻击来源并击退攻击)。

2.2.8　服务或产品成本

前面讨论的非货币资源存在机会成本；与此类似，货币资源也存在机会成本。如果组织在网络安全上花费了 100 万美元，就意味着有 100 万美元没有投入目标系统，部分新功能或改进就会受到影响。安全费用有多种形式，以各种形式计入。网络安全机制本身存在明显的直接成本，如身份验证和授权系统、杀毒软件许可证和防火墙。为了适当地整合安全，目标系统的安全需求额外增加了开发成本。额外的运营和维护费用与网络安全子系统以及包含安全元素的目标系统有关。例如，网络、主机和设备上的诸多安全机制可能导致网络访问调试失败(这意味着，需要访问另一个系统的目标系统突然失去通信能力)，从而增加成本、延迟和对目标系统的影响。

权衡示例：安全机制通常针对组织所有可能的攻击类型和实例实现攻击空间(Attack Space)的重叠覆盖。虽然重叠可很好地创建备份和深度防御(Defense in Depth)，但组织只能提供 x 美元的安全性。确保尽可能全面覆盖攻击空间，特别是高概率攻击空间，这比冗余地覆盖某些部分而完全不保护其他部分更重要。在与目标系统功能权衡时，重要的是要了解与已发现的攻击空间的部分冗余覆盖相比，冗余的边际收益与空白区域之间的差异。该主题将在第 8.2 和 8.3 节中深入讨论。

2.2.9　有限的资源

有时，组织的信息技术基础架构受限于资金以外的要素。例如，政府机构可能限制每名雇员只占用固定面积的空间。另一个示例是由于配电或发电基础架构的限制，当地电力公司无法提供更多电力供应。第三个示例是在允许的空间内没有足够的冷却能力冷却所有计算机。有时，将这三元组称为电力、空间和冷却(Power, Space and Cooling, PSC)约束。当然还有其他类似的限制。不考虑财务预算，网络安全机制也需要占用各类系统资源，消耗有限的资源，并阻止目标系统使用这些资源。

权衡示例：有时为了应对世界或组织的网络安全危机，组织会拨出额外的资金用于网络安全工作。从某种意义来说，这些资金并不来自目标系统预算，而是一种"找到的钱(Found Money)"。由于电力、空间和冷却等资源有限，这些投资仍排挤目标系统，因为资金无法放宽这些限制。有限的资源变成一场零和游戏，并产生了网络安全和目标系统的权衡，因此需要如前所述精心考虑。

2.3　安全理论来源于不安全理论

网络安全概念要求防御者回答这个问题：防御什么？要了解网络安全，就必须了解如何入侵系统。这意味着防御者必须了解系统的脆弱性和攻击者针对这些脆弱性的能力。理想情况下，专业的防御者就是专业的攻击者。安全专家必须从战略和战术视角理解网络攻击活动。战略视角意味着理解如何通过对特定目标系统进行一系列逼真的攻击以达成某种高级的对抗性目标。战术视角意味着理解如何完成特定的攻击步骤，例如，如何攻破防火墙或蠕虫自我繁殖。简而言之，安全理论来源于不安全理论[PROT84]。

> 安全理论来源于不安全理论。

2.4　攻击者虎视眈眈，伺机而动

毫无漏洞的目标系统安全设计几乎是不可能完成的任务。任何较大的目标系统实现都存在未检测到的错误。两个子系统的设计师之间总是存在各式各样的误解，而这两个子系统原本是要以特定方式一起工作的。即使设计良好的系统也有一些子组件总会在特定时间遭受攻击和破坏[GALL77]。攻击者往往是综合利用多种脆弱性(漏洞)，在漏洞百出的系统设计、满是软件缺陷的代码实现以及时有发生的系统故障之中伺机而动，逐步掌控目标系统。

> 攻击者等待并利用所有类型的错误。

一个简单的、与安全无关的示例是一个系统调用另一个系统提供的平方根函数服务。平方根函数的设计者隐式假定任何服务的调用者都只输入正数。另一方面，调用者是一名电子工程师，知道在虚数上定义的负数平方根是复数的一部分，这在理解波的传播中起着关键作用。因此，调用者期望完全实现平方根函数功能，而设计者误认为调用者使用的是更常见的正数。这种不匹配的假设可能导致平方根函数的灾难性失败；如果设计者未在执行操作前检查输入函数的符号，而调用者使用平方根函数时未检查返回值以确保返回值是有意义的，情况将尤其糟糕。

在网络安全领域，另一种类型的假设失败会导致所谓的缓冲区溢出漏洞(Buffer Overflow Vulnerability)。如果设计者在处理输入前没有检查输入长度和类型，调用者可通过提交一个特定的恶意字符串(如极长字符串)利用缓冲区溢出漏洞。特定的长字符串可能在输入的末尾处包含恶意代码，然后恶意代码会进入执行栈，使调用者能控制服务。

2.5　自上而下和自下而上

把两名或更多工程师安排在一个房间里，工程师们会没完没了地争论自上而下或自下而上设计的优点——都是以工程师各自喜欢的设计为出发点。往往纷争开始后，地板上到处都是摔下的物品。

事实是，优秀的攻击和防御设计团队必须同时使用这两种方法，从多个不同角度研究目标系统，每个角度都将聚焦目标系统重要的部分。完全从零开始时，自上而下的设计是非常优秀的。即使对具有大量遗留问题或超出系统设计者范围的系统，也有必要对系统需求以及网络安全需求如何适应这些系统需求有一个良好的自上而下的理解。一名优秀的设计师应能在一页纸中总结出所有网络安全要求，确保在进一步完善的过程中能聚焦全局。例如，一个实验室正在分析恶意代码，以了解如何更好地防御，那么可能有这样一个要求："不要让恶意代码流出去。但通过检查恶意代码而获得的知识可自由流出。"当然，一名优秀的网络安全工程师必须反复地将网络安全需求细化为多个抽象层，而组织高层则会时刻关注网络安全的目标(关于模块和抽象的讨论，见第 19.2 节)。

> **优秀的网络安全工程需要全面考虑安全性。**

自下而上的设计是必需的。某些情况下，只有特定的构建块(Building Block，指组件)可用来构建安全系统。这些构建块，或构成设计模式的构建块的组合，可能是实现设计的系统组件。这些构建块必须具有良好特性，并且网络安全工程师必须清楚地了解和开发这些构建块之间的接口来满足顶层需求。有关设计模式的详细信息，请参见第 19.2 节。

机制和组件的自上而下的细化满足了可用构建块、工具和设计模式的自下而上的可实现性，从而实现了一致地满足目标系统需求的实际设计。

2.6 网络安全是现场演奏乐队，而不是录制仪器

网络安全可类比为整个免疫系统，而不是单个白细胞。相信科学，而不是相信护身符。网络安全乐队中有三类乐器：防御(Prevention)、检测(Detection)和响应(Reaction)。

防御通过利用一个或多个安全机制的方式阻止攻击序列的攻击活动。例如，使用限制性防火墙规则限制可与目标系统通信的计算机，可极大地缩小攻击者可利用的攻击面(Attack Surface，指攻击者可直接触及的脆弱性、漏洞、缺陷或弱点等)。

检测只是确定发生了一个攻击步骤，并可能正在进行一个更大的攻击步骤序列。如果对于敌对者来说，其全部的价值在于防御方不知道攻击的发生，那么自我检测就很有价值。例如，攻击者窃取了防御者的区域作战方案，则防御者可更改作战方案，将自己重新保护起来。

响应与检测有关——是为了阻止攻击和修复损坏而采取的行动，确保系统功能的持续性。

随后将安排这些类别的网络安全设备演奏防御"乐章"。单独的一种工具不足以抵御攻击行为，这些工具必须协同工作来共同筑成一个有效的防御体系。音乐必须是精心设计的，必须是持续的。网络安全不仅是安全专家所构建系统的各种属性，比如把烤面包机涂成银色；网络安全是一个体系化管理的有机整体，是一个技术上不断演进的生命周期。

2.7　小结

本章为成为一名卓越的网络安全战略家提供了准确的思维框架和视角。这也是理解安全问题本质和解决问题方法的一部分。为了继续完成这一宏大的视图,下一章将讨论安全专家们如何关注支持的系统,即目标系统。

总结如下:
- 网络安全是在合理的成本和目标系统影响下有效地降低风险。
- 网络安全需要权衡目标系统的目标、性能和功能。
- 要正确理解网络安全,就必须了解系统是如何遭受攻击的。
- 由于错误的假设,系统间接口风险极高。
- 自上而下和自下而上设计共同协作才能实现有效的网络安全。
- 网络安全需要对安全机制的动态方面进行多方位协调。

2.8　问题

(1) 网络安全与风险之间的关系是什么?讨论风险从何而来,以及降低风险的方法。

(2) 在系统设计中,网络安全与什么进行了交换?为什么?讨论与网络安全有关的其他重要的系统权衡,以及如何最好地做出这些决定。

(3) 网络安全防御方法与网络攻击方法有何联系?讨论防御者如何通过模拟攻击来测试自己的系统。

(4) 为什么系统接口的风险极高?讨论一些可能导致网络安全问题的无效假设例子。

(5) 如何协调使用自上向下和自下向上设计大型组织安全系统?讨论如何使用系统工程工具(如架构规范语言)支持这种混合设计方法。

(6) 为什么网络安全本质上是动态的?讨论网络安全的动态性在系统运行过程中如何表现。

第 **3** 章 价值和目标系统

学习目标
- 识别组织在网络基础架构方面的价值及其对网络安全的影响。
- 说明网络安全在优化目标系统(而非优化网络安全)方面的作用。
- 讨论系统设计如何影响系统成为高价值目标或低价值目标。
- 理解保密(Secrecy)的本质以及如何保密。
- 描述组织减少保密以及对保密依赖的原因和做法。
- 描述目标系统中信任的本质,及系统中信任是如何错配和演变的。
- 理解为什么完整性(Integrity)是所有网络安全的基础。
- 解释为什么可用性(Availability)在网络安全属性中是最脆弱的。

网络安全概念需要回答到底需要保护什么。由于本书是围绕组织网络安全展开的,那么答案就关乎组织的网络基础架构(Infrastructure),及其如何为组织的目标系统提供支持。通常,组织主要关注敏感信息的机密性、关键信息的完整性以及服务的可用性。对上述关注点本质的理解及对其重要程度的判断完全取决于组织的目标系统。像开源基金会(Open Source Foundation)这样分发自由软件的组织可能更多关注软件的完整性而非机密性;军事组织往往高度重视机密性,而在一定程度上可忽视原本同样重要的完整性和可用性。

本章首先概述聚焦价值和目标系统的意义,随后围绕机密性(分为三节)、完整性和可用性的价值展开讨论。

3.1 聚焦价值和目标系统

网络安全并非组织的目标系统的全部,尽管网络安全十分重要。信息系统的目标是决策支持。如果敏感信息泄露、关键信息遭到操纵或系统在关键时刻中断,信息的价值都将大大降低。信息价值的变化与机密性、完整性和可用性等基本网络安全属性相对应,是围绕组织的目标系统展开的讨论。

重要的一点是，不惜一切代价保护网络安全，或根本不考虑网络安全的观念都是错误的。网络安全始终是系统功能和性能之间的工程权衡。考虑目标系统时，有时功能和性能比网络安全更重要。例如，飞机的控制系统必须首先确保飞机的安全性，暂时牺牲乘客的互联网通信以确保飞机安全飞行，就是一个优秀的权衡方案。

无论是在系统的设计阶段还是运营阶段，网络安全架构师和系统设计师都必须权衡上述问题，同时，必须信任系统所有者和用户，以帮助在设计和运营阶段做出这些权衡。

网络安全的目的是优化目标系统效能。

3.1.1　避免价值汇聚

敌对者与防御者用相同的方法计算成本收益。判断是否发起一次攻击取决于收益。如果任何特定机制或系统保护的目标价值足够高，敌对者将投入大量资源针对某点进行攻击，这将导致防御难度大大增加。例如，用共享网络密钥加密大量通信，由于共享密钥可解锁大量敏感数据，因而成为攻击者的高价值目标(High-Value Target)。但如果系统设计能将价值分散，将使敌对者在任何给定攻击中都无法获得可观价值。为达到同样的效果，攻击者的代价会显著增加，而且攻击者不能将资源集中在单一点上。此外，如果每个子网都使用一个单独的密钥且经常更换，那么任何密钥遭到攻击失窃后仅会泄露少量数据，因此敌对者就不太值得以单个密钥作为攻击目标。

避免为敌对者提供高价值目标。

类似地，安全架构师必须当心，不要创建貌似强大却容易受到敌对者利用的控制和管理机制。例如，功能强大的管理子系统可控制网络，甚至能控制网络安全机制本身。这样的系统对于降低管理系统的复杂性非常有用，但如果敌对者攻占了一个如此强大的管理子系统，相当于敌对者同时挫败多项网络安全机制，这就为敌对者创造一个高价值的目标。换句话说，如果管理机制引发了能控制所有机制的通用攻击模式，那么管理机制可能会无意中破坏多个机制的深度防御(Defense in Depth)价值。UNIX 上用于简化管理的 root 用户访问就是一个示例，尽管这个示例有些过时。大多数现代认证(Certification)和认可(Accreditation)程序已在很大程度上消除了这一点，取而代之的是由弱口令(Weakness Password)保护的自动化管理系统[1]。

3.1.2　谨防过度信任

有一句谚语：“别人不会仅因为你的偏执而放过你。”[HELL10]。信任是需要争取的，

---

1 译者注：关于“认证和认可”的概念，请参考《CISSP 权威指南(第 8 版)》。

而不会轻易得到的。无论是利益相关方、设计师、管理员还是用户，系统涉及的所有人员都应对信任系统持有合理的怀疑态度。应该常常发问："为什么要信任该系统？"而不是"为什么不信任？"

> *信任是要不断争取的。*

即使系统在生命周期的某一阶段(如新部署)赢得了信任，也仍应该注意到系统会随着时间的推移发生变化，曾经的信任很可能遭到削弱。继续信任一个不再值得信任的系统可能带来危险后果。例如，将秘密托付给不可信赖的系统，将持续面临遭受网络攻击，造成泄密的风险。

3.2 机密性：敌对者眼中保密的价值

机密性的价值包含四种类型。机密性涉及两个重要方面，一是预防，二是检测；根据秘密的本质，每个维度都有不同价值。汇总内容详见表 3-1。

表 3-1 秘密类型

序号	秘密类型	预防优先级	检测优先级
1	知识获取型秘密	高	低
2	计划型秘密	高	极高
3	窃取型秘密	较高	中等
4	泄密途径秘密	高	极高

接下来将对机密性的四种类型和两个重要方面简要介绍，稍后进行详细介绍。

1) 知识获取型秘密(Acquired-Knowledge Secret)

通过研发获得——获取成本高昂、泄密代价巨大且不可逆，检测泄密有用但不关键。

2) 计划型秘密(Planning Secret)

在竞争环境中通过制定方案获得——预防价值很高，检测价值更高。未能发现泄密对组织来说是致命的。

3) 窃取型秘密(Stolen Secret)

从竞争对手或敌对组织处获取——保守秘密的重要性较高，检测的重要性中等，具体取决于所窃取机密的类型。

4) 泄密途径秘密(Means-of-Stealing-Secrets Secret)

通常是最高机密，检测优先级极高，敌对者可向受损源或通信渠道注入恶意信息，从而造成损害。

3.2.1　知识获取型秘密

知道其他人都不知道的事物可能具有很高的价值。知识获取型信息的保密非常重要,因为能够带来巨大的竞争优势,包括国家的经济、政治或军事优势。例如,可口可乐的配方或原油裂解(一种将原油分解为汽油、煤油和柴油等产品的工业过程)的标准参数设置等商业机密就属于此分类。军事方面的示例包括一些前沿技术,如飞机或潜艇隐身技术,可使武器在航程中躲避雷达或声呐的探测。

知识获取型秘密一旦泄露,除了导致竞争优势的丧失,还会造成巨大的竞争性损失,因为失窃的知识获取型秘密的研发成本投资可能高达数十亿美金,但窃取方不需要投入任何成本,且这部分费用将投资于窃取其他秘密,进而在其他领域获得竞争优势。因此从某种意义上讲,在衡量投入多少资源保护知识获取型秘密时,应当考虑泄露可能造成的双重损失(见图 3-1)。

攻击展板：攻击并获得秘密信息	
名称	数据泄露
类型	机密性
识别时间	自计算机问世之日
系统目标	存储和传输中的数据
脆弱性	明文数据；弱安全性操作系统、服务器
目标	隐秘地复制高价值数据
频率	普遍存在，尤其是窃取行业机密
损失	失去了花费数十亿美元获得的竞争优势和研究优势
重要性	信息时代的战略损失

图 3-1　攻击描述：攻击并获得秘密信息

从某种意义上讲,知识获取型秘密(Knowledge-acquired Secret)泄露造成的损失是不可逆的,除了通过新投资获取新的知识外,无法重新创造已损失的价值。若能及早发现泄密,检测工作还是有意义的。但通常竞争者窃取知识获取型秘密并从中获利后,事实就浮出水面了,因此"事实真相"往往作为侦测知识获取型秘密丢失的方法。

3.2.2　计划型秘密

计划型秘密的价值在于方案执行之前竞争对手无法获知组织的具体方案。军事中有时称为"出其不意"(Surprise)的因素。设想在象棋游戏中,在对手落子前,能预知对手的每一步走法。这种先见之明显然使对手处于重大劣势。虽然并不意味着对手将输掉比赛,但的确意味着对手将更难获胜，因为只需要将资源和精力集中于对手接下来要出的一招，而不必考虑其他所有可能性。

军事方面的另一个例子是第二次世界大战中的诺曼底登陆。如果纳粹知道盟军力量的准确登陆位置，将所有军事力量集中于此，那么盟军几乎不可能成功[BARB07]。因此，盟军在战略欺骗中投入大量资源，误导纳粹对登陆位置的预测。商业领域的示例有先于竞争对手发布新款手机、电脑产品，通过抢占市场份额获利，或者了解对手在谈判中的立场从而赚取更多利润。

计划型秘密泄露的损失包括三个方面：

- 竞争者调整或使用更好的方案获取价值。
- 竞争对手获悉方案而组织并不知情所导致的损失。
- 组织在方案执行前获悉计划泄露，为了重新维护"出其不意"因素而大幅变更方案所产生的成本。

第三方面包含两种微妙的情形：竞争对手了解到组织已发现泄密，或者不了解。第一种情形中，组织与竞争对手重新开始公平竞争，互不知晓对方方案；第二种情形中，组织可利用竞争对手并不知道组织已获悉计划泄露这一点谋利。竞争对手误以为窃密行为不为组织所知，因此组织能预测竞争对手的行动，制定有针对性的安全对策。

计划型秘密泄露的代价与发生时间有关。在早期阶段，泄密的损失往往较小，因为尚未投入大量资本制定详细方案。因此，接近执行的详尽、成熟的方案通常更具价值，因为没有足够时间再次制定同样周密的方案。对于计划型秘密，通过入侵检测等泄密检测机制非常重要。如果方案已丢失，但组织对此一无所知，那么相关的价值损失可能高出几个数量级，将给组织造成致命伤害。因此，网络安全设计要重视攻击检测和取证，准确了解需要检测的内容。

3.2.3　窃取型秘密

除了由一个组织创建的秘密类型外，还有一些类型的秘密与从其他组织获取秘密的组织有关。姑且将这些秘密笼统地称为窃取型秘密，因为丢失秘密的组织通常不希望这些秘密由他人知道，其获取途径可能违反规章、策略甚至法律而不能公开。例如，假设一个记者在某个组织内部有消息来源，并泄露了一个关于该组织的令人尴尬的事实。当来自该来源的信息导致了一篇公开的新闻报道时(产生负面影响)，几乎可以肯定，泄密者违反了雇用该泄密者组织的策略。同样，当一个情报组织从某政府那里获得了一项机密时，几乎可以肯定的是，至少泄密者因为泄露了国家机密信息而触犯了法律。

窃取的秘密具有多种与价值相关的组成部分。如前所述，窃取的知识获取型秘密固然有价值，但不让外界得知自己已获得秘密的价值相对较小，至少从长期看是这样的，因为对秘密的发掘利用会使被窃组织明显意识到已经丢失了秘密。

另一方面，窃取的计划型秘密，一部分价值在于帮助攻击者理解组织的方案制定能力和作风，但更多价值来自掌握计划型秘密且不让外界得知。因此，保护窃取的计划型秘密至关重要，窃密者必须时刻警惕在窃密和保密过程中是否受到检测，至少要防范遭到被窃组织的检测。

3.2.4　泄密途径秘密

组织获取秘密的方式是一种极重要的秘密类型。曾有新闻记者宁愿承受牢狱之灾也绝不透露消息来源，因为只要掌握信息来源，该记者仍可持续获取机密，这甚至比秘密本身更有价值。另外，如果揭发了泄密者，损失将是多方面的，不仅中断了信息来源，还影响了将其他人发展为泄密者的可能性。

秘密与泄密途径之间的关系十分微妙。有时秘密仅掌握在少数人员或系统中，因此泄密途径只有特定的一种或几种。如果秘密仅有两位知情者，那么由谁泄密将显而易见。有时，除了人为泄密途径，可能还存在系统泄密途径。在第二次世界大战中，温斯顿·丘吉尔曾陷入尴尬境地：已得知情报，却无法采取行动保护伦敦人民免受火箭弹袭击，因为一旦采取行动，德军便会意识到盟军已破解代号为 Enigma 的德军密码通信系统。[RATC06][HODG14]。

另一方面，如果一种泄密途径曝光，就可能知道通过此途径流出的全部机密。例如，发现某个加密的通信路径已遭破解，意味着经由此通信路径传输的所有数据均已失窃。如前所述，这对于防御者是有意义的。

总之，对泄密途径保密是重中之重，识别此类泄密也非常重要。如果识破了一种手段，那么防御者有机会得知损失情况，并消除泄密源头(如将组织中的泄密者解雇)。然而也可能对此守口如瓶，这样做是为了留住对方的线人，防御者甚至可能故意泄露一些低机密性的真实信息，随后混入欺骗性的错误信息，导致对方做出错误决策甚至损失惨重。

3.3　机密性：谨防过度保密

三人也可保守秘密，前提是其中两人已死。

——本杰明·富兰克林

保持秘密，实现机密性保护，是一项复杂而脆弱的工作[BOK11]。秘密往往会衍生更多秘密，组织可能变得过于依赖秘密，几乎上瘾。一旦知道了某个秘密就可保守秘密并为己所用(例如，敲诈某人或优化战略决策)，或为了摧毁某种竞争利益而公开这个秘密(例如，披露五角大楼文件，对可能具有破坏性的隐藏过程进行审查[ELLS03])。

表 3-2 对保密相关问题进行了汇总，之后将逐一详述这些问题。

表 3-2　保密问题

序号	保密问题	描述
1	脆弱	秘密一旦形成，难以保守
2	成本高昂	保密的直接成本、间接成本高昂
3	适得其反	由于识别和标记秘密而成为目标
4	自我繁殖	因保密而滋生更多秘密
5	权力滥用和运营受阻	秘密阻碍沟通与合作

3.3.1　保密是脆弱的

秘密一旦产生，公开只是时间问题。随着信息技术的进步，对任何信息长期保密都将变得越来越难。Google 等搜索引擎除了搜索公开数据，还开始进行常规的深入分析，任何秘密都很难不在网络空间留下可推理的足迹。详见第 25.1 节。

例如，一个组织希望暗中实施一些重大行动，但由于夜间市场需求增加，该地区所有披萨餐厅的营业时间都延长了，那么人们就有可能从这些现象中推断发生了什么。推理(Inference)是指对已知事实进行加工，并从这些事实所隐含或暗示的事实中得出推论。归纳和演绎的逻辑规则用于掌握尚未明确的新事物。

3.3.2　保密成本高昂

保密需要特殊流程、独立的专用网络基础架构，以及单独的人员审核流程。这些流程可能十分繁杂，而且限制了解决特定问题的人才资源。正如下面的"展板：报告摘要"补充说明所述，美国国防部估算每年花费数十亿美元开展保密工作。此外，将原本用于组织主要目标系统的资金用于保护机密，还存在机会成本。

展板：报告摘要
标题：美国国防部关于美国国家安全信息过度分级(Over-classification)的评价报告(2013)。
(1) 管理层没有对合理分级负起适当责任，质疑过度分级的规程不明确，同时没有适当的激励政策。
(2) 最初的分级主管部门未做出足够的分级决策，甚至未做任何分级决策，导致安全资源分配的浪费。
(3) 安全分级指南的管理及更新无效，导致潜在的过度分级问题。
(4) 低效的安全宣贯、教育和培训。

3.3.3　保密可能适得其反

仅将某事物识别并简单标记为"秘密"行为，给潜在的敌对者提供了提示信息，即这是值得窃取的高价值数据。这就像在数据或包含高价值数据的系统上绘制一个显眼的红色标记。敌对者将集中资源攻击高价值数据和系统，而不必浪费任何资源推测哪些是防御者重点保护的数据。

3.3.4　秘密会自我繁殖

一旦组织制定了专门的规则和流程处理秘密信息，并且保密规则和流程可能对负责保护秘密信息的人员造成负面影响，就不可避免地会导致保密人员趋于保守，将某些本来属于常规范围的信息视为秘密。过度识别敏感信息一般不会对领导者的权威造成任何后果。往往将个人认知敏感或可能与真正敏感数据有关的信息都标记为敏感数据，原因只是"为安全起见"。然而，当数据合并到基本不敏感的报告中，出于各种考虑，可能认为能从这些非敏感数据推断出敏感数据，为安全起见，整个报告都贴上敏感标签。

同样，一旦创建了一个特殊的、受保护的基础架构来保护敏感信息，这些基础架构往往会肆意扩展，并将非敏感数据与敏感数据混合在一起，导致进一步的过度标记。这种扩展将导致成本急剧增加。而真正敏感的数据得不到很好的保护；由于数量过多，防御者开始变得漫不经心。这就是管理层所说的"如果一切都是第一要务，就没有要务"；因此可以说，如果一切数据都是敏感的，就没有数据是敏感的。

> *如果一切数据都是敏感的，就没有数据是敏感的。*

3.3.5　秘密导致权力滥用和运营受阻

如果一个人知道其他人不知道的秘密，这个事实可用来创建一种货币，在组织内部甚至组织之间进行交易。这会扰乱组织内的正常信息流动，降低目标系统运转的效率和效果，造成了事实上的信息黑洞或盲点，同时，加剧普遍的官僚主义现象，即"右手不知道左手在做什么"。

3.4　机密性：改变价值主张

网络安全工程师必须考虑保密的价值主张的本质，并从战略上理解其在目标系统中发挥的作用。改变保密角色的本质以提高保密能力十分重要。关于如何改变保密本质的进一步讨论，请参见 25.1 节。

3.4.1　减少保密及对保密的依赖

基于前面的讨论，应将保密保持在最小限度，并应积极采取措施抑制其扩散。正如可信赖性、可靠性或任何其他系统属性一样，保密可设计为如何最大限度地减少秘密。首先应该列举哪些数据是敏感的、为什么是敏感的、秘密的类型是什么、半衰期(Half-life，指数据失效或数据留存期)多久、泄密后果以及不依赖此秘密来实现目标的替代方法。工作表示例详见表 3-3。

减少保密及对保密的依赖。

表 3-3　尽量减少保密的工作表示例

序号	哪些数据是敏感的	为什么是敏感的	秘密的类型	半衰期	泄密后果	是否存在不依赖此秘密来实现目标的替代方法
1	发明成果	获得竞争优势	知识获取型	1.5 年	市场份额	专利保护
2	个人身份信息	需要承担法律责任	其他	注销前一直需要保密	诉讼、罚款和商誉损失	外包人力资源管理

一旦组织确定了敏感信息的优先级列表，就应该考虑运用"二八法则(80/20 Rule)"。组织能否仅通过标记和保护20%的最重要数据就能实现保护80%敏感信息安全的价值？答案往往是肯定的。清单上的高敏感级数据的另一个重要问题是，是否真正需要将高敏感级数据存储在连接的系统或计算机系统上(例如，是否可以直接写下来并存储在保险箱中)？离线存储信息因为减少了敌对者可用的攻击路径，可显著降低目标系统的风险。

更进一步说，组织确实应该尝试自我设计，这样就不会如此依赖于秘密。当然，前面所讨论的减少秘密数据量可减少对于保密的依赖。此外，是否还有其他方法可减少对保密的依赖？答案是肯定的，存在一些替代流程取代需要保密的流程(详见第 25.1 节)。例如，如果组织生产的产品依赖于某种秘密成分，也许组织可研制出另一种同样成功的产品，因为新产品成本较低或使用了最优质的原材料。

另一种减少对保密依赖的方法是降低对秘密半衰期的要求，换句话说，对保密时间的要求，即持续保密直到敌对者无法获得利用价值。如果一家公司的文化是快速创新和敏捷开发以便首先进入市场，那么可能不需要像其他公司一样进行长时间保密，从而降低保密成本，同时缩短这些秘密产生其他负面影响的时间。例如，著名的 3M 集团准许工厂对外开放，允许公众参观，因为当竞争对手抄袭某项技术时，3M 集团已经开始新的技术研发[PETE12]。

3.4.2　最小化泄密损失

秘密并非是永恒的,因此,所有组织都应该设计成对泄密这样的"失败"有较高容忍度,泄密损失应该最小化。

如前所述,减少组织对秘密的依赖是将泄密影响降到最低的合适的办法。有时秘密是由组织中个人以贪污[MCLE13]或危险行为[BERL01][KAPL12][WEIS17]等违法或不正当手段获得的。一旦组织拥有此类秘密,往往会严格保密,目的是保护该组织的目标系统不受干扰,以免利益相关方、公众丧失信心。但由于长期保密可能性很小,组织应该公开这些秘密,并控制时间和期限,最大限度地减少组织及组织目标系统的损失。

3.5　完整性:一切可信价值的来源

没有完整性就没有其他网络安全属性。如果不能依赖支持组织的目标系统,那么系统及其数据将毫无价值。这类似于在沙地上建房。完整性有两个重要类型:数据完整性和系统完整性。数据完整性是指系统中数据未受到恶意篡改的信心,系统完整性是指系统本身(硬件、软件、操作系统和设备等)未受到恶意篡改的信心。

> *没有完整性,其他任何网络安全属性均无从谈起。*

维护已损坏数据的机密性毫无意义。防御者不清楚数据的有效性,数据就没有价值。以攻击者篡改防御者系统注入恶意代码的情况为例,攻击者实际上获取了系统的全部控制权。如果防御者不能确信系统未遭到篡改,就不再真正拥有(相信)系统,也不能依靠组织的目标系统完成操作。系统的可用性是一种幻觉,由成为防御者系统真正所有者(控制者)的敌对者临时"恩赐"。在这两类完整性中,系统完整性更重要。攻击者可使用系统完整性攻击来装载其他任何攻击,包括数据完整性破坏等。因此,作者的经验表明,完整性是如今大多数网络安全防御者低估的方面之一。

3.6　可用性:基本但脆弱的价值

可用性是指系统可以正常运转并可用于支持目标系统。在当今信息时代,组织信息基础架构失能通常意味着组织失能。如果组织对运营和生存的时间要求非常严格,可用性丧失对组织来说或许是致命的。例如,零售店在感恩节和圣诞节的利润总额占比非常高,销售价值可达每小时几十万美元。如果一家利润微薄公司的零售系统长时间瘫痪,则可能造成公司破产倒闭。

遗憾的是，可用性很难保证。现代信息系统的正常运行通常依赖于控制范围之外的诸多系统。例如，组织的 Internet 服务供应商(Internet Service Provider，ISP)停止服务，则无法访问互联网。通常，应用程序依赖于实时访问以验证许可证或调用在线服务(如域名系统，Domain Name System，DNS)，域名系统可将诸如 www.ibm.com 的网站名称转换为计算机可理解的地址。

同样，现代万物将供应商、客户系统与生产商系统实时地紧密联系在一起，如果任何一个系统出现任何故障，都可能导致整个连接的系统崩溃。因此，即使是与组织无关的供应商系统受到攻击并停止工作，也可能导致组织的生产线无法及时获得零件补充而停止。进一步讨论请见第 24.2 节。

3.7　小结

本章学习了将目标系统放在首位的含义、网络安全如何为目标系统提供支持，以及机密性、完整性和可用性的价值。下一章将关注如何识别并聚焦于目标系统的重大潜在威胁。

总结如下：
- 组织需要对机密性、完整性和可用性做出权衡。
- 网络安全对组织目标系统的保护，如同免疫系统对人体的保护。
- 从攻击者的角度进行思考，将泄密损失最小化。
- 避免将有价值的数据汇聚在一处，从而成为高价值的进攻目标。
- 秘密容易繁殖，难以保护，这些特点可能妨碍组织的目标系统。
- 在系统的整个生命周期，都应当评价保密对目标系统的影响。
- 尽量减少保密的数据量，减少泄密给目标系统造成的损失。
- 在系统的整个生命周期，都要向利益相关方证明系统的可信赖性。
- 没有系统完整性，机密性和可用性无从谈起。
- 可用性也取决于不由设计者运营管理的系统。
- 避免将关键功能和数据外包给不可信赖的实体。

3.8　问题

(1) 列举三种组织类型，预测这些组织将如何权衡三种网络安全基本属性，并分析原因。

(2) 描述网络安全的目标与目标系统的目标，以及优先级关系。举例说明需要牺牲部分网络安全以支持目标系统的情况。

(3) 列出两个将有价值的数据汇聚在系统一处的案例，给出替代决策方案。

(4) 列出使管理变得复杂和困难的五个与保密相关的原因，并列举具体示例。

(5) 为什么组织需要减少对保密的依赖？请给出三种解决办法。

(6) 给出两个因泄密造成组织破产的案例。

(7) 系统完整性和数据完整性之间的关系是什么？哪个更基本，为什么？

(8) 为什么完整性是网络安全的最基本属性？

第 4 章　危害：目标系统处于危险之中

学习目标

- 定义危害，阐述危害与组织目标系统的关系。
- 定义战略风险，阐述关注战略风险的重要性。
- 论述如何利用预期的危害计算结果来确定战略风险。
- 描述如何关注源自高层领导的战略危害。
- 概述如何利用"群体智慧"(Wisdom of Crowd)原则估算总体危害。
- 阐述"信心危害"(Belief Harm)及其难以处置的原因。

危害是什么，危害与价值有什么关系？前面章节确定了将风险作为衡量网络安全基线的首要指标。回顾一下，网络安全与目标系统(Mission)风险有关。目标系统风险是指对目标系统造成严重破坏、产生不良后果的可能性。不良后果的集合是危害。危害(Harm)用于衡量不良后果的糟糕程度，可用货币或诸如工具集(衡量效用)的定量指标表示[SALV99]。必须思考目标可能发生的不良后果，清楚不好的原因、不好的程度。在本章，术语"危害"(Harm)、"损失"(Loss)、"后果"(Consequence)和"影响"(Lost)将互换使用。

4.1　聚焦战略风险

网络安全架构师有时缺少战略大局观。有时因为容易部署和统计，网络安全架构师只关注网络安全机制。打个比方，如果网络安全架构师拥有一把网络安全锤子，所有网络安全工作在其眼中都成为钉子。在网络安全架构项目完成后，网络安全工作的重心会转移到对网络安全架构部署的维护及扩容上。这可能不利于解决组织存在的其他更严重的风险。规避此类自然倾向，保持对战略风险的关注是有难度的。

4.1.1　什么是战略风险?

战略风险是指那些可能对目标系统造成灾难性后果的风险。例如，一个非营利组织的目标是发起募捐(包括金钱和食物)、接受捐赠以及将食物分发给需要的人们，那么，战略风险指的是可能会直接抹黑其中任一项流程的风险。如果组织发生丑闻，即便是有人恶意传播的虚假事件，也有可能伤害善良捐赠者的捐赠动机，那么对于该组织来说，这就是一个战略风险。同样，如果接受善款的网站因为遭受分布式拒绝服务攻击(Distributed Denial of Service Attack，DDoS)宕机一个月(见图 4-1)，也会严重影响资金来源，从而危及组织目标。

攻击展板: 分布式拒绝服务	
级别	可用性攻击
类型	网络泛洪攻击
机制	来自多个地点的遭到劫持的僵尸电脑向目标系统发送大量网络包
示例	红色代码病毒(Code Red)，以域名服务为目标的网络攻击工具(Mirai Botnet)
潜在影响	关键在线资源(如在线零售订单网站)不能访问，造成数十亿美元收入损失

图 4-1　攻击描述: 分布式拒绝服务攻击

关注战略风险的方法，是关注对组织目标及其每个元素的危害。既然这样，因攻击者入侵而导致网站系统在非关键时期服务中断 10 分钟就属于非战略风险。

战略风险是对目标系统的威胁。

4.1.2　预期危害

可利用攻击成功后造成的预期危害对风险进行定量测量，用攻击发生的概率乘以攻击预期危害来简单计算。表 4-1 将攻击分为九大类进行风险总结，其中阴影区域是需要重点关注的攻击及预期危害。可能有人会质疑该表中攻击发生的概率和预期危害数字的准确性，认为攻击分类过于简单，但该表重点是建立一种采用投资回报实施工程定性和管理决策的概念，工作重心放在最重要的事情上。可得出推论，网络安全工程师应努力完善风险评估，为管理层决策提供基础信息。在该表中，风险概率值以指数形式给出，10^{-6} 表示百万分之一。

表4-1 给出风险的计算方法：概率×预期危害；阴影区域是潜在战略风险

概率	预期危害(损失金额以美元计)		
	低(<10^4)	中(10^4~10^8)	高(10^8~10^12)
低(<10^{-6})	0.01 美元	100 美元	100 万美元
中(10^{-6}~10^{-2})	0.01 美元	100 美元	100 亿美元
高(>10^{-2})	0.01 美元	100 美元	1 万亿美元

4.1.3 风险范围

继续讨论前面的例子，在一个给贫困人员分发食物的非营利组织中，攻击者去破解安全邮件的强密码机制以获取电子邮件内容是一种低概率-低危害事件。现在的商用密码术(Cryptography)非常健壮，利用穷举攻击(Exhaustion Attack)暴力破解密码非常困难，穷举攻击是一种密码分析攻击方法，通过尝试所有可能的密钥，来验证哪一个密钥能正确解密消息。据估算，暴力破解成功的概率约为百万分之一。由于透明化运营是大多数非营利组织的工作模式之一，电子邮件内容的隐私安全并非最重要，电子邮件内容失去机密性也不太可能产生严重损失，估算损失小于 1 万美元，这样一来，风险折算大约为 1 美分，并不值得投入大量资源降低风险。

不要在小事上浪费时间。

在另一个示例中，某军阀利用网络攻击非法篡改了一支大型食品运输队的运输路线，将路线非法篡改为途径该军阀属地，然后，该军阀劫持货物用于出售或交换武器。在某些国家这属于严重风险，已经成为把食品成功分发给贫困人员这一目标的主要风险。事实上，对于粮食劫持事件的新闻报道会造成更大危害，捐助者可能认为在这些国家分发食品是无用的，从而停止捐赠。

4.1.4 关注重点的意义

重点关注战略层面的攻击，投入资源去降低具有战略意义的重要风险。对网络安全方案应从质量上提出要求，能衡量战略风险的缓解程度。通过场景来描述风险，并通过安全方案检查，确定能否减轻典型场景的风险。

4.2 危害与目标系统相关

战略层面上的重要危害声明，可来自让组织领导层夜不能寐的那些事件——有时会幽默地称为"履历更新事件(Resume Updating Event)"(意思是事件严重,即便是高级管理者,也难逃解聘的结局,需要更新履历去寻找下一份工作)。换一种说法,"领导层最担心的网络攻击相关的头等事件是什么?"聚焦战略层面的攻击,能集中投入资源去减轻这些风险。网络安全解决方案质量上应可度量战略重要性风险减轻的程度,通过审慎考察解决方案的全面性和具象化信息,确定能否降低典型场景存在的风险。

　　注意存在组织范围之外的风险。 Equifax 公司 [RILE17] 和人事管理局(Office of Personnel Management)[STRO17]的百万级敏感数据泄露事件就是很好的实例,受损害的不只是泄露数据的组织,对于公众也是一场悲剧,由整个社会集体为个别人员的过失行为买单。

　　大规模个人隐私泄露事件可能给数百万人带来长期风险,由于通常不必由组织承担全部损失,因此组织没有足够动力去投资以避免发生此类事件。这种不必承担损失的行为称为"道德危机"(Moral Hazard),会带来严重的社会问题。正确处理这种全社会风险的唯一方法是由其母公司或政府等更高层机构建立问责机制,要求组织必须考虑应对此类危害的资源投入。

4.2.1　危害引发的后果

　　网络安全工程师们应从负责组织目标系统要素的不同高层领导获取战略危害声明——不仅是首席信息官(Chief Information Officer,CIO),还应包括首席运营官(Chief Operating Officer,COO)、首席财务官(Chief Financial Officer,CFO)和首席执行官(Chief Executive Officer,CEO)等。战略危害声明应在不受其他高层领导影响时提出,因为其他高层领导的意见可能带有个人偏见。事实证明,利用网络安全三要素,即机密性(Confidentiality)、完整性(Integrity)和可用性(Availability),来提示高层领导非常有效。如果高层领导缺少概念,想象不出最坏的场景(当高层领导还不习惯去思考最坏的场景时,就会发生这种现象),那么需要针对每一要素来构建典型场景示例,帮助高层领导思考。网络安全工程师们提供的场景可能改变高层领导的观点,但通常情况下,风险在于网络安全工程师提供的用于提示高层领导思考的建议场景很少由高层领导直接采纳——准确地说,高层领导通常会想到一个与之类似但更严重的场景。

4.2.2　汇总危害声明

　　理想情况是,分别向每位高层领导征求危害声明,对于安全三要素,每个要素至少包括两种危害(共计六种)。选定 3~5 名高层领导,在去掉重复、合并类似的危害声明后,最终得到 10~15 种危害声明。危害声明集应清晰陈述每种危害造成的后果,至少包括一个具体的危害实例和合理场景。危害声明集应在高层领导团队之间共享并完善后,得到最终版本。

4.2.3　典型危害清单

注意，危害清单(Harm List)并非详尽无遗，而是代表了本组织需要关注的战略层面的重点事项。这对于网络安全来说足够了，可根据危害清单中的每个要素相关的攻击空间，对所有相关的攻击寻求对应的安全对策。如果通过定性度量，发现危害清单并未覆盖所有攻击空间，就需要重新修订危害清单，补充缺失项。

4.3　关键资产：数据

组织目标系统依赖于关键资产。关键资产清单是组织实现其目标系统所依赖的资产清单(本例中为 IT 资产清单)。例如，一个组织提供的服务严重依赖于前端网关和防火墙，设备可用性的丧失会导致消费者无法使用整个服务。这个场景对于在线零售服务行业尤为重要。

依赖关系(Dependency)通常并不明显。以基础架构系统(Infrastructure System)中的域名系统(DNS)为例，域名系统是支撑其他服务的关键系统，但大多数人包括 IT 人员并不重视 DNS 的安全性。本节着重关注资产的重要组成部分——数据资产。

4.3.1　数据资产类型

关键数据资产有两种类型：一是诸如软件的执行数据(Executable Data)，二是不可执行数据(Passive Data)。从网络安全的视角区分两者非常重要。软件是主动的，包含对计算机操作有影响的指令，包括改变数据文件或其他软件。而数据是不可执行的，通常由软件操控指挥。

软件包括源代码、目标代码、链接文件及可执行文件，甚至包括作为软件输入来控制软件运行的配置数据，有时称为"配置文件"，如控制软件以高特权运行或输出诊断数据。有些语言称为解释语言，能直接执行源代码。这类语言有时称为脚本语言(如 Microsoft Excel 上的 VBA)。脚本文件会嵌入数据文件中，看起来非常像数据文件，但实际上因为可以执行，所以也属于软件范畴。

数据包括用户文件这样的对象文件，比如 Word 文档和 Excel 电子表格，还包括用于控制进程、应用程序之间通信 (如 UNIX Pipe)的应用程序文件。数据可由软件读取、写入、修改或删除。例如，当用户打开一个文本文件查看时，某些运行软件(如 Microsoft Word 或 EMACS)会读取数据并在电脑显示器上显示。数据库是一个数据对象实例，通常由数据库应用程序(如 Oracle 的数据库管理系统)进行读、写和修改。

4.3.2　数据价值范围

并非所有数据都同等重要，联盟保龄球赛分数和午餐菜单不会像可口可乐秘方那么重要，现代计算机系统拥有 TB、PB 数量级的数据，花费大量费用、采用同等程度去保护所有数据没有太大必要。对数据的保护越好，成本就会越高。这引出了根据关键性(Criticality)水平对数据优先级进行排序的概念。组织把"皇冠上的宝石"视为最重要数据，自然就会建立用于处理"皇冠上的宝石"和其他数据的两层应用程序系统。

> 应分级保护数据，否则攻击者会替组织执行分级活动。

4.3.3　关键性分类

关键性依赖于环境。什么是关键性? 从网络安全三要素——机密性、完整性和可用性角度来思考关键性非常适合。具体讲，就是关键数据机密性、关键数据完整性、关键数据可用性、关键软件机密性、关键软件完整性以及关键软件可用性。表 4-2 和表 4-3 总结各种类型并提供实例。

表4-2　基于网络安全三要素的软件和数据关键性类型

关键类型	软件(主动)	数据(被动)
机密性	机密性-关键软件	机密性-关键数据
完整性	完整性-关键软件	完整性-关键数据
可用性	可用性-关键软件	可用性-关键数据

表4-3　六类关键性示例

关键类型	软件(主动)	数据(被动)
机密性	工控软件，控制石油裂解流程的高级编码专用算法	可口可乐秘方、商业秘密、国家分级防御计划、个人身份信息及个人健康信息
完整性	基础架构软件，如操作系统、处理器内微码或路由器内的软件	账户余额、财务交易等银行数据，军事武器目标信息
可用性	零售网站接受订单或处理信用卡的软件，或基础架构软件(如域名系统)	高时效性公众数据，如联邦储备银行公布的最新优惠贷款利率

4.3.4 关键性分级

关键性级别分为几级合适？三级起步是一个不错的选择。首先标识重要数据，这些重要数据对于组织实现表 4-2 中定义的六类目标至关重要。将这些可能导致整个组织毁灭的重要数据和关键数据分为两个级别。其他所有非关键数据归入第三级。二八定律(80%的结果源自20%的原因)非常适用。非关键数据占全部数据的80%。关键数据占全部数据的20%，关键数据的20%(全部数据的4%)则视为超级关键数据。某些情况下，超级关键数据及子集属于非常敏感的数据，都应尽可能离线存储，而不存储在任何联网的计算机系统上。图4-2的金字塔模型说明了这一原则。

图4-2 数据关键性水平

最强保护应留给最重要的要素。

组织的绝大部分数据是非关键数据，对于实现组织目标来说，不是必需的，如午饭菜单。

关键数据对于实现组织的重要目标而言非常重要，银行账户数据就是一个示例。超级关键数据是指那些一旦破坏，就会危及整个组织生存的数据。

4.4 编制目标系统危害的模板

如何汇编组织的重要战略层危害是一项挑战。这一节将给出组织汇编重要战略层危害的方法，并提供一个简单模板。为将抽象概念具体化，将采用多样化的目标案例，表 4-4 选用商业公司(一家银行)、非营利组织(一家慈善机构)和政府组织(一个国家军事部门)作为组织目标系统的案例。这些案例只是用来介绍组织和组织目标元素，并没有详尽穷举组织的目标元素以及隶属于组织的目标系统。

表4-4　三个示例组织的目标元素案例

目标元素	银行	慈善机构	国家军事部门
1	获得存款	募款	保卫国土
2	贷款	购买和挑选商品	保护在国际上的利益
3	利润最大化	给需求者分发物品	支持人道主义目标系统

　　有了组织的关键数据和目标案例,现在分析识别组织危害的模板。表 4-5 为网络安全的三要素分别提供两种实例。符号"<关键数据 *x*>"用于表示组织关键数据集中的一项元素,可由攻击者分析利用实施某具体攻击。类似地,"<目标元素 *y*>"代表组织的一项目标元素。需要注意,并非所有关键数据元素和目标元素集都适用于每个组织。表 4-5 旨在创建一个起点,帮助组织识别战略危害。

表4-5　网络安全危害报告的示例模板

序号	类型	描述	场景示例
1	机密性	<关键数据 1>泄露,这将危害<目标元素 1 >	攻击者入侵系统,窃取<关键数据 1>并公之于众
2	机密性	<关键数据 2>泄露,组织需要再次投入巨额资金以恢复<目标元素 2>的能力	攻击者使用内部攻击窃取<关键数据 2>,该数据用于实现组织的<目标元素 2>
3	完整性	<关键数据 3>的完整性遭到损坏,消费者将对<目标元素 3>失去信任	攻击者利用生命周期攻击插入恶意软件,发现并破坏<关键数据 3>
4	完整性	<关键数据 3>的完整性遭到破坏,将引发<目标元素 4>的决策错误	攻击者离开用户系统,进入生产系统,经分析后,选择性地破坏系统输出的<关键数据 3>
5	可用性	<关键子系统 1>无法提供服务,将使<关键子系统 2>无法正常使用超过 *x* 天	攻击者对<关键子系统 1>执行分布式拒绝攻击,<关键子系统 1>对<关键子系统 2>是必需的
6	可用性	<关键子系统 3>的系统完整性遭到破坏,<关键子系统 3>的备份是运行<关键子系统 4>所需的	攻击者攻击组织的企业信息系统,破坏关键基础架构<关键子系统 3>及备份,导致<关键子系统 4>的服务停止

　　下面将依次描述表 4-5 的每一行内容,并根据场景讨论举例说明。

　　第 1 行"<关键数据 1>泄露,这将危害<目标元素 1 >"。例如,军队的责任是保卫国土(<目标元素 1 >),国土防御方案是关键数据(<关键数据 1>)。危害声明为:"国土防御方案泄露,这将危害军队保卫国土的能力;因为敌对者一旦了解防御方案后,将获得压倒性优势。"

　　第 2 行"<关键数据 2>泄露,组织需要再次投入巨额资金以恢复<目标元素 2>的能力"。

以保护濒危物种的非营利组织为例，该组织的目标元素是保护最后几头野生白犀牛，该组织给所有白犀牛打上无线电标签定位，以保护白犀牛不受偷猎者的伤害。这种情况下，<关键数据 2>是动物的地理位置坐标，<目标元素 2>是保护白犀牛免受偷猎。因此，危害声明变成"偷猎者获取了白犀牛的地理位置坐标，在偷猎者将白犀牛全部杀死前，非营利组织需要采取重大而紧迫的行动来重新安置所有白犀牛。"

第 3 行"<关键数据 3>的完整性遭到损坏，消费者将对<目标元素 3>失去信任"。以遭受攻击事件影响的银行为例，攻击者将错误的账户余额，以及错误的银行交易记录粘贴到所有客户的网上银行对账单上。这种情况下，<关键数据 3>是记录账户余额和交易明细的银行数据。危害声明于是变成："失去账户余额和交易明细的完整性，导致客户丧失信任，相当一部分客户将资金转移到竞争对手的银行，损失重要存款。"

第 4 行"<关键数据 3>的完整性遭到破坏，将引发<目标元素 4>的决策错误"。再次以银行为例，此处重点关注贷款功能。银行必须按美国联邦储备银行的要求定期更新最优惠利率。如果从美国储备银行的电脑上读取优惠利率时，数据在传输中遭到篡改，导致该银行误用篡改后的优惠利率，并将错误的低利率发给客户。基于错误数据做出错误决策，要么迫使银行以无利的利率继续放贷，要么失信于公众。危害声明应该是："破坏了联邦储备银行新公布的最优惠利率的完整性，导致失信，或迫使银行以低利率放贷造成损失。"

第 5 行"<关键子系统 1>无法提供服务，将使<关键子系统 2>无法正常使用超过 x 天"。以慈善组织网站募捐为例，通常大多数捐赠发生关键的募捐窗口期——如感恩节和圣诞节期间。如果在关键窗口期募捐网站不可用，募捐将严重缩水。攻击者可通过对上游网关(大多数捐助者的计算机和募捐网站之间路由路线序列中的最后一个路由器)发起分布式拒绝服务攻击以达到目的。因此，危害声明应该是这样的："上游网关遭到拒绝服务攻击，致使慈善组织的募捐网站在感恩节和圣诞节期间无法使用，募捐额下降了 50%。"

第 6 行"<关键子系统 3>的系统完整性遭到破坏，<关键子系统 3>的备份是运行<关键子系统 4>所需的"。以军队在发生洪水等高时效性事件时寻求紧急救援为例，军方后勤计划小组的操作系统及备份系统遭到破坏，无法安排救援工作，无法开展人道主义救援。这种情况下，<关键子系统 3>是军方后勤计划小组的操作系统及备份系统。因此，危害声明为："军方后勤计划小组的操作系统及备份系统的完整性遭到破坏，造成物流计划系统在三天的关键窗口期无法使用，无法实现人道主义救援目标"。

4.5 众人眼中的危害严重性

组织编制完危害清单，并获得一致认可后，必须就危害的严重性达成共识。通常基于可比较的事件进行估算。风险评估常采用货币作为方便的衡量标准，这样更容易把风险分析转化为投资的决策支持[PELT01]。非货币风险，如丢掉性命(尽管看似冷酷，但对于保险业,这是标准业务)或丧失目标,也应尽可能转换为等值货币实现度量。也可采用工具集(Util)

等其他指标[STIG10]。

4.5.1　危害的严重性：共识

就危害的严重性达成共识是一个有趣的过程。为避免偏见，由每名高管单独对危害性赋值，然后对数据汇总后取平均值，再交给高管团队讨论。

4.5.2　得出结论

通常，首先讨论那些危害严重性赋值多样化的事件(Event)，因为多样化通常源于组织成员对事件的预想差异和知识差异。倾听别人发言有益于对事件的认识。由别人陈述预想和观点，给出赋分原则。在此过程中，需要给予他人信任感，团队领导者应努力营造这种氛围。一旦对于事件的预想和知识的差异得到充分讨论，团队成员可根据新获得的知识更新事件的危害严重性赋值，当然不能强迫团队成员修改赋值。多样性有利于发挥"群体智慧"(Wisdom of Crowd)[SURO05]，从而获得更好的估算结果。顺便说一句，各抒己见，给领导者以启发，是除网络安全工程外的其他许多战略对话的源泉。

4.6　有时，信心比真相更强大

考虑危害时，应该考虑一种称为"信心危害"(Belief)的危害类型。这不是对设备或数据的有形危害，而是对目标系统的利益相关方信心的危害。信心可能是组织不希望利益相关方知晓的真相，但更多时候，信心是误导信息导致的错误信心。用军事说法，即欺骗攻击(Deception Attack)。

4.6.1　摧毁价值

信心通常具备摧毁组织信念、摧毁组织以安全可靠方式运行目标系统的能力。毫无疑问，信心对组织价值有巨大影响。例如，投资者一旦对股票的价值失去信心，那一夜之间组织可能损失数十亿美元[RAPO17]。

> **信心攻击可能比实际攻击更可怕。**

例如，如果组织给其他组织提供数据整合服务或可靠新闻报道，而这家组织遭到了网络攻击，攻击者编造某组织经营不善或存在欺诈等虚假数据并植入系统中。这类攻击一旦得逞，会彻底抹杀组织 X 权益和商誉，导致组织 X 倒闭。同样，攻击者可通过散布谣言诋毁商品的品牌形象，并编造虚假证据来佐证，令消费者深信不疑。

4.6.2　难以解决的问题：生活是不公平的

"信心攻击"破坏性非常强，应该加入攻击清单。信心攻击让高层领导和网络安全工程师都有强烈的挫败感。高层领导认为自己是无辜的。生活经常是不公平的，需要帮助高层领导者克服这种抵触心理。网络安全工程师们很少考虑信心攻击，是因为信心攻击难以对抗。信心攻击很少作用于防御系统，所以组织的系统防御并不奏效，几乎没有技术方案能减轻信心攻击。尽管如此，信心攻击也必须在技术方案中予以考虑，组织需要了解在采取所有安全解决方案后，还剩余哪些未减轻的风险。

4.7　小结

本章帮助网络安全专家了解什么是战略风险，确定风险的具体方法，并将风险按优先级排序。下一章将分析构成目标基础的系统的本质，以及哪些会危害目标系统。

总结如下：

- 通过关注未实现的目标元素，关注战略风险。
- 不要为小事烦恼——这会分散注意力，只会对敌对者有利。
- 战略危害是那些让组织高管们日夜不安的危害。
- 根据目标系统的依赖程度为数据划分关键性级别。
- 关键性决定了与机密性、完整性和可用性相关的重要程度。
- 综合考察组织目标和关键数据元素，确定战略危害。
- 启发和利用"群体智慧"，就关键战略危害达成一致。
- 信心攻击危害严重，令人沮丧，在未来很可能还会增长。

4.8　问题

(1) 解释为什么关注目标元素需要关注战略危害？

(2) 在什么情况下，高危害的攻击安全风险较低，在什么情况下中度危害的攻击安全风险高？举例说明。

(3) 既然危害估算是主观的，那危害估算还有意义吗？如何使估算值更精确？可选择其他什么方法？

(4) 什么是关键资产，如何与数据相关？数据类型(Type)有什么？每一类又分为哪些子类？两种主要数据类型的区别是什么？

(5) 举例说明六类(Category)关键数据，解释为什么对组织目标至关重要。

(6) 选择本章中未提及的任一类型组织，说明其组织目标系统的三个元素与两种关键数据元素。利用本章讨论的案例，组合使用目标元素和关键数据元素，给出三类组织战略危害声明。

第 **5** 章　抽象、模型和现实

学习目标

- 解释系统状态的概念，以及为什么不对"系统状态"建模就会导致过于复杂且难以理解。
- 解释为什么需要抽象(Abstraction)，以及如何选择合理抽象水平。
- 解释为什么仅凭抽象是不够的。
- 列出系统模型(System Model)的元素，并说明元素(Element)之间的关系。
- 总结建模过程中可能出现的错误及后果。
- 列出防御者视图模型中的元素，以及对模型拥有最大控制权限的元素。
- 列出敌对者视图模型中的元素，以及对模型拥有最大控制权限的元素。
- 解释"视图"(View)采用的形式，以及为什么"视图"是对手有价值的目标。
- 阐述可信赖性与网络安全之间的相互依赖。
- 解释"假设敌对者了解防御者的系统"对系统设计的意义。
- 解释"假设敌对者位于防御者系统内部"对系统设计的意义。

5.1　状态的复杂性：为什么需要建模?

计算机系统非常复杂。在计算机科学中，经常会谈论系统状态。系统状态的概念可能很难完全掌握，部分原因是系统状态可处于许多不同的抽象水平。在最基本的形式中，存储单元的状态为 1 或 0。事实上，在这两种状态之间的迁移过程中，还存在其他中间状态。但计算机"隐藏(Hide)"了中间状态，方式是在存储单元稳定并处于确定的二进制状态之前不允许读取存储单元。

从硬件级别的角度看，系统状态可视为所有主存储单元状态的集合。主存储器(Primary Memory)是计算机最先或直接访问用于执行程序并存储数据的存储器；有时称为随机存取存储器(Random Access Memory)，简称 RAM。今天，主存储器以 GB 为单位。此外，还有几个更快级别的内存，称为缓存，以 MB 为单位。缓存位于以 TB 为单位的二级存储器

(Secondary Memory，如硬盘驱动器)之上，有时甚至位于以 PB 为单位的三级存储器(Tertiary Memory，如磁带和光盘之类的备份介质)上。

抛开复杂性不谈，事实上真正有意义的是存储器位置的组合(也因此具有潜在的安全隐患)。因此不能孤立地看待内存值，必须检查内存的幂集(即所有子集的集合)以完全理解正在发生的事情。任意给定集合(即存储单元的集合)的子集数是 2 的集合大小的幂，在本例中为 PB(千万亿字节)。250 确实是一个很大的数值，比海洋中的水滴数目还多了 10 000 倍。

遇到的另一个问题是，单台计算机，甚至实际上组成现代系统的多台计算机上的所有内存都不会同步变化。因此，在任何给定的瞬间，总有一些存储器处于迁移状态，无法读取到合理的值。更不用说读取每个存储单元并将数值传送到某个位置的时间延迟问题。把读取操作和通信发送到某个中心点以查看全部状态都有不同的时延(Latency)，即"延迟(Delay)"。

人脑能同时容纳和理解大约七个事物，上下浮动两个[MILL56]。显然，了解或理解现代系统最底层细节的完整状态超出了人类的能力。因此引入了抽象，以及抽象的数学等价物，即建模(见第 19.2 节)。

> 抽象让难以理解的系统状态变得可以理解。

5.2　抽象水平：位于什么水平

除了确定要关注哪些状态元素的组合之外，还可提出一个问题：对所需系统进行设计建模时，合理抽象水平是什么？合理抽象水平取决于正在设计和评估的系统层。正如将在第 19.2 节中看到的，确认合理水平需要考虑多个抽象层。

计算机的状态可以很简单，如打开或关闭、过热或正常，以及受攻击或未受攻击。在由多系统组成的大型系统中，仅知道哪部分系统"宕机"(Down，由于某种意外故障导致无法运行)可能是重要且有用的信息，尤其是宕机的那些系统具有某些共性的情况，如处于同一子网，或具有完全相同的操作系统版本和补丁水平。

另一方面，为执行攻击或失败取证，分析人员可能检查部分主存储器的"系统转储"文件，来找出仅存在于主存储器中并可能利用了缓冲区溢出(Buffer Overflow，见图 5-1)的攻击，攻击永远不会存在于主存储器之外。攻击者只有通过检查发现有其可利用漏洞的应用程序的主存储器，才可能获得计算机控制权。

攻击展板: 缓冲区溢出	
类别	完整性
类型	错误利用
机制	向应用程序提供比预期更大或不同类型的输入，以使输入覆盖重要的内存段，从而降低数据质量或获得进程的控制权
示例	蠕虫利用Microsoft SQL Server 2000中的缓冲区溢出漏洞
潜在损害	攻击者能控制机器并造成进一步的损害

图 5-1 攻击描述：缓冲区溢出

或者，如果关注点是在接口处显示的攻击，那么可关注大型系统的主要子系统之间的控制和数据流的动态。例如，可在数据收集、处理及分发子系统之间的接口上，寻找攻击特征或异常流量。

5.3 建模内容和原因

只有通过建模才能理解系统，并且在抽象水平方面有多种选择，那么下一个问题就是建模的内容。考虑到天文数字般的状态数量，存在众多令人难以置信的选择空间。从头开始检查每种可能性将花费数十年。取而代之的是：模型试图回答什么问题？

往往问题越宽泛，需要的模型就越复杂。"系统安全吗？"是个简单但无比宽泛的问题，引出的问题是：系统处于安全状态(Secure State)意味着什么，状态迁移以保持安全意味着什么。简化安全定义能简化建模需求。例如，将安全定义为"不向未经授权的用户泄露敏感数据"，可生成只有开启或关闭状态的简单模型。系统"关闭"是安全的，"开启"则可能泄露数据。因此，达到安全状态意味着关闭所有系统。当然这只是个讽刺，意在说明模型过简和模型不完整时可能得出荒谬结论这一观点。这个例子中，模型并没有考虑系统"开启"且正常运行时给组织带来的巨大价值。

在继续讨论什么是模型前，重要的是要区分转换到不安全状态的预防和检测。如果只关心检测，那么只有导致读写内存的操作才是直接相关的。如果关注转换到不安全状态的预防，那么需要重点考虑可执行什么对象(Object)也很重要；对象称为"程序"(Program)，有时称为"脚本"(Script)。有一种理论阐明如何通过限制每个操作，或阻止对于某类对象的某类操作，将状态转换限制为安全迁移的那些对象。一般而言，需要对目标系统、用户、敌对者和措施/安全对策建模。接下来依次讨论。

5.3.1　目标系统

　　因为这部分是网络安全工程的重点,所以只对系统中安全相关的部分建模。与安全相关指的是与证明系统的网络安全属性相关,包括安全属性所依赖的底层组件的正确性。当需要在网络安全、功能和性能之间权衡时,还需要以某种方式对功能和性能建模(通常是非正式且定性的)。确定什么与安全相关,可检查数据的三种状态: 静止状态数据(Data at Rest,内存或存储)、移动状态数据(Data in Motion,通信和联网)以及转化状态数据(Data in Transition,计算)。

　　这意味着必须对存储、通信和计算建模。对存储建模的示例是对文件等数据对象建模,并将元数据(Metadata)绑定到对象,然后通过访问控制规则来控制对这些对象的访问;元数据的示例是安全敏感度标签,如图 5-2 中所示的军方的无密级(Unclassified)、机密级(Confidential)、秘密级(Secret)以及绝密级(Top Secret)。对通信建模的示例是对进程间通信和某些操作系统中使用的网络套接字抽象建模。对计算建模的示例是创建流程抽象,由管理资源(如存储和通信通道)的访问规则控制和监测执行情况。这些是基本原理。系统建模是一个值得写一本书的漫长而复杂的主题。详情参见[LEVE12] [SMIT08]。

图 5-2 美国政府的分级层次结构,指定级别的授权人员可查看同级别或更低级别的数据

　　根据定义,所有安全控制措施都与安全相关,因此以防火墙、访问控制路由器、入侵检测设备、授权和身份验证系统以及操作系统和应用程序的安全子系统等设备都是防御体系的一部分,都与安全相关。

5.3.2　用户

　　从技术角度看,用户是更广泛系统的一部分,但要区别对待。原因在于用户是系统安全的一个特别复杂且时常出现问题的方面。有时网络安全工程师会感叹: 没有用户,安全将变得更容易! 当然,具有讽刺意味的是,没有用户,应用程序系统也几乎没有用途。

完整的模型必须包括用户。专注于欺骗用户的社交工程攻击(Social Engineering Attack，见图 5-3)，几乎总能得偿所愿。用户常犯严重的错误，导致漏洞出现。有时用户故意绕过安全，比如出于"完成工作"的真诚意图创建未经授权的网络连接，但并未完全意识到给组织的目标系统带来的风险。对用户建模意味着至少要理解并允许这类攻击和与安全相关的故障。

攻击展板：社交工程和网络钓鱼	
类别	访问
类型	心理行动
机制	攻击者利用紧急情况或使人脱离困境之类的诡计，让授权用户违反安全策略，如诱导授权用户提供口令
示例	通过电话透露口令，帮助假冒的IT部门解决某个危机。网络钓鱼和鱼叉式钓鱼采用类似手段，但电子邮件手段较为典型
潜在损害	攻击者在目标系统上获得立足点，然后提升特权，获得网络上所有系统的完全访问权限

图5-3　攻击描述：社交工程和网络钓鱼

有类特殊用户需要特殊关注：防御运营人员(Defense Operator)，包括系统管理员、网络管理员和入侵检测系统监测人员。防御运营人员是特权用户，具有知识和能力指挥防御子系统抵御攻击，重新配置系统并调整运营，从而确保目标系统安全。需要注意的是：特权用户与普通用户一样，都是人，也有人性的弱点。

这意味着防御运营人员也会受到社交工程攻击，也会犯错，并且有时以目标系统的名义冒险做一些不该做的事情。如果这类特殊用户屈服于社交工程攻击，那么损失可能是巨大的。

防御运营人员是攻击者的高价值目标。

5.3.3　敌对者

敌对者是另一类特殊用户。敌对者具有许多特征，包括能力、资源和风险承受能力，详见第 6.1～6.3 节的论述。敌对者也有针对目标系统的特定攻击意图，如窃取数据、破坏数据完整性或使目标系统在一段时间内不可用等。敌对者采取一系列攻击行动实现攻击意图，并且需要了解目标系统以及基于攻击行动成功的程度或特定需求进行调整。

5.3.4　措施/安全对策

系统自然具有一些安全措施来阻止攻击。安全措施有时可称为安全对策,旨在抵消攻击者为实现某个攻击目标可能采取的措施。与游戏类比,安全措施是有效的行动或"步骤"(如国际象棋)。建模时静态措施是系统模型的一部分。这些措施往往具有动态成分,如更改防火墙(Firewall)规则,使安全策略(Security Policy)更保守以应对明显攻击。这种动态特性必须在模型中体现。无论攻击者还是防御者的行动都会影响系统状态,并使系统更接近或远离攻击者的目标危害状态。这种动态性非常复杂,因为行动往往需要时间完成并迁移系统状态。行动有时会失败。系统状态可在行动执行期间更改,从而使状态迁移变得难以预测或无法完成全面分析。

模型的各元素组合在一起会形成复杂模型,如图 5-4 所示,旨在显示现实中存在的系统状态的真实性。如前所述,关于系统状态最详尽的展现往往无法令人理解,为此必须创建状态模型或类似事物帮助理解。下一节将讨论此类模型。

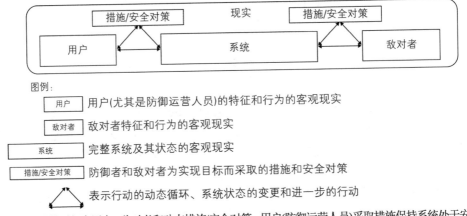

图 5-4　系统模型包含用户、敌对者和动态措施/安全对策。用户(防御运营人员)采取措施保持系统处于安全
状态(SS),而敌对者采取措施攻击目标

5.4　模型总是出错,偶尔有用

模型只是粗略估算的,某种程度上来说,总是难免出错[BOX87] [TOUR52]。目的就是对系统建模(Model System),使系统错误对于模型的期望服务目的而言不那么关键。例如,试图对正常运行时间(Uptime,系统中每个组件运行的时间)的简单建模不必理会如下详细信息:操作系统、补丁水平以及所有已加载应用程序的全部配置。包含此类详细信息不可避免会使模型复杂化。

模型至少有三种可能的出错方式：不完整性、不准确性或不及时性。下面依次讨论每种方式。

5.4.1　不完整性

不完整性(Incompleteness)并不是指适当或有意忽略的非必要元素。不完整性指错误地忽略了系统中事实上必不可少的方面(通常是微妙的)。例如，如果组织担心受到可用性攻击，过于关注系统边界上的泛洪攻击(Flooding Attack)，就会很容易错误地忽略对系统边界内的域名攻击(Domain Name Attack)或逻辑定时炸弹(Logic Time Bomb)的建模。

未能对系统的重要方面建模可能产生令人惊讶的甚至是灾难性后果。打个比方，假设物理宇宙存在额外的维度，使得人们能在三维宇宙的任意两点之间瞬间移动。三维宇宙预设的防御方案，对理解并利用超维旅行的外星种族则完全无效。用网络安全术语来说，如果不知道供应链攻击(Supply-Chain Attack，见图 5-5)，那么可能对从自有网络内部开始的，甚至可能从自有网络安全子系统内部开始的(如防火墙藏有后门，允许敌对者随意控制防火墙)攻击感到十分惊讶。

攻击展板：供应链攻击	
类别	完整性
类型	系统完整性
机制	攻击者攻击某应用程序的代码开发或发行渠道以插入恶意代码，允许在应用程序部署到某台终端系统后延迟激活
示例	通过侵入代码开发系统(如Windows或UNIX)植入后门型恶意代码
潜在损害	会发生多种情况，但可能是终极损害

图 5-5　攻击描述：供应链攻击

5.4.2　不准确性

最简单地讲，系统模型可能无法反映系统构建和运行状态。怎么会这样呢？设计过程是复杂的、交互式的、易错的且不断演化的。系统一般从用户需求开始，到概要设计、详细设计、实施、测试、部署、维护以及持续优化和完善。即使对于 19.1.6 节进一步讨论的敏捷设计方法，也基本如此。每一个步骤都应在其内部及步骤之间进行审查和分析，确保该步骤准确地反映了上一步骤。如图 5-6 所示，所有流程都非常容易发生人为错误。

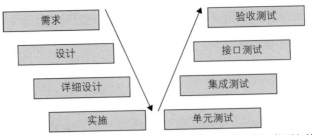

图 5-6　V 型系统工程，其中的每个设计步骤和映射过程都可能引入错误

每个步骤本身都可能出错，到下一步的映射也可能出错。例如，设计师或工程师可能没有准确理解某个用户需求，使得与该需求相关的所有后续步骤都不正确。同时，即使需求是完美无误的，设计师也可能在设计过程中出现偏差而导致未能满足需求。每个步骤和映射都容易出现类似问题。

此外，系统在设计过程中甚至在部署后都会不断演化。测试可能发现实施缺陷，这实际上是设计缺陷，也可能源于模棱两可的需求。确保所有文档都在项目截止日期内得到正确更新，同时成本在规定限额内，需要遵守严格的准则，大多数团队做不到这一点。最终，运营工作和用户手册是基于不准确的文档创建的，因此结果也不准确。

一旦完成系统部署阶段，系统所有者和运营人员时常会调整配置和运营，但不会更新最初的系统设计文档。举个简单示例，用户经常添加新的计算机满足额外的计算或目标系统的资源需求。设计即插即用令添加操作变得简单。遗憾的是，这意味着许多运营人员不会花时间更新网络拓扑图来反映网络上的额外计算机，或更糟的情况是，一台新路由器将内部网络连接到外部网络，如 Internet。因此，网络安全防御者可能会仍在使用设计师的精美但不准确的网络拓扑图，在这个场景中，防御者很难制定有针对性的安全控制措施。

5.4.3　不及时性

最后，即使模型在极少数情况下对于静态组件而言是准确且完整的，对于动态的状态变更还是很难保持准确性。除了本章开头讨论的获取系统状态的复杂性外，变更实施和系统变更报告都可能有所延迟。例如，假设防御者向所有边界防火墙发出指令，暂时关闭 80 端口上的所有流量(Web 流量)。指令必须经过多个步骤，并且必须进入这些边界防火墙才能执行，然后必须返回完成报告。经过的步骤在图 5-7 中进行了抽象描绘。

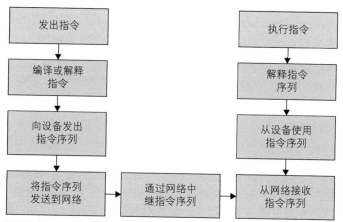

图 5-7 发布网络安全指令涉及一系列复杂而隐蔽的动作，每一步都会遇到攻击、错误和延迟

图 5-7 所示的复杂处理序列中，可能发生以下意外延迟或错误。

- 非瞬时性(Non-instantaneity) 人们已习惯于(相对于人类时间尺度)几乎瞬间发生的事件，以至于将指令变更的行为与实际发生的变更混淆。计算机，特别是在高负载情况下，可能需要花费些时间组装指令，经由繁忙的操作系统用网络套接字向下传输指令，经由网络接口输出到繁忙的网络上，然后通过接收端的类似堆栈进行备份，而接收端的堆栈也可能处于高负载状态。

- 转换延迟(Translation Delay) 高级指令可能需要运营人员手动转换为设备特定的指令序列才能完成更改。

- 替代配置设置(Alternative Configuration Setting) 通常，这些命令序列包括使用新规则集创建替代配置，然后创建从现有规则集切换到备用配置的命令。

- 等待完成(Wait-to-Complete) 防火墙在执行切换前可能要等待完成某些事务处理和连接。因此，运营人员可能误认为，一旦防火墙确认收到指令序列，指令的执行是瞬时的或至少是确定的。

- 不期待报告(Not Expecting Report) 由于程序员往往对延迟和错误没有充分预期，有时甚至没有等待或期待任何操作是否成功的报告。这会导致误认为指令已执行，而此时指令仍处于挂起状态，或许设备从未接收到指令。

- 设备阻塞(Device Blocked) 网络上的发送方和接收方之间的通信可能存在阻塞。这可能是网络超载，可能是故意在传输设备、接收设备或两者之间的网络上的拒绝服务泛洪攻击。当网络阻塞时，作为标准操作程序，网络经常丢弃分组(即不发送)。使用诸如用户数据报协议(User Datagram Protocol，UDP)的不可靠协议高效且快速，但由于丢包(负载太高而无法网络中继的数据包子集)会导致未检测到的故障。当消息传递可靠性非常重要时，使用传输控制协议(Transmission Control Protocol，TCP)更合适，网络安全中几乎总是如此。即使泛洪情况下 TCP 也会投递失败，但至少投递方知道消息没有送达。

- 报告延迟(Reporting Delay)　设备一旦完成指令,就可确定报告是低优先级活动,并将报告活动安排在不那么繁忙的时间。如果有攻击正在进行,则等待相对空闲的时机可能需要花费很长时间。

- 错误(Error)　尽管大多数人都经历过家用计算机故障,但包括程序员在内的很多人似乎并未意识到计算机会有各式各样的故障。所有系统都存在设计和执行方面的缺陷。有些缺陷会导致指令执行和报告的不正确或延迟。例如,接收设备可能会报告接收到一条消息并有效执行,然后生成一个进程去实际执行指令,但发现没有足够的进程内存执行指令。

- 攻陷和编造谎言(Compromise and Lying)　如图 5-8 所示,在数据包传输链中的任何环节,攻击者都可成功实施攻击,使敌对者得以控制系统元素。因此,系统元素有可能编造谎言,声称指令已发出或传达但实际上并没有;声称指令已传输但实际上并没有;声称收到了指令但实际上并没有;声称指令执行成功但实际上并没有。

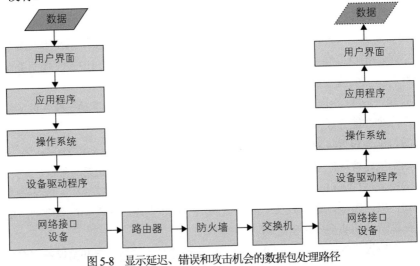

图 5-8　显示延迟、错误和攻击机会的数据包处理路径

5.5　模型视图

到目前为止,讨论集中在建模内容以及真实系统建模时可能出现的问题。现在将讨论转向"视图"(View),即从特定角度对系统建模。尽管有许多有趣且值得考虑的观点,但这里的重点是防御者视图(Defender View)和攻击者视图(Attacker View)。

5.5.1　防御者视图

防御者必须正式或非正式地对前面讨论的系统的所有方面(系统、用户、敌对者、措施和安全对策等)建模。因为模型是抽象的，所以可视为真正的复杂系统到更简单的模型系统的投影。投影关系如图 5-9 所示。

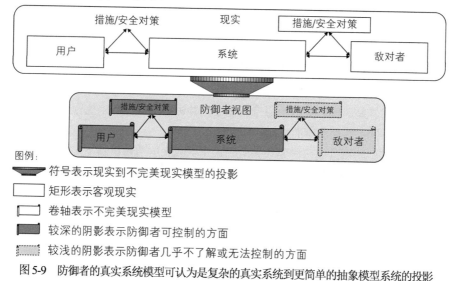

图 5-9　防御者的真实系统模型可认为是复杂的真实系统到更简单的抽象模型系统的投影

注意，在图 5-9 中，防御者视图的左右两侧存在重要区别。左侧包含防御者的系统用户、防御者可用的网络安全措施、安全对策以及系统本身。所有这些都在防御者直接控制下。这可能是一个重要的战略优势。防御者有机会设计和运营目标系统，使得防御者的任务更轻松，而敌对者的工作难以开展。当然，这两个方面有时需要权衡取舍。明确权衡取舍的方法是复杂的，理解起来的确很困难。

> 防御者可根据自己的爱好塑造网络拓扑。

视图右侧不在防御者的控制范围内，完全在敌对者的控制范围内，是敌对者及其可用的措施和安全对策。尽管本图为了简化起见未描绘，但实际上存在敌对者系统，敌对者系统也可能受到防御者的攻击。进一步说，敌对者系统通常至少包含两部分：用于创建通用攻击组件的攻击开发系统，以及攻击集成和测试系统，其中通常运行一个真实系统(防御者系统的工作模型)，以便测试是否符合实际要求。具体战术包括通过网络防御和网络欺骗防止攻击者获得精确的模型执行测试活动，使用网络攻击和网络情报洞悉敌对者正在策划的攻击，以及防御者发起对攻击者的攻击系统的网络攻击。

由于防御者几乎无法控制敌对者及其行动,因此开发出针对一系列不同类别敌对者及其特征和目标的通用模型非常重要,可在真实攻击发生之前清楚考虑可能的行动范围和战略。可基于通用模型,预测敌对者的下一步行动,并重新配置系统阻止该行动。还可能预测敌对者的首选目标、攻击方法、尝试某些攻击的可能性以及成功得逞的可能性。这些都是在任何特定时期内优化静态防御设计和动态防御态势的宝贵信息。

最后,防御者必须在实际遇到攻击场景之前,制定应对攻击场景的行动方案(指令序列)。这一点非常重要,原因很多:

- 首先,防御者的响应每延迟一秒,遭受的损害会加快一步。因此,预先计算的行动(措施和安全对策)以及对行动的预先评价,可加快决策周期并减少因攻击造成的损失。
- 其次,可花些时间预先分析每个指令序列并进行测试,确定执行指令需要的时间以及在不同系统负载下的反应。
- 第三,某些防御战略可能要求采取尚未定义或底层防御机制不支持的行动。这为防御者提供了开发新功能的机会,可设计脚本开展防御行动,也可更新防御机制基础架构,确保防御者在防守响应阶段能执行某些不可缺少的重要功能。

与此类似,根据拥有的关于敌对者类别及其潜在攻击行动和场景的通用模型,防御者可以:

(1) 改进行动检测。

(2) 预先评价攻击的最佳防御行动路线,准备好检测到攻击后的行动部署。

当防御者通过遭受攻击者直接攻击或从攻击者攻击他人过程中学到更多关于攻击者的实际攻击操作时,通用模型可以得到改进,如利用计算机应急响应组织(Computer Emergency Response Team,CERT)等提供给企业的网络病毒数据。直接收集敌对者的网络能力和攻击系统情报,也会促使防御者进一步改进通用模型。

5.5.2 敌对者视图

正如防御者有自己的目标系统视图和投影一样,敌对者也有自己的系统视图。每个视图或模型都旨在针对预期目的优化。因此,模型之间在本质上彼此不同。例如,敌对者只需要在系统中找到一个可利用的漏洞即可,而防御者则必须识别并防御所有漏洞。仅此一条就可将不同的攻击者推向截然不同的模型。将敌对者视图添加到模型的累积模型中,如图 5-10 所示。

防御者必须关闭所有攻击通道;攻击者则只需要找到一条通道。

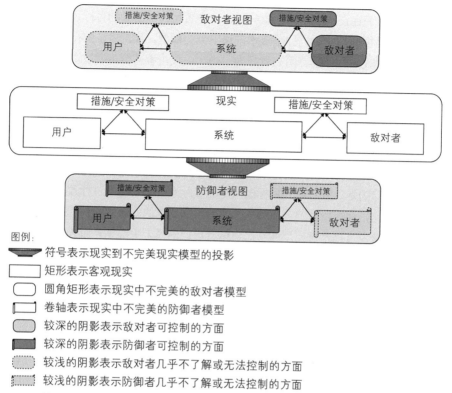

图例:

◤ 符号表示现实到不完美现实模型的投影

▭ 矩形表示客观现实

◯ 圆角矩形表示现实中不完美的敌对者模型

▱ 卷轴表示现实中不完美的防御者模型

▨ 较深的阴影表示敌对者可控制的方面

▨ 较深的阴影表示防御者可控制的方面

▨ 较浅的阴影表示敌对者几乎不了解或无法控制的方面

▨ 较浅的阴影表示防御者几乎不了解或无法控制的方面

图 5-10　网络安全相关的安全状态(SS)是复杂且动态变化的。敌对者和防御者具有近似状态的模型,
模型在某些方面不准确但有用。模型驱动决策

　　防御者和敌对者位于截然不同的两侧,都缺乏对另一方的控制和信息。敌对者了解并控制图 5-10 的右侧: 敌对者用户(和敌对者系统)以及敌对者可能针对目标系统采取的行动。左侧包括目标系统、目标系统用户,以及防御者为阻止敌对者攻击可能采取的措施。虽然防御者和敌对者双方在缺乏控制和信息方面有相似之处,但仍然具有重要区别。敌对者具有突击行动和潜在秘密行动的元素。敌对者知道自己将要攻击目标系统、何时攻击、怎样攻击以及为什么攻击。敌对者可暗中侦察目标系统,开发出详细模型;模型勾画出目标系统以及防御者能采取的行动。敌对者可搜索漏洞(使用第 1.2.1 节中提到的缺陷假设方法),并通过实验加以验证。

> **攻击者与生俱来的一个巨大优势是出其不意。**

　　敌对者可持续监测活跃系统,观察防御者如何应对偶然发生的、来自他人的攻击。敌对者可更主动地构建并进行实验性攻击,以准确了解防御者在攻击者预设的特定攻击场景下的反应。当然,此类攻击会匿名化(Anonymized)或故意误导(Misattributed),使防御者认为此类攻击来自不同攻击者(例如,通过劫持多个不同国家/地区的计算机并发起攻击,看起来像不同国家的黑客正在发起攻击)。

所有敌对者侦察(Reconnaissance)意味着，攻击者可为防御者的目标系统、已验证和潜在的漏洞及防御者面对攻击时的战略战术创建出色的模型。攻击者了解得越多，攻击对目标有效的概率就越高，并能解释防御者行为。确实，攻击者甚至可通过诱使防御者采取一些措施(如诱使防御者让系统脱机以防止进一步攻击)，利用防御者的行为对其发起攻击，并成功地对防御者自身的系统发起拒绝服务攻击，从而使防御者系统不再可用，不能支持目标系统。

> **尽可能防止攻击者了解目标系统。**

具有讽刺意味的是，敌对者的目标模型是在实际系统的基础上进行改进而开发的。实际系统与设计相比，存在所有部署后的修改、有意和无意的安全性和功能缺陷。因此，敌对者所拥有的防御者目标系统模型通常比防御者自己的模型更准确，原因是防御者往往依赖过时的设计文档、有缺陷的设计以及错误的实施。敌对者的优势是在系统外冷静客观地审视问题，不像系统设计师那样一厢情愿，攻击者没有多余的幻想空间，也不会产生偏见。

5.5.3　攻击视图本身

到目前为止，已经对模型进行了讨论。可能有人认为这些模型都是清晰的，并有一些很棒的工具可探索这些模型。虽然确实有一些为此目的而出现的工具[LEMA11]，但这些模型往往是非正式的。有时出现在文档中，有时出现在 PowerPoint 幻灯片中，有时甚至闪现在人们的脑海中；有时，将大脑戏称为"湿件"(Wetware)。因此，模型是许多不同组件和信心的混合体。随着时间的流逝，模型可能会变得更精致、更全面并得到工具支持，使得用户可探索攻击和防御的替代路径。

这种混合模型，即系统的攻击者和防御者视图，本身容易受到对手攻击、成为有价值目标。正如所见，防御者深深地依赖模型正确有效地保护系统(无论防御者是否明确意识到这一点)。同样，敌对者甚至更严重地依赖模型开发和执行有效攻击。因此，有理由将这些有价值的模型作为攻击对方的极佳目标，以剥夺模型用户的利益以及模型提供的巨大优势。

> **模型本身就是有价值的目标，应当受到保护。**

攻击视图有两种形式：攻击组件(以文档或仿真系统的形式展示模型)或攻击信心。攻击组件本身的概念相对简单。敌对者仅攻击组件所在的系统，并对组件执行完整性破坏攻击。同样，这种攻击可由防御者完成。向敌对者的模型执行机密性攻击，也有助于了解敌对者知道什么以及敌对者对自己的了解程度。

另外，一方还可攻击另一方的信心。例如，防御者可尝试营造出一种潜在信心并向外扩散，即防御者的防御能力比实际上更强。攻击信心有个很好的类比，在住所外购买并竖起一块标牌，表明住所已经安装了警报系统，而实际上并非如此。这有效地阻止了许多潜在劫匪(劫匪找到一些非保护性住宅，要比确定标志的真实性更容易)。类似地，如果系统在网络访问时显示一段"警示信息"：所有用户都将受到基于异常的高级入侵检测系统的持续监测，则该"警示信息"与房屋外的标语能产生相似效果。

另一个例子是，攻击的部分价值是让防御者不知道攻击已发生并取得成功(如窃取机密信息)，使攻击看起来像是常见的系统故障。如前所述，攻击者可进行设计，使攻击看上去来自不同来源，导致防御者对无辜者采取报复行动。受到报复的人员本身可能是攻击者的攻击目标。例如，如果不让另外两国结盟符合某国的最大利益，那么该国可能伪造那两国之间的单向或双向攻击，以加剧两国的紧张局势，降低两国未来合作的可能性。

信心攻击(Belief Attack)既强大又重要。随着时间的推移，信心攻击变得越来越重要，后续章节将进行讨论。

> *防御信心攻击将变得越来越重要。*

5.6　防御模型必须考虑失效模式

可靠性和网络安全密切相关，但属于不同的系统工程领域。可靠性致力于发现、避免意外故障并从中恢复。安全致力于避免、检测人为事故并恢复到特定目标。显然，区别在于意图。这意味着不做重大修改，无法轻易地将一种技术运用于另一种技术。可以说，实现安全需要可靠性，实现可靠性也需要安全。这种紧密的相互依赖关系揭示"可靠性"一词得以出现来涵盖这两门学科的原因，因为最好将两者一并考虑[ALVI04]。

> *安全需要可靠性；可靠性也需要安全。*

为什么网络安全需要可靠性？如果安全措施和安全对策完全不可靠，肯定弊大于利。原因是系统所有者和用户会误认为是安全的从而进行运营操作，而事实上系统并不安全。系统所有者和用户承担着本来不会承担的系统风险。无论系统的工程水平如何，设计人员都无法获得 100％的可靠性。因此，设计人员必须预见系统的意外故障，尤其是网络安全机制的故障。敌对者持续关注着这类故障，一旦发生就会加以利用。如果安全设计人员没有预见到这些故障，将无法实施足够的可靠性工程来避免故障，也无法检测到这些故障，无法在攻击者利用故障前快速恢复。有本名为《系统论(Systematics)》[GALL77]的书籍用幽默的语言简明扼要地总结了这一原理："设计为人员优先(Fail-Safe)的系统，往往由于无法安全地失效而导致故障。"

> *避免、检测和恢复故障至关重要。*

可靠性与缺陷(Fault)、错误和故障[ALVI90]相互关联，如图 5-11 所示。缺陷代表系统设计或实施中的缺点。这些缺陷可能一直处于休眠状态，不会引起与正确运营操作的任何偏差，直到激活(例如，到达程序案例说明的一个很少使用的分支)时才会出现问题。激活缺陷，将导致系统状态错误。当错误或某些后续传播的错误导致软件提供不正确的服务时，该错误将导致故障。尚未引起故障的错误可称为潜在错误，在适当条件下最终可能导致故障。例如，如果系统有一个缺陷，π 的第十个小数位上的值不正确，这就是一个休眠缺陷。当实际的不正确值返回到程序时，会变为错误。如果该程序四舍五入到百分位，则该错误不会变为故障，因为无论如何都会四舍五入。但在诸如计算火箭弹道的高精度计算中，当使用错误推力时，该错误将变成故障，因为程序在第十位返回了错误的 π 值。

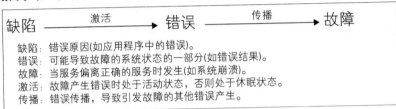

图 5-11　可依赖性威胁链[ALVI90]

优秀的网络安全工程师必须深刻理解故障(Failure)的概念，并在设计时考虑这些概念。安全工程师应该了解足够多的知识，避免缺陷，检测错误和故障并快速从错误和故障中恢复。安全工程师应该了解基本的可依赖性工程技术，例如，[REAS90，DORN96，WIEG03]中讨论的危害分析。安全工程师应该知道，当风险很高时，可咨询可靠性工程师，确保网络安全工程师认为的正在实现的可靠性属性确实得以实现。有关设计容错系统的更多讨论，请参见第 20.5 节。

5.7　假设敌对者了解防御者的系统

某位安全专家曾在一次高级别政府会议上提出了一个针对关键系统的毁灭性攻击方案，与会者回应是"不会有人想到这一点"。当那名安全专家指出一些显而易见的事实佐证时，反对者们的意见是：因为这名安全专家对系统有超乎常人的深刻理解，而外部人员不可能知道细节信息。这种观点太幼稚了。保密从来都不是确保系统安全的可靠方法。这是一个众所周知、久经考验且千真万确的原则。[1]

> 仅设计保密措施无法提供有效的系统安全保护。

秘密转瞬即逝，必须假设秘密最终将会揭露。因此，系统设计必须假设：敌对者至少与防御者一样了解系统，甚至比防御者更了解目标系统[KERC83]。

---

1 译者注：此段原文颇为拗口，概括为：作者介绍了一个"隐匿式安全"的实例，阐述了不要低估任何攻击者的智慧。

假设敌对者比防御者更了解防御者的系统。

作为基本示例，切勿在应用程序的代码或数据结构中包含密钥或口令。假设敌对者拥有该应用程序的代码副本，那么该秘密立即泄露，该口令或密钥提供的任何身份验证或保密性也将荡然无存。在密码术中，更微妙的是，这意味着加密系统的保密性不能依赖于加密算法的保密性。相反，保密性取决于称为加密密钥(Cryptographic Key)的数据。

这个原则并不是说设计的保密性没有作用。例如，美国政府仍对保护机密数据的算法进行定级以提高安全性。这是因为在设计上和实施中都难以确保密码算法万无一失。

同样，公开宣传防御系统的确切本质、配置和设置，以及风险管理分析和方案，也是不明智的。例如，如果防御者要在入侵检测系统上公开发布检测阈值设置，敌对者将更容易设计出检测不到的攻击。进一步拓展这个想法，突然更改系统配置可能是有用的，这将使敌对者面对防御模型的不确定性，增加攻击失败且防御者检测到该攻击的风险。

保护系统防御的参数。

最后，零日攻击(Zero-Day Attack)是指防御者系统或任何其他已知系统上从未发生的攻击。零日攻击通常是由敌对者在系统设计或实施中，发现或了解安全缺陷而创建的[BEUR15]。通常是由攻击者或某些使攻击可用的第三方团队仔细分析后发现的。攻击可用的一种实现方式是黑市上出售零日攻击[RADI09]。

这就是为什么攻击者必须优先考虑侵入并窃取主流系统软件(如 Windows [EVER04])和流行的应用程序的源代码。窃取代码为攻击者提供了充分的机会，从而能在自己的系统中，使用专门工具仔细检查和分析代码，找出主流软件系统的隐秘缺陷。

通常，软件开发系统受到的保护很差，特别是小型供应商的软件，原因在于供应商认为只是"软件开发系统"而非参与生产或运营的目标系统。但实际上，供应商是此类系统的缔造者，并且可能是零日攻击可用漏洞的源头。这种漏洞很难防御，因为其利用本质在攻击前是未知的，尤其是当零日攻击发生在防御机制内部时。

缺乏保护的软件开发系统将导致零日攻击。

5.8 假设敌对者位于防御者系统内部

在现代系统设计中，网络安全工程师必须在模型中预置更困难的假设：敌对者不仅知道目标系统，而且位于防御者系统内部。鉴于现代系统所代表系统体系的高度复杂性，以及敌对者在系统生命周期和供应链中有无数机会在几乎任何环节成功实施攻击，这一假设完全是有根据的。

除了前面讨论的攻击开发系统以植入恶意软件(Malicious Software)外,敌对者还可以攻击开发工具本身,如经典论文"对托付信任的反思(Reflections on Trusting Trust)"(THOM84)所指出的。如图 5-12 所示,敌对者可攻击编译器(Compiler)、链接器、加载程序、库或配置构建文件。检测和阻止这类攻击非常困难。

软件开发工具和过程可能易受攻击。

源代码编辑器:用于输入源代码的编程工具
编译器:高级语言到目标代码的翻译器
链接器:将预编译的程序库链接到目标代码中
加载程序:将可执行代码放入内存并准备执行

图 5-12　创建可执行程序时使用的编程工具都容易受到攻击

这种设计原则和模型假设的含义是,设计人员必须隔离攻陷危害(一种网络安全故障),以防在整个系统中传播。这意味着架构必须将最小特权原则(Least Privilege,用户获得执行其工作所需的最小权限)扩展到系统本身,并确保一个组件内的一段恶意代码无法感染另一个组件。具体做法是最小化系统间信任,系统间接口清晰,需求最小化,使用时要求身份验证和授权。

最小化系统间的信任需求。

该原理的另一层含义是,必须检测系统安全范围内运行的恶意代码,具体包括:使用隐蔽通道(Covert Channel)通信,在没有明显原因的情况下提升特权,以及在非预期的网络之间来回移动数据。所谓隐蔽通道,即非专门设计用于合法通信的通信机制,防御者无法轻易检测出通信行为,就像在监狱中敲击管路传送摩尔斯编码那样。详见第 12.1.3 节。

具体而言,按照检测系统内部攻击者的原则,需要监测以下事项:从边界传入内部的攻击,外传泄露(恶意的泄露,通常将盗取的数据从系统内部隐蔽传输到外部,使敌对者可轻松访问),向恶意软件输入命令信号,系统内部的恶意软件实例之间通过隐蔽通信来协调攻击活动。

出口流量持续监测与入口流量持续监测同等重要。

5.9　小结

本章是第 I 部分的收官章节。第 1 章概述问题和解决方案空间。第 2 章论述考虑网络安全设计和分析时的最佳视角，然后分析关注目标系统的重要性。第 3 章论述价值和目标系统。第 4 章说明网络攻击如何危及目标系统，以及如何关注最重要的方面。本章介绍如何对极其复杂的现代系统建模，以便理解系统，并使用这些模型指导有效的网络安全工程。第 II 部分的第 6 章和第 7 章将更详细地介绍敌对者的本质及攻击，帮助网络安全工程师了解必须防御的内容。

总结如下：
- 如果系统不以某种形式建模，会太复杂而无法理解。
- 抽象有助于集中注意力并促进更好的网络安全设计和运营。
- 系统模型包括用户、敌对者和动态措施/安全对策。
- 由于模型具有不准确性、不完整性或不及时性，将导致设计和运营操作出错。
- 防御者模型具有控制和了解自身系统的优势。
- 攻击者模型具有"出其不意"的非对称优势。
- 防御者和敌对者模型本身就是有价值的目标。
- 网络安全和可靠性是可信赖性相互依存的两个方面。
- 假设敌对者深刻了解目标系统的设计和实施。
- 更进一步，假设敌对者以恶意代码的形式存在于系统内部。

5.10　问题

(1) 描述详细的系统状态的规模大小、状态转换时序的复杂性以及获取状态快照的难度。

(2) 选择自己熟悉的系统的一个简单网络安全方面，描述合理抽象水平以及该水平的模型元素，并列出理由。

(3) 在考虑静态和动态攻击与防御时，需要对系统的哪些方面建模？为什么对人类行为建模很重要？

(4) 请描述模型为何会不完整、不准确或不及时？

(5) 解释防御者视图模型的元素的准确性级别以及可进行哪些改进。

(6) 解释敌对者视图模型的元素的准确性级别以及可进行哪些改进。

(7) 列出防御者或敌对者视图可采取的两种形式，以及为什么视图是对手的有价值目标。从机密性、完整性和可用性的角度描述视图的价值，以及如何融合在一起。哪个最重要？为什么？

(8) 描述可靠性和网络安全之间的关系。缺陷、错误和故障这几个术语的定义以及互相之间的关系。

(9) 为什么设计师应假设敌对者了解其系统?敌对者可能拥有的三种不同类型的知识是什么?

(10) 设计师为什么要假设敌对者在其系统内部?这到底是什么意思?给出两个位于系统内部的示例,并讨论对设计的含义。

第 II 部分 攻击带来什么问题？

"第 II 部分：攻击带来什么问题？"的内容与理解攻击、故障和攻击者惯性思维相关。网络安全工程师为了合理设计防御攻击手段必须深刻理解攻击的本质。

第 6 章　敌对者：了解组织的敌人

学习目标

- 讨论敌对者的特点并理解这些特点对网络安全设计的影响。
- 描述聪明的敌对者意味着什么，以及为什么这一点对设计很重要。
- 列出敌对者采取的不公平手段，以及对网络安全设计的影响。
- 总结网络攻击的趋势，以及网络安全工程师应如何预测新攻击。
- 讨论红队的本质，以及红队在网络安全评估中扮演的重要角色。
- 比较纯网络空间和物理安全演习目的。
- 定义"红队工作因素"，以及如何将其用作质量指标。
- 考虑红队的局限性。

我们遇到了敌人，敌人就是我们自己。

——Pogo

正如第 2 章所述，安全理论来自不安全理论，合理的防御理论来自于对攻击者的深刻理解。理想情况下，防御者会得到其面对的每个敌对者的意图、能力、资源、风险承受能力、战略方案和攻击策略[SALT98]等特征的精准信息；由于敌对者特征会随着时间而变化，因此在理想情况下，这些精准信息也要不断更新。还有一种假设是所有敌对者胆小如鼠，不敢面对可能暴露自己的风险，害怕防御者发现自己的攻击活动，以至于永远不敢发起攻击；在这种情况下，从事安全防御就是浪费资源。但很可惜，在真实环境中，防御者拥有精准信息或敌对者胆小如鼠的场景并不存在。因此，防御者必须尽其所能开发出最佳的信息系统。

正如 Pogo 的名言所强调的那样，组织最大的敌人通常就是组织自己。后续章节将论述不良设计、运营和引起巨大风险的维护实践导致的后果，并聚焦在《计算机相关风险》[NEUM94]这本书上。本章将聚焦于不在组织内部的敌对者。

> 合理地防御来自于对攻击者的深刻理解。

6.1   了解敌对者

因为敌对者的某些特征可帮助企业预测攻击者的策略、首选目标和攻击方法,所以非常值得尽可能多地了解敌对者。下面依次讨论敌对者的各项特征。

6.1.1   意图

不同敌对者有不同目标,从而导致不同的攻击类型以及对特定目标系统的不同方面发起攻击。例如,国际贸易使各个国家相互之间高度依存。富裕国家没有强烈动机破坏美国等领先国家的经济,实际上富裕国家更担心接二连三的连锁破坏会让本国经济蒙受同样大甚至更大的损失。另一方面,那些缺乏基础架构的、贫困的、没有从世界经济增长中获利的以及遭受禁止进行国际贸易的恐怖组织,为获得国际上的认可、报复社会,或为令世界回到让其不再处于弱势地位的更原始的时代,有强烈的动机破坏美国等领先国家的经济。

意图分为三大类:间谍、破坏和影响力操控(Influence Operation)。间谍指窃取情报进而获取利益;破坏是为了造成不利影响而故意损坏;影响力操控是为了实现某种邪恶目的,使用包括欺骗在内的手段改变目标的信念和决策。间谍活动作为一种手段通常在破坏和影响力操控前进行,但间谍活动本身也可能是目的。影响力操控包括心理操控、信息战、掩盖和欺骗以及后续章节中讨论的虚假情报。虽然影响力操控已持续了几千年,但社交媒体和互联网的传播速度让影响力操控变得更强大、更有针对性。

所有敌对者都有动机采取一系列手段实现这三大意图。组织可以先考虑最简单的情形:模仿一个只实施间谍活动的敌对者、一个只实施破坏活动的敌对者和一个只实施影响力操控的敌对者的场景。

> **间谍、破坏和影响力操控是潜在网络攻击的目标。**

> **间谍通常是破坏和影响力操控的先兆。**

国际政治环境混合了间谍和破坏角色。例如,国家处于和平状态时,更倾向于实施改善决策流程的间谍活动和将本国意志强加给目标的影响力操控活动;国家处于战争状态时,"破坏"的重要性会提升,而"间谍"和"影响力操控"的目标也可能改变。"国家"可推广为任意组织,"战争"也可泛化为某种冲突或竞争。例如,一家公司处于极度压力下并有濒临倒闭的风险,就会比在状态良好时更可能对竞争对手实施破坏行动;而状态良好时,公司因为害怕竞争对手发现自己参与非法活动而导致自己损失惨重,因此不敢实施破坏行动。

6.1.2　能力

一个利用业余时间在地下室写代码的、奉行激进黑客主义(Hacktivism，为激进目的而从事攻击者活动)的独立攻击者与一个超级大国军事组织拥有的由数千名网络战士组成的高效团队之间的能力存在天壤之别。举一个明显的例子，超级大国的组织拥有高度发达的信号情报系统(Signals Intelligence，SIGINT)，有能力拦截通信，并可使用算法、专有硬件和经验执行密码分析(Cryptanalytic)攻击，而独立攻击者根本不具备这些能力。能力包括知识、方法、通过专注和经验开发出的流程，以及培训人员使用这些知识、方法和流程。

切不可认为只有一个实现"间谍"攻击的模型；敌对者之间的能力差距巨大，所以在模型中要考虑两类候选敌对者：国家和独立攻击者。在这两个极端之间肯定有许多能力。例如，一个跨国恐怖组织或流氓国家可能拥有相对于富裕和强大国家不对称的优势。有犯罪组织已开发出勒索的特殊能力，例如，利用勒索软件进行扣押的可逆破坏活动(Reversible Sabotage)，即所谓的勒索软件(Ransomware)[LISK16](参见图 6-1)；有组织的攻击者团伙或俱乐部(如 Anonymous [OLSO12]和 Elderwood Gang[GORM13])随着时间的推移也发展出令人印象深刻的能力。

攻击展板：勒索软件攻击	
类别	完整性
类型	数据完整性
机制	恶意代码通常是由蠕虫或病毒在目标计算机上安装和执行的。恶意代码通常利用只有攻击者知道的密钥加密数据，使计算机无法使用，然后要求受害者支付赎金以换取修复密钥
示例	2017年Wanna Cry攻击利用了老旧的、未修补的微软操作系统中的已知漏洞
潜在损害	赎金取决于攻击者认为目标所能负担的费用，家用电脑需要数百美金，医院等机构需要数万美金，而银行则需要数十万美金

图6-1　攻击描述：勒索软件

6.1.3　攻击者和防御者的资源

资源至少有人工和资金两种形式。只有 100 美元预算的攻击和拥有 100 万美元预算的攻击截然不同。在某些情况下，资源可购买系统访问能力。例如，流氓组织获得大量资金就可在黑市雇用网络攻击者。相对于小作坊式的企业，世界 500 强公司可为企业级间谍活动募集更多资金。犯罪组织经常可获得大量资金,国家经常为实现本国的战略目标,给一些零散的犯罪团伙和攻击者组织提供资金支持,从而使特定国家卷入一些似是而非的甚至是骇人听闻的网络攻击事件。

6.1.4   风险容忍度

有些人天生胆大,喜欢穿着飞行夹克,带着降落伞,从悬崖跳下,以200英里/小时的速度冲向地面;而其他人却胆小怕事,不愿背井离乡。因此,不同敌对者之间的风险容忍度有相当大的差异。有些敌对者完全不在乎卷入攻击事件以及其他国家公开警告的外交事件。这些敌对者准备好登上媒体封面,通过使用联络机构发起攻击,实施有组织的犯罪和组成攻击者俱乐部。

6.1.5   战略目标

如果敌对者的战略目标是完全控制敌对者的关键系统,就需要有长期规划和大量资源投入。另一方面,如果战略目标是通过闯入一家大型银行的系统展示出攻击者能力并成为精英攻击者(为偷钱等非法目而攻击系统的攻击者)组织的成员,就只需要一次性努力并证明其有能力完成,不需要真正破坏目标。

与以几乎不可察觉的方式改变数据、对数据使用者的决策或系统的使用产生不利影响的精细攻击的战略目标相比,进行肆意破坏的战略目标简单得多。这些战略的变化可以确定组织将尝试哪些攻击手段,以及将在什么时间范围内实施攻击。

因此敌对者可以是长期的或者短期的,可以是精细的或者暴力的,当然还有一些可能创造出更多敌对者子类的战略计划特征[DSB13]。

6.1.6   战术

最后敌对者使用的实际工具、技术和程序(Tool, Technique And Procedure,TTP)可能是技能、个人偏好、导师、背景以及团队组织风格的副产品。例如,组织倾向于开发通用恶意软件并通过增强和重新调整软件用途以便在下次攻击中重用。由于单个组织倾向于使用特定的攻击代码库,因此能在攻击软件中创建可归属的攻击特征(Attack Signature)数据。当然,意识到这点会导致其他攻击者窃取该代码库并为了造成防御者对攻击的误判(Misattribution)而在攻击中使用该代码库。

常用漏洞枚举[CWE17]列出系统中的常用软件安全漏洞。不同敌对者对利用众所周知的漏洞有不同的偏好。

一些组织倾向于使用零日攻击并且似乎已经储备了相当数量的零日漏洞[ABLO17]。另一些组织使用超高隐身(High-stealth)技术,这些技术包括严格加密和低概率检测通信技术,如低于入侵检测算法检测阀值(Detection Threshold)的超慢速端口扫描(Port Scanning)等。还有些组织使用秘密信道通信，这些组织倾向于在不同的攻击中使用相同类型的信道。特定战术要求在系统生命周期中植入深度隐藏的、只有在发生严重危机时才会紧急激活的代码。

如果获取了所有的这些属性并分析了每个属性可能拥有的所有值，那么会产生数百个不同的敌对者类别。数百个敌对者类别可能太多导致无法合理管理，第 17.6 节将分析这个问题，比较架构与不同敌对者类别的攻击概率。

这里需要的是一组具有代表性的攻击者类别，这些类别具有特定的特征，足以涵盖防御者涉及的一组参与者和行动。如果设计师正在开发一个商业系统，那么国家级防御体系可能不在敌对者的关注范围内。更多的敌对者类别提供了更精确的细粒度分析，但工作要多得多，而且由于包含了使用非常相似技术和具有相似目标的多个敌对者，因此可能导致过于强调攻击类别。较少的敌对者类别简化了分析，但可能导致防御者忽略重要问题。表6-1 列出用于风险评估的较合理的敌对者类别。

表6-1　典型的敌对者类别示例

序号	敌对者类别	关键特征
1	和平时期的民族国家	持续时间长，以间谍和影响力操控为重点，资源充足，试图规避风险
2	战争时期的民族国家	持续时间短，以破坏活动和影响力操控为重点，伴随着有针对性的间谍活动，资源充足，风险承受能力强
3	跨国恐怖分子	持续时间短，以破坏活动为重点，资源充足，风险承受能力强
4	有组织犯罪	资源充足，规避风险，注重财务收益
5	激进黑客主义者	高技能，积极主动，资源有限
6	国家容忍的攻击者组织	高技能，以国家为目标，尽管有时由国家补贴但资源有限
7	独行的黑客	手段新颖，目标坚定，试图规避风险

6.2　假设敌对者是聪明的

一方可以想到的方法另一方也可以想到[YARD13]。

——H. Yardley

从敌对者的角度评价防御措施时，组织绝对不能低估敌对者。安全专家必须假设敌对者的能力至少和安全专家一样，经验丰富且善于创新。即使敌对者没有本地化能力，也可购买或借用与其合作的其他敌对者的能力。具体地说，组织绝对不能因为跨国恐怖主义来自发展中国家就认为对方是落后和无知的；这是傲慢和愚蠢的想法。一些内部人士、来自盟友的帮助以及雇佣兵的使用都可瞬间创造出一种原本不存在的能力。

> **永远不要低估敌对者。**

此外,如第 5.8 节所述,组织必须假设敌对者如防御者一样熟悉目标系统,甚至可能在目标系统上植入恶意软件,而获得一定程度的控制能力。虽然这些假设并不总是完全正确的,但稍微保守的假设要比一个相反但可能对目标系统产生灾难性后果的假设要好得多。这些假设本质上类似于帕斯卡关于上帝存在的打赌(Pascal's Wager),帕斯卡认为最好是相信上帝,以防有天堂和地狱,而不是不相信上帝的存在而冒着永远进入地狱的风险。类似地,当某人认为某项假设为真时,优秀的网络安全工程师应该总是扪心自问,如果假设错了,后果会是什么。

> **假设组织的攻击者了解组织的系统并且已经攻陷系统。**

6.3 假设敌对者是不公平的

聪明的另一种看法就是不公平——寻找防御者未考虑的新奇攻击途径。另一种说法是攻击者从不作弊,因为没有规则可言。常见的"不公平"类型包括:

- 绕过安全控制措施
- 在安全控制之下穿过
- 攻击最薄弱的环节
- 违反设计假设
- 利用维护模式
- 破坏初始化,特别是在强制系统崩溃之后
- 利用社交工程攻击(Social Engineering Attacking,SEA)
- 利用贿赂和勒索策反内部人士
- 利用临时旁路
- 利用临时连接
- 利用自然系统故障
- 利用组织根本不知道的软件漏洞
- 攻陷系统所信任的外部系统

6.3.1 绕过安全控制

有时设计师为访问系统资源设计了出色的身份验证和授权控制,但没有注意到存在一种替换方法可以访问这些资源。以内存为例,在云计算等现代系统中,可直接访问内存或通过网络接口(如存储区域网络)访问内存。经验丰富的安全工程师几乎肯定知道直接访问方式,但未必充分理解云架构以及替代的内存访问方式。从概念上讲,如果安全工程师将

安全控制措施视为栅栏中的一系列木板条，如图 6-2 所示，这种不公平就是指绕过栅栏、穿过最低的栅栏的木板条或从栅栏下穿过。

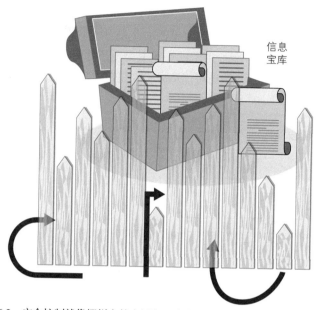

图6-2 安全控制就像栅栏上的木板条；来自系统外部的攻击可绕过栅栏、
穿过最低的栅栏的木板条或从栅栏下穿过

6.3.2 在安全控制措施下面穿过

有一个图6-2所示的"从栅栏下穿过"的技术类比。安全控制措施建立在操作系统上，操作系统建立在设备驱动程序上，设备驱动程序建立在硬件设备上，硬件设备包含自己的微操作系统微芯片，微芯片依赖于系统总线(系统总线本身就是一个设备)上的其他硬件设备，而这些硬件设备也有自己的子设备和操作系统。

例如，对用户来说，硬盘是存储文件的地方。文件是由磁盘上的存储块组成的抽象。这些存储块只有在磁盘臂移到该位置时才能读取或写入，通常由该硬盘驱动器的设备控制器上的处理器和软件引导。该硬盘驱动器是由操作系统底层软件访问的，该底层软件知道如何对硬盘驱动器控制器进行存储寻址，并要求控制器执行查找存储块、读写存储块以及校验写入操作是否正常工作等底层任务。

许多安全控制措施依赖于文件抽象，例如，安全控制措施应用程序假设将数据存储在一个文件中，且规定下次访问时将不会修改数据，除非控制措施应用程序修改数据。如果攻击发生在低于文件级抽象的底层则可更改文件数据，攻击打破了文件抽象假设，攻击者可完全篡改安全控制措施的工作方式。

低于操作系统抽象的攻击会绕过安全控制措施。

攻击选项包括完全禁止安全控制措施或允许攻击者只是绕过安全控制措施而让其看起来可以继续正常工作。当攻击者似乎能违反访问规则而不留下任何痕迹时,防御者将大吃一惊。

对于计算机和所有连接的设备,这些设备本身就是专有的计算机,安全控制措施层抽象以下的系统的攻击如图6-3所示,由于设备(尤其是图形处理器等第三方附加设备)在操作系统中占据高特权的位置,所以攻击可能造成极大损害。进一步讨论见第9.6节。

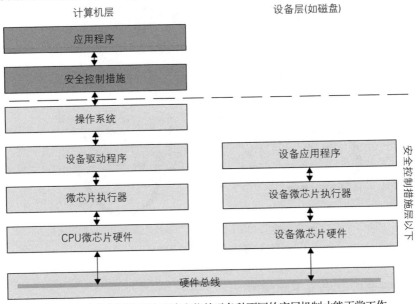

图6-3 安全控制措施很大程度上依赖于各种不同的底层机制才能正常工作

安全控制措施所依赖的依赖层概念意味着安全控制措施本身需要适当分层。这种分层安全(Layered Security)控制架构遵循递归结构,在架构底部需要微芯片级别的安全基础内核,其他所有安全性组件构建在内核安全的基础上,并确保非安全控制措施软件不会占用安全内核层。

6.3.3 攻击最薄弱的环节

回顾图 6-2,敌对者可能会评价每个防御者的安全控制措施的有效性并攻击最薄弱的安全控制措施。在图6-2 中,每个木板条的高度表示对应的安全控制措施相对于其他安全控制措施的强度。显然,总会有最弱的和最强的安全控制措施。这里提到的强度与特定的攻击类型有关,因此对于所有的安全控制措施没有统一的等级。强度取决于安全控制措施在架构中的位置和实现,以及试图击败该安全控制措施的攻击类型。

策划攻击行动的敌对者们不仅十分敬业也非常专业,往往将详细且完整地分析与本次攻击行动相关的目标系统的所有安全控制措施,掌握最弱和最强的目标系统漏洞,制定针对性极强的行动方案。防御者如果没有针对多种攻击场景审慎且客观地评价组织防御的优劣势，那么将在精心准备的攻击行动中不堪一击，给组织带来很多麻烦。

> *认识自己的优缺点，因为组织的敌对者会知道的。*

这引出另一个重要原则："复选框式安全工程极度危险"。评价原则或安全标准列举了一组可能要考虑的控制项。复选框式的安全工程(Checkbox Security Engineering)意味着非安全专业工程师无效地尝试所有控制项，随后没有经过充分培训的评估员同意相关的安全选项，通过勾选说明目标系统应存在这样的控制项，就像安全控制措施和二进制值一样代表存在与否。复选框式安全工程的方法与深刻理解安全控制措施的设计、实现以及其在架构中位置的方法背道而驰。

> *复选框式安全工程极度危险。*

作为该领域的最后一个观点，这里需要指出一个重要的资源投入偏见。人们可能问，为什么栅栏的木板条是如此不均匀，也就是说，鉴于最弱环节原则(Weakest Link Principle)，为什么安全控制措施有如此多不同的强度。当然，一个原因是某些安全控制措施天生就比其他安全控制措施更难纠正和保证。另一个原因是在更熟悉的安全控制[ZAJO01]和更轻松评估进度的安全控制上存在资源投入偏见。因此，如果首席信息安全官的背景主要是从事防火墙研发，那么该组织可能倾向于在防火墙上投入过多资金而对高管不太了解的其他控制措施视而不见。这并不是对作为前防火墙研发人员的安全官的批评，这是一位正常人士基于本能的心理偏见，在安全工程过程中必须审慎管理这个问题，特别是对安全工程师来说，首先需要考虑自己的背景和由此产生的偏见。

6.3.4　违反设计假设

包括安全子系统在内所有系统的设计都涉及对周围环境、底层环境以及用户的广泛假设。这些假设几乎从未记录在案，而且即使记录在案也极不完整。在映射到设计的实现过程中也很少有一个过程确保满足假设，即使做了，随着系统的发展和修补也几乎不加维护。

安全工程师提出许多"美好的"设计假设，但这些假设很少是正确的，包括：

- 用户是理性的
- 用户是善意的
- 数据输入是格式规范的
- 命令的输入是格式规范的
- 使用标准格式调用应用程序和服务
- 使用标准格式的接收应用程序和服务
- 操作系统和底层硬件有序运转

- 正确执行的库
- 正确执行的编译器等开发工具
- 主机永不沦陷
- 所有安全控制措施正确运转

这是从一组更长的错误假设集合中截取的一个很短的清单。敌对者持有同样清楚完整的清单,并会即时调查不符合这些假设之处(例如,通过向应用程序提供不规范的输入而执行缓冲区溢出攻击代码);在利用一系列漏洞攻击后,很可能发现一个或多个非常有用的不满足假设之处。

6.3.5　利用维护模式

所有优秀程序员都在测试和调试模式下设计,以便在开发期间和需要维护的运营期间更容易诊断问题。在开发期间,程序员很容易进入测试和调试模式。这是因为风险很小而且为开发而优化是正确的做法。测试和调试模式通常为了便于诊断而绕过安全控制措施和其他重要功能。一旦系统投入生产,测试和调试模式就必须减少并且需要特别的身份验证和授权才能进入。在非常特殊的情况下,测试和调试模式允许以非常有限的方式进入。

作为这种思想的延伸,程序通常存在一个特定的维护模式和特殊的访问端口供开发人员深入访问程序及其数据结构。该端口用于在部署程序后调试和打补丁。这种维护端口访问通常非常危险,有时可为系统其他部分提权,所以应该非常小心,限制对维护端口的访问,并且在进入系统后要非常仔细地持续监测访问,以确保访问得到授权,同时防止滥用授权。只有在没有其他可选项的情况下,才允许使用这些维护端口执行远程访问。这些维护端口存在极高风险,数以百万计的攻击者都有可能尝试入侵。如果没有这些端口,攻击者将不得不获取物理机房(Machine Room)的访问权限以访问这些受限的维护端口。

6.3.6　利用社交工程

社交工程涉及给用户打电话或发电子邮件,假称情况紧急,迫切要求用户采取行动,最终导致系统沦陷。令人惊讶的是,说服用户共享口令、输入命令序列或加载程序很容易,而且成功可能非常大。此外,在这个领域,极具语言魅力的攻击者实施社交工程攻击的成功率可能更高。用户群体中几乎总有些不太敏感的用户会上社交工程的当。社交工程攻击几乎总是有效的。

设计师可睁眼说瞎话,将安全问题归咎于"愚蠢的用户(Stupid User)"。但实际上,责任在于网络安全工程师设计系统时并没有充分了解这一实际情况。与其他攻击一样,设计无法将其变为不可能,但可使其变的不可信。如果用户在社交工程攻击中泄露口令是个问题,那么设计师应该考虑去掉口令,转而使用不同形式的不易受到社交工程攻击的身份验证,如生物特征识别(Biometric)技术、基于令牌的方案或多因素身份验证技术。

预计社交工程攻击会成功。

6.3.7　贿赂和勒索策反内部人员

人无完人，都有缺点、问题、信仰和未满足的需求。敌对者可利用人性弱点招募内部人员，特别是高职位、高特权的内部人员，如高管、系统管理员；或者给调查人员付费，让其寻找此类内部人员。具有系统访问权限的内部人员可从系统内部发起攻击并造成巨大破坏，这对于将防御重点放在外围(如防火墙)的组织尤其不利。内部人员如果可访问持续监测系统(如审计日志)，则可掩盖其攻击轨迹；如果知道入侵检测阈值，就可确保攻击行动在低于检测阈值的情况下隐蔽执行。

6.3.8　利用临时旁路

为了目标系统运行的特殊要求，有时会暂时绕过安全控制措施(有时甚至是生死攸关的关键控制措施)以"完成紧急工作"，因为安全"妨碍"工作或将导致某种性能问题。当然，安全和目标系统之间的动态权衡是一个非常现实的运营要求。不幸的是，攻击者正在系统中持续不断地扫描这类弱点，等待入侵系统的时机。

设计师必须明白，人类的时间尺度和计算机的时间尺度是不同的。人类所能感知到的时间增量约为 10 毫秒或 10^{-2} 秒。计算机的时间增量大约是 10^{-12} 秒，因此，一个人类的时间增量有 10^{10} 个计算机的时间增量。换而言之，相对人类而言，一个可感知的时间对计算机来说大约是 1000 年。所以，即使绕过安全控制措施的时间只有 10 毫秒，就计算机在这个时间尺度能做的事情来说就是 1000 年。此外，临时旁路通常持续数小时、数天，有时甚至遗忘在系统的整个生命周期中并一直保留。新部署在互联网上的计算机受到攻击的平均时间仅为分钟级[CERT17]。

一个临时旁路的示例是当防火墙规则集的限制性太强而导致网络连接无法正常工作时，将防火墙规则设置为"任意"访问，绕过所有规则。有时，安全控制措施由于可能妨碍目标的紧急访问需求，因此会类似地绕过所有授权控制措施。另一个示例发生的时间是组织在信息基础框架之间进行转换(如迁移到云计算)，如一家大型会计师事务所发生的违规事件[HOPK17]。

不幸的是，绕过这些控制措施后会有两个后果。旁路解决了访问问题，在关键运营发生的期间，临时旁路使系统保持在开放状态。或者，在旁路没有解决访问问题时，人们争先恐后地去寻找真正的访问问题原因，并让安全控制措施一直处于开放状态，"以防万一"。这两种情况都存在很大风险，即临时旁路的开放时间超过所需，并可能无限延长，直到出现重大问题，有人发现其无意中使控制措施处于打开状态。如果防火墙在整个临时旁路打开期间能发出一声录制的很响的令人毛骨悚然的尖叫，提醒这个组织正在做一件非常危险的事情，将是非常棒的。不幸的是，这一功能在短期内不太可能。

攻击者一旦由于临时旁路获得访问权限，肯定会留下后门(Backdoor)或特洛伊木马(Trojan Horse)。使安全控制措施恢复之后，也可绕过安全控制措施轻松地重新获得访问权限。因此，虽然安全运营人员可能为在短短几个小时后就努力地关闭了临时旁路而感到很满意，但这可能相当于俗话所说的"在马跑后再关马厩门"。

安全工程师必须假设会发生这种旁路，而不是仅声明这种旁路导致的系统破坏是由不良用户和运营人员的过失造成的。如果提前知道这些旁路是运营所需的，那么否定这些旁路是不良设计的想法会导致不必要的高风险。旁路的根本问题是安全设备(以及现在网络上的大多数设备)在参与诊断连接和访问问题的协作上表现非常糟糕，运营人员除了旁路之外别无选择。此外，由于安全工程师不能提供部分控制或受控的旁路，运营人员只有"是"和"否"两种选择，并且需要记住撤销旁路。显然，在许多方面，都有很大的改进设计的机会。

6.3.9 利用临时连接

与前面的讨论类似，系统运营人员甚至用户了解创建临时网络连接有风险，但还是以目标系统和权宜之计的名义做了。例如，人们已经知道如何借助防火墙将公司的内部网络与精心控制的接口连接起来，该防火墙有数百条精心控制的规则并连接到外部网络(如Internet)。创建临时连接的原因是系统运营人员无法与同事建立必要的工作联系或通过正常接口的连接太慢了，但可能没有意识到无法建立连接的原因是大型组织的管理者认定连接目标网络带来的风险过高；例如，因为已知网站上存在跨站点脚本攻击(Cross-Site Scripting Attack)，请参考图6-4。

攻击展板：跨站脚本攻击(XSS)	
类别	完整性
类型	系统完整性
机制	一个受欢迎的网站首先受到攻击(如提权)。然后，攻击者篡改网站，将恶意脚本(程序代码段)发送给访问网站的毫无戒心的用户的浏览器，从而危害所有用户的计算机
示例	2005年的Samy攻击在20小时内危害了100多万用户。2014年的TweetDeck攻击，将Twitter变更像蠕虫一样传播恶意代码
潜在危害	攻击者控制了受害者的计算机，可使用口令访问银行网站等敏感信息

图6-4 跨站点脚本攻击描述

这引出另一个重要原则：用户和项目负责人不应当擅自接受本地风险(即对用户和项目负责人或者其项目的风险)。要选择接受风险，就必须：

(1) 完全理解风险。

(2) 了解风险如何传播到组织和更大型的机构。

(3) 获得来自更大型机构的愿意接受这种传播风险的授权。

这几乎从未发生过，一部分原因是缺乏控制措施，另一部分原因是缺乏对用户和项目所有者的安全教育。

> 应谨慎控制本地风险，避免聚合为全局风险。

6.3.10 利用自然的系统故障

就像只是在等待一个临时旁路或一个可利用的临时网络连接一样，攻击者一直在寻找自然的系统故障。例如，敌对者想要窃听正确使用强壮的高级加密标准(Advanced Encryption Standard，AES)加密的网络，这种通信的密码分析(Cryptanalysis)相当困难且可能超出敌对者的能力范围。这是否意味着敌对者就此放弃？不，加密有时会失败，有时会在打开时失败，这意味着数据将继续以明文形式传输。通常情况下，这些故障没有告警或提示。因此，虽然现在敌对者已经可以非常容易地直接读取明文通信，但系统运营人员可能永远不会意识到加密已失败。

访问控制、入侵检测系统(Intrusion Detection System，IDS)和防火墙(Firewall)等方面也可能发生类似的故障。坚持和耐心可为敌对者带来巨大回报。网络安全系统工程师必须假设敌对者正在等待和观察上述机会，并高度重视防范此类故障；在故障发生时要能发出告警或提示，并通过工程系统从故障中恢复以免造成严重的安全漏洞。

> 敌对者积极寻找并利用故障。

6.3.11 利用组织根本不知道的漏洞

开发人员只有有限的时间和预算去发现和消除不可避免的缺陷。对于任何规模可观的代码，肯定存在隐藏的残留缺陷。其中很多缺陷是严重的，有些可能导致严重安全漏洞。有一些开发编码实践可减少这些缺陷(HOWA06, GRAF03)，但即使有这些实践，缺陷仍然存在。

敌对者在寻找缺陷方面没有类似的时间和预算的压力。事实上，为发现缺陷，敌对者可能拥有更好的、更专业的工具，比如静态分析器(通过查看源代码和可执行代码查找缺陷的工具)和动态分析器(监测程序代码执行以查找缺陷或了解程序行为的工具)。敌对者可能有经过专业训练的专家，用开发人员根本不具备的技能查找安全缺陷。这就是敌对者找到零日攻击的方法。

预测缺陷和随之而来的零日攻击。

网络安全工程师必须非常小心地使用最好的可用工具和技术以及获得消除此类缺陷所需的技能,来防止缺陷。此外,一个好的开发人员将把高达 50%的代码用于错误检测和错误处理[BENT82, GOOD07]。程序员的代码如果远远低于这个级别,那么可能遗漏了一些重要的东西。即使如此,还是会发现并利用一些缺陷。这是事实。

网络安全工程师如果假设这样的故障会发生,就会寻找利用此类故障的痕迹,并建立诊断能力以了解这些攻击是在哪里以及如何发生,以便迅速关闭这些攻击。不承认或不理解这种可能性的设计师永远不会提前看到这些攻击,最后遭遇令人不快的惊恐局面。

6.3.12　攻陷系统所信任的外部系统

一个现代化系统或明或暗地依赖着许多外部系统和服务。一个很好的例子是在边界网关协议中发现多个软件漏洞和脆弱性,会导致在互联网上路由网络流量时出现可利用的脆弱性[ALAE15]。另一个例子是系统可能依赖网络时间协议(Network Time Protocol,NTP)作为当日时间来源。如果访问控制角色涉及当日时间(例如,"仅允许从上午 9 点到下午 5 点访问系统"),则更改时间可对安全性产生直接影响。此外,将时钟设置为史前时间或遥远的未来的某个时间可能导致系统因为这些非预期值而崩溃。

某些应用程序依赖外部安全服务进行身份验证和授权。外部安全服务如果受损,那么使用该安全服务的所有应用程序的访问控制都将受损,从而使其成为敌对者的高价值目标。UNIX 有个内置的概念,即为了便于共享文件结构而信任其他指定的计算机。一台机器受损,所有相互信任的机器的传递闭包(Transitive Closure)也受损,这就为级联故障(Cascading Failure)创造了一个天然的攻击环境。

前面讨论的全部内容将安全人员引向另一个重要的设计原则:始终要预估意外情况的发生。这一原则鼓励设计师建立一种检查假设和故障的惯性思维,并通过系统架构检查和恢复这些故障,从而减少损害。

始终要预估意外情况的发生。

6.4　预测攻击升级

网络安全工程师不仅要为今天已知的攻击做好准备,而且要预测到,在创建的系统的生命周期内,攻击技术还将不断升级。

在网络安全的早期,攻击者大多数是学习系统和展示技能的脚本小子。今天,攻击是一项有组织犯罪，是用作主要收入来源的重要生意。勒索软件现在已经是一笔大生意，防御者必须为勒索软件攻击做更多更好的准备。

早期攻击代码相对简单，可攻击单个漏洞和执行单个任务。现在，攻击代码具有内置的检测规避、自加密技术和使用隐蔽通道等功能，能利用多个漏洞，并能通过指挥与控制(Command and Control)通道进行回溯从而利用遇到的新系统中的更多漏洞。随着代码变得更加隐蔽和复杂，基于签名(Signature-Based)的攻击检测方案将变得越来越不可靠。防御者需要学习如何利用异常检测(Anomaly Detection)和其他需要在攻击生效前察觉到的技术。

随着时间的推移，攻击从系统抽象层一路扩展到应用程序(如邮件和网络服务器等应用程序和服务)、操作系统、连接这些操作系统的网络基础架构，再到支持基础架构的路由器和域名系统。造成这种进化的原因是在功能分层堆栈中，较底层的攻击虽然更难，却作为跳板可为更多类型的攻击和为不同目的重用攻击(Reuse Attack)提供更多访问权限。可以预期，攻击会继续沿着堆栈向下到达设备驱动程序和设备控制器。因为设备驱动程序和设备控制器处于安全控制措施层之下，安全人员可将这些工作在较低层级的软件称为"底层软件(Underware)"。

> 针对底层软件的攻击越来越多。

最后，攻击开始于纯粹的数字世界，因为数字世界是最明显的第一目标，并且计算机通常不与物理系统相连。近期，针对信息物理系统(Cyber-Physical System，CPS)和物理系统(如电网或计算机直接控制的不可逆转的化学过程控制系统等)的攻击数量急剧增加(如图6-5)。网络攻击对数字世界的伤害达到新高度。

攻击展板：信息物理系统	
类别	信息物理系统
类型	通过系统完整性实现可用性
机制	恶意代码通常由蠕虫或病毒在目标计算机上安装和执行。随后激活或触发恶意代码，恶意代码通过操纵控制命令产生破坏性物理后果
示例	Stuxnet 为了摧毁核离心控制系统发动攻击，声称是为了阻挠伊朗核项目
潜在危害	对银行、电网和电话系统等关键系统攻击造成的损害可能接近1万亿美元，并可能侵蚀国家主权

图6-5 攻击描述：信息物理系统

在震网攻击(Stuxnet Attack)中，针对控制软件的攻击有意破坏核离心机，这代表网络攻击朝着声名狼藉的方向迈出重要一步。网络安全工程师必须做好准备，应对越来越复杂的针对如智能电网和智能家居等信息物理系统的攻击。

从烤面包机到冰箱，再到人，几乎所有一切都连接到网络上，并受到持续监测和控制。物联网(Internet of Thing，IoT)领域将面临这个特殊问题，部分原因是这些设备的功率和价格都非常低。

6.5　红队

下面将介绍敌对部队和红队的特点。

6.5.1　敌对部队

训练如战斗；战斗如训练。

网络安全领域已吸取和改编了许多军事动力学(Kinetic)界的术语。这种采纳有两个重要原因。首先，军事情报界是第一个了解网络安全的重要性和所谓的数字领域(Digital Domain)的。军事上的认可很早就以对多级安全性(Multilevel Security)的关注形式出现：即当使用稀缺的计算资源同时存储多个分级数据时，担心较高级别的数据可能有意泄露给较低级别的不应知道这些数据的人员而构成重大风险。其次，网络安全与动态冲突有很强的类比，在动态冲突中，有对抗的力量，有针对战略目标的基于经验和理论的进攻和防御战术。

6.5.2　红队特点

"训练如战斗，战斗如训练"的军事原则显然适用于数字领域和物理领域。因此，一支理想的网络红队训练有素，且能模拟防御者最关心的敌对者发起网络对抗。不幸的是，大多数红队都不具备这个特点，而"红队"这个词的用法始终不一致，下一节将讨论另外至少两个方面。

根据红队的准确定义，现在大多数红队存在以下几个方面的不足：

- 红队攻击的战略性与一些敌对者目标不同。
- 就模拟真正的攻击者来说，红队的思考过程不具有真正的对抗性。
- 红队没有就真实敌对者的工具、战术和程序进行培训。
- 在极少数情况下，红队确实是使用真正的攻击者工具和专业的攻击者，但这样的团队通常只接受自己的技术培训并且误认为与真正敌对者的行动一致。
- 红队蹑手蹑脚地绕过系统，使用精心编制的"交战规则(Rule of Engagement)"确保不会造成任何意外损害。

大多数红队由一组受过培训使用红色印章(检查已知漏洞列表的工具)[REDS17]等漏洞测试(Vulnerability Testing)工具的人员组成。这样的工具无疑很重要，让人员接受工具培训也很重要，但这样的人群并不是真正的红队，只是部分自下向上的漏洞测试人员或有时称为门把手旋转器(因为这些人模拟的是试图打开每一个网络安全门，看看哪些是解锁的，或易受攻击的)。使用"部分"一词是因为红队只测试工具设计者想到的以及可利用工具方便地实施攻击的漏洞。使用"自下向上(Bottom Up)"一词是因为红队基本上是在寻找可能出错的已知事件，而不涉及损害系统目标或匹配敌对者可能拥有的战略目标。

优秀的红队是一名具有对抗性的思考者，红队学习敌对者使用的攻击战术，并将战略破坏视为主要驱动力。通常，红队需要两类专家的加入。第一种类型是战略家，思维开阔，深入理解战略、目标系统和如何自上而下地破坏目标系统；战略家的作用是在高层次上提出和勾画攻击场景。第二种类型的实体更像一个划分为 A 级(Class A)的战术攻击者，深刻理解攻击战术和所有可用的工具和技术，知道如何创造性地适配和使用这些工具和技术以获得重要战术成果。战略家和战术攻击者共同制定了一系列优秀的攻击方案，并估算这些方案造成的破坏以及成功的可能性。战术攻击者将实施这些攻击方案的子集，其中要么需要具体证明对系统运维人员重要的一个想法，要么核实攻击本身是否存在一些分歧或不确定性。

6.5.3　其他类型的红队

"红队"这词还有另外两个重要的可能引起混淆的误用。第一个也是最常见的一个，是将红队与渗透测试(Penetration Testing，简称 Pen-test)团队换用。尽管渗透测试人员有时工作在战术和战略的更高层面上，但目前使用的渗透测试通常与漏洞测试有关。渗透测试有时可包括软件代码分析，但很少包括搜索零日攻击。零日攻击通常是由于系统设计或实现中的错误造成的。漏洞评估团队的示例流程如图 6-6 所示。

漏洞评估团队——工作流程示例

(1) 与客户会面并就模拟威胁的本质(包括可用资源)达成一致。

(2) 确定该模拟威胁的持续时间和预算。

(3) 利用威胁资源集，对目标站点进行假设方法分析。

(4) 以事件链的形式制定利用一系列漏洞的攻击方案并提交给客户。

(5) 根据客户协议，将链中的某些步骤标记为"不需要"。

(6) 在实验室环境或实际目标系统中演示其他步骤。

(7) 庆祝成功，因为这种方法永远不会失败。

图 6-6　漏洞评估团队的工作流程示例

"红队"一词的另一个有趣用法来自军事情报界(Intelligence Andmilitary Community)，与替代分析(Alternative Analysis)和针对具体情况或预测情况的开放思考有关。这样的红队通常会制定一个或多个场景或事件的合理解析("假设")。如果这些场景是真的,可能导致决策者做出截然不同的决策。这些红队中的人员通常都是开放思维者,具有很强的创造力,而且一般受过更广泛的教育,这使得红队人员能考虑那些受过较窄训练的人员可能想不到的事项。这样的红队可以帮助高层决策者避免严重的战略失误,至少可以对其他可能性保持开放态度,这样战略就可以包括应急和对这些可能性的应对。这样的红队思维实际上可以在假想敌对抗(Opposing-force, OpFor)类型红队(本书所推崇的首选的定义)中发挥重要作用。具体来说,这样的红队可以帮助提出构想,值得假想敌对抗风格红队的战略进攻部门仔细斟酌。

所有这些类型的红队,虽然由于使用过多形式造成了混乱,但代表了评估网络安全防御的重要技能和方面,应结合使用并提供有效评估。同时,重要的是要明白,仅因为一个称为红队的团队并不意味着能提供前面讨论过的所有方面。有关红队的更多信息,请参考[HOFF17]。

6.6　网络空间演习

了解到什么是红队,什么不是红队后,接着转向的话题是网络空间演习。正确定义的红队最符合军方最初的物理模拟。如果不打算开展网络空间演习或执行评估活动,那么一个真正的红队就没什么意义。

6.6.1　红蓝对抗

回到军事类比,军方进行演习以改善训练方法和熟练程度。这些演习都有一支指定的、由经过专门训练的本国部队组成的敌对部队。该演习通常在尽可能逼真的条件、环境和场景下进行,并且在安全和成本方面有限制。例如,军事演习通常不使用实弹,因为双方都是国家武装的一部分。演习将限制在为此次演习预留的明确的地形上。演习也有一个明确的起点、终点以及演习期间明确的行为规则。演习中也有正规的国家部队,通常称为"蓝队(Blue Team)",以区别于红队。

组织者煞费苦心地将所有活动都明确地指定为一种训练,以免有人误认为攻击是真实的从而对"敌对者(指红队)"采取报复行动。事实上,很有可能真正的敌对者看到演习事件并将演习误解为真正的攻击,组织者也会告知敌对者这只是一场演习。当然,演习是有风险的。例如,在大型军演中,士兵因意外死亡的情况并不少见。

在包括红队在内的军事演习中,任何失败往往都归咎于红队,总是企图裁撤红队。具有讽刺意味的是,在一支以"训练如战斗,战斗如训练"为伟大口号的军队中,军队经常约束或排斥红队,因为红队对演习具有破坏性影响以至于干扰了训练的价值。这在一两次演习中有道理。但如果这成为所有演习的标准操作方式,将是演习的严重战略缺陷,相当于鸵鸟把头埋在沙子里，自欺欺人而已。

6.6.2　纯粹演习与混合演习

只发生在网络空间的纯粹网络演习和混合演习都是存在的。在混合演习中，物理演习含有网络安全组成部分。这些演习与前面讨论的纯粹演习具有相似的特点。这样的演习有目标明确的防卫部队、敌对部队(如夺旗[KNOW16])和交战规则。下面依次介绍。

混合演习的常态化称为定期演习。因为几乎所有军事演习都包含网络空间部分。如何在混合演习中应对网络攻击是一个重要主题。许多军事领导人认为，这些演习的主要目的是训练士兵掌握斗争技巧。有时，进攻性的网络对抗(Cyber Network Operation，CNO)可非常有效地使整个演习陷入停顿。这样的结果破坏了演习的主要目的。从某种意义上讲，浪费了为演习准备的大量资源。同时，如果网络对抗真能如此有效，那么显然是值得解决的战略问题，或许存在于当下演习的背景之外，以便下一次演习能更现实地对待进攻性网络对抗。在没有"重要"事情发生的情况下，将网络对抗时间限制到从午夜到凌晨 1 点不太现实。最后，网络对抗必须包括符合"训练如战斗，战斗如训练"的总体原则。

纯粹的网络空间演习也极具价值，对于商业团体等通常不涉及物理冲突的非国家实体尤其如此。在这样的演习中，红队仍然如前所述；蓝队是一组网络安全运营人员，负责防御系统的安全控制措施。另外，通常有一支白队(White Team)充当裁判，确保双方遵守交战规则。白队通常会记录这次演习，以最大限度地吸取经验教训，以完善真实场景的防御体系和战术。

有些组织将红队和蓝队的有效融合称为紫队(Purple Team)。紫队的目的是鼓励红蓝队之间的共享，以确保网络安全得到优化而不是有两支自负的团队。在这一点上，一支不能或者不愿意与防守队员分享成功经验的红队没有什么价值。

有些红队拒绝透露其使用的技术。认为这些攻防技术很敏感而不能分享，红队害怕这些技术用于破坏真实世界。当然，知道系统易受顶级红队(指熟悉最新、最有效攻击技术的优秀高技能红队)的攻击有一定价值，但真正价值来自于知道如何改进防守。红队和蓝队之间的协作最好在演习之前和之后，为防御和下一次演习收集经验教训和改进防御方案。演习中的协作通常是不明智的，因为会干扰演习的真实性并与演习目的相悖。表 6-2 总结了不同颜色的团队及其角色。

表6-2　红队、蓝队、白队、紫队在演习中的作用总结

序号	团队	角色
1	红队	模拟敌对者
2	蓝队	模拟防御者
3	白队	裁判员，确保红蓝双方在训练中遵守规则
4	紫队	红蓝团队的有限合作

6.6.3　紫色协作

演习前一个有效的"紫色"协作包括白板攻击(Whiteboarding)，即识别攻击措施、防御措施和反制措施，并讨论一系列攻击场景可能如何展开。如果双方都认为进攻会非常成功，而防守队员完全无法阻止进攻，那么两队可同意不进行实际攻击，并将此协议纳入经验教训。之后演习中，两支队伍可通过头脑风暴协作，为后续演习提供最有效的防御攻击方法。类似地，如果两个团队都认为某项攻击手段不可能奏效，执行演习就没有什么价值。这样，在开始前，就可从红队过程中提取非常重要的价值。对于攻击场景，如果在攻击或防御的结果或难度上存在分歧，那么执行攻击实例以期了解更多信息是值得的。

有些组织可能担心，这种演习前的讨论会降低现实中敌对者所期望的"出其不意"效果。虽然这在一定程度上是正确的，但也代表了一种权衡。红队不一定只使用讨论过的攻击场景，而且攻击的确切时间也不是固定的。

演习后的合作形式是两支队伍在演习结束后立即复盘里并分析整个场景(以确保想法和信息都是最新的)。讨论通常由白队领导，因为白队了解双方并能最好地组织讨论。然后，针对场景的每个重点、每个明显的参数进行评论，例如：

- 针对该点每个团队的想法是什么？
- 每个团队都有哪些没有尝试的想法？
- 为什么不试一试？
- 预期攻击或防御有多成功，实际成功了多少。"战争迷雾"(由于所有正在发生的事情的混乱而产生的不确定性)元素是什么？
- 什么是现实的，什么可能只是演习产物？
- 在提高防御能力方面吸取了哪些教训？
- 在改进模拟攻击方面吸取了哪些教训？
- 在改进下一次演习方面吸取了哪些教训？

6.7　红队工作因素：衡量难度

上一节提到衡量攻击的难度。并非所有攻击都有同样的难度或都可能成功。事实上，交战规则通常这样写的：如果红队在一定时间内没有获得第一级进入权，白队给予红队进入权，理由如下。

(1) 如果有足够的时间和精力，红队最终会获取进入权；这在演习中是不容易模拟的。

(2) 一些更有创造力的真正敌对者能解决进入权问题，或有一个零日攻击能让红队获得更多信息。

了解攻击的相对难度有助于防御者更好地决定哪些防御措施需要改进，哪些剩余风险可以容忍。随后章节的风险评估主题将进行更多讨论。

这意味着红队需要仔细记录和备注以下内容：正在做什么、为什么要这么做、要花多长时间、使用什么工具和技术、攻击序列是什么以及如何攻破进攻路径上的防御措施。所有这些文档都有助于深入了解一个攻击序列有多么困难、为什么困难以及如何让其变得更困难。

对红队在攻击序列中完成每一步所需的时间和资源的度量称为"红队工作因素(Red Team Work Factor)"。该因素是一个实用的、直接有用的度量标准，用于衡量对抗高技能红队的防守质量。红队工作因素在评估防御机制、替代架构和配置方面发挥作用。当然，这一标准受到特定红队人才和技能的限制，红队既有偏见，也有盲点。这意味着这些指标是不完善的，但这些指标在指导防御战略和分析方面有用，迄今为止还没有更好的实用指标。

6.8   小结

本章阐述了敌对者的本质以及对网络安全设计的影响。下一章将阐述如何通过攻击技术实现攻击者的目标。

总结如下：

- 敌对者有各种不同的属性和价值观。
- 尽管不希望如此，但敌对者是聪明、掌握熟练技能且知识渊博的。
- 敌对者是不公平的，会违反不切实际或不易理解的假设。
- 攻击者将持续提高知识和能力并变得更具攻击性。
- 攻击者将开始攻击信息物理系统和底层软件。
- 红队通过模仿敌对者，在评估安全设计和安全机制方面扮演关键角色。
- 网络演习对指导设计和准备作战至关重要。
- 红队工作因素是一种衡量危害系统安全难度的有用指标。

6.9   问题

(1) 列出三个敌对者的属性，并讨论每个属性可采纳的值范围。

(2) 为什么有必要假设敌对者是聪明的和知识渊博的？给出至少两个方面的原因。

(3) 列出敌对者可能使用的五种不公平方式，以及每种方式对网络安全设计的影响。列出本章没有讨论的其他方式。

(4) 这些年来攻击是如何演化的，以及可能如何继续演化。讨论一个设计如何适应这样的演化。

(5) 红队的定义以及在评估中的角色。将红队的正确定义与其他两种定义区分开来，并描述其他定义的红队可能具有的有效角色。

(6) 网络演习的目的是什么？可从网络演习中学到什么？什么是白板攻击，如何提高网络演习的效率？

(7) 红队工作因素的定义是什么？如何计算？可分析计算吗？是定量的还是定性的？如何使用？局限性是什么？

第 **7** 章 | 攻击森林

学习目标

- 描述攻击树(Attack Tree)和攻击森林(Attack Forest)及其目的。
- 讨论为什么理解故障才能深入了解攻击树和攻击森林。
- 总结"五问"方法如何运用于网络安全。
- 解释为什么攻击森林必须具有代表性，而非罗列一切。
- 描述攻击树目标优化的科学和艺术。
- 解释攻击树目标细化的终止标准。
- 总结攻击树的外部依赖关系及其重要性。

7.1 攻击树和攻击森林

第 4.4 节介绍了如何生成一系列攻击者战略目标，来阐述目标系统可能受到战略损害的方式。这些目标有助于推动包含优先级的安全分析。下一个重要问题是如何实现这些目标。这就是攻击树的作用。有许多不同类型的攻击树，造成一些术语上的模糊。本书重点是目标导向攻击树(Goal-directed Attack Tree)，称之为攻击树。

7.1.1 攻击树的结构

如第 4.4 节所述，攻击树的顶部是攻击者的战略目标。这个顶级目标称为根目标。下面是树的每个后续级别(按照惯例，树是从根向下生长的；是一棵倒置的树)由一组称为节点的子目标组成，这些子目标共同或分别实现树中上一级的节点。想想"三只小猪"童话故事，大灰狼是攻击者，三只小猪是防御者，稻草、木头和石头组成的建筑物代表防御系统。在这个示例中，根本的战略目标是"摧毁房子"，而攻击者实现的次要目标可能是吸气-呼气，当"吸气"和"呼气"等子目标必须同时完成时，这些子目标的关系称为"与"关系。术语和符号借用计算机科学的数字逻辑子域，如图 7-1 所示。

图7-1　从数字逻辑门借用的"或(OR)"符号和"与(AND)"符号

图7-2 显示了将一个目标分解为两个子目标的简单过程。这两个子目标必须同时完成。该节点表示只有其下的目标节点同时完成,才能实现该节点内部指示的目标(本例中该节点是根节点,位于树的顶部)。分解为子目标的节点有时称为子节点的父节点。

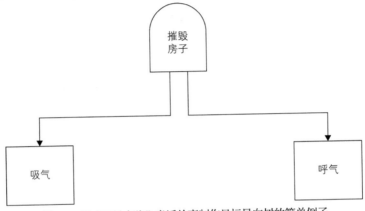

图7-2　用"三只小猪"童话故事制作目标导向树的简单例子

对于一只足智多谋的大灰狼来说,子攻击的吸气-呼气法组合可能有一个"使用炸药"(Use Dynamite)的替代方案,这使得攻击树更复杂。首先,根节点的直接下属现在是可选的,因为大灰狼只需要使用吸气-呼气法或"使用炸药"方法。再从数字逻辑中借用或运算符和相应符号。按照惯例,为使树更清晰,还必须创建其他一些中间节点描述吸气-呼气法。创建中间节点会创建另一个级别的攻击树。也许这个新的父节点可称为"风摧毁法"(Destructive Wind Method)节点。图7-3 显示了带有替代方法的新攻击树。

现在,所有的树中节点都称为"目标节点"(Goal Node)。特殊的树顶节点称为根节点(Root Node),不是顶部节点也不是底部节点的"中间"节点有时也称为内部节点(Internal Node)。什么是底部节点?与实际的树进行对比,底部节点称为攻击叶节点(Attack Leaf Node)。树的术语是从计算机科学的图论部分借用的,关于图论的更多信息,可参见[AHO74]。

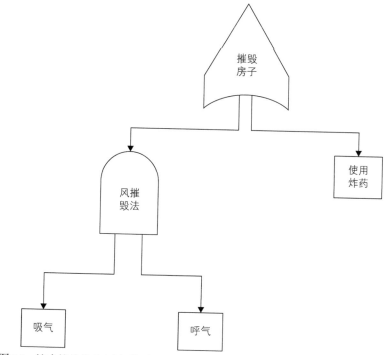

图 7-3 这个简单的攻击树示例中添加了"使用炸药"选项，使攻击树更加深入和复杂

7.1.2 派生攻击场景

现在知道攻击树节点是基本的攻击步骤，但攻击树的节点与根节点(即战略攻击者的目标)到底是什么关系？通过检查树，特别是节点之间的"与""或"关系，可导出到达根节点的攻击场景。前面的简单示例中有两种攻击场景可实现根目标：

(1) 吸气-呼气法攻击。

(2) 使用炸药攻击。

这可使用图论中最小割集(Minimal Cut Set)[AHO74]概念，从任意给定的攻击树中通过算法计算得出。

7.1.3 从树到森林

既然现在知道攻击树是什么，那么可扩展一下树的类比。因为安全专家要产生各种战略攻击者目标(Strategic Attacker Goal)，通过创建一个具有代表性的集合来驱动网络安全设计，所以必然有一个树的集合，集合中每棵树对应一个目标。因为现实中树木的集合称为森林，所以这些攻击树的集合称为攻击森林。攻击森林是一种可实现有代表性的战略攻击者目标集的方法。在攻击树的集合中存在相同的子树，这对子树的命名以及子树之间的复制通常比较便捷。

为什么要将所有战略攻击者目标分解成一个攻击森林？回顾第 2.3 节提到的"安全理论来源于不安全理论"。一般而言，防御者越了解敌对者的潜在目标以及如何实现这些目标，就越了解如何设计适当的防御架构。因此，创建攻击树的实践非常有价值。同时，可以使用攻击森林进一步了解如何对攻击进行优先级排序，从而对防御选项进行优先级排序。

7.2　系统故障预测网络安全故障

要学习网络安全，就必须理解故障。如前几章所述，安全要求可靠性(Reliability)，因为安全子系统的意外故障必然造成敌对者可利用的漏洞。此外，理解故障还能启发防御灵感。

> **要学习网络安全，就必须理解故障。**

7.2.1　启发灵感的灾难

正如从前几章所了解到的，开发一个具有代表性的战略攻击者目标清单是一门艺术。对攻击树中的战略攻击者目标和子目标的灵感来源于历史上灾难性故障(Catastrophic Failure)和险发性故障(Near Failure)。这些故障可能发生在自己的组织中，或发生在其他组织中。所谓灾难性故障，指的是令组织本身或者组织的重要目标系统处于严重危险的故障。险发性故障与之类似，不同之处是，灾难实际上还未发生，但命运有所不同，大多数人意识到灾难即将来临。

7.2.2　十倍规则

作为一般经验规则，系统中任何因意外而发生的故障都可能是由敌对者故意引发的，其影响比一般意外故障严重得多，有时甚至要差几个数量级。故障通常由触发事件(Triggering Event)导致，触发事件暴露了系统的设计缺陷，导致系统出现错误。通常，触发事件并不复杂，敌对者没有足够的访问权限就无法触发。

> **系统故障的影响是安全漏洞的十倍。**

故障发生时，系统管理员会在某个时刻检测到故障，并在可能的情况下采取安全对策以减少损失。通常，在事后故障分析过程中，网络安全工程师会观察到，如果故障模式稍有不同，或运营人员不能尽早发现，损失可能会更严重。因此，如果敌对者能影响触发事件和运营人员尽早发现故障的能力，那么敌对者所造成的损害将大大增加。

发生意外故障的时间通常很随机，因此不太可能造成最大损害。另一方面，如果敌对者可选择触发故障的时间，那么可选择最不可能的时间并确保在该时间触发故障。假设敌对者能越过一个受监测区域触发雷达系统故障来袭击重要战略目标。想象一下，那会造成多么大的灾难性破坏。

7.2.3 佯装故障

除了利用现有故障外，敌对者还可插入小微缺陷以影响系统的生命周期，这些小微缺陷可能导致新故障或加剧现有故障。这种能力对于敌对者有两个重要好处：

(1) 比起利用现有错误，通过选择故障的类型和位置，敌对者可进一步扩大损害程度。

(2) 故障可视为无意的故障，因此可避免防御者发现及暗中报复。这是很重要的一点。在执行故障分析时，分析师最好不要轻率得出结论，即如果损坏程度超过预期，或具有不能预期的特定影响(即预期不会随机发生)，则故障是意外。

> 先将与安全相关的故障视为攻击，此后再进行确认。

7.3 理解故障是成功的关键："五问"

架构师应该研究系统及发生过的历史性故障。这样的分析有助于架构师了解故意攻击可能造成的损失，并了解如何通过使用可靠性技术的良好设计检测故障，并减少随之而来的损失。

7.3.1 为什么是"五问"？

各组织应该使用类似国家运输安全委员会(National Transportation Safety Board，NTSB)调查航空事故时使用的方法研究组织内的网络安全故障[WIEG03]。知道飞机坠毁的表面原因(因为飞机撞到地面的速度太快导致飞机坠毁)是不够的，人们必须问为什么会发生这种情况，对于每个答案，都要再问为什么会发生这种情况，直到至少追溯了五个层次来确定根本原因[BOEB16]。

该迭代分析序列如图 7-4 所示，在该图右侧的示例中，分析人员看到飞机因为燃油用尽而坠毁。飞机没油了，是因为飞行员在期待加油单位是"加仑"时，加油申请显示为"磅"(一加仑汽油重约 6 磅)。飞行员犯了这个错误，是因为燃油申请表不清晰，使用了小字体，并且"磅"和"加仑"复选框紧挨着。由于燃油申请表的设计者没有接受过避免故障的培训，所以表格设计得很差。

深入理解故障本质是成功的关键。

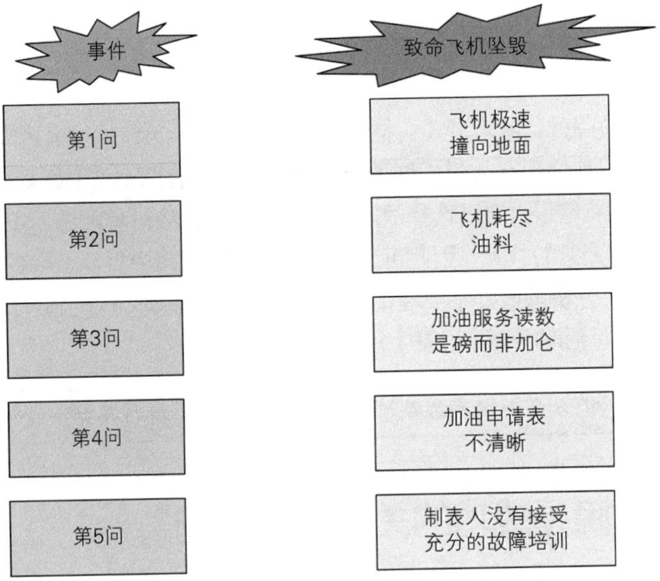

图 7-4   一起致命飞机坠毁事件的五问失效分析

7.3.2   计划鱼骨图

将这些答案映射到多个自己感兴趣的系统中,并询问每个系统如何产生故障的,这也很有用。这创建了鱼骨状而不是线性的因果链。NTSB 感兴趣的系统包括飞行员、飞机设计、驾驶舱操作以及空中交通管制和维护(图 7-5)。掌握了这些信息,NTSB 就能系统地参与一个长期的质量控制反馈过程,通过对每个相关系统提出改进建议,减少再次发生故障的概率,使航空成为现存最安全的模式之一。

类似的网络安全方案非常有价值。在网络空间中,项目所关注的系统包括系统设计、系统设计流程、系统设计师培训、系统运营人员、运营规则、操作用户界面、系统间接口、管理方式、组织文化以及策略和指令。安全人员应该检查每一项在"五问"失效分析中可能扮演的角色。

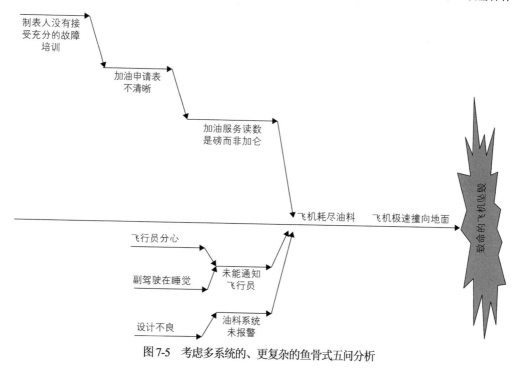

图 7-5　考虑多系统的、更复杂的鱼骨式五问分析

7.4　森林应该具有代表性，而非罗列一切

基于一系列战略目标开发攻击森林时，必须记住的关键是战略攻击者目标要具有代表性，而非穷尽所有可能的战略攻击者目标。事实上，通过改变与攻击者目标有关的参数，总可得到给定战略攻击者目标的数十种变体。考虑所有可能的战略攻击者目标的抽象空间如图 7-6 所示，一个点代表一个攻击者目标。

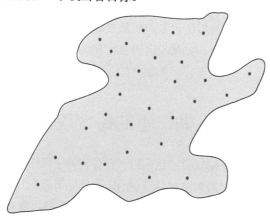

图 7-6　攻击者目标空间的抽象视图，接近意味着相似

现在考虑用点与点之间的距离表示一棵攻击树与另一棵攻击树的相似程度。例如，一个攻击目标是让组织的目标系统中断超过 7 天，则邻近的节点可改为数字 7，或引用提交的值。一个点可创建数百个与攻击树相似的临近点。这些临近点可组成具有类似攻击策略的区域。在计算机科学中，这些分组有时称为等价类，意味着集合中的所有成员对于某些属性和方法都是等价的，这些属性或方法可运用于类的元素。从概念上讲，等价类如图 7-7 所示。

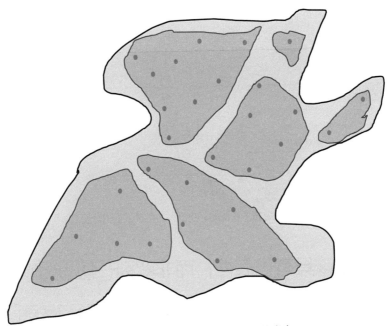

图7-7　将战略攻击者目标放入等价类中

同样，如何将攻击者的目标分组到等价类，还需要一点科学和艺术。此外，如图 7-7 所示，集合中的目标没有固定数量，并且肯定会因集合而异。一般来说，如果网络安全工程师以几乎相同的方式，选择和权衡可能的防御方案处理两棵攻击树中的攻击，则这两棵攻击树是等价的。从实际角度看，如果攻击树彼此看起来非常相似，表明这两棵树应视为是相等的。

7.5　通过询问"怎么做"驱动每个攻击树层

从一个级别细化到另一个级别时，如何将节点分解为子目标? 这是一门科学，也是一门艺术。主要回答的问题是"敌对者如何实现给定的目标节点？"此时，创造力和开放的横向思维就很有用[BONO10]。在小组中使用头脑风暴生成尽可能多的想法，然后评价和总结想法。从攻击和故障中学习也很有帮助。在这项活动中，必须采取敌对者的思维方式。

在科学方面，一个层的子目标应该有两个重要属性。

(1) 子目标应该是互斥的(也就是说，节点不应该以任何方式重合)。

(2) 子目标应该是详尽的(意味着创建该层的分析师应该考虑实现父目标的所有方式)。

在尽可能详尽地分解级别时，可考虑两种模式：流程序列和设备类型枚举。对于流程序列，如果目标是破坏数据的完整性，则可使用 OR 序列中的数据管道作为该节点崩溃的基础。分析人员必须找到数据、收集数据、存储数据和处理数据，然后向决策者报告数据。攻击可能发生在这些详尽数据阶段的任何阶段，因此列表中的每个元素都成为五个"或"节点序列的一部分。图 7-8 描述了如何在攻击树中分解流程序列子目标。

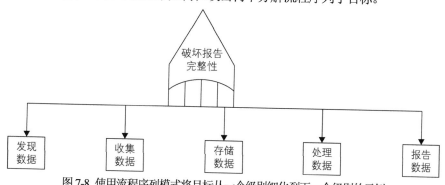

图 7-8 使用流程序列模式将目标从一个级别细化到下一个级别的示例

作为设备类型枚举的一个示例，假设计算机(如防火墙)受到攻击。此时可查看计算机系统的各个层，并将这些层放置在一个 OR 关系中：防火墙应用程序、防火墙中间件、防火墙操作系统、防火墙设备驱动程序、设备控制器或硬件攻击。图 7-9 显示了如何在攻击树中分解这种设备类型枚举子目标。

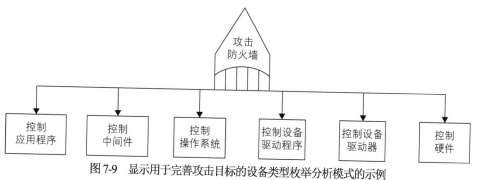

图 7-9 显示用于完善攻击目标的设备类型枚举分析模式的示例

采用哪种分析模式取决于上下文背景。当有同样好的选择时，可由分析师决定如何分解层级。

7.6 深入研究且适可而止

此时有人可能会问，如何知道何时应该停止将目标细化为子目标？如何知道某物确实是一片叶子？好吧，一个叶节点是另一棵树的内部节点。这样的答案不能令人满意，这取决于攻击树要完成什么以及如何使用攻击树。

一个基本的经验法则是一旦到达攻击者可理解并可通过某种方式评估的攻击步骤，就会停止。更多相关评估内容将在后续章节中讨论。在前面的简单示例中，大多数人都清楚了吸气和呼气的含义以及如何做(尽管极有可能不知道如何以足够的力量破坏建筑物，但人们愿意为了故事而暂停怀疑)。

> 在分析师开始理解的地方停止攻击树目标细化。

7.7　小心外部依赖

制定攻击树时必须尽可能考虑广泛的系统定义，以完成攻击目标系统。包括系统所依赖的但超出控制范围的系统也应一并考虑。Parnas 的"使用层次(Uses Hierarchy)"描述了这种依赖树的发展。一般来说，如果 A 的正确性取决于 B 的正确性，则 A"使用"B[PARN72]。

很容易提到"这样的系统超出了范围(Out of Scope)"，"无论如何也不能对系统做任何事情"，忽视这样的系统可能犯下严重错误。例如，大多数拥有企业系统的组织都依赖于互联网服务提供商(ISP)。如果敌对者成功对提供商发起可用性攻击，则组织服务将对组织以外的任何相关方都不可用，这对一家在线零售商可能是一个严重问题，尤其是在感恩节和新年之间(最重要的购物季节，绝大多数销售活动都发生在这个季节)。当然，互联网服务提供商也可能反过来依赖电话公司的通信线路和域名系统等互联网服务。

7.7.1　及时

在当今世界，口头禅似乎是"一切都及时"(Just-In-Time Everything)[ALCA16]。这意味着制造商和服务提供商都试图将其成本降到最低。一种方法是减少对存储部件的需求，方法是让供应商准确地在需要时提供部件。同样，在理想情况下，当产品从生产线下线时，会直接运送到已经下订单的客户处，这样就不会生产没有订单的产品。

听起来不错，甚至有时效果很好，但实际上会出问题。怎样造成系统脆弱性不是本书的主题，但人们可能会注意到，如今，出现的错误似乎比过去更多。无论如何，这种及时战略(Just-In-Time Strategy)的结果是：组织必须将其系统与供应商及其分销商紧密联系，以便供应商提前了解需求，从而了解生产线及时需要的订单。这种系统紧密互连会产生重大风险，来自一个组织的风险更容易从一个系统传播到另一个系统，类似于由于人们彼此靠近，传染病在城市中的传播速度更快。

> 为达到及时效果，必须将系统紧密互连，这会产生重大关联风险。

7.7.2 信息依赖

存在这种情况的组织并非都在制造业，信息业组织也有类似的情况。信息来自提供者。在一个组织存储和处理信息并增加一些价值后，系统会以某种方式分发这些信息，或许是以报告形式分发。敌对者实际攻击信息的分发者或最终消费者的系统，就是一个有趣的外部依赖例子；许多情况下，这些系统往往得不到很好的保护。虽然是分发者或最终消费者的系统出现了完整性问题，但这也意味着生产者会受到指责，声誉和最终销售会遭受不可挽回的损失。这种现象的一个很好例子发生在 1972 年，当时受害者的死因实际上是店主私换泰诺瓶[BART12]。这本来并非制造商的过错，但制造商的商誉因此受损并遭受严重损失。分发或使用计算机上的报表也可能发生类似事件。

因此在考虑攻击树时，请考虑系统依赖于其他系统的所有方式，特别是在及时战略环境中[LEVE12]。即使这样的系统可能超出控制范围，目标系统同样会受到干扰。当目标系统发生故障，甚至导致组织停业的后果时，人们可以幼稚地抱怨"这不是我的错"，但于事无补。

7.7.3 创建冗余

实际上，即使没有对外部系统的直接控制，也可以做一些有用的事情。创建冗余(Redundancy)和服务质量协议可改善这种情况并减少出现不良后果的机会。假如电力供给非常重要，通常要使用可自动切换的 UPS 系统。如果通信必不可少，那么可能需要同时使用两个独立的互联网服务提供商。

在创建冗余时，网络安全工程师必须注意确保冗余系统没有共同故障模式(Common Mode of Failure)。这意味着，尽管两个事物看起来彼此独立，却共同依赖于一个事物，这个故障可能导致两个事物同时发生故障，从而违反系统独立性的默认假设，也违背了通过独立性降低故障概率的愿望。可利用 Parnas 的"使用"层级(Hierarchy)发现这种依赖关系。

一个伪独立的典型示例是，两个明显独立的电源共用一条埋在地下的电线管道或跨越同一座桥梁。如果因为自然灾害或人为灾害，不慎挖断管道或桥梁受损，则这两项独立的电力服务将同时中断。一个更微妙的例子是，两个提供商使用完全相同的操作系统或路由器基础架构，而其中一个或两个都存在严重问题，并且持续的攻击正利用这个问题。同样，两个提供商的系统将同时关闭。这意味着，网络安全和系统工程师在试图为可靠性和安全性创造冗余时，必须提出尖锐而深刻的质疑。

7.8 小结

第 II 部分较为简短，只包含两章的内容。本章总结了敌对者的本质及其使用的攻击战略。第 III 部分将讨论安全对策以及如何挫败敌对者并降低可能遭受攻击的风险。

总结如下：

- 攻击树帮助防御者理解战略敌对者实现目标的"方式"。
- 故障可预测攻击，并可造成更大损害。
- 根本原因分析使用"五问"方法，允许防御者从失败中不断完善改进设计。
- 攻击森林应当包含具有代表性的攻击者目标空间。
- 攻击树将攻击者目标依次细化为子目标，从而提高了细节程度。
- 根据需要，攻击树可一直深入到需要的深度。
- 攻击树的叶节点是用户易于理解的攻击步骤。
- 在系统分析中包括关键供应商、分销商和服务提供商。

7.9　问题

(1) 什么是攻击树，攻击树为什么十分重要?

(2) 什么是割集，割集与攻击者的战略目标有何关系?

(3) 为什么故障会预测攻击，为什么损害如此严重?

(4) 什么是攻击者的目标等价类，攻击者的目标等价类如何驱动对攻击森林的选择?

(5) 攻击树中给定层之下的每一层意味着什么? 解释如何从较高的层创建较低的层。

(6) 攻击树应该有多深? 为什么?

(7) 忽略系统所依赖的外部系统有什么后果，为什么忽略时会降低攻击树分析的能力?

第 III 部分

缓解风险的构建块

第 III 部分针对第 I 部分和第 II 部分中描述的安全难题探索解决方案。

第 **8** 章　安全对策：安全控制措施

学习目标

- 探讨安全对策设计的历史及对未来的启示。
- 说明攻击空间概念以及如何使用安全对策覆盖攻击空间。
- 定义并比较广度防御和深度防御概念。
- 定义和解释多级安全的历史意义。
- 比较完整性策略的类型。
- 列出并定义网络安全对策易用性方面涉及的因素。
- 讨论成本如何在不同的方面影响网络安全设计。

到目前为止，已经讨论了网络安全问题的本质及其潜在根源，即敌对者和攻击。本章开始讨论如何使用安全对策(Countermeasure)应对攻击行为。安全对策明确针对最主要的风险源。更直白地讲，安全对策针对威胁空间内的特定攻击。安全不仅是抵御网络恶魔的神秘护身符，安全对策(也称为安全控制措施，Security Control)必须满足目标系统的需求，以特定方式在架构中的特定位置部署，有效覆盖攻击空间并以优势互补的方式组合，弥补彼此的不足以降低风险。此外，必须将安全控制措施视为优化目标系统的宝贵且有限的组织资源的一项投资。安全控制措施的制定与降低风险方面的投资回报相关。

> *安全控制措施的制定与降低风险方面的投资回报相关。*

8.1　安全对策：设计满足目标

网络安全问题在 20 世纪 60 年代末和 70 年代初首次作为军事保密问题出现时，工程师将当时具有的技术和技巧运用到这个新的问题域。系统审计等机制用于检测攻击，前提是攻击行为确实会在系统审计中出现。人机界面主要使用弱登录和弱口令机制，甚至在程序代码中使用硬编码口令(口令嵌入程序源代码中，仅通过检查代码就很容易破解)相互验证身份。这是尝试利用现有解决方案开始解决问题的合理的第一步。使用这些工具(用于完全不同的目的)实现网络安全是一项艰巨任务。为实现网络安全目标,从过去开始一直到现在,在某种程度上将大量精力持续投入上述非网络安全机制的调整中。

攻击空间(Attack Space)是驱动安全控制措施设计的基本需求之一。例如,来自攻击的驱动检测需求可能表明,在高度受保护的隔离企业网络上,需要高度专业的定制传感器检测预计会发生的、复杂的高度隐身攻击(High-stealth Attack)。某些商业传感器可能比其他传感器更适合检测这类攻击事件,因此应该使用这些商业传感器。具有插件功能的系统中的定制传感器也应开发并集成到更开放的检测架构中。有关检测攻击广度的更多讨论,请参见 15.1 节。

8.2　确保覆盖攻击空间(广度防御)

网络安全工程是关于覆盖攻击空间的。攻击空间是一个抽象概念,描述了敌对者以某种概率加权对系统发起总体攻击的特征。类似的攻击可以分为相同的攻击类(Attack Class),攻击类的集合构成了攻击空间。可将攻击空间想象成无定形斑点,如图 8-1 所示。请注意在特定的攻击斑点中未描述空间的某些部分,空隙代表了很多尚未发现的攻击。

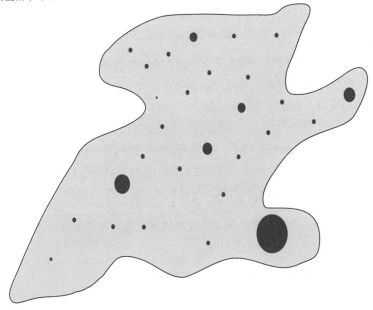

⌁ 攻击空间
• 攻击空间中的攻击类,其大小对应于类中的攻击次数

图8-1　攻击空间的抽象表示,其中圆点表示攻击类,大小表示攻击的可能性

所有可能的攻击途径的空间都是庞大的、复杂的,而且通常不太容易理解。尽管如此,

仍然要尽可能最详尽地描述攻击空间，并确保将安全对策和架构特征映射到攻击空间中，以便以某种方式覆盖所有攻击空间。这也可认为是广度防御(Defense-In-Breadth)的原则。广度防御概念如图 8-2 所示。在图中，攻击类的一个阴影组表示一个给定安全控制措施能处理的所有攻击类。理想情况下，某些安全控制措施以某种方式处理每个已知的攻击类。图中所示为理想状态，通常，在实践中达不到这样的理想状态。

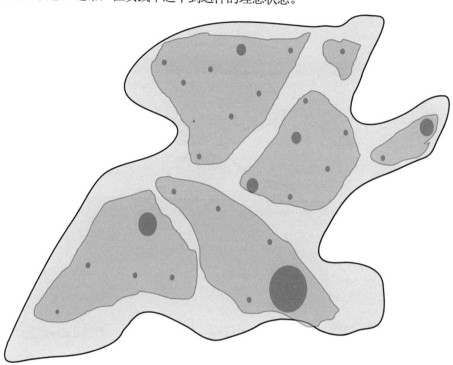

  攻击空间

  攻击空间中的攻击类，其中大小对应于类中的攻击次数

  安全控制措施所覆盖的攻击类子集

图 8-2　广度防御的概念说明，其中区域显示了多个安全控制措施应对的攻击空间子集的覆盖范围

8.3　深度防御和广度防御

深度防御(Defense In Depth)意味着确保以多个独立机制应对给定的攻击类。这很重要，原因如下。

(1) 一个攻击类可能非常广泛，因此一个给定机制可能对攻击类的一部分攻击很有效，而对于攻击类的其他攻击几乎无效。

(2) 防御机制可能像任何组件一样失效。

(3) 防御机制本身可能受到攻击和破解，因此对敌对者来说，击败多重健壮的防御机制往往更困难，成本更高。

图 8-3 说明了深度防御的概念。每个阴影区域表示由一个安全控制措施应对的攻击类子集。如图所示，某些攻击类由多个安全控制措施覆盖，这意味着这类攻击将同时由多个安全控制措施处理。请注意，安全控制措施可通过预防攻击、检测攻击、从攻击中恢复或容忍攻击等方式应对攻击。在此讨论层次中，未指定覆盖类型。

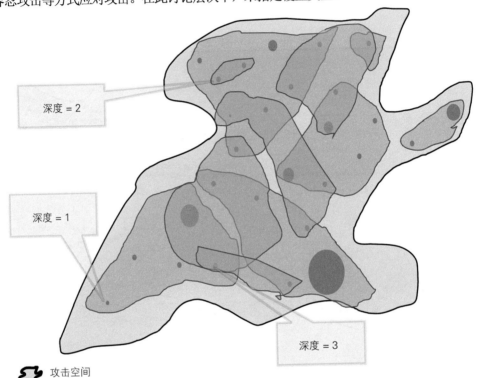

攻击空间

攻击空间中的攻击类，其中大小对应于类中的攻击次数

安全控制措施所覆盖的攻击类子集

图 8-3　深度防御示意图，其中每个区域代表安全控制措施的覆盖范围，重叠部分表示多个覆盖的深度防御

详细的网络安全工程需要了解覆盖类型以及不同类型之间如何相互作用。

在计划深度防御时，必须做到以下几点：

(1) 选择并指明应对的攻击类的粒度。

(2) 证明给定机制覆盖该类别的方式和程度。

(3) 证明这些机制及其失效模式是彼此独立的。

最后注意一点，增加了一个隐含规则，没有广度的深度防御作用有限，因为敌对者会选择最简单的攻击途径。因此，如果存在许多没有相似深度或强度的攻击类，那么仅在少数几个区域增加深度机制可能是不值得的。

没有广度的深度防御是无用的；没有深度的广度防御是薄弱的。

8.4 多级安全、可信代码和安全内核

本书不会深入介绍多级安全(Multilevel Security)和可信代码(Trusted Code)[ANDE01]这两个概念，但这两个概念具有重大的历史意义。本章提供简要介绍，帮助解释在可信赖的硬件(Trustworthy Hardware)和网络安全方面的一些重要观点。

8.4.1 多级安全

在 20 世纪 60 年代后期，美国军方试图同时处理多个分级信息，以便从当时非常昂贵的机器中获得最大利用率。很快，人们知道多级处理复用这种尝试是有风险的业务[ANDE72]，因为从系统中可能盗取分级数据。主要关注点是没有安全许可的恶意用户可能会获取分级数据，而分级数据的集中为敌对者提供了高价值目标(High-value Target)。恶意用户可能会侵入操作系统的安全控制措施，或者可能诱使合法用户执行特洛伊木马——一个看似有用但执行恶意活动的应用程序。特洛伊木马可将分级数据简单地写入未分级文件中，而未经许可的恶意用户可简单地拿走该文件——没有人会发现。

理论上可证明计算机系统上执行的每个软件都不包含特洛伊木马或其他恶意软件，但在现实中是不切实际的。从最普遍的意义上讲，理论上也是不确定的(通常意味着无法从理论上证明程序中没有特洛伊木马)[HOPC79]。这引出了强制安全策略(Mandatory Security Policy)概念，该策略指出，在给定的安全许可级别下运行的任何进程都不能写入低于该进程级别的任何对象(文件、内存块等)，如绝密级进程不能写入机密级文件。这个策略以 “*-属性” [BELL76]这一不寻常的名称而为人所知，这是由于作者撰稿时想不出一个聪明的名称，于是在出版前，“*” 成为尚未出现的合适名称的占位符。“*-属性” 的系统强制执行意味着必须标记所有进程，所有存储也必须标记。

一个称为 “简单安全” 的伴随属性禁止给定安全许可级别的进程读取高于其安全许可级别的任何对象，例如，以无密级运行的进程无法读取标记为秘密级的对象。简单安全对应于分级文件在纸笔世界中的工作方式——这里用户持有安全许可而文件有分级(图 8-4)。这两个属性一起使用意味着，恶意用户既不能访问其安全许可级别以上的分级对象，也不能在没有适当授权的情况下将分级数据降到较低级别。

多级安全的目标具有历史重要性，因为该目标导致了大量的研究和开发，从而开创了网络安全领域。该目标推动了改进处理器、硬件内存管理、健壮的操作系统和安全策略的研究，以保护系统免受使用恶意代码和雇用恶意用户作为内线的敌对者的攻击。

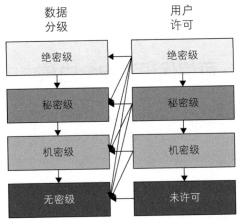

图 8-4　简单安全——拥有给定安全许可的用户可读取其安全许可级别或更低级别的数据

8.4.2　可信代码

人们很早就认为恶意软件是一个关键问题。证明绝大多数程序都没有恶意代码是一个巨大挑战。可为小程序或抽象的高级规范(Abstract High-level Specification)的正确性建立良好的保证案例(Assurance Case)。尽管有定理证明(如原型验证系统[RUSH81]和 Gypsy [GOOD84])的工具支持，但构建此类保证案例仍需要大量资源和高度专业化的专业知识，为一小部分软件建立此类保证案例的成本高昂。例如，相对于这样的软件代码分析和证明，通用操作系统的规模太大、太复杂。

8.4.3　安全内核和访问监测

操作系统对于系统安全，尤其是对于实施前面讨论的强制性策略至关重要，运行在最受信任的硬件模式的管理模式(Supervisor Mode)下。但操作系统太过复杂，无法证明是正确的。解决方案是将操作系统分为三层：安全内核(Security Kernel)、可信扩展(Trusted Extension)和在用户模式下运行的非可信库。此分层如图 8-5 所示。

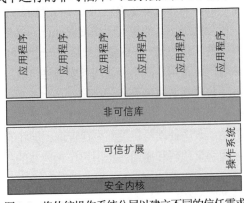

图 8-5　将传统操作系统分层以建立不同的信任需求

安全内核(Security Kernel)　操作系统的基础就是所谓的内核。该内核与安全性息息相关，是协调控制硬件资源的部分。因此，在安全系统中，该内核称为安全内核。只有安全内核才需要在可信管理模式下运行，并且可做得小而简单。小而简单就可能构造强正确性论证。除了正确外，安全内核还必须防篡改(Tamperproof)，因此一旦证明正确就不能更改；并且必须是不可绕过的 (Non-bypassable)，任何程序除了通过内核，没有其他途径访问操作系统资源。这三个属性合在一起称为访问监测(Reference Monitor)属性。

可信扩展(Trusted Extension)　操作系统中还有其他部分需要访问监测属性，但由于这些部分不直接参与处理器和内存分配，因此不那么重要。这些部分之所以称为可信扩展，是因为扩展了安全内核的核心功能，但功能有限且可验证。该层通常由控制外部设备(如打印机、显示器和可移动介质)的程序组成，需要根据进程的安全许可级别以及进出计算机系统的数据进行正确标记。由于可信扩展软件必须根据导入数据的级别在各个级别上创建对象，该软件必须违反"*-属性"(不能写入更低级的任何对象)执行其功能。因此，必须证明扩展不会违反"*-属性"的精神，不会为了有意泄露数据而故意将分级数据降到较低级别。

重要的是，操作系统可信扩展必须可证明是正确、不可绕过和防篡改的。如果在"绝密级"运行的恶意代码绕过了控制打印机的可信扩展，就可在每页的顶部和底部打上"无密级"标签，恶意用户可轻易获取并偷偷带走绝密文件。因此，即使可信扩展代码不一定需要在管理模式下运行，也对安全至关重要。可在处理器的特权模式下运行可信扩展，而该特权模式的权限低于管理模式。因此，安全内核代码在最高特权的处理器模式下运行(有时称为保护环 0)，可信扩展代码可能位于保护环 2，而用户代码则以最小特权模式(Least Privileged Mode)或在外部保护环下运行。图 8-6 描述了这个环形配置。

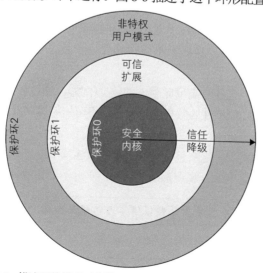

图8-6　描述硬件模式下支持不同可信赖性软件的信任和特权环

库(Library)　最后，为方便起见，存在一部分操作系统根本不需要信任，如大多数库。数学库和字符串处理库就是很好的例子。这些软件不需要特权就可运行，并且基本上可像普通用户程序一样在用户模式下运行，因此该库软件不需要特殊的属性验证。实际上，从理论上讲，非可信代码(Untrusted Code)可能是由最强敌对者编写的，充满了特洛伊木马，计算机系统应该能在不违反强制安全策略(Mandatory Security Policy)的情况下运行。

8.5　完整性和类型强制访问控制

尽管机密性吸引了美国国防部大部分的注意力，但完整性问题却是更根本的问题，也是其他所有属性的根源。没有系统完整性就无法拥有机密性。网络泛洪攻击(Network Flooding Attack)以外许多可用性攻击的机制都基于系统和数据完整性攻击。

8.5.1　多级完整性

多级安全属性取决于基础系统的完整性。多级完整性(Multilevel Integrity)[BIBA75]概念与多级安全概念(实际上称为多级机密性更恰当，因为只专注了三分之一的网络安全)相似。鉴于多级安全性要求阻止信息流向较低的敏感性级别，而多级完整性则要求已建立高完整性级别(例如，通过仔细地设计和分析)的系统部分不依赖于较低完整性的系统(例如，从某个来历不明的网站上随意下载并执行的软件程序)。

作为需要考虑系统所依赖的应用程序的一个示例，恶意代码检测程序往往深度集成到操作系统中，并由系统管理员赋予高度特权。这些应用程序以较低级别进行集成，以防受到检测的恶意代码进入并破坏检测器。因此，计算机系统高度依赖于这些可信赖的恶意代码检测程序。不幸的是，这些公司几乎无法提供证据表明自己是可信赖的。2017 年，人们强烈怀疑卡巴斯基的检测程序实际上不值得信任，于是许多用户停止使用该检测程序[GOOD17a]。

与系统依赖性类似，已建立高度完整性的数据(例如，通过仔细地输入和验证过程)不得依赖于包含较低或未知完整性的数据(例如，通过不可信赖的软件且未经检查的人工输入)并受到这些数据的破坏。

多级完整性原理的实现是复杂且深入的，将在后续章节中讨论。但无论是系统完整性还是数据完整性，在概念上这一观点都是明确的：永远不要依赖任何不可信赖的事物。

> *永远不要依赖任何不可信赖的事物。*

8.5.2　类型强制访问控制

多级完整性的一个关键问题是不能提供足够的粒度控制，尤其是对于数据完整性(Data Integrity)。安全专家观察到，数据完整性在狭窄管道结构中流动，特定程序可访问特定数据集，这些程序在将数据传递给下一个程序前对数据进行转换。由于这与编程语言中的数据抽象(也是所谓的面向对象编程的一个方面)相似，因此另一种非分层模型称为类型化对象(Typed Object)[FEIE79]，随后又定义为类型强制访问控制(Type Enforcement)[BOEB85]。

通用数据流管道如图 8-7 所示。

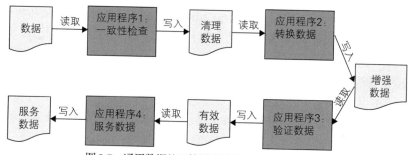

图 8-7　通用数据处理管道难以处理多级完整性策略

类型强制访问控制直接支持数据流管道。给程序分配一个域(Domain)，数据容器(如文件)分配类型(Type)。然后可创建一个带有条目的类型强制访问控制矩阵(Access Control Matrix)，该条目允许数据在管道中沿一个方向流动。通用的访问示例如图 8-8 所示。

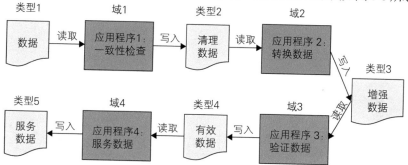

域	类型1	类型2	类型3	类型4	类型5
域1	读取	写入	--	--	--
域2	--	读取	写入	--	--
域3	--	--	读取	写入	--
域4	--	--	--	读取	写入

图 8-8　具有相应访问控制矩阵的通用数据流管道，其中已为应用程序分配了域，为数据分配了类型

为使数据流管道更具体，请考虑创建要发送到打印机的带标签文档的问题。有一个程序将分类标签运用到文档每页的顶部和底部。另一个称为后台处理程序的单独应用程序，

将文档排入队列以便打印。如上一节所述，在多级安全系统中，为打印文档加标签是一项对安全性至关重要的操作。未能正确标记文档可能导致敌对者携带着错误标记为非机密的分级文档，走出物理安全保护严密的大楼。

由于安全关键性需求，执行标记的应用程序可视为可信代码，因此必须证明其功能正确、不可绕过并且防篡改。这些证明是繁杂和昂贵的。因此，执行标记的应用程序越小越好。这就是为什么不只是修改后台处理程序进行标记和打印的原因之一。此外，现成的应用程序比自定义应用程序甚至定制应用程序的管理和维护成本要低得多，因此保持后台处理程序不变是首选解决方案。

后台处理应用程序可能在打印前恶意更改标签。因此需要另一个应用程序检查打印队列中的文档，以确保文档与标记程序输出的版本没有发生变化。这是一个非常简单的属性，可通过在输出文件和队列中的文件之间生成和比较数字签名(Digital Signature)进行证明。因此，所有打印文件均已正确标记的证明分为两部分：

(1) 证明标签机器具有访问监测属性，并正确执行标记功能。

(2) 证明在实际打印文件之前标签保留。

该过程称为证明分解(Proof Factoring)，复杂的证明可分为两部分。实际上，证明的第三部分是类型访问控制提供的管道机制也能正常工作，以使前两部分证明有效。此处理示例如图 8-9 所示。

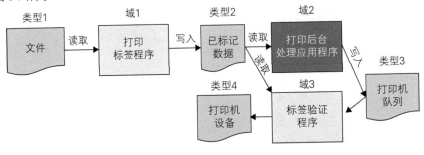

域	类型1	类型2	类型3	类型4
域1	读取	写入	--	
域2	--	读取	写入	
域3	--	读取	读取	写入

图8-9　打印标签和后台处理程序管道的类型强制访问控制示例

David Clark 和 David Wilson 同样指出了多级完整性模型在商业数据完整性方面的局限性[CLAR87]，并提出一种 Clark-Wilson 完整性模式(Clark-Wilson Integrity Mode)。Clark-Wilson 模式着重于将数据从输入过程中的较低完整性转换为较高完整性，并通过验证规则检查转换前后数据的一致性。每个转换仅有一两个可信的执行程序。这个做法在概念上创建了数据转换和验证过程管道。由于对特定管道中读写数据的进程访问非常有限，以及角色职责分离(Role Separation of Duty)的需要，该管道并不适合分层的多级完整性模型。类型强制访问控制(Type Enforcement)直接解决了商业完整性问题，体现了其灵活性和强大功能。类型强制访问控制的实施包括 SELinux [LOSC01] 和 Sidewinder 防火墙 [BOEB10]。

8.6　网络安全易用性

如果不讨论网络安全的易用性，关于安全对策设计的章节都将不完整。迄今为止，网络安全易用性的研究还远远不够。关于这一事实最突出和最早期的观察之一来自于一篇题为"为什么 Johnny 无法加密"的论文[WHIT99]。这篇论文指出，用户需要知道该怎么做、如何做才不会出错，并且用户必须要去做。本书扩展了那些有用的入门要求。

现代网络安全机制具有高度可配置性和灵活性，并具有多种选择。尽管这种灵活性可能是一件好事，但无数选项可能使用户感到困惑，不知道究竟在哪种情况下哪些选项最合适。确实，专家通常没有指出在具体情况中最佳选择是什么。

为了易用，网络安全机制必须：

- 尽可能是隐形的。
- 当没有问题时保持透明。
- 清晰地陈述选项、选项的含义，以及选择的依据。
- 易于理解，使用每个人都可理解的语言。
- 选择流程是可靠的。
- 快速的。
- 尽可能是可逆的。
- 可适应的。
- 可对诊断进行追踪。
- 可审查的。

8.6.1　隐形的

在理想世界中，网络安全将完全不可见——这意味着安全不断地代表用户运行，并根据环境适应不断变化的需求，用户甚至不必知道网络安全的存在。例如，默认情况下，应在系统间强加密从一个系统传输到另一系统的所有网络连接，使窃听者无法读取系统间传输的数据。在存在针对加密的系统策略的情况下，入侵检测系统(Intrusion Detection System)可检查某些地方的内容，能确认并不需要对哪些网络连接加密。这种分析、决策和实现不应涉及用户，甚至不应涉及大多数程序员。设计者需要找到一种方法，最大限度地减轻用户做出合理的网络安全决策并执行这些决策的负担。

8.6.2　透明的

当用户确实必须在网络安全机制的使用或配置中做出选择时，必须清楚何时以及如何使用该机制。例如，用户使用了电子邮件加密服务，则必须提供某种可靠且独立的反馈表明该服务正在起作用。为什么？因为也许用户没有正确调用加密服务，也许用户以为点击了正确选项，但实际上失误了却未注意到，也许加密服务本身由于某种原因而失败。因此需要一个独立程序对电子邮件的输出采样，验证电子邮件已加密，并且必须向用户提供清楚的反馈，表示加密服务是工作的。如果加密服务以任何方式失效，则必须提供明确的反馈。

8.6.3　清晰的

有时，可能涉及成本/绩效/功能的权衡，用户可选择配置所需的安全服务。最令人恼火的莫过于胡乱提供了各种选择，却没有清楚地表明这些选择的含义或选择的依据。20 世纪 80 年代和 90 年代初期，有一个名为"微软磁盘操作系统(Disk Operating System，DOS)"的操作系统。每当系统困惑时，就会在用户屏幕上重复显示最烦人的选项："失败: (A)bort、(R)etry 或(I)gnore"，提示用户按下 A、R 或 I 按钮，以引导系统按不同方式继续。用户一直弄不清楚究竟是什么失败了，不清楚对于在未确定的子系统中发生的任何失败而言每个选项的含义是什么，或者选择这三个选项中的任何一个意味着什么。"重试" (Retry)似乎总是最佳选择，却从不奏效。当"重试"失败时，虽然听起来非常危险，但"忽略" (Ignore)却是下一个最不可怕的选择，因为用户想要得到自己等待的结果。最后，几乎不可避免地，用户必须选择"终止" (Abort)，因为这是唯一可行的操作，却是用户最不愿意执行的操作，意味着用户将无法获得想要的结果。这是个很好的示例，说明了当用户确实需要做出有意义的决策时，并没有为用户设计出决策支持系统。

系统可能要求用户选择口令，用户可选择数百万个口令。如何进行权衡？与必须写下来的长口令相比,能记住的短口令更好吗？对于这个重要决定,现代系统提供了哪些支持？再举一个示例："是否要加密磁盘？好吧，天哪，我不知道，如果忘记了密钥，是否会丢失所有数据？为什么要加密磁盘？加密可以抵御哪些威胁？备份会怎样？会减慢系统速度吗？"当今的任何系统都很少提出这些问题，更不必说回答了，而这些问题可以帮助不了解情况的可怜用户做出明智决定。这是一种不可接受的情况，无缘无故地给系统和用户增加了巨大风险。

8.6.4　易于理解的

做出网络安全决策后，该解决方案应易于实施。为让系统或应用程序执行安全服务，必须使用复杂的过程和脚本，这很可能导致错误，而且肯定会降低用户使用网络安全的意愿。例如，使用公钥基础架构(Public-key Infrastructure)时，用户必须到注册服务商那里表明自己的身份，注册服务商必须生成一个公钥-私钥密钥对(Public-private Key Pair)，并且必须将私钥安全地传输给用户。用户必须接收私钥，并在系统账户中安装该私钥。之后，用户必须通知每个应用程序关于私钥以及从何处获得私钥。在此过程中，用户必须备份私钥。如果用户做错了，可能意外地将私钥在文件系统中以明文形式保存。这很容易成为攻击者窃取的目标，进而伪装成该用户。

对电子邮件之类的数据使用加密时，不应该在子菜单上深入六级找到加密选项。加密服务应该是透明的，加密选项按钮应该大而显眼，并提供某种视觉和音频反馈，表示已经使用加密服务。

8.6.5　可靠的

决定使用某种网络安全机制已经十分困难。除了如前述的简化选择之外，选择过程还必须深入明确地考虑接口设计，以避免错误。例如，在错乱的用户界面中，"全部删除"按钮就在"保存"按钮旁。另一个常见问题是，选项使用六号字体显示，与另一个菜单按钮非常接近，因此需要非常注意和小心地选择正确选项。如果用户需要选择加密磁盘或不加密磁盘，那么两个相邻的单选按钮(使用相同的字体和颜色)就是一种不正确的界面设计。所有网络安全工程师都应参加有关人机界面设计的课程或至少一个课程模块，以避免这类情况。

8.6.6　快速的

如果采用网络安全机制会使系统运行速度(尤其是人机界面)减慢，那么人们会像躲避瘟疫一样避免使用安全机制。没有什么比用户界面需要好几秒钟响应键入或单击更令人沮丧的了。启用对用户操作的大量审计就会产生这样的效果。繁重的审计还会占用过多的网络带宽，导致计算机服务响应时间变慢，使整个系统的运行速度变慢，迫使网络丢弃数据包尝试跟上负载，从而导致错误。

网络安全占用了系统资源，必然会减慢系统速度。设计者应建立限制网络安全功能资源分配的设计策略和目标。一个很好的经验法则是，安全机制的总体占用资源(不只是一个方面)不应超过系统资源的10%。

> 网络安全设计者应强制安全机制不超过系统10%的负载。

8.6.7 可逆的

采取网络安全行动时，人们对该决定的影响一直感到担忧。例如，为传入和传出网络连接设置非常保守的防火墙规则听起来是个好主意。同时，运营人员担心是否会因为设置这些规则而无意间干扰目标系统的运行，并给组织造成严重损害。这是在现实生活中发生的。对于一味试图保护组织的可怜人来说，这可能意味着职业生涯的终结。这种损害的不可逆性使运营人员对安全规则无法决策。

一种替代方法是设置保守规则并为任何新连接(黑名单上的连接除外)自动添加新规则，同时自动分析每个连接并联系负责这些连接的人员。这种方法可能会因未经授权的连接受到攻击而造成一定损害，但这样做的代价是，可能会因无意中造成的拒绝服务(Denial of Service)而出现重大损害。

8.6.8 可适应的

有时，网络安全工程师自认为完全了解用户在网络安全机制和配置方面的需求，因此没有为用户和系统所有者提供配置选项。例如，一个对所有系统服务进行访问控制决策的授权系统，直到灾难性地失败前，似乎是一个绝妙的主意。然后呢？如果系统没有内置自适应功能，则整个目标系统就会意外停止，直到有人诊断出问题根源并修复。同时，防御者由于自己造成的拒绝服务而遭受巨大损害。在采用回退模式时，所有服务仅需要身份验证，将可避免此类问题。

系统还需要按照用户实际操作系统的方式设计。这包括使用户能在网络安全与系统性能和功能之间权衡，而这种动态权衡对目标系统的成功至关重要。例如，对于为空战提供的通信机密性服务，在某些情况下用户(本例中为飞行员)可能倾向于性能优于机密性服务。这种情况的一个例子是，飞机处于混战状态，而一架飞机需要迅速向其他飞机发出攻击威胁(如导弹)警告。这种情况下，用户不想等待几秒钟使用加密同步来保护通信，因为敌对者肯定已经知道即将到来的威胁，可能已经发射了导弹。

人们需要对自适应保持谨慎，并深入考虑替代性运营模式的意义。例如，加密协议交换无法创建安全连接，那么系统是否应该回退以创建不受保护的连接？答案是，这取决于危险所在。如果这是一封电子邮件，告诉 Susie 阿姨你在冬日享受暖阳，那没问题。如果主题是针对恐怖组织行动的时间和日期，这样的回退将是灾难性的。这称为故障开启(Fail-Open)或故障关闭(Fail-Closed)选择。两者都视情况而定，但必须选择一个。无论选择哪种模式，进入该模式时都应该有一个清晰而醒目的公告，以便用户了解已经发生的风险变化的本质。

8.6.9 可追踪的

与可逆相关的问题的一个关键方面是，网络安全机制对目标系统的负面影响并不总是立即显现出来。有时需要几个月甚至几年的时间。为什么？有几个可能的原因。

- 一些目标系统本质上是间断性的，因此在采用新的网络安全机制时，这些目标系统可能并不活跃。例如，来自供应商的年度软件更新。
- 创建或修改新的目标系统是日常运营、维护和开发工作的一部分。例如，一个新应用程序需要与涉及新产品分发的新合作伙伴通信。
- 部署网络管理系统等新的非网络安全机制，这些机制可能以意想不到的方式对网络安全机制产生负面影响。例如，一个新的网络管理系统对所有应用程序服务执行 Ping 操作，会将其误认为是进行侦察的恶意软件。
- 网络或系统拓扑结构由于组织的增长、收缩或重组而发生改变。例如，添加了新的路由器和子网，而实施者无法更新现有路由器中的安全过滤器适应更改。
- 部署新的网络安全机制，与现有的安全机制之间存在未知的负面协同作用。例如，入侵检测系统会将一种加密所有网络连接的新机制标记为恶意软件。

确定干扰目标系统的网络安全机制是一个严重问题，会浪费组织大量资源。通常，当目标系统以某种方式发生故障，诊断是一场噩梦。必须独立诊断每个单独的系统，而目标系统所依赖的系统可能很多(例如，应用程序、操作系统、网络设备驱动程序、网络设备控制器、域名系统及路由基础架构)。应该可以查看所有网络安全机制，以报告阻塞行为的存在和发生原因，从而诊断上述问题。

经常看到的一个问题是，网络安全机制是第一个受到指责的，并立即将安全机制重新配置为最宽松的设置，以确保不会妨碍系统。当发现网络安全机制不是问题所在时，在剩余的诊断过程中，通常将网络安全机制保留在宽松的配置，以防万一以某种方式加剧问题。一个问题是，即使在诊断过程完成后，系统管理员也常忘记将网络安全机制恢复到正确设置，因此系统在很长一段时间内仍保持开放状态。发生这种情况比人们愿意承认的更频繁。支持定时地临时重新配置将有助于解决这方面的易用性。

8.6.10 可审查的

安全设置的含义从简单明了到完全不可理解。例如，决定是否加密电子邮件很直接，但是对于选择 AES256 位、AES512 位或旧的数据加密标准(已认为是不安全的)可能不太清晰。

审查是指对某件事进行独立审查以验证其正确性。为此，期刊文章在发表前需要由同行审查。这同样适用于安全机制。安全机制随时间的推移而增长，并在整个生命周期中多次修改、更新和临时更改。需要定期独立审查。不幸的是，如果包括设置配置的人在内没有人能理解配置的含义和目的，那么审查几乎是不可能的。

防火墙规则集(Firewall Rule Set)是此问题的一个很好示例。随着系统配置的更改和新规则的添加，防火墙规则集一次会增长一些。最终，防火墙会产生数百条，有时甚至是数万条规则。没有人会记得为什么有这些设定的规则，这些规则用来做什么，以及如何与其他规则交互。这种情况是完全无法审查的。没有人愿意触碰这些规则，因为害怕一些系统会因此中断。对于必须定期验证这些规则集的用户，就要求使用高级语言详细说明规则集，支持规则集文档化以及对每个规则集建立问责。

8.7 部署默认安全

易用性原则的必然结果是默认的安全部署。系统交付时通常带有不安全的默认设置，必须特别启用安全性才能工作。进一步说，系统没有表明在不安全模式下运行，因此用户不会意识到未启用网络安全功能。此外，使用默认口令发送到用户账户的系统必须确保在允许系统进入操作模式之前更改口令。

8.8 成本

网络安全对策在开发、运营和维护方面需要花费金钱，在延迟的目标系统性能和人员执行安全职能方面需要花费时间。网络安全对策会造成目标系统功能的损失，因为网络安全有时由于性能或资源的影响而无法执行某些目标系统。这些成本是成本收益权衡的重要组成部分，必须作为网络安全设计工程权衡的一部分进行计算。

8.8.1 成本永远重要

就像在网络安全、目标系统功能和性能之间存在重要的工程权衡一样，在成本之间也存在权衡。系统工程的关键部分是对系统设计各个方面进行适当的成本估计，网络安全就是其中之一。这些估计值有助于确定所建议的解决方案是否值得。成本估算应包括：

- 代码开发成本(Development Cost)
- 实施成本(Deployment Cost)
- 运营成本(Operation Cost)

这些成本分类共同构成了总拥有成本(Total Cost of Ownership)。许多工程师只计算开发成本，大大低估了总拥有成本，这使所有的成本收益分析无效。了解每个组件的成本很重要，因为每个组件的成本通常是由不同的子组织承担，必须在单独的预算中规划。出于类似的原因，使用基础架构成本和应用程序成本这两个较大的分类，然后按成本的三个组件分解通常很有用。基础架构成本通常由信息技术部门产生，而应用程序成本则由目标系统元素产生。这个划分对于计划目标也很重要，有时可采用一些方法设计系统，在两个较大的分类之间以及分类中所有成本组件之间转移成本，这在计划过程中很有帮助。

8.8.2　部署时间的重要性

对于企业而言，"时间就是金钱"；更一般地，对于非营利组织而言，"时间就是使命"。在以营利为导向的环境中，这称为新产品和服务的上市时间(Time-to-Market)。为推广到非营利组织，可称为"部署时间"(Time-to-Deploy)。在以营利为目的的环境中，想象一下，如果新产品或服务将使公司每月获得100万美元的收入，这意味着每个月的延迟费用为100万美元。如果实施网络安全要求导致部署延迟数月，将使公司损失数百万美元。在决策成本收益分析中必须考虑这一点。此外有时抢先上市可能意味着能获得足够的市场份额与无法获得市场份额之间的区别。这意味着部署时间严重滞后于首次入市窗口可能杀死一个产品线，如果该公司处于获利能力边缘，这甚至可能毁灭该公司。即使一个系统是高度安全的，如果会导致一家公司不复存在，这个系统也将遭到关闭，这样的系统没有任何价值。

政府组织和非营利组织也有类似的关键窗口。例如，对于航天器发射，当行星与地球完美对齐时，会出现特定的时间窗口，发射距离最短，又可利用行星的引力帮助将航天器推向目的地(称为弹弓效应)。如果为了增加网络安全性，将航天器的发射时间推迟到时间窗口之外，将丧失科研机会，导致拖延长达数月、数年甚至数十年，此后类似的契机才会再次出现。彗星到达近日点更是十分罕见的天文现象，该时间窗口一旦消失，数代之后的人们才能再次看到。再举一个例子，为持续干旱地区的人们提供救济的非营利组织具有紧迫性，因为每延迟一天，将意味着许多人死于饥饿。直观地讲，时间有时是生死攸关的问题。

8.8.3　对目标系统影响的重要性

网络安全有时会影响目标系统功能，尽管有时可能是积极的，但通常会带来负面影响。如果入侵检测占用了20%的网络带宽，而组织的价值在于所收集的数据，那么由于网络容量下降就直接导致组织价值降低20%。同样的影响也适用于其他所有资源。例如，组织严重依赖计算生成产品和服务，则网络安全占用的任何计算资源都会取代与该计算相关的目标系统性能。网络安全工程师必须注意与目标系统负责人密切协商，正确了解现有和提议的新网络安全解决方案对目标系统可能产生的影响范围。仅靠网络安全工程师无法评估这种影响。

对目标系统的影响既可以是负面的，也可以是正面的。例如，将身份验证集成到应用程序中可避免分别登录到系统上的每个服务的需要，此安全功能实际上可节省用户时间并改善操作。在人身安全(Human Safety)、防止生命损失和确保目标系统持续性方面，网络安全也对目标系统产生正面影响，但这些都应归为收益而不是成本。这些正面影响都是重要因素，将在第 18.3 节的风险评估中详细讨论。

8.8.4 二八定律

一旦网络安全工程师对网络安全机制的成本有良好而全面的评估，就需要扪心自问，这些成本与该机制所提供的降低风险的价值有何关系。还应该问一个问题是有没有替代方法可使用 20% 成本获得 80% 的风险降低价值。这可能不总是可行的，但如果多数工程师意识到这一点，在更多情况下，至少是可以部分实现。

注意，如前几节所述，成本不只是金钱。例如，通过在设计中进行微调，可能实现 80% 的价值，同时将目标系统影响减半。这是可能的，并且在实际的系统设计范例中已经相当成功地实现。应当在所有安全对策中寻找具有成本优势的 80/20 机会。

> *始终以 20% 的成本替代寻求 80% 的安全对策收益。*

8.8.5 机会成本是成本的关键部分

在开发和部署期间，投资在网络安全上的一美元不仅是花在主要目标系统上的一美元。而且是投资在目标系统上的这一美元可能带来超过一美元的价值。因此，网络安全的成本不仅是价值一美元的投资损失，而且是这一美元本应贡献的全部价值。这在经济学上称为机会成本(Opportunity Cost)。因此，在考虑网络安全的成本收益时，应考虑包括机会成本在内的全部成本。

8.8.6 在网络安全方面需要投入多少

机会成本问题提出了有关如何投资网络安全的重要问题。大多数组织对此毫无头绪。怀疑地说，确定投资的算法似乎类似于：

(1) 使用去年的预算(通常约为信息技术预算的 5%)[FILK16]。

(2) 如果其他组织发生了不好的事情，则预算增加 1%。

(3) 如果发生了其他什么事情，则加 10%；如果情况特别糟糕，则加 11%。

(4) 如果没有人可以回忆起去年异常糟糕的事情，则扣减 10%。

那么，如何回答这个问题呢？可以从几个有助于确定对话的问题开始，人们愿意为房屋保险支付多少费用？愿意为医疗保险支付多少费用？美国人平均每年为价值约 18.9 万美元的中等房屋支付约 600 美元的保险费用，每年为医疗保险费用支付 1.8 万美元。这表明，美国人对自己的生活质量和数量的重视程度是其所拥有物质的 30 倍左右。这是有道理的，因为如果无法享受事物，那么这些事物将毫无价值。但这些数字到底是哪里来的呢？

称为精算师的专业会计师进行收集和分析数据，这些数据归结为不良事件的概率乘以这些不良事件发生时的成本损失。例如，计算房屋失火的可能性，然后计算火灾造成的平均损失。这两个数字的乘积是平均损失，也称为预期损害(Expected Harm)；精算师使用这些数字确定保单价格。组织可以并且应该使用相同的方法，组织需要查看受到网络攻击威胁的价值以及此类攻击的可能性，然后确定预期的损失。投资就应在该水平附近。

大多数组织远未达到该水平，因而在不必要的高风险下运营。后续章节将进一步讨论如何评估不良事件的可能性。目前只需要了解：网络安全投资应该基于合理的工程分析，而不是随意猜测。

> **网络安全投资必须与风险匹配。**

8.8.7　优化零和网络安全预算

总体预算几乎总是零和博弈，但应该给出与减少风险所需预算相匹配的理由。零和博弈意味着预算通常固定为某个值，并且通常不容易追加。假设可将一些固定预算用于网络安全，那么选择昂贵的解决方案(开发部署周期长)可能意味着系统的某些方面至少在一段时间内没有风险缓解(Risk Mitigation)，因此与选择多个较便宜(或定制)的解决方案相比，系统漏洞更大。稍后章节将对此进行讨论。网络安全工程师应当明确地提出和评估各种解决方案，而不仅是尝试设计功能全面但难以实施的昂贵系统。

> **网络安全中应生成一系列成本选项。**

8.9　小结

本章概述了应对前两章中讨论的敌对者及其攻击的一些关键构建块概念。下一章着重介绍一个非常重要的构建块——使用可信赖的硬件建立牢固的基础。

总结如下：

- "设计满足目标"的安全对策映射"确保覆盖攻击空间"的安全对策。
- 通过某些机制或架构功能广泛涵盖所有重要的攻击类别。
- 没有深度防御的广度防御是脆弱的，没有广度的深度防御是无用的。
- 早期的多级安全研究对可信赖性研究产生了深远影响。
- 完整性策略和控制是所有网络安全的基础。
- 如果无法使用网络安全措施，则该措施无效。
- 各种形式的成本是网络安全工程权衡的关键因素。

8.10 问题

(1) "设计满足目标"对于安全对策意味着什么？列举一个例子，挑选一些攻击并描述安全对策如何覆盖该攻击。

(2) 定义攻击空间并描述其特征。

(3) 为什么安全工程师需要覆盖攻击空间？

(4) 广度防御的含义是什么，如何实现？

(5) 深度防御的含义是什么，如何实现？

(6) 深度防御与广度防御如何相互联系？

(7) 多级安全强制策略的两个基本属性是什么？陈述每个属性及其作用。为什么同时需要两者？

(8) 多级安全的历史重要性是什么？商业世界是否存与军事分级隔离问题类似的问题？是什么样的问题？举例说明。

(9) 什么是安全内核？安全内核与操作系统有什么关系？安全内核是操作系统的哪一部分？为什么？

(10) 访问监测的三个属性是什么？讲述每个属性的基本原理。正确属性是什么意思？对于哪方面是正确的？

(11) 什么是可信代码？能做什么？不能做什么？为什么需要可信？举例说明。

(12) 描述操作系统中完全不需要特权的部分以及原因。

(13) 什么是特洛伊木马？特洛伊木马如何驱动安全策略需求？

(14) 为什么理论上允许敌对者编写用户代码而不必担心代码违反了强制性策略？敌对者如何潜在地规避强制性策略？系统如何处理这种可能性？

(15) 什么是多级完整性？多级完整性与多级安全有关系？总结子属性并进行对比。

(16) 什么是类型强制访问控制？类型强制访问控制如何工作？列举一个未包含在书中的例子。

(17) Clark-Wilson 完整性是什么？与军事策略有何关系？

(18) 列出并定义网络安全易用性的五个方面，并解释网络安全易用性为何如此重要。

(19) 为什么易用性差的网络安全对策是无效的？

(20) 列出并解释与网络安全设计相关的三种不同类型的成本。

(21) 为什么成本很重要？

(22) 应按照哪两个维度估计成本，为什么？

(23) 为什么交付目标系统功能的延误对组织是致命的？

(24) 解释机会成本及其与网络安全成本收益计算的关系。

(25) "二八定律"如何适用于网络安全对策设计中的成本？

(26) 如何决定在网络安全上投入多少资金？对于年收入 100 万美元的水暖公司与具有相同收入水平的网络托管服务，正确的投资水平有何不同？

(27) 什么是零和预算，与防御系统的网络安全机制投资有何关系？

(28) 在考虑网络安全成本时，请列出一些非货币成本。列出未实施网络安全的一些非货币成本。

第 **9** 章 可信赖的硬件：基石

学习目标

- 解释为什么硬件是可信赖的系统的基础。
- 比较硬件安全性与两种类型处理器指令集之间的关系。
- 描述监管模式和保护环如何支持可信赖的系统。
- 说明内存保护技术及其在监管模式下的工作方式。
- 描述多级安全、安全内核和访问监测如何塑造系统信任。
- 解释为什么硬件比所想象的软，以及硬件会带来什么风险。
- 概述计算机总线和微控制器系统及其在网络安全方面的影响。

单个应用程序在另一个应用程序获得控制权之前的一段时间内独自使用和控制系统的所有资源，在这种情况下不需要硬件分离机制以及对分离的可信赖性。早期计算机没能力同时运行数十甚至上百个进程，但随着计算机变得更先进，多个应用程序和多个用户可同时使用越来越多的计算机资源集。这就要求将使用与用户分开，以免意外或有意地干扰彼此的进程。超级用户(Supervisor)必须充当警察的角色，在允许受控交互的同时保持资源和进程的独立性。为防止超级用户本身受到破坏，需要一种特殊操作模式，其他任何访客应用程序不能中断或凌驾于监管模式(超级用户模式)。这也导致了操作系统越来越复杂，操作系统的任务是在运行的多个应用程序、处理器和其他系统资源之间执行监管功能。

9.1 信任的基础

应用程序软件运行在操作系统和设备驱动程序上，操作系统运行在底层内核上，设备驱动程序在硬件之上运行(图 9-1)。安全服务(如身份验证和授权服务)与安全机制通常运行在操作系统之上或操作系统中(如安全内核)，有时运行在设备驱动程序中。硬件是所有系统的基础，因此必须是可信赖性的基础。如果硬件是不可信赖的，则该硬件上运行的任何软件都不可靠。

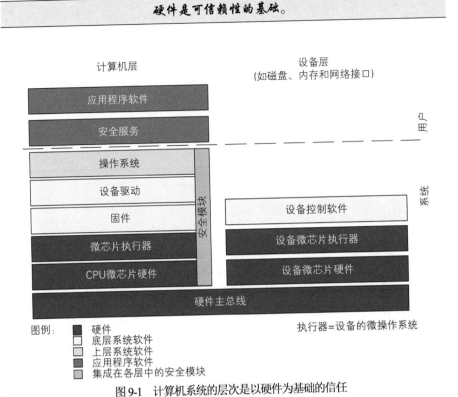

图 9-1　计算机系统的层次是以硬件为基础的信任

　　图 9-1 显示了计算机系统的概念层。可以看到，用户软件由系统软件(System Software)支持，系统软件由硬件支持。系统软件通常分为两层：直接与硬件连接的基础层，以及在基础层之上构建的更复杂功能集。因为这些层通常描绘成一堆盒子(如图所示)，所以基础软件通常称为底层系统软件(Low-level System Software)；较复杂的系统软件有时称为上层系统软件(High-level System Software)。操作系统执行上层系统软件。底层系统软件通常由固件(Firmware)执行，示例有英特尔的基本输入/输出系统(Basic Input/Output System，BIOS)和磁盘设备驱动程序(将磁盘存储设备抽象为一系列可分配和可连接的用于创建文件的内存块)。

　　硬件层由用于计算、存储或通信的设备组成。计算机的中央处理器(Central Processing Unit，CPU)是这种硬件设备的最佳范例，是现代计算机的心脏。这些设备通常具有非常底层的软件，可协调设备内部的复杂细节。通常，底层软件视为硬件的一部分，并且设备上运行的上层软件无法直接访问底层软件。该编制软件就像设备本身的微操作系统一样，有时因为执行底层代码称为执行器(Executive)。主总线(Master Bus)是硬件的另一个范例。实际上，主总线是计算机内部的一个小型网络，用于计算机内各种设备之间的通信。像所有网络一样，主总线不仅是无源线，而且本身就是需要控制和操作的子系统。硬件的第三个范例是磁盘驱动器。磁盘驱动器具有自己的处理器、执行器，甚至具有在执行器上运行以控制设备的软件。磁盘驱动器通过主总线与其他设备(如中央处理器)通信。

应用软件的数据和控制流通常从计算机堆栈的顶部开始向下流动，最终触发硬件指令的执行。当访问中央处理器以外(但仍在计算机总线内)的设备时，控制指令首先通过设备驱动程序，再通过处理器，到达主总线，然后到达设备堆栈，由设备的微芯片硬件在设备执行器的指导下接收，并发送到设备控制器(Device Controller)软件来执行请求的功能(如在磁盘设备上创建新文件)。

通过前面讨论的贯穿线程的所有控制栈和数据流，安全控制必须以某种形式维护。安全控制以标记为"安全模块(Security Module)"的垂直框架形式显示，该框架跨越多层，指示这些底层的安全软件不是分离的独立软件代码，而是在各层集成的软件。安全服务是一种特殊的应用软件，可利用这些底层的安全控件提供网络安全架构。

可信赖性需要关键的安全功能和保证，以便功能正常运行。该功能必须创建一种分离计算和内存访问的方法。为进行计算，处理器必须将指令集架构(Instruction Set Architecture)分成至少两种独立模式：普通用户模式和监管模式(超级用户模式)。必须标记内存，以便限制对该内存的访问。没有这两个功能，就无法构建可信赖的系统，恶意应用程序可能会简单地执行指令，从而对系统资源执行任意操作。同时恶意应用程序可能读取或破坏所有内存内容，以便攻击机密性、完整性和可用性。这些基本功能必须是验证正确的(Provably Correct)、防篡改的且不可绕过的，这是访问监测的三个属性[ANDE72]。

9.2　指令集架构

首先讨论硬件的指令集架构，这指处理器能执行的指令集。指令集表示为处理器可理解的语言。该集合的核心包括存储器访问(如从存储器位置加载内容，将内容存储到存储器位置)和数学运算(如加、减)。通用计算机需要执行的大多数任务都基于这几类基本指令。

为处理器开发指令集时，有两种截然不同的理念。极简指令集可以快速运行，而更大、更复杂的指令集则可执行更多操作。第一个恰当地称为精简指令集计算机(Reduced Instruction Set Computer，RISC)，第二个称为复杂指令集计算机(Complex Instruction Set Computer，CISC)。抽象地讲，从网络安全的角度看，只要具有必要的功能和保证，使用哪种类型无关紧要。实际上，精简指令集计算机因为更简单，所以更容易提供保证。在第21.3 节中讨论保证案例(Assurance Case)时，将介绍更多与保证相关的内容。

9.3　环和物的监管

首先讨论如何在处理器内创建单独的处理模式——一种监管模式和一种用户模式。用户模式很简单，只是计算机执行需要的所有功能指令。监管模式基本上只需要两个附加指令——"进入监管模式"和"退出监管模式"。选择前者，计算机以监管模式启动。操作系统是要执行的第一段程序代码，操作系统将设置需要的所有共享结构，并初始化系统状态，然后准备好执行应用程序的请求。

当应用程序请求启动时，会获得系统资源，如主内存和一组处理器的时间片。当应用程序的时间片用完或需要额外系统资源时，控制权将由监管模式自动传递回操作系统，暂停应用程序[MACE80]。然后，处于监管模式的操作系统可直接访问资源池，给另一个应用程序提供执行一段时间的机会，最终控制权交还给初始应用程序。该处理序列如图 9-2 中的 UML(Universal Markup Language，通用标识语言)序列图所示。

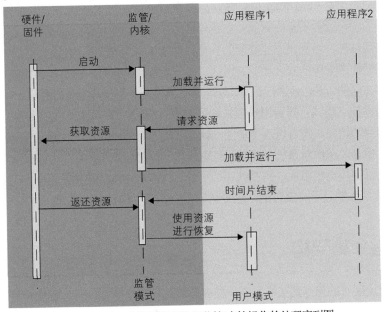

图 9-2　通过用户应用程序执行监管/内核操作的处理序列图

一旦创建分离模式，就可直接在硬件中支持附加模式，或使用基本分离模拟附加模式。附加模式在设置不同级别的监管特权和控制时可能很有用，从而可使用受控的接口构造抽象层，简化保证参数。这些层有时称为保护环，早期在诸如 Multics 的祖源可信赖的系统(Progenitor Trustworthy System)上进行了尝试[CORB65] [MULT17])。

普通用户-监管模式的分离为系统资源的可信赖的共享奠定了基础。这种分离仍有不足，但是必需的。与此同时，必须以某种方式标记和控制内存。

9.4　内存控制：映射、能力和标记

应用程序的执行通过从内存中取出指令送到处理器完成。因此，如果用户模式应用程序可写入主内存的任何部分，则不仅会相互干扰，而且可替换操作系统正在执行的代码，从而执行任意操作，造成无法有效区分用户模式和监管模式(超级用户模式)[KAIN96]。因此，必须使用内存映射、能力和标记之类的技术，精细控制对内存的访问。

9.4.1　内存映射

一种解决方案是使监管模式的进程对其专有内存进行单独和排他的访问。这种方案可能有所帮助，但用户模式进程仍可能相互干扰。可对将主内存的专用部分分配到用户空间的模型进行基本扩展，并在该空间周围创建边界。这样，如果用户尝试访问超出范围的内存，系统硬件将报错并阻止错误发生。内存映射方案如图 9-3 所示。如果两个用户想要共享一部分内存，则可通过监管模式进程创建部分重叠的内存空间。

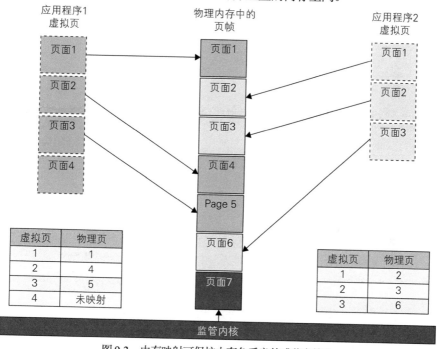

图 9-3　内存映射可保护内存免受意外或蓄意篡改

这种以受保护方式分配内存的过程称为内存映射(Memory Mapping)或内存管理(Memory Management)，通常由称为内存映射单元(Memory Mapping Unit)的专用硬件协助，确保尽快完成。

9.4.2　能力

当程序需要共享内存段(可变大小的内存页)时，可要求系统为该内存创建一个不可伪造的票据(Ticket)，该票据命名此内存段并说明允许的访问类型(如读或写访问)。然后，程序可将该票据传递给另一个程序，授权访问内存页面。此票据称为能力(Capability)。请注意，该能力仅在超级用户的控制下驻留在内存中，因此一旦创建这些票据，用户程序就无法更改其内容。但根据有关能力转移的策略，程序有时可能将能力传递给其他程序，进行进一步共享。能力创建和共享的方案如图9-4所示。

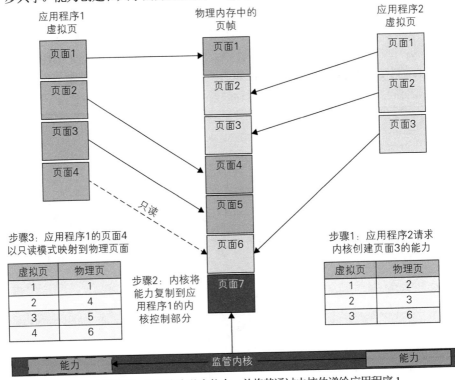

图9-4　应用程序2创建内存共享能力，并将其通过内核传递给应用程序1。
应用程序2为其虚拟页面3生成的能力使应用程序1可请求访问并通过物理页6获得访问权限

映射方案如图9-3所示。如果两个普通用户想要共享一部分内存，则可通过监管模式进程安排这两个普通用户拥有部分重叠的内存空间。应用程序2请求监管内核(Supervisory Kernel)为其虚拟页3生成一个能力。内核创建该能力，但将其保留在内核的内存空间中进行保护。内核将能力的引用传递给应用程序2，应用程序2再将该能力的引用传递给应用程序1(图中未显示)。然后应用程序1向内核声明调用该能力。内核通过找到应用程序2的内存页面在物理内存中的实际位置(在本例中为页面6)响应，并以只读模式将应用程序1中下一个可用的开放虚拟页面映射到这一物理页面。因此，在本示例中，通过重叠的内存映射对物理页面进行内存共享是一种实现共享能力的机制。

9.4.3　标记

名义上存储器也可用元数据(Metadata)标记，该元数据指示如何控制对该存储器中数据内容的访问[FEUS73]。例如，设想用美国国防部的"绝密级(Top Secret)""秘密级(Secret)"

"机密级(Confidential)"和"无密级(Unclassified)"分级体系标记数据。此后内核管理软件可根据试图访问数据的程序的权限来控制对内存的访问。这种系统的一个研究范例是 Secure Ada Target[BOEB85a][KAIN87]。尽管有些带有标记的架构是用于商业生产的，例如，使用标记帮助垃圾收集的 Lisp 机器，但最终证明不是一种有效方法。除了最狭窄的应用程序外，标记开销，特别是如果对内存中的每个词进行标记，都是禁止的。信息技术的最新进展有望以一种有效方式实施基于硬件的标记，从而最终成为商业方法 [WATS17][JOAN17]。

9.5 硬件中的软件

应该注意到，在现代系统中硬件并不像看起来那样"硬"。硬件实际上是由硬件中的软件操作的，从而造成了很少有网络安全专家能意识到潜在脆弱性(Vulnerability)。本节讨论此类特殊软件，以及这些软件是如何控制硬件的。

9.5.1 微代码

处理器具有控制处理器行为的微代码(Microcode)。微代码实际上是软件——一种小型操作系统和集成的应用程序，位于处理器的核心。通过重新编写处理器的微代码，可对指令集架构进行微调。

9.5.2 固件

最重要的是，处理器外部经常有代码可帮助协调计算机主板上的其他集成电路和芯片。这种外部代码有时称为固件(Firmware)，可认为这些固件位于处理器和操作系统之间的某个地方。英特尔的基本输入/输出服务(Intel Basic Input/Output Service，BIOS)是此类固件的范例。

这种低级软件的存在使销售商不必更换芯片即可修复错误和发布更新，从而省下数百万美元，缩短了上市时间，使消费者受益。同时对于网络安全工程师，充分了解此类低级软件及其潜在风险也很重要[CERT17a]。固件代表了系统的软肋，并可能以令人惊讶的方式受到攻击并破坏整个系统的安全性。

9.5.3 安全引导

如前所述，通过对操作系统以下的那些硬件驱动软件的攻击所引发的关注，引起了对安全引导(Secure Bootstrapping)标准的需求，至少要确保低级系统软件配置已由供应商交付并签名。虽然这不意味着低级系统软件不受供应商开发站点上引入的恶意软件的侵害，但至少意味着在安装后软件未受篡改。

模块的该项功能称为远程证明(Remote Attestation)。供应商对内部低级软件进行签名，然后可在加载和执行该低级系统软件前通过硬件检查。这让所述的安全引导过程变得可行，其中每个后续层都可由基础层检查，该基础层在加载和执行下一层前先检查完整性。这使计算机系统启动到操作系统时尚未从底层遭到破坏，因此对系统更有信心。此过程当前的商业标准称为可信平台模块(Trusted Platform Module，TPM)。

9.6　总线和控制器

无论是否相信，实际上处理器下或至少在旁边有一个层，处理器只是计算机内部小型网络中的一个设备。网络主干称为主总线，设备之间也有子总线和专用通道。这是计算机内部与计算机内的其他计算机或设备通信的复杂世界(图 9-5)。例如，存储芯片驻留在主总线上，因此处理器可在总线上寻址存储器。另一个示例是提供了计算机的大部分文件存储的硬盘驱动器(辅助内存)。网络设备是另一个重要范例。

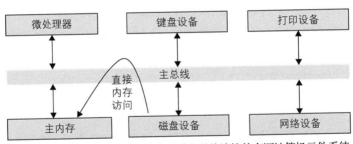

图9-5　计算机内部实际上是一个通过主总线连接的有源计算机元件系统

每个设备控制器通常都有自己的处理器，这些处理器由自己的微代码驱动执行嵌入式操作系统(称为执行程序)和嵌入式应用程序，从而真正控制设备。这些处理器(有时称为微控制器)通常可无障碍地访问主总线或进行任何访问控制。实际上为了提高速度，这些处理器通常可在主总线上以直接内存访问(Direct Memory Access，DMA)模式访问主内存。可在脑海中不停地思考恶意代码运行在此级别上的可能性，分析检测和阻止恶意代码的难度，这听起来有些偏执，但若长此以往，你将成为一名出色的网络安全工程师。

9.7　小结

本章介绍硬件中所有信任基础的本质及其对网络安全产生重要影响的复杂性和微妙性。下一章将转移到网络安全的另一个基础，即具有一定神秘色彩的密码术。

总结如下：

- 如果不能信任硬件，则信任软件所需的任何工作都是徒劳的。
- 复杂和精简的指令集架构都支持可信赖性。
- 处理器不间断的特权模式构成可信赖的软件的基础。
- 必须使用内存映射和能力之类的技术保护内存。
- 硬件使用一些软件驱动运行，引发了鲜为人知的网络安全风险。
- 在计算机内部，设备通常在称为主总线的小型网络上自由通信。

9.8　问题

(1) 为什么说硬件是可信赖性的基础，因而是网络安全的基础？

(2) 为什么需要可靠的处理分离？一直需要吗？列出专用计算机上可能需要的一些可信赖的属性，并说明为什么需要。

(3) 是什么阻止了普通用户代码进入监管模式？

(4) 监管模式的目的是什么？与保护环有何不同？如果具有监管模式，请描述如何创建保护环。

(5) 为什么监管模式不足以保护特权运营？

(6) 什么是能力？为什么需要能力？为什么能力必须是不可伪造的？系统如何使能力不可伪造？无限传播能力创建的相关"*-属性"会带来什么问题？

(7) 举例说明软件在硬件中存在的方式和位置。为什么有风险？对于这种风险，该如何处理？

(8) 什么是安全引导？完成引导需要什么机制？即使引导过程运行完美，敌对者为何也能获得硬件的控制权？这些问题该怎么处理？

(9) 什么是设备控制器？设备控制器如何工作？

(10) 比较主总线和数据网络。

(11) 主总线上设备的信任模型是什么？为什么这个信任模型可能是安全问题？

第 **10** 章 密码术：锋利而脆弱的工具

学习目标

- 解释密码术的目的和基本性质。
- 论述算法的密钥空间的期望特性。
- 总结密钥生成(Key Generation)的要求。
- 说明为什么密钥分发(Key Distribution)是一个问题，并描述解决问题的方法。
- 描述公钥加密技术的本质及使用方式。
- 总结密码术如何解决完整性问题。
- 论述密码术如何对可用性产生正面和负面影响。
- 解释密码术的局限性和潜在的颠覆性技术。
- 描述为什么密码术不是解决安全问题的灵丹妙药。
- 论述自主加密技术的可行性。

尽管这不是一本有关具体安全机制的书籍，但由于密码术在网络安全行业的基础性作用，因此值得特别注意。本章旨在帮助读者熟悉密码术的基本属性和原则，但并不能使读者成为密码术大师(Master Cryptographer)。密码术是一个重要课题，为了解更深入的信息，需要阅读更多书籍。

10.1 什么是密码术?

密码术旨在保护数据免遭破坏——仅允许授权人员访问数据。数据可以是任何形式，包括应用程序、存储的文件以及使用通信信道发送的消息。通过加扰数据来实现该目标，以便只有授权方才能对其进行解扰(Unscramble)。加扰也称为加密，是通过密码算法结合加密密钥(Key)完成的。算法是从称为明文的原始数据到加密后的称为密文(Ciphertext)数据的数学转换流程。密钥是一串决定处理细节的字节，确保加密对不同的密钥是唯一的。密钥的安全分发是授权各方使用解密方法解读数据的手段。加密过程目的在于保证这样的属性，即未经授权的各方不能在没有密钥的情况下解密数据。可参见图 10-1 的加密-解密流程。

传统或对称密钥加密技术

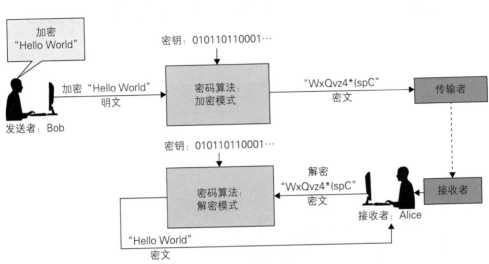

图 10-1　加密和解密流程的基础知识

使用密钥还具有其他期望的特性，如果密钥泄露(Compromised)，即由敌对者发现并获取，那么只有使用该密钥加密的数据才会受到威胁。当然，共享方应明智地定期更改密钥，以避免令所有数据都使用相同的密钥加密。频繁更改密钥的需求还会产生一个问题，即无法正确生成密钥并将密钥分发给发送人和授权的收件人。这称为密钥生成和分发的问题，将在下一节论述。

10.2　密钥空间

重要的是不能让敌对者推测出保护数据所用的密钥，这意味着必须有很多可能的密钥。如果密钥是 1 位，那么加密系统只有两个可能的密钥(0 或 1)，而敌对者只需要分别尝试这两个密钥。为满足加密系统的功能，解密流程足够快；敌对者因此可迅速解密(Decrypt)已加密的消息。给定加密算法的所有可能密钥数称为密钥空间(Key Space)。密钥空间不是专门的存储，而是抽象的指定，如本节后面所述。那么，密钥空间必须很大，但又有多大？

攻击者尝试通过使用所有可能的密钥解密已加密数据的方法称为穷举攻击(Exhaustion Attack)。攻击者必须尝试密钥空间中所有可能的密钥，直至找到正确密钥。当数据解密后，攻击者根据语言和数据类型，认定哪些是合理的数据，就知道找到了正确密钥。攻击者可能非常幸运，第一次尝试就找到正确密钥；也可能非常不走运，直到最后一次尝试才找到密钥；或介于两个极端之间的任何时候。往往可看到攻击者必须平均需要尝试一半的密钥空间。显然，攻击者一旦找到正确密钥，就会停止。

所需密钥空间大小的问题归结为两点：

(1) 敌对者能尝试密钥的速度。

(2) 防御者平均希望保守秘密的时限。

如何解答这些问题是专业密码技术书籍需要解决的。例如，美国国家标准技术研究院(National Institute of Standards and Technology, NIST)称为高级加密标准(Advanced Encryption Standard，AES)[NIST01]的强加密标准可能的密钥长度为 128、192 和 256(图 10-2)。密钥是一长串比特位(bits)，因此密钥空间大小为 2^n，n 为密钥长度。如果一个密钥的长度为 2，则可能有 2^2 个密钥，即 00、01，10 和 11。因此，对于 128 位密钥，密钥空间有 2^{128} 个密钥，即 3.4×10^{38}。如果敌对者每秒可尝试 100 万个密钥，将花费 2×10^{27} 年的时间尝试所有密钥。作为对照，宇宙的估计年龄约为 137 亿年。

防御展板：AES	
类型	密码术,对称
能力	加密敏感数据流程
方法	数学上使用来自加密算法的密钥空间将明文数据转换为密文
局限性	密码术可能与其他所有组件一样出现失败。加密过程必须谨慎、安全地进行。密码算法和实现是复杂的，难以保证正确性
影响	使敏感数据能在敌对者有潜在访问权的区域(例如，可使用商业互联网服务或电信提供商的服务)传输和存储
攻击空间	旨在阻止对高风险环境传输和储存的敏感信息的利用

图 10-2　防御描述：AES

网络安全专家可能会问这样的密钥长度是否过大且浪费时间。如果加密算法以及实现和操作证明是完美的，那么密钥长度可能是过大了。很多时候，聪明的数学家会找到不需要完全耗尽密钥空间就能确定密钥的方法。称为替换穷举攻击(Subexhaustive Attack)。例如，攻击者可能找到一种方法将搜索减少到密钥空间的一半，这可能没有多大帮助，因为 2^{128} 除以 2 的密钥空间仍然是 2^{127}。另一方面，如果能以某种方式将密钥空间减少一个巨大因子，如 2^{127}，那么因为只剩两个密钥需要尝试，可立即找到密钥。当然，在这些极端之间的任何地方都可能存在攻击，这可能使攻击者实际上在减少的密钥空间上耗尽了资源。

密码学家在提出一种可用密码算法之前花费大量时间来尝试替换穷举攻击。不幸的是，数学上证明一种没有暴露在类似攻击中的算法是不可靠的。因此，即使在设计算法时努力避免类似的穷举攻击，有时还是会由穷举攻击破解。如果瑕疵较小，该算法可继续使用。如果替换穷举攻击问题很严重(通过减小密钥空间，攻击者可找到密钥)，则必须修改算法，而且先前用该算法加密的所有数据都将陷入危险。

> 密码算法必须抵抗无尽的攻击。

10.3　密钥生成

如果了解密钥的本质，就出现了如何从密钥空间中选取密钥的问题。网络安全专家可能认为可选择任何密钥，也许从全为 0 开始，然后为每个新密钥递增 1，这种方法的特性是密钥生成简单而且便于追踪。不幸的是，敌对者也可快捷地猜测和预测密钥。敌对者必须耗尽密钥空间的原因是不知道加密者选择了哪个密钥。如果加密者在密钥选择过程中引入了可预测性，带来的风险是极大地减少密钥空间。例如，网络安全专家可能以某种方式使用出生日期、身份证号码、宠物的名字，甚至是某公众人物的姓名，以便生成密钥。可使用标准代码(如 ASCII 码)将字母转换为数字，然后从数字转换为二进制字符串(图 10-3)。

字母	ASCII码
a	01100001
b	01100010
c	01100011
d	01100010
e	01100010
f	01100110
g	01100111
h	01101000
i	01101001
j	01101010
k	01101011
l	01101100
m	01101101

字母	ASCII码
n	01101110
o	01101111
p	01110000
q	01110000
r	01110001
s	01110010
t	01110011
u	01110100
v	01110101
w	01110110
x	01110111
y	01111000
z	01111001

s	a	m	i
01110010	01100001	01101101	01101001

使用上表中的ASCII码将字符串 "Sami" 转换成二进制

图 10-3　如何将字母转化为二进制以创建密钥的示例(实际工作不要这样做！)

　　敌对者知道运营团队倾向于选择熟悉的名称和数字，并会研究运营人员的大量个人信息。此外，仅使用名称所包含的可能数位会极大缩小密钥空间(因为代码的字母位是一组小得多的可能的二进制序列)。从历史上看，运营人员的这种草率在第二次世界大战期间帮助盟军破解了德国 Enigma 的代码，因为 Enigma 密码机的运营人员选择非随机参数作为加密过程的输入[HINS01]。

> *密钥的选择必须是随机的，确保没有可预测性。*

　　底线是密钥选择必须是随机的，确保不存在任何可预测性。网络安全专家可能认为，可从想到的数字中随机选择一个随机数(Random Number)并通过随机选择 1 和 0，直到获得密钥长度。事实证明，人类在选择密钥等随机数时非常糟糕，始终创建包含敌对者可利用的、可预测的及规律性的密钥。如图 10-4 显示，人们回避某些数字，而过度偏向另一些数字。例如，人类思维将抵制创造多于两个或三个 1 或 0，因为这似乎不是随机的，所以以这种方式消除了大部分密钥。因此，需要使用计算机依靠随机源(Random Source)生成随机数。此过程称为密钥生成。

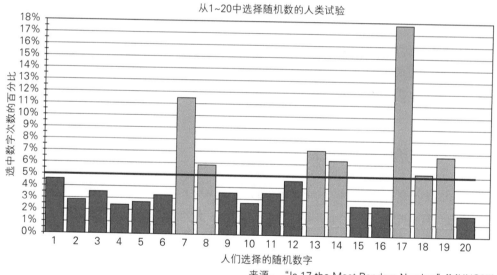

图 10-4　演示人类思维尝试的随机性是如何非随机的

> *随机密钥的生成需要随机源，而不是人。*

10.4　密钥分发

业余黑客攻击密码算法，专业黑客攻击密钥管理。

——Anon

即使密码算法是完美的，如果糟糕地生成和分配密钥，密码系统仍有缺陷。因此，正确的密钥管理和合适的密码算法同样重要。两者都是十分复杂的系统，有很大机会在某方面出现问题。

从密钥空间生成随机密钥后，必须安全地将密钥告知给分享方，以便能看到加密的数据。如果各方都碰巧在同一个房间里，只需要大声告诉每个人位序列，就可将密钥安全地输入加密设备创建共享通信。遗憾的是，在同一房间的便利几乎没有，部分原因是如果每个人都在同一房间里，就不必费力气实施安全的电子通信。

密钥分发是一种系统，通过该系统将生成的密钥加密后发送给对方。密钥分发包含三个步骤：

(1) 传送给预期的接收者。

(2) 在加载到加密设备之前存储。

(3) 将密钥加载到加密设备中。

下面将论述密钥分发的三个步骤论述。密钥生成和分发的总体流程将在图 10-5 中论述。

10.4.1　传送给预期的接收者

密钥分发的第一步是传输给预期的接收者，向接收者告知密钥存在风险。这为敌对者通过窃取或复制传输中的密钥访问通信创造了机会。因为密钥可能会加密大量数据，因此该密钥成为敌对者的高价值目标，意味着只破解几百位数据就可使敌对者获得对潜在的万亿比特敏感数据的访问权限。高价值目标可带来高投资回报(Return On Investment)。这种回报促使敌对者耗费大量资源获取目标——这种情况下目标是密钥。敌对者可能贿赂快递员，可截获物理邮件，打开邮件并重新密封。电子邮件虽然看起来私密性很高，实际上却最糟糕的，因为很容易地在发送者到接收者之间涉及的数十台计算机中复制并通过 Internet 存储和转发。

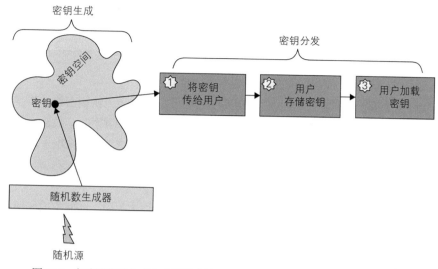

图 10-5　加密密钥的生成和密钥分发的三个步骤，每个步骤都有遭到破解的可能

为减少在传输过程中泄露的风险，会用另一个不同的密钥来加密待传输密钥，这个密钥称为加密密钥。可在密钥传输中使用额外保护措施(如双人控制，使用两位信使确保对方没有使坏，使敌对者更难成功攻击或贿赂)，然后使用该密钥加密所有后续密钥以定期更新密钥。如果密钥已加密，则可便捷地通过电子邮件等任何方式传输，因为窃取高度加密的密钥对敌对者没有好处。当然，如果敌对者以某种方式获得了加密密钥 K，则用 K 保护的密钥加密的所有数据都会受到威胁。这表示加密密钥成为有超高价值的目标。还有，敌对者只需要获得加密密钥的其中一个实例(Instance)，所有共享数据的各参与方都将受到损害。肯定存在更好的办法。随之而来的是公钥加密，如 10.5 节所述。

10.4.2　存储

密钥分发的第二步是密钥的存储。分发的密钥在加载到加密设备之前总是需要先存储。有两个原因需要存储密钥。

(1) 设备用户通常无法等待密钥交换完成后开始加密共享。这种共享通常是时间敏感的。

(2) 密钥传输过程的保护可能十分昂贵，因此一次传输多个密钥可将固定成本分摊到多个密钥，从而改善传输的成本效率。

储存这种明文密钥(未经加密)将带来巨大风险，敌对者可能获得存储的密钥。整个密钥库未察觉泄露(Key Store Silently Compromised，即防御者没有察觉到破坏)的结果类似于加密密钥的泄露，可能会危及使用密钥存储区中密钥加密的所有数据。因此，明智做法是对存储的密钥进行加密以减少泄露风险。当然，必须小心保护加密密钥不受损害。但因为只是一个密钥，所以是一个较简单的问题。加密密钥甚至可离线存储，仅在需要时使用。如能实时生成和传输密钥，则不必存储和保护存储。公钥加密技术再次提供了解决方案，如第 10.5 节所述。

10.4.3 加载

密钥分发的第三步是将密钥加载到密码设备中以供使用。一旦传输密钥并从存储中获得以供运营使用，必须将其加载到加密设备或软件，以便用密钥解密共享数据。此加载流程也是一个脆弱点，因为敌对者有很小的可能存在于防御系统中。理想情况下，设备和软件在安全范围内获得密钥之前，密钥会保持加密形式。这需要加密设备本身具有加密密钥，以便在使用之前解密加密的密钥。

密钥的传输、存储和加载过程听起来十分复杂且存在巨大风险。实时生成和使用会极大简化密钥分发过程。见下一节介绍的公钥加密。

10.5 公钥加密技术

公钥加密技术(Public-Key Cryptography)是非对称密钥加密技术(Asymmetric-Key Cryptography)的一种形式，生成密切关联的密钥对(Key Pair)并分配给用户。密钥对中有一个私钥和一个关联的公钥。私钥是保护秘密的秘密，公钥在一定程度上仍然需要私钥的密钥分发。公钥相关的信息广泛发布。

> **使用一个秘密去保护另一个秘密。**

广泛共享密钥的概念似乎违反常理，这是因为通常认为密钥分享相当于分享秘密。在公钥加密技术中，加密密钥和解密密钥是不同的。解密密钥是安全保存的私钥。加密密钥是发布到公共目录的公钥。获得公钥并不会提供任何私钥信息，从而可安全地发布。因为加密密钥与解密密钥不同，所以公钥加密技术有时称为非对称密钥加密技术。相对地，在传统加密技术中，加密密钥和解密密钥是相同的，这就是为什么传统加密有时称为对称密钥加密技术(Symmetric-Key Cryptography)。图 10-6 描述了公钥加密的基础知识，与图 10-1 显示的秘密密钥加密相对。

10.5.1 数学原理

公钥加密技术依靠一类称为单向转换的数学方程式。此类转换的一个示例是将非常大的整数分解为素数因子。可快速产生一系列素数并将其相乘得到非常大的素数。事实证明，逆转该过程在数学计算上极为困难。具体而言，相对于要分解的数字中的位数，难度是指数级的。因此，如果创建一个较小数字(大约一千位)，并要在受限时间内将该数分解成素数因子是不切实际的。

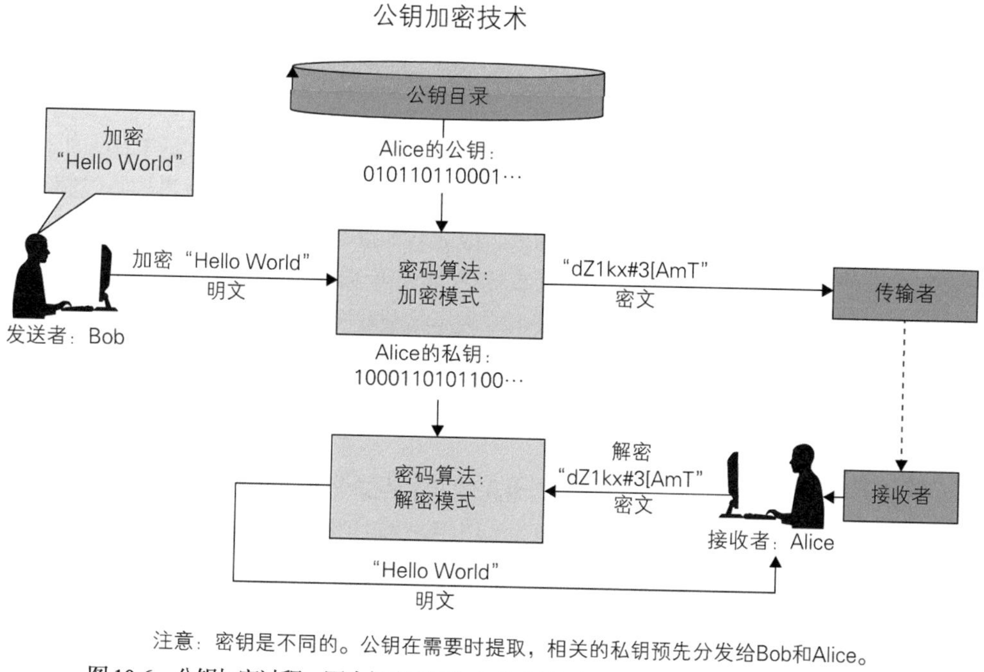

公钥加密技术

注意：密钥是不同的。公钥在需要时提取，相关的私钥预先分发给Bob和Alice。

图10-6　公钥加密过程。因为解密密钥与加密密钥不同，又称为非对称密钥加密技术

　　使用单向转换算法可发布公钥而不会泄露关联的私钥。反过来，这允许发件人使用收件人的公钥加密数据以确保只有接收者可通过私钥解密。同样，收件人可使用发件人的公钥加密回复，并确保只有发件人才能解密数据。这帮助两位用户建立安全的通信和数据共享。这有时称为成对安全通信(Pairwise Secure Communication)，因为在两位用户间建立了有效的安全通信。

10.5.2　证书和证书颁发机构

　　用户与公钥之间的绑定(即关联)对安全至关重要。如果敌对者可控制建立这种联系的服务器，实际上可假装成用户，选择生成一个密钥对并替换所有人的公钥。这将是一个毁灭性打击。另外，服务器并不总是处于可用状态的，例如，未连接线缆的设备位于独立网络或完全不在任何网络上。

　　保持用户身份与公钥之间绑定的完整性解决方案是密码绑定。这实质上意味着对两者进行数字签名并结合有效期限等其他一些属性。数据和数字签名就是所谓的公钥证书。有人证明特定的用户身份确实与特定的公钥关联，并且隐式证明私钥已以某种方式安全地分发给用户(并希望用户适当保护该私钥以免泄露)。

　　进行此认证的机构称为证书颁发机构(Certificate Authority，CA)。证书颁发机构是一个非常可信的用户和子系统。如本节前面所述，证书颁发机构可生成和签署证书。如何知道

谁是可信赖的证书颁发机构？这是另一种密钥管理问题。必须告诉所有使用公钥基础架构的应用程序和系统谁是颁发机构并提供机构的公钥。这允许那些系统检查证书上的签名以确保有效。

如何知道证书颁发机构与公钥之间的绑定是有效的？同样，有一个父证书颁发机构签发证书颁发机构的证书。这将创建一个颁发机构链或颁发机构树，该颁发机构链或颁发机构树必须在某个点以根证书颁发机构为结束。根证书本质上是自签名的，因此，链的安全性取决于根的公钥是否广为人知，是否极少更改(如果可以的话)。

如果证书颁发机构的根密钥泄露，则可能破坏此颁发机构颁发的所有身份信息。从效率上讲，设计人员经常为每个授权机构创建较大的控制范围，减少需要检查的链中签名数量(每个签名检查需要一些时间才能完成)。因此，证书颁发机构陷入危险的损害范围通常是巨大的。如果根受损，损害将极其巨大。

如果某用户犯罪、离职，或只是成为组织的叶节点该怎么办？必须以某种方式吊销该证书，因为该证书通常还包含与该用户相关的组织，这暗示该用户是一个信誉良好的会员，并有权在某些基本级别上采取行动。历史上，证书吊销列表(Certification Revocation List，CRL)用于该目的。一些授权用户，例如该组织人力资源部负责人，联系颁发该人证书的证书颁发机构；然后该颁发机构将证书放到已撤销的列表中。证书颁发机构会定期广播或发布此列表，所有该基础架构的用户应确保拥有所有列表。有效性检查的一部分包括确保所提供的证书不在吊销列表上。

管理、分发并检查这些列表可能非常麻烦。如果用户使用私钥存储了重要数据，然后又丢失了私钥怎么办？这是个坏消息，所有关键数据都可能泄露。为缓解此问题，公钥基础架构系统通常具有紧急密钥恢复功能，从而允许在某些可信服务机构中托管(Escrow)私钥。托管私钥功能创建了一个重要的高价值目标，因此十分脆弱。由此来看，公钥加密技术非常适于交换易失性消息，但对于长期存储而言效果较差。

10.5.3 性能和使用

使用公钥加密技术加密数据的一个问题是与对称密钥加密技术相比速度较慢。另一个问题是，要与一组 N 个成员共享数据，要对数据进行 N 次加密(每个接收者一次)。解决这两个问题的一种方法就是综合利用两者的优点，即生成一个对称密钥并使用公钥加密发送对称密钥。这样公钥加密成为密钥分发的一种形式。由于发送者、接收者或双方(有时是第三方)生成了对称密钥，然后用户使用更快的对称密钥算法加密其他所有数据流量，因此极大地加快了通信速度。同样，对于一组 N 个成员，可使用单个对称密钥对数据加密一次，然后将密钥分开发送给 N 个接收者，用公钥加密该对称密钥。这样可确保只有这 N 个收件人共享对称密钥。

图 10-7 显示了如何将两类密码术结合在一起最大限度地发挥作用。在此示例中，Bob 生成对称密钥，并使用 Alice 的公钥对 Bob 生成的对称密钥加密，将对称密钥安全地分发

给 Alice。即使与对称密钥加密相比公钥加密要慢得多，但由于对称密钥较短，因此操作速度很快。Alice 接收并用私钥解密消息得到对称密钥。这时，Alice 和 Bob 二人共享一个相同的对称密钥，可使用对称密钥加密技术进一步的通信，直到二人决定需要更改对称密钥为止。例如，Bob 向 Alice 发送了一个大文件，使用公钥加密可能需要很长时间才能加密该文件。但是 Bob 能用刚生成的对称密钥加密该文件，把加密文件发送给 Alice。Alice 可以使用 Bob 先前发送给她的对称密钥，用对称密钥算法解密文件。请注意，如果 Alice 随后想给 Bob 发一个不同的大文件，只需要使用共享的对称密钥加密该文件即可，没必要进行进一步的密钥交换。

网络安全专家可能已推断出，公钥加密技术可实时生成、分发和使用对称加密密钥。这种实时操作几乎没有延迟或计算成本且消除了对专业密钥生成设施、繁杂的密钥分发方案和受保护的密钥存储的需求。这就是为什么公钥加密技术在全球范围内流行和使用的原因。

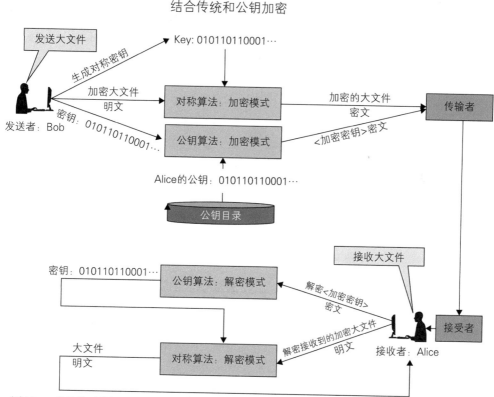

图 10-7　将传统对称加密(用于快速加密)与公钥加密(用于密钥分发)相结合，可获得两全其美的效果

10.5.4　公钥加密技术的副作用

公钥加密技术还有一个有用的属性，几乎是该过程的副作用。因为私钥所属的用户是

唯一知道私钥的用户，该私钥的拥有证明了用户的身份。当然，私钥的拥有取决于在正确生成密钥对之后，将私钥安全地分发给用户，并且正确处理和存储，确保用户保持私钥的私密性。证明拥有私钥作为传输层的安全性等已内置在协议中。拥有私钥的这种证明称为身份验证，第 11 章将进一步论述。

10.6　完整性

密码术常认为是为了保护敏感数据不泄露。密码术对于确保数据完整性也很有用。因为数据传输和存储容易出错，包括由于噪声或硬件故障而导致意外的位丢失或翻转。从历史上看，纠正此类错误提高可靠性十分重要[SHAN48]。

检测错误的过程恰当地称为错误检测(Error Detection)。同样，纠正错误的过程称为纠错(Error Correction)。 处理错误的一种方法是多次发送相同的数据实现冗余。然后，可比较每份副本每一位的值，并使用多数决定制度。例如，数据发送了三次并且三份中的两份为 1，一份为 0，在错误和噪声较小的情况下，可合理地得出原始和发送的位是一个 1。 因此，检测到该位置的错误，并立即校正。错误检测和纠错的过程如图 10-8 所示。

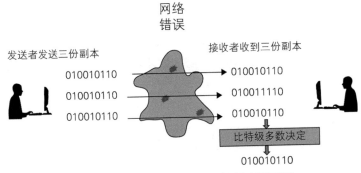

图 10-8　使用完全冗余的错误检测和纠错示例

如果错误率很高，则策略是发送更多副本。例如，人类的脱氧核糖核酸(Deoxyribonucleic Acid，DNA)使用完全冗余的副本(互补碱基对)辅助复制过程中的错误检测和纠错。对于给定的错误率到底需要发送多少份消息，可以使用由克劳德·香农提出的信息论(Information Theory)。信息论是密码术和网络安全许多其他重要方面的基础。专业安全工程师很有必要阅读克劳德·香农的原著以及更现代的时效性原则的解读。

发送多个冗余副本会耗费大量额外带宽和存储空间，转化为额外成本和复杂性。事实证明，一个人通过计算可使用更短的数据表达完整数据。这些较短的字符串数据通常称为校验和(Checksum)。校验和使用指定算法，这种算法设计用于最大化错误检测，同时最小化需要传输数据的附加字符串长度。可使用较短的校验和检测。如果既要检测又要纠错，则需要更长的校验和。已开发了标准的校验和算法，并已使用了半个多世纪。这些校验和通常是元数据的一部分(即描述相应的数据)，并且通常在数据之前或之后添加。意外错误往往是随机的，只要将校验和与数据一起存储或传输即可。

对于恶意和故意攻击，只将数据与校验和附加在一起还不够。原因是攻击者可以拦截数据，将其更改为任何想要的内容，重新计算校验和，然后发送数据和修改后的校验和，接收者却完全不知晓。需要采取其他措施阻止这种所谓的中间人攻击(Man-In-The-Middle Attack)。中间人攻击是指攻击者将自己置于数据的发送者和接收者之间，并且两者都不知情。攻击者拦截发件人的通信并更改，然后将更改后的信息重新发送给收件人，欺骗接收者令其以为信息来自原始发送者(图 10-9)。

攻击展板：中间人攻击	
类别	密码
类型	机密性和完整性
机制	攻击者拦截两方之间安全通信的设置。攻击者伪装成每一方，装作另一方的合法合作方，在双方之间中继消息并进行窃听，而且可能篡改消息
示例	如果公钥没有权威来源，双方可向对方提供自己的公钥作为协议的一部分。这样攻击者可拦截协议，并将自己的公钥转发给双方
潜在破坏	会话期间交换的所有数据失去了保密性和完整性

图 10-9　中间人攻击

为破解中间人攻击，需要一种方法防止攻击者重新计算校验和并将校验和作为原始校验传递。这是一项用于身份验证的密码术。使用一对称为签名和验证的加密功能。签名过程使用发件人的私钥计算输入数据，生成称为数字签名的输出。收件人使用相应的验证过程，其中包含数据、数字签名和发送者的公钥。如果数据与数字签名匹配，则输出"有效"，如果不匹配，则输出"无效"。 如果确定签名有效，则消息具有完整性，即未恶意(或无意)修改对发件人的原有意图。这样数字签名防御了中间人攻击。

数字签名挫败了中间人攻击。

请注意数字签名方案不需要对消息加密。数字签名随数据一起发送，可为明文形式。有许多数据示例需要完整性，但不需要加密。例如，大多数美国国家航空航天局(National Aeronautics and Space Administration，NASA)数据可公开提供给科学家分析。重要的是不要对其进行加密，以便于访问。另一方面，为确保科学结果的有效性，至关重要的是数据必须具有完整性。第二个例子是对从供应商分发到客户系统的软件，高度的完整性非常重要，但机密性却不重要，因为大多数系统的可执行代码都不敏感。这种情况下，网络安全工程师可能要求供应商在分发软件或软件补丁之前对软件进行数字签名，确保在安装之前检查签名。这可防止攻击者在通信部分的流程中进行供应链攻击(Supply Chain Attack)。

某些数据可能需要同时防止泄露和确保完整性。银行和其他金融交易数据就是一个例子。客户想要银行业务交易保持私密性，而且转账细节数据的完整性也至关重要。不希望向供应商进行的 10 美元的小额零售商品转账突然变成 10 万美元。

要注意的重要一点是，敏感性保护和完整性保护可独立使用。尽管两者都依赖于密码术，但既可单独使用，也可一起使用。

10.7　可用性

密码术可能对可用性产生正面和负面影响。本节论述工程权衡的每个要素和本质。

10.7.1　正面影响

从积极的角度看，密码术可用于在软件分发和更新的生命周期期间确保系统、应用程序软件和相关的配置信息的完整性。没有这样的系统完整性机制，系统容易受到供应链攻击和涉及更改系统代码的计算机网络攻击(Computer Network Attack)的影响，从而导致系统崩溃。

此外，密码术是身份验证的核心。通过身份验证，系统可更好地防止未经授权的系统使用。例如，系统可能拒绝来自经过严格身份验证的客户端以外的所有网络连接。这降低了基于网络的攻击(Network-Based Attack)成功的可能性，反过来又可防止攻击者发起包括可用性攻击在内的各种攻击。同样，路由器可以过滤没有经过身份验证的来源的所有数据包，从而减少成功进行网络泛洪攻击(Network Flooding Attack)的机会。

10.7.2　负面影响

负面影响是，密码术必然占用宝贵的系统资源，包括计算资源、存储资源和网络带宽。因为密码术是任何功能过程计划的附加步骤，所以该步骤具有与之相关的资源成本。在现代系统中，资源成本通常较低，在 5%的范围内，但对于大型且昂贵的系统，这个范围可能增加。受大小、功率或重量方面的考虑而限制于最小资源的系统，例如，某些类别的物联网(Internet of Thing，IoT)设备，难以承受对这种资源的需求。

除了直接的资源成本，密码术还会影响时效性。密码流程涉及许多操作，并且通常涉及多个通信交换。每次交换都有往返通信延迟，该延迟比计算延迟更久。

对于大多数应用程序，例如，电子邮件和大多数网页流量，这些延迟微不足道。在需要实时或准实时的其他应用程序中，即使是由密码术施加的微小延迟也可能带来问题。想象一下两架友军飞机在和敌机空战。假设一架敌机向友军飞机发射了一枚导弹。第一个注意到的飞行员需要非常迅速地传达情况，因为只有几秒钟的反应时间，采取回避动作并采取安全对策，例如，使用金属箔条或火炬迷惑导弹。虽然建立强大密码连接只需要一两秒钟，这种交互能力的延迟攸关飞行员的生死存亡。

这种情况下，保持机密并不是特别重要，敌对者完全知道刚发射了导弹，因此试图保护有关该事实的消息毫无意义。因此，有时对于用户来说，很有价值的是能选择不使用密码机制保护某些通信。此选项称为密码绕过(Cryptographic Bypass)，因为这些机制有时会插入通信路径中，尤其是在军事应用程序中。该示例说明了为什么在通信路径中内置加密时几乎总是需要进行密码绕过。因为用户可不恰当地使用密码绕过，所以密码绕过也是漏洞的主要来源。

> *密码绕过攻击是必不可少的恶魔，需要格外小心。*

密码术除了间接影响时效性之外，对可靠性也有重要影响。密码术需要具有执行加密功能的额外硬件和/或软件。这些加密功能插入如跨网络的数据通信等重要过程中。如果密码术失效，则整个系统都会发生故障。

除了所有设备和软件上发生的正常组件故障外，即使包括密码组件在内所有组件均正常运行，也可能发生其他故障。尽管现代密码协议(Cryptographic Protocol)较快，但前提是网络或通信介质(如无线通信)情况较好。如果通信路径具有高噪声或高拥塞，可能导致协议不断失败并最终放弃。反过来，这会使系统更脆弱。此外，检测此类故障可能特别困难，导致诊断和缓解故障的时间过长。系统故障率的升高和恢复时间的增加会严重影响整体系统的可靠性。

加密数据还会产生其他重要的负面影响，从而导致可靠性和可用性降低。如果用户丢失了密钥，并且没有找回或恢复机制，则用该密钥加密的所有数据都将丢失。举一个戏剧性的例子，使用密钥对计算机的整个硬盘进行加密。丢失密钥且无法恢复时，将是灾难性的；备份数据也是加密的，所有数据将完全不可用。

加密的另一个可用性问题是，有时可能使检测企业内部攻击变得更困难。考虑使用入侵检测系统和防火墙监测传入和传出流量是否存在潜在威胁。除非共享所有此类流量的密钥，否则无法执行保护功能。通常这是不可接受的，因为会为所有受保护的通信创建一个单点漏洞。攻击者还可利用这种通信的不透明性加密恶意通信。在当今的大多数系统中，防火墙和入侵检测系统倾向于忽略并允许这种加密的通信，但前提是这些通信是安全的、有益的。具有讽刺意味的是，加密通信可能带来巨大的总体风险，并可能降低可靠性和可用性。

最后，加密某些数据而不加密其他数据会明确告诉敌对者在哪里寻找最敏感和最有价值的数据，促使敌对者投入大量资源破坏通信中涉及的密码术、密码协议和终端系统。因此，加密数据可能带来副作用，增加所保护的数据受损的可能性。这表明，对尽可能多的数据加密将有助于减轻这种影响，但可能会产生其他后果，如本节前面所述。即使在密码术等给定能力范围内，网络安全也始终是工程上的权衡。

> *加密数据使其成为高价值目标。*

10.8　加密裂缝

所有密码术都取决于破解计算的不切实际性(Impracticality)。 在对称加密的情况下，不切实际性表现为耗尽密钥空间。对于非对称密钥(也称为公钥)加密，不切实际性涉及逆转某些困难的转换(如将大素数的乘积分解)。即使预期计算能力不断进步，这种不切实际性也成立。技术进步的表现有：摩尔定律预测速度和容量每 18 个月将增加一倍[MOOR75]，大规模并行计算机有望减少敌对者执行困难计算所需的时间。

10.8.1　量子密码分析：颠覆性技术

在这些假设中，可能引起严重问题的一种可能的破坏性技术是量子密码分析(Quantum Cryptanalytics)。 量子计算变得如此之快，以至于原本不切实际的计算可能变得切合实际。

> *量子计算可能打破现有密码术。*

量子计算尽管已经存在勉强称得上概念证明的原型，现在主要还是理论层面的。量子计算变得实用只是时间问题，只需要少量必要的突破。这意味着密码学界必须立即开始研究能抵抗量子计算攻击的密码学方法。如今，解决此潜在新漏洞的主要方法是创建量子加密，用这种方法使量子密码分析无法取得成功。

10.8.2　公钥加密基于 NP 难题

除了量子计算的漏洞外，公钥加密有一个特殊的潜在漏洞。公钥算法基于非确定性多项式时间难题(Non-deterministic Polynomial-time Hard，NP-Hard)。 在实践中，这样的问题非常困难，但没有证据表明这种算法是固有的。从理论上讲，可能某天有人发现多项式时间(Polynomial-Time，非指数)方案逆转这些变换。这样的发现将导致基于 NP-Hard 问题的公钥加密崩溃，并且使用公钥加密的所有数据都将崩溃。鉴于第 10.5 节中论述的公钥算法的普遍使用，这种发现将是全球性安全灾难。

10.9　密码术不是万能的

睿智的网络安全专家常说："那些将密码术视为解决所有安全问题的组织并不了解密

码术，也不了解组织的安全问题。"

密码术是网络安全架构师的一个极佳工具，是身份验证协议的核心。身份验证协议是身份认证(Identity Certification)的基础，反过来也是授权的基础。密码术对于保护静态数据和通过网络传输的数据也至关重要。

如前所述，密码术对系统有负面影响，是必须在工程过程中进行权衡的一部分。盲目地使用密码术是一种诱惑。不能幼稚地认为使用密码术总是一个有益的主意、总会更好。

假设正确设计并实施了密码术，则攻击者不太可能经常成功地破坏密码术本身。另一方面，正确调用加密功能是困难的。必须安全地通过可信路径(Trusted Path)进行调用，以便调用者知道已正确调用了加密功能。如此重要的属性很难实现，要求采用密码术的整个系统都具有良好的安全性。

在没有同样强大的系统确保正确使用的情况下使用强大的密码术，是浪费时间和金钱。攻击者会攻击调用系统。例如，攻击者完全控制了调用系统，则可能欺骗调用应用程序，在并未执行某项操作的情况下告知应用程序已经执行了该操作。同样请考虑以下情况：系统可访问私钥，而敌对者可控制系统。还记得，在许多系统中，拥有私钥是证明身份的基础。因此，敌对者容易伪装成在该系统上拥有账户的任何人，因为这些人的所有私钥都会泄露。

> 嵌入弱保护系统中的强密码术是浪费时间。

10.10 谨防自主加密

密码术和密码协议非常微妙，很难正确设置。首先研究密码术时，人们很想先实现一些基本算法(如单次替换)，然后实现更高级的算法。这样的实现是很好的教学方法，可更好地理解算法的本质。即使基于最佳的密码术理论设计自己的算法或密钥管理系统，也应格外谨慎。

像数学证明一样，新算法必须由庞大的密码术专家进行严格分析，然后才能开始考虑信任算法，用其保护重要数据。即使这样，防御者也应做好准备，以防敌对者发现聪明的攻击方法，使密码术失效，并泄露受保护的数据。

密码应用程序也很复杂，很难正确处理。最近发现的一种称为 WiFi 保护访问(WPA2)的长期无线安全协议容易受到攻击，允许附近的黑客窃听并将恶意代码插入本应安全的连接中。此外，常用密码库的实现中存在缺陷，使数以百万计拥有高安全性的公私密钥对的加密密钥的用户非常容易从公钥中派生其私钥。

> 不要尝试私自设计密码术！

10.11　小结

本章概述了密码术的基本概念和原理。密码术是网络安全机制的重要组成部分，用于保护通信、保护存储和进行身份验证。下一章将进一步论述身份验证及其在网络安全中的作用。

总结如下：

- 密码术使用密钥保护数据，只有预期的用户才能读取。
- 密码强度和密钥空间大小有关，密钥空间大小和密钥长度相关。
- 密钥必须从密钥空间随机生成，这是非常困难的。
- 密钥必须安全分发给加密数据预期的接收者。
- 公钥加密使实时生成和使用密钥成为可能。
- 公私密钥对使获得公钥而不泄露私钥成为可能。
- 拥有私钥是证明身份的有效方式。
- 密码术使用数字签名在传输或存储时保护数据完整性。
- 技术的进步会使密码术变弱并产生不确定性。
- 密码术是有用的工具，但若使用不当，比不用更糟糕。
- 密码算法设计是复杂的，并且不应该由生手完成。

10.12　问题

(1) 什么是密码术，密码术如何工作？

(2) 描述对称密钥加密和非对称密钥加密之间的区别，并说明对称密钥加密和非对称密钥加密如何协同工作。

(3) 解释为什么几乎能确定 16 位密钥长度太短而无法保证安全。

(4) 解释为什么不能在密钥生成过程中依靠个人选择随机数。

(5) 定义公钥和私钥，并说明如何使用公钥和私钥保护各方之间的通信。

(6) 什么是数字签名，数字签名的用途是什么？

(7) 定义错误检测，将其与纠错对比，并说明为什么一个需要比另一个更多冗余。

(8) 描述密码术可能对可用性产生负面影响的三种方式，并说明原因。

(9) 论述可能损害强密码算法实现的方法和漏洞。

(10) 列出可能对所有密码术产生严重影响的技术进步，并说明何时会发生这种进步。

(11) 定义"非确定性多项式时间难题"的含义，以及如果发现此类问题具有多项式解，将会发生什么。

第**11**章 身份验证

学习目标

- 解释身份验证问题以及如何利用密码术解决该问题。
- 讨论身份验证的各个阶段，以及各个阶段之间的关系。
- 列举并描述三种独特的唯一识别模式。
- 比较不同唯一识别模式的优缺点。
- 解释多因素身份验证(Multifactor Authentication，MFA)的作用以及其对网络安全的价值。
- 区分实体身份标识和身份认证。
- 总结身份声明和证明流程。
- 描述身份注销流程，何时执行以及为何执行。
- 解释机器间身份验证，以及机器间身份验证与人机身份验证(Human-to-Machine Authentication)的关系。

密码术的一个重要用途是身份验证。至少存在两种不同的身份验证。一种是人机身份验证(Human-to-Machine Authentication)，另一种是机器间身份验证(Machine-to-Machine Authentication)。二者虽然分开，但通常以类似法律证据保管链(Custody For Legal Evidence)概念的方式共同创建一个身份验证链(Chain of Authentication)，人机身份验证涉及向计算机证明某人是其所宣称的那个人，或者至少与在系统中注册的人员身份对应。人机身份验证通常称为登录(Login)或登入(Logon)。机器间身份验证涉及非人实体(活动计算元素)证明其和最初注册的是同一实体(如银行网站等系统或域名系统等服务)，可作为某人的有效代理。身份验证链的概念如图 11-1 所示。

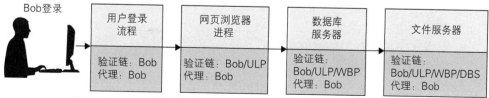

图 11-1　身份验证链的概念，其中用户操作通过四个充当代理的非人实体

非人实体(Non-Person Entity)一词指一个活跃计算元素(如进程)，在系统中具有独特身份，但非个人实体。路由器和正在执行的应用程序等设备是非人实体的示例；正在执行的应用程序称为进程(Process)。实体(Entity)是一个更通用的术语，涵盖个人实体和非人实体。因此，有时称人员为个人实体(Person Entity)，以声明在身份验证过程中人员指的是一个系统可识别的实体。这个引用也清楚地表明人员的身份是"实体"这一术语的一个子类。

身份验证有几个重要的不同阶段，每个阶段有时错误和混淆地称为身份验证：

(1) 实体身份标识(Entity Identification)

(2) 身份认证(Identity Certification)

(3) 身份识别(Identity Resolution)

(4) 身份声明(Identity Assertion)

(5) 身份证明(Identity Proving)

(6) 身份注销(Identity Decertification)

身份验证生命周期的这六个阶段如图 11-2 所示，并在第 11.1~11.5 节中说明。

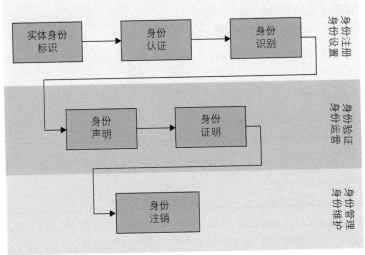

图 11-2　身份验证生命周期的六个阶段分为三组：身份注册(设置身份)、
身份验证(在运营期间证明身份)和身份管理(更新或删除身份)

这六个阶段具有三个主要功能：

● 身份注册(Identity Registration)，使系统知道实体并赋予证明其身份的能力。

● 身份验证(Identity Authentication)，即实体在运营期间向其他实体声明并证明其身份。

● 身份管理(Identity Management,)，即实体从系统中注销认证，并可能以不同方式重新认证(例如，婚后姓名发生变化)。

11.1　实体身份标识：身份验证第 1 阶段

实体身份标识(Entity Identification)是一个注册流程，通常发生在个人实体技术体系之外。个人提供驾驶执照等物理证明，向系统注册员证明是其所宣称的那个人。

系统注册员(System Registrar)是一个特别任命的、受过训练并拥有特权的岗位，通过生成每个人独有的识别数据证明人员的身份。唯一标识(Unique Identifying)信息的示例可以是秘密口令(Secret Password)。口令本质上是系统和拥有口令的人员都知道的秘密，这是保密原则的一个例子。唯一标识数据的另一个例子是公私密钥对的私钥。

11.2　身份认证：身份验证第 2 阶段

身份认证是身份验证的第二阶段，也是注册过程的第二步。有三种类型的唯一标识模式："你所知道的(Something You Know)""你所拥有的(Something You Have)"和"你是什么(Something You Are)"。"你所知道的"是一个唯一的秘密，如口令或私钥。"你所拥有的"通常是一个设备的唯一版本，有时称为物理身份验证令牌(Authentication Token)，是专门发给用户使用的，如 Google 的标签[AXON17]。"你是什么"通常称为生物特征识别，涉及测量和注册一个人独特的身体特征的系统，如指纹、视网膜图像，甚至在未来也许是键盘打字节奏(Keyboard Typing Rhythm，也称为键盘节奏[Keyboard Cadence])[HOLO11]。前两种类型的混合产物基本上是"你所得到的(Something You Get)"——这是一个秘密，通过一个可信赖的路径传递。例如，银行发送一次性验证码(One-time Code，也称为带外身份验证[Out-of-Band Authentication])，以便在输入口令的同时输入验证码。

每种方法都有其固有的弱点(Weakness)，同时在实现上也有弱点。"你所知道的"作为口令的实现很弱，因为短口令很容易破解，而长口令必须写下来，通常写在容易猜到的地方(如用户的键盘下面或屏幕贴纸)，可能遭到盗窃或丢失。如果所有者在令牌上写入口令，则可用于伪装为用户。"你是什么"采用生物测量的形式，在登录时进行比较，存在以下三个弱点：

- 容错率必须设置得足够高，以防用户因遭到锁定而恼火。这种情况将使系统容易受到假阳性(False Positive)的影响。在假阳性的情况下，系统会错误地识别类似的人员。

- 重放攻击(Replay Attack)。攻击者使用同一设备创建代表生物测量的相同数字字符串，然后可绕过测量设备将该字符串直接发送到身份验证系统。

- 注册问题。生物识别设备可能遭到欺骗，测量错误的事物(例如，隐形眼镜而不是视网膜，或者不使用真手指而使用嵌有指纹的乳胶手套)。

独特的识别模式有时称为因素(Factor)。每种模式都有其优缺点。传统情况下，这三个因素以强度递增(及难度和成本增加)的顺序列出："你所知道的"最弱，"你所拥有的"更强,"你是什么"最强大。一般来说,上述情况并不完全正确,当然,这在很大程度上取决于实现细节。身份验证因素(Authentication Factor)的层次结构如图 11-3 所示。

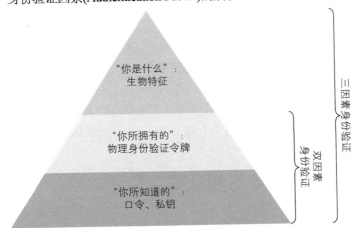

图 11-3　三种唯一标识模式或身份验证因素,如何组合创建(人机)多因素身份验证

有一个不成文的假设:使用的因素越多,验证流程就越健壮。这基于一个因素的优势将补充另一个因素的劣势的合理直觉。这一假设很少得到超出直觉的证据和论证的支持。当然,从理论上讲,每种机制的优势和劣势都可能完美结合,这样两个因素就不会比只使用一个更强。甚至有可能一种机制会削弱另一种机制,使两种机制合起来比一种机制更弱。当安全工程师设计一个身份验证系统时,应就如何实现目标进行结构化论证,称为"保证案例(Assurance Case)":优势和劣势如何协同工作,甚至是负面协同。

使用多个因素进行身份验证称为多因素身份验证(Multifactor Authentication)。术语"双因素身份验证(Two-Factor Authentication)"指使用三因素中的两个参与验证。通常,双因素身份验证指将"你所拥有的"模式添加到"你所知道的"模式中。因此,这涉及发布机密信息和发布身份验证令牌或设备。类似地,"三因素身份验证(Three-Factor Authentication)"指同时使用所有三个因素。图 11-3 描述了对双因素和三因素身份验证最常见的解释。从技术角度看,在身份验证因素中使用两种不同的机制可称为双因素 (如在网上银行使用口令及必须知道三个问题的答案)。这使得双因素身份验证这样的术语十分含糊,不清楚提出了哪两个因素,是来自同一因素的两个实例,还是来自两个单独因素的实例,或者如何实现双因素以确保互补和有效的协同作用。

11.3　身份识别:身份验证第 3 阶段

身份识别是身份验证六个阶段中注册流程的最后一步。身份认证一旦完成,就进行身份识别(Identity Resolution)阶段。这个步骤简单地讲,以保持唯一性假设的方式,建立并授予个人唯一数据和设备的流程。例如,将用户的口令通过电子邮件发送给用户,在电子邮件从发送者传输到接收者的流程中，口令可能泄露给任何侦听电子邮件的中间人，这反过来又违背了唯一性假设(Uniqueness Assumption)，即只有目标接收方知道秘密数据。一旦授予用户数据和设备，就需要对本地系统进行一些更改，如让应用程序和系统程序知道从哪里获取数据以及如何与设备交互。一旦完成，身份识别流程就完成了。前三个步骤可以称为初始化、设置或注册(Registration)流程。

11.4　身份声明和身份证明：身份验证第 4 和第 5 阶段

身份验证的第 4 和第 5 阶段代表了运营使用阶段，最恰当的术语是身份验证。一个实体将其身份声明提供给另一个实体。如果没有什么利害关系，比方提供一天的服务时间，原始实体所声明身份的实体可选择仅信任该声明。更常见的情况是内置在传输层安全(Transport Layer Security，TLS)[DIER08]等协议中，身份声明接收者试图通过检查身份证明验证声明。例如，一个人通过声明拥有与系统中绑定到该标识的已发布公钥对应的私钥的方式声明其身份，则声明的接收者可通过使用发件人的公钥向原始发件人发送加密的临时消息(Nonce)检查此声明。然后，接收者可要求发送者解密临时消息并发送回接收者，以检查对发送的即时消息的响应。

11.5　身份注销：身份验证第 6 阶段

身份注销是身份验证的最后阶段，是管理组中的主要流程。身份注销(Identity Decertification)是从系统中删除已注册身份的过程，通常是因为某人离开了一个组织或其身份以某种方式泄露。这涉及将身份注销的决定传达给目前可能信任原始身份认证的任一实体，以及从系统中删除该身份认证的痕迹(除了归档和取证目的)。此流程包括从公共目录中删除公钥、发布公钥证书的证书吊销通知(Certificate Revocation，见图 11-4)、从系统中删除一个人的账户或至少停用账户，这样就没有人可以使用该账户。根据系统的不同，从撤销账户到通知所有用户之间的延迟可能是几小时、几天甚至几个月。

身份数据有时会发生变化，例如，结婚时姓名会发生变化。可使用一个单独进程更新身份证书，但在概念上，这等同于取消原始实体身份的认证和创建具有相同属性(包括相同私钥)的新实体身份。

除了身份改变，如果证书颁发机构的签名密钥破坏，则可能需要颁发新证书。尤其是在无法准确确定密钥何时遭到破坏时，需要颁发新证书。所有证书都将认为无效，所有合法证书必须用新的证书颁发机构密钥重新颁发。可使用相同的私钥和属性，除非证书颁发机构的设备本身与所有私钥一起遭到破坏(这是可能的，但可能性较小)。所有现有证书的失效以及随后所有合法密钥的重新颁发称为紧急密钥发布(Emergency Rekey)。

防御展板：公钥证书	
类型	身份管理、密码术、非对称加密
能力	通过分布式系统进行身份认证
方式	实体系统身份、一些基本属性和公钥(作为"私钥-公钥"对的一部分)之间的强密码学绑定。通过创建元素的消息哈希并通过公认的授权数字签名实现绑定
局限	绑定强度取决于实体保持其私钥的安全性和机密性不受其他实体的破坏
影响	在大型分布式企业中实现有效的身份认证、身份验证和管理
攻击空间	阻止攻击者假冒授权用户身份，获取访问权限完成对某些目标系统的攻击

图 11-4　公钥证书和身份管理

11.6　机器间身份验证链

一旦用户在登录过程中向系统验证了自己的身份，系统就必须能够代表用户运营。用户除了登录外，不会对系统执行任何直接操作。成功登录后，在计算机上执行的任何操作都由代表用户的进程完成，该进程有时称为用户进程(User Process)。当该进程请求需要身份验证的系统服务(如打开文件)时，必须声明是代表用户操作的。有时只是通过在请求中声明唯一的系统标识符(Unique System Identifier)实现这一点。如果服务的请求者和提供者是操作系统的一部分因而是可信的，那么仅声明原始用户的身份就足够了。用户进程代表用户操作，称为用户代理(Proxy)。这与将授权书授予另一个人代表用户处理法律事务类似。

有时，当登录代理请求服务时，该服务必须请求其他系统服务的支持。这些系统服务必须依次使用发起人的身份确定是否提供访问权限。因此，最终会得到一系列代理，每个代理都声明发起人的身份，形成代理链。代理链(Chain of Proxy)存在一定的风险。这里假设代理链中的每个实体都正确传递发起人的身份，即没有错误也没有恶意操作，例如，通过声明更有特权的身份来获得未经授权的访问。身份验证链中的每个实体必须在功能操作中证明是正确的，而且必须是防篡改的(很难损害其完整性)，这样敌对者就不会修改正确操作。这种程度的证据和分析有时是做不到的，因此代理链的信任关系更多的是一个信任问题而不是合理性问题。

11.7 小结

本章运用上一章中的密码术概念，讨论用户对计算机的身份验证和计算机之间的身份验证。下一章讨论授权的概念，授权建立在身份验证的基础上，建立与该身份相关联的特权。

总结如下：

- 人机身份验证(登录)与机器间身份验证相连，在用户和系统服务之间建立信任链。
- 拥有私钥的证据证明与私钥关联的身份。
- 六个身份验证阶段是实体身份标识、身份认证、身份识别、身份声明、身份证明和身份注销。
- 实体身份标识使用三种唯一识别模式："你所知道的"(如口令)、"你所拥有的"(如身份验证令牌)和"你是什么"(如生物特征)。
- "你所知道的"模式用口令表示，较弱。
- 多因素身份验证结合了多种模式，提高了身份验证的强度。
- 证明身份就是证明通过质询-响应操作拥有私钥。
- 当人员离开组织时，必须迅速且彻底地完成身份注销。

11.8 问题

(1) 涉及人员和机器的两种基本身份验证类型是什么？这两种基本身份验证类型是如何协同工作建立信任链的？

(2) 身份验证的六个阶段是什么？哪一个是真正的身份验证？

(3) 什么是多因素身份验证？这三个因素是什么？这三个因素的优缺点是什么？为什么多因素身份验证是强壮的？

(4) 区分实体身份标识和身份认证，描述两者之间的关系和相互依赖。

(5) 什么是非人实体？非人实体与身份验证有何关系？

(6) 什么是身份注册员？身份注册员如何参与实体认证？

(7) 列出三种可测量的生物特征。讨论敌对者如何击败每种生物特征。提出应对这些攻击的安全对策，并说明其有效性和局限性。

(8) 如果系统有指纹识别和口令，是多因素身份验证吗？如果使用其中任何一个都可进入呢？这还是多因素的吗？这个系统是否比两个备选方案中的任何一个都强？为什么是这样或者为什么不？

(9) 请举一个双因素身份验证的示例。

(10) 描述一旦用户的身份得到认证，如何将身份授予用户。

(11) 定义临时消息及其在身份声明和身份证明中的使用方式。

(12) 什么是注销认证？为什么必须立即注销认证？

(13) 什么是代理？代理与身份验证链有什么关系？

第 **12** 章 授　权

学习目标

- 比较自主和强制访问控制方法。
- 比较基于身份的访问控制和基于属性的访问控制。
- 解释基于属性的访问控制的三个方面，并将这三方面关联起来。
- 描述属性管理流程的各个方面，以及为什么属性管理是安全的关键。
- 区分属性数据的句法和语义有效性。
- 讨论属性管理和策略管理中的时效性问题。
- 定义数字策略并描述数字策略的生命周期。
- 解释为什么策略决策和策略执行是分开的职能。
- 解释开发人员为保护子系统而承担的保证义务。
- 列出并对比三种授权采用模式。

12.1　访问控制

访问控制是指控制系统中的主动实体(如进程)是否以及如何与系统中的受动资源(如文件和内存)交互。为便于参考，称主动实体为主体(Subject)，称受动资源为客体(Object)。如果一个矩阵列出了行中的所有主体和列中的所有客体，那么这样一个矩阵就称为访问控制矩阵(Access Control Matrix)[LAMP71]。主体和客体交叉点上的项指明了主体对相应客体的访问类型。访问权限(Access Right)的示例包括：

- 读(Read)——允许主体查看资源中的数据，如读取文件。
- 写(Write)——允许主体向资源写入，并且通常也读取资源以验证写入操作是否正确。
- 执行(Execute)——允许主体作为程序执行客体的内容。
- 空权限(Null)——禁止所有动作。
- 所有权(Own)——允许主体为其他主体设置对预定客体的访问权限。

表 12-1　访问控制矩阵示例。左上角单元格表示主体 1 具有对客体 1 的访问权限是读、写和所有权

	客体 1 访问	客体 2 访问	客体 3 访问	客体 4 访问
主体 1	读，写，所有权	读	写	空权限
主体 2	空权限	读，写，所有权	写	执行
主体 3	空权限	读	读，写，所有权	执行
主体 4	空权限	读		读，写，执行，所有权

许多其他类型的访问权限(Access Right)可具有更细的粒度，具体取决于系统正确解释和执行访问的能力。表 12-1 给出了访问控制矩阵的示例。请记住，主体是活跃的实体，如代表用户的系统进程。表列的顶部列出客体，可将表中一列视为系统四个用户(主体 1、2、3 和 4)对相应客体的访问列表。

为使矩阵更具体，可将主体 1 看作 Bob、主体 2 看作 Alice、主体 3 看作 Harry 以及主体 4 看作 Sally。类似地，可将客体视为文件等受动实体，所以客体 1 视为文件 1、客体 2 视为文件 2，以此类推。从矩阵中看到 Bob 对文件 1、Alice 对文件 2、Harry 对文件 3 以及 Sally 对文件 4 具有所有权。再看第一列，发现 Bob 人缘差，不允许其他用户访问其文件 1。在第二列可以看到，Alice 喜欢与所有人共享其文件，并授予所有其他用户读取的访问权限，但不希望任何人更改文件 2。

注意，一个系统可能有成千上万的用户。每个用户可生成数千个进程(一个用户可使用多个主体代表其操作)，因此现实世界的访问控制矩阵中有数亿个主体行。类似地，在一个规模庞大的企业系统中，通常有数以百万计的文件。因此，现实的访问控制矩阵中可能有数百亿个单元格。

随着访问控制矩阵概念的提出和对其庞大规模的理解，关键问题在于谁在单元格中设置值以及如何为新的主体和客体更新该矩阵。

12.1.1　自主访问控制

第一个显而易见的答案，是让客体的所有者和创建者在与该客体关联的访问控制矩阵单元格中，设置与所有其他主体相关的条目。

访问控制矩阵项由对客体具有所有权的用户自行决定，称为自主访问控制(Discretionary Access Control，DAC)。在访问控制矩阵中创建条目是授权访问的行为，因此称为授权功能或服务。

历史上，自主访问控制通过与每个客体关联的访问控制列表(Access Control List，ACL)实现[DALE65]，每个访问控制列表本质上是访问控制矩阵中的一列。因此，所有列构成的集合就是访问控制矩阵。图 12-1 显示了使用表 12-1 所示的访问控制矩阵定义访问控制列表的示例；图中的“其他”指所有者以外的所有主体。

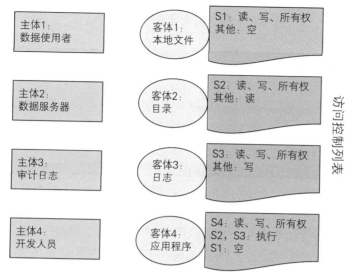

图 12-1 使用访问控制列表进行授权的自主访问控制示例(如右侧所示), 其中显式列出每个主体对相应客体的访问权限

本例中可假设主体 1 是数据使用者(如数据分析员),从而解释了其读取其他客体但不广泛共享自己客体的行为。主体 2 是一个数据服务器(代表其所有者和运营商 Alice 进行操作),因此解释了为什么主体 2 允许所有其他主体读取其客体(可能是一个电子图书库)。主体 3 是一个审计日志,该主体从所有其他主体的活动中获取数据进行诊断,因此解释了为什么允许所有其他主体写入其所有的客体。主体 4 是一名开发人员,主体 4 所有的文件 4 实际上是一个可执行程序,这解释了为什么主体 4 允许另外两个主体(2 和 3)的执行访问,但拒绝主体 1 的任何访问,因为主体 1 不需要在这个虚构的示例中执行程序。

为每个现有的主体和以后创建的全部可能的新主体分配访问权决策是一项繁重的任务。UNIX 操作系统实现的一个解决方案是创建三类访问——用户(User)、组(Group)和世界(World)。用户访问权是指用户为主体授予的对所创建客体的权限。组是指少数预先建立的特权组,如系统管理员。世界指的是其他所有人。这使得规范过程更加紧凑和易于管理,从而使矩阵更加隐匿化。

自主访问控制听起来是解决这个问题的一个很贴切的方法。谁能比那些客体的创建者更好地决定对客体的访问?自主访问控制方法有一个关键问题,那就是无法控制敏感数据的传播。如果恶意用户(如内部人员)获得对敏感数据的访问,就无法阻止该用户复制敏感数据、创建新客体或允许任何人访问。内部威胁(Insider Threat)是真实存在的,值得解决。此外,不知情用户执行的程序中,特洛伊木马的威胁更明显。当用户执行程序时,木马以用户所具有的权限运行,包括创建客体和设置访问控制矩阵项这样的权限。这可在用户执行某个合法功能(如文字处理或创建演示幻灯片)时在用户不知情的情况下秘密完成[KARG87]。

自主访问控制易受特洛伊木马攻击。

12.1.2　强制访问控制

强制访问控制(Mandatory Access Control，MAC)正是针对自主访问控制在控制敏感数据传播方面的弱点引入的。这种方法首先要求所有数据都用适当的敏感度标记。这些敏感性标签(Sensitivity Label)称为元数据，是关于其他数据的数据。敏感性是一种元数据。一个类似的标记方案(称为安全许可，Clearance)放置在用户本身和用户的所有从属主体(如用户执行程序时创建的进程)上。

然后创建有关读写数据的系统访问策略规则(Policy Rule)，这些规则遵循适当的策略来控制不由用户自行决定的数据流。一个规则可能是，预定水平的用户不能创建比其敏感度标签低的客体。此规则将防止上一节末尾描述的自主访问控制的问题。若要读取敏感数据，用户必须在该水平或更高水平(另一个规则)上操作。在该级别上，用户无法创建一个敏感度较低的客体与不可信的用户共享。问题解决了。

有各种不同类型的强制访问控制策略用于处理不同类型的问题。这就是为什么本节前面的描述保持通用的原因。经验丰富的安全专家可能已注意到，强制访问控制听起来很像前一章讨论的多级安全(Multilevel Security)。实际上，多级安全是强制访问控制策略的一个示例，和多级完整性和类型强制一样。在多级安全中，"不下写(No Write Down)"规则防止用户将机密信息暴露给未经许可(因此不可信)的用户，"不上读(No Read Up)"规则防止用户读取超出安全许可水平的机密信息。

强制访问控制的一个问题是其并非具有很细的粒度(Granular)。为保持系统的可管理性，通常只有少数几个敏感性标签。可将敏感度标签从严格层次结构(Strict Hierarchy)扩展到安全网格(Security Lattice)。安全网格有效地创建了一个特殊类型的组，有时称为隔层(Compartment)或类别(Category)。这种网格式扩展改进了严格层次结构提供的较为粗糙的控制粒度。

图 12-2 显示了一个简化的网格结构，其中 A 和 B 表示隔层。请注意，所有"绝密级A"权限并不能授予访问"绝密级 B"分级的权限，A 和 B 隔层认为是不可分关系。同样，获得"绝密级 B"安全许可也不能访问"秘密级 A"的秘密数据。分区 A 和分区 B 可视为不同的目标系统区，因此只有分配到目标系统区的用户才能访问这些数据。其他分区用户即便高度可信，并且具有较高的许可级别也不行。注意，理论上存在较低灵敏度级别的隔层超出较高级别的隔层的可能，但典型情况是二者是一个子集。

引入安全网格在一定程度上提高了细粒度，但排除特定用户的问题仍然存在，这将是下一节的主题。

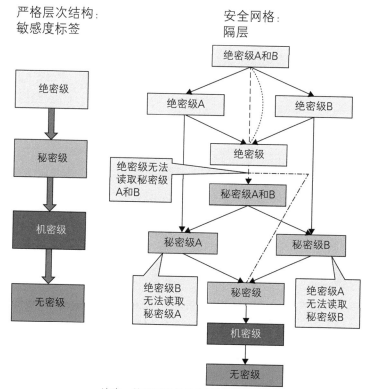

图12-2　严格层次结构(左)中的敏感度标签与简单安全网格(右)的隔层

　　自主访问控制可很好地处理个体的访问。因此，自主访问控制机制通常与强制访问控制结合使用，充分利用两者的优点。当然，对自主访问控制而言，若包括的其他用户串通复制数据并将其提供给已排除的用户，虽然未必能防止已排除的用户最终看到数据，但至少能保证数据不会在没有适当安全许可的情况下流向该用户。

> **强制访问控制和自主访问控制常结合在一起使用。**

12.1.3　隐蔽通道

　　面对上级主体与下级主体的主动合谋(Collusion)，强制访问控制授权服务阻止下级用户访问上级数据的说法并不完全正确，具体情况是考虑到一个高级别的用户无意中执行了一个特洛伊木马程序(可执行客体)。该特洛伊木马程序可以由恶意用户通过电子邮件发送给高级别的用户，或放置在系统位置(如诱人的网站)，这将诱使高级别的用户将程序下载到目录中。恶意的未清除的用户将在较低级别上有一个相应的程序，试图与特洛伊木马通信。图 12-3 描述了这对试图相互秘密通信的程序。

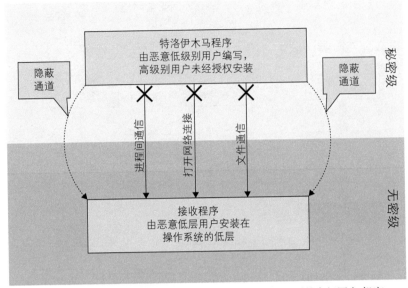

图 12-3 试图与较低级别(无密级)的接收程序建立隐蔽通道的高级用户(机密)
无意中在较高级别安装特洛伊木马程序

操作系统中的所有程序都有多种相互通信的方式：进程间通信通道、进程之间的网络连接或者写入两个程序都可以访问的文件。作为安全设计的一部分，这种正常的通信通道由强制访问控制策略控制。因此，当在机密水平运行的程序(主体)试图打开与在无密级水平运行的另一个进程(主体)的双向进程间通信信道时，强制访问控制策略将阻止信道的创建，以防机密数据通过该信道泄露。所有这些公开的通信信道都由系统的安全策略直接控制。

然而，也有一些不寻常的通信信道，类似于囚犯们用莫尔斯电码(Morse Code)敲打管道以便彼此通信。与管道对应的是系统内的磁盘驱动器等共享资源。当一个用户访问共享资源时，操作系统暂时阻止其他用户使用该共享资源以防磁盘资源的冲突操作。其他用户可检测到事件并阻止操作。阻止或未阻止的事件可转换为 “1” 或 “0”。一个二进制消息可通过较低级别的程序检测这些阻塞事件发出信号。隐蔽存储通道(Covert Storage Channel)在图 12-3 中描绘成虚线[KEMM02][HAIGH87]。

可在其他资源中创建类似的通信通道，因此，在某些情况下，能够以显著的速度发送消息[WU12]，此外，还可通过调整事件的时间创建隐蔽通道。如控制发送的网络数据包之间的时间间隔。例如，数据包通常以每毫秒一个数据包的速度发送，而发送程序将其延迟 0.1 毫秒，则该程序会秘密地发出信号 “1”。如果程序将其延迟 0.2 毫秒，则会发送一个信号 “0”。这称为隐蔽定时通道(Covert Timing Channel)。

可将隐蔽存储通道和隐蔽定时通道结合使用，运行在高敏感级别的木马将大量数据传送给低级别数据的恶意程序，这样的传输有可能绕过安全控制机制、违反安全策略并导致敏感数据泄露。

解决这个隐蔽通道问题的方法是让系统设计师在设计和实现过程中尽可能多地消除隐蔽通道[KEMM02]，以及尽可能监测其余的通道并警告隐蔽通道的使用，使防御者能关闭违规进程(主体)并捕获试图破坏系统安全策略的用户。识别所有可能的隐蔽通道异常困难，因此，攻击者总是有可能发现令人惊讶的隐蔽通道。这些通道既没有受到阻止，也没有受到监测。

12.1.4　基于身份的访问控制

完全独立于自主还是强制访问控制决定是控制的基础问题。以嵌入式系统(Embedded System)为例。嵌入式系统是一个包含在更大操作系统中的系统，这样就没有外部接口(如用户接口)。运行于飞机航空电子设备、汽车电子设备甚至恒温器的软件都是嵌入式系统的例子。部署这样的系统时，所有的主体和客体都会设置，每个主体和所有客体都只有一小部分，不需要新的客体或主体。这种情况下，很容易想象系统设计者仅根据系统中的主体和客体身份设置访问控制矩阵，从而建立非常细粒度的控制。由于无法创建新客体，而且访问控制矩阵本身是静态的，因此策略是强制访问控制的一种形式。必须了解有两个独立的决定，一个是谁可设置访问控制矩阵中的条目，第二个是访问控制矩阵中行的本质、主体标识或更广泛的内容，将在下一步讨论。表 12-2 显示了访问规则基于什么(身份与属性)和谁决定访问(用户与系统)的差异导致四个独立的策略类，每个策略类在访问控制目标方面各有优缺点。

表 12-2　基于两个独立特性的访问控制类型；结果是四个独立的策略类

访问规则基于什么？	谁决定访问？	
	用户/所有者	系统
身份	基于身份的自主访问控制(通常称为自主访问控制)	基于身份的强制访问控制(有时也称为基于身份的访问控制)
属性	基于属性的自主访问控制(通常称为自主访问控制)	基于属性的强制访问控制(有时称为基于属性的访问控制)

12.1.5　基于属性的访问控制

1) 主体(Subject)

对于动态系统，当考虑到访问控制矩阵可能有数亿个单元格时，强制的基于身份的访问控制(Identity-Based Access Control，IBAC)方案可能很快完全失控。可通过将用户的所有主体组合在一起并赋予这些主体相同的访问权限进行合并。可通过用户的逻辑分组进一步合并。这样的分组可遵循组织边界。例如，很可能市场部的大多数人都需要对系统资源进行类似的访问，如访问读写客户列表的文件，但不能访问人力资源或研发文件。这提供了一种快速的方法，可将每名用户分组，并将访问权分配给大量用户，同时将少量任务分配给组中的每名用户。当然，每个组织中都有一个具有管理角色的子组。因此，可建立一个单独的组，该组对本组绩效考核文件具有独占访问权限。这意味着用户可属于多个组。图12-4 列举一个具体示例说明组是如何形成的。

在本例中，有三大用户组：市场营销、人力资源和研发(Research and Development, R & D)。为具有经理角色和系统管理员角色的用户创建子组。用户 2、7 和 12 是系统管理员，用户 4、8 和 12 是经理。用户 12 具有最高级别的访问权限，可访问经理和系统管理子组。图的下半部分显示组成员关系。

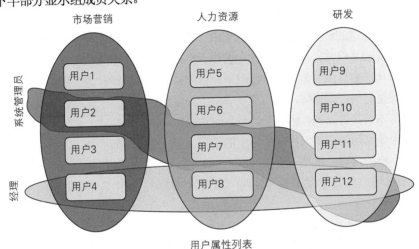

图12-4　基于目标系统和功能关联的用户属性形成

组(Group)最明显的表示是组中所有用户的排序列表。决定某人不是一个组的成员需要进行 nlog(n) 次操作，其中 n 是列表的长度；使用最有效的排序算法，称为快速排序(Quicksort)。对于大型组织，一个组中可能有 10 000 个用户。搜索排序后的列表需要 132 877 次运算。对，只想知道是否应该授予某人访问资源的权限，这是一项繁杂的工作。另一种更有效的查找方式是将组列表与每个用户关联，指示用户是不是组成员。此组成员身份指示符可看作用户的属性。用户所有的每个成员身份都是不同的属性。图 12-4 展示了组关联到图底部属性列表的转换。

以另一种不同的分组为例，即一个组织根据其用户通过的审查过程决定对用户的信任程度。美国国防部的安全许可(Clearance)有一个特点，即最可信的绝密级、可信的秘密级、部分可信的机密级和不可信的无密级。这些安全许可级别基本上形成组。因此，一个人的安全许可是一个用户属性和与用户相关联的元数据的示例，该用户创建用户和属性之间的绑定。

2) 客体(Object)

出于与用户相同的原因，希望使用类似的属性以类似的方式对资源进行分组。例如，为组织中人力资源部门的每个人创建了一个名为"仅限人力资源"的组属性，然后可为人力资源部门所有和控制的资源创建一个完全同名的属性，还可创建一些其他更具体的属性，例如，个人身份信息和个人健康信息，每一项都由美国的特定规则和隐私法管辖。个人身份信息(Personally Identifiable Information，PII)是指可用于识别、联系或定位个人的数据。个人健康信息(Protected Health Information，PHI)是关于健康状况、提供的健康护理或与特定个人相关的医疗费用。定义给出了属性的语义或含义，因此将指示哪些资源会接收此属性。资源标签的示例如图 12-5 所示。

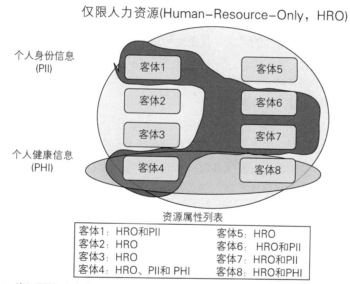

图 12-5 资源属性(个人身份信息、个人健康信息和仅限人力资源)的标签示例(客体 1~8)

从性能角度看，分配给特定用户的属性数量不能接近组织中人员的数量，这一点很重要。确定用户是否具有某个属性将是对其所有已分配属性列表进行的缓慢搜索。在大多数实际系统中，用户最终会得到大约五六个属性，这些属性反映了用户在组织或子组织中的职责，也许是跨组织组，以及用户在组织中的特定角色或功能。

3) 策略规则(Policy Rule)

既然了解了如何将属性与主体和客体关联，那么基于属性的访问控制(Attribute-Based Access Control)策略规则还有最后一个重要方面。策略规则控制主体属性和客体属性之间的访问。例如，可能有一个规则"如果主体安全许可属性=秘密级，客体属性=秘密级、机密级或无密级，则访问=读取"。可能会注意到这是一个捕获多级安全的简单安全属性(Simple Security Property)规则。注意可以读取的属性是显式枚举的。可创建一个泛型规则声明"如果用户安全许可属性大于或等于客体分级属性，则访问=读取。"此规则更紧凑，但还要求在使用泛型规则时正式定义并使用"大于或等于"关系。

策略规则通常在程序试图访问时使用，该程序可控制正在寻找的资源。该程序必须检索访问主体的属性、客体的属性以及为正在寻找的资源建立的策略规则。请注意，这意味着这些属性关联必须由系统(而不是用户)存储，并且必须具有非常高的完整性。系统完全依赖于这些属性的完整性决定访问权限。出于同样的原因，客体策略规则的关联必须具有高完整性。下一节将讨论有关属性完整性的内容。

> 与用户的属性关联必须具有高度完整性。

12.2　属性管理

上一节讨论了对用户属性的需求，并指出与用户的关联必须具有高度的完整性，因此属性和关联都不能由用户自行修改，那么，谁有权创建属性，谁又有权将属性分配给用户？

12.2.1　用户属性和权限分配

需要有一个总体属性管理者决定何时需要新属性并创建这些属性。只有总体属性管理者有权创建新属性。当创建一个新属性时，一个或多个用户获得授权，可将这些属性分配给其他用户。因此，尽管对属性存在的管理是集中的，但实际管理通常分配给特权用户进行，该流程的顺序如图 12-6 所示。

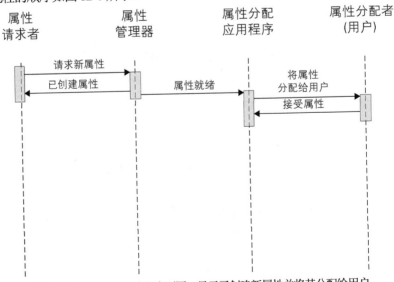

图 12-6　属性创建和分配序列图，显示了创建新属性并将其分配给用户
以准备基于该属性做出访问控制决策的过程

向用户分配和收回属性的授权是一项高特权功能,授予对大量敏感数据集的访问权限。同样,如果某些用户积累了太多属性,一旦这些用户成为内部人员,就可能对组织造成风险。因此,有时可能存在策略规则规定哪些组合和属性可分配给特定的用户。另外,如果用户具有某些属性,那么可能触发一个入侵检测策略规则,从而比其他用户更密切地受到监测,以确保其权限不会滥用。例如,图 12-4 中的用户 12 已累积了三个属性,包括强大的系统管理员和管理员属性。相比一般用户,考虑到用户 12(或攻击者劫持用户 12 的账户)可能造成的破坏程度,更应受到密切监测。

12.2.2 资源属性分配

那些创建资源的人员通常会分配访问这些资源所需的属性及管理访问的规则。与用户属性一样,通常很容易根据数据所涉及的目标系统、管理数据的法律法规也许还有数据在更大的目标系统流程中的作用,分配资源属性(Resource Attribute)。

12.2.3 属性收集和聚合

考虑到属性本身的分布式本质,可在整个企业的多个系统中分配属性数据。这意味着数据在某一点上,需要在一个地方收集和聚合以便分析和分发。不同的属性集通常有多个权威源,因为不同的组织可能有不同类型属性的权限。例如,人力资源部可能有所有人员特权属性的权限,而研发部可能控制处理未来要发布的产品的敏感数据属性。收集和聚合过程如图 12-7 左侧所示。

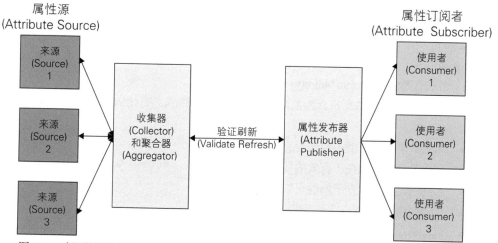

图 12-7 来源的属性收集和聚合(左)、属性的验证和刷新(中)以及发布和分发给使用者的过程(右)

在上一节中注意到，属性数据及其与每个用户的关联必须具有最高的完整性，对属性数据的成功攻击可能让攻击者完全访问系统资源。这意味着属性分配系统必须：

- 高度可靠地正确履行职责

- 不可绕过

- 防篡改

- 需要对创建属性的用户进行强身份验证

- 需要对分配属性的用户进行强身份验证

- 在与其他可信赖的实体通信时，需要强大的身份验证和高度的完整性

- 确保其属性数据的语法正确

- 确保其属性数据的语义正确

一旦成功攻击属性数据，将破坏所有访问控制。

在前几章中，已经涉及其中的大多数概念，因此安全专家应该清晰地理解这些概念。属性数据的语法和语义正确性需要在上下文环境中进行更多解释，这将在下一节讨论。

12.2.4　属性验证

所有的有效属性都有一个抽象空间，通常由唯一名称标识。此类属性列表的权威源是前面描述的属性管理系统。每个属性都有一组可接受的有效值。例如，用户的安全许可属性值可定义为接受"绝密级(Top Secret)""秘密级(Secret)""机密级(Confidential)"和"无密级(Uncleared)"。进一步指定用户一次只能有其中一个值。有效的属性分配是一对表单(<用户数字身份>, <属性名>: 属性值)。例如，一对表单(Joe Smith, 安全许可:"秘密级")表示Joe Smith 的用户标识绑定了一个名为"安全许可"的属性，该安全许可的值为"秘密级"。图 12-8 显示了一个定义和分配属性的示例。

1) 语法有效性(Syntactic Validity)

语法有效性意味着数据符合为数据集指定的语法和格式。有什么可能出错？以下是部分列表：

- 用户数字标识可能不存在于有效标识集中。

- 属性名可能不存在于有效的属性名集合中。

- 属性值可能不存在于属性可以接受的一组值中。

- 名-值对可能没有合适的标题和分隔符(如逗号)。

- 报文头中的校验和可能无效，表明可能存在篡改或位错误。

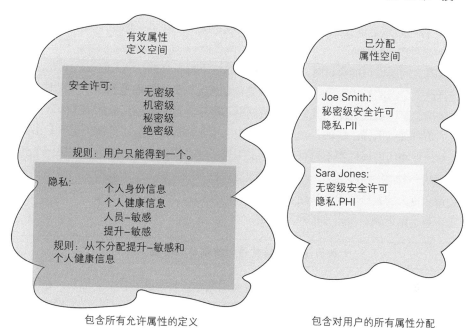

包含所有允许属性的定义   包含对用户的所有属性分配

图 12-8　有效属性定义空间(左)与使用已定义属性的已分配属性空间(右)

对所有这些语法和格式错误的检查应该贯穿属性分配的所有阶段：生成(Generation)、存储(Storage)、传播(Propagation)、聚合(Aggregation)和分发(Distribution)。在所有阶段交叉检查可以更容易地在错误第一次出现时检测和更正，并且损害最小。一个具体例子是：如果个人数据的权威属性源(如人力资源数据库)显示一条记录，表明(Sara Jones, 隐私: "PIJ")的正确格式是(Sara Jones, 隐私, "PII")，需要立即或至少尽快发现此拼写错误。属性语法错误可以而且确实会发生。预测这类错误，进行检测并在所有阶段修复。

> *属性语法错误可能导致重大但微妙的中断。*

2) 语义有效性(Semantic Validity)

语义有效性是指数据是否真实。如果系统声明 Bob 有"秘密级"安全许可，则该语句后面有这样一些含义：某个授权官员认为 Bob 有访问"秘密级"数据的有效需求，向 Bob 提交了一个定义明确的审查流程，Bob 成功通过了审查流程，Bob 获得了"秘密级"安全许可，而且"秘密级"安全许可迄今没有过期，也没有因为某种原因撤销。这是一个需要核实的问题。系统显然不能派遣调查人员审查 Bob 的安全文件，并在每个访问请求中验证。检查 Bob 是否仍在组织中工作，以及 Bob 的名字是否在吊销列表中可行，并且这种快速检查可以而且应该在任何可能的情况下进行。每个属性必须具备正式指定的含义，分配者必须负责确保所有分配条件都得到满足。此外必须有一个程序迅速确定何时不再满足这些条件(例如，该人员离开组织或转移到不同的部门，其目标系统也发生了变化)。如果每个规范都说明了信息可以部分地定期(至少以抽样的方式)验证的方式，则该规范也很有用；例如，"嘿，你的系统告诉我已经吊销了 Bob 的秘密级安全许可；你能今天核实一下吗？"

3) 时效性(Freshness)

曾经有效的属性可能会过时，这意味着该属性不再是真的。当人们改名(例如，结婚的人可选择改变合法的姓氏)、离开组织、四处走动或因行为不当而遭到组织驱逐时，就会发生这种情况。某些属性数据比其他属性数据更不稳定，过时数据造成的损害因属性的性质和相关的策略规则而异。例如，一名员工因犯罪遭到解雇，戴着手铐被护送着走出大楼，即使其身份证和所有属性都不再有效，该员工也不能在牢房中损害组织。如果一个高度信任的员工从一个组织转移到另一个组织并改变目标系统，那么一天或两天的属性删除延迟是否会带来重大的系统风险？决定花费多少时间和精力快速刷新数据是一个重要的判断依据，应该基于延迟刷新所带来的风险决定。

> 新的属性数据对访问控制非常重要。

必须让收集和聚合系统了解每个属性定义中数据过时意味着什么。然后，系统必须定期重新检查该定义，并确保满足该定义。如果不满足，收集和聚合系统必须停止分发过时的数据，并从源中查找更新。

图 12-7 在图的中间部分总结了属性收集、聚合和验证的角色和处理过程。下一节将描述如何从创建权威源的分配者那里获取输入，以及将属性分发给订阅者。

12.2.5　属性分发

一旦分配、收集、聚合和验证了属性，就需要将该属性提供给使用属性进行访问决策的程序。这称为将属性发布给(或分发给)订阅(或使用)这些属性的程序。下一节讨论订阅方或使用者通常执行的策略决策。属性发布(或分发)显示在图 12-7 的右侧。

基于公钥加密体制的身份验证(Authentication)过程遇到一个类似概念，即需要发布用户的公钥，以便其他用户可用公钥验证身份。用户的公钥本质上是一个属性，其分布是一种属性分发(Attribute Distribution)。

> 公钥可被看作用户属性。

对数据的访问控制决策是频繁和时间敏感的，因此：

- 属性分发点必须尽可能靠近使用者。
- 服务本身需要快速，以最大限度地提高首次访问请求的性能。

此外，在通过网络向网络服务请求主体属性所需的往返时间内，计算机可执行数百万次操作，做出访问控制决策的程序必须缓存主体属性，以便在该实体的后续访问不必因通过网络获取属性而延迟。属性缓存(Attribute Caching)通常是有效的，因为存在一种称为访问局部性(Locality Of Reference)的现象。这意味着，如果一个程序访问一次客体(在本例中是寻求访问)，则很可能在较短时间内多次访问该客体。因此，使用缓存战略可能极大地提高速度。

属性缓存有一个缺点。如果集中更新属性值，缓存的值可能过时。在上一节中看到，集合和聚合系统必须监测过时指示器，并根据需要更新属性，以便进一步分发最新数据。已分发的属性如何？两种可能的解决方案是：

- 导致已发布的属性过期，要求订阅服务器从属性分发服务获取更新的值。
- 跟踪所有订户并向其推送更新的值。

12.3　数字策略管理

数字策略管理(Digital Policy Management)是指管理与基于属性的访问控制(Attribute-Based Access Control)关联的策略规则。使用术语"数字策略"区分计算机中指定和使用的策略，及人们以自然语言声明的由法律、规则派生的策略规则。策略规则是比较主体属性和客体属性的条件语句,这些语句确定所讨论的主体和客体之间允许的访问权限。策略规则的形式是"如果 A、B 或 C，则允许访问 D"，其中 A、B 和 C 是比较属性的逻辑表达式，D 是一些访问，如读、写或执行。比较语句的格式为"主体的属性列表包含值为 x1 的 X 属性"和"客体的属性列表包含值为 y1 的 Y 属性"。比较语句的逻辑关系通过"和(AND)""或(OR)"及"非(NOT)"的标准逻辑操作实现。返回到标准分级安全许可模式(Classification-Clearance Schema)，表示简单安全性的策略规则可能声明"如果主体的安全许可属性大于或等于客体的分级属性"，则允许"读取"访问权限，否则允许"空权限"。此规则是一个更长的显式规则的简写，该显式规则可用英文表示如下：

```
"if (subject's clearance is "Top Secret" AND
(object's classification is "Top Secret" OR object's classification is
"Secret" OR object's
classification is "Confidential" OR object's classification is
"Unclassified")) OR
(subject's clearance is "Secret" AND (object's classification is " Secret"
OR object's
classification is "Confidential" OR object's classification is
"Unclassified")) OR
(subject's clearance is "Confidential" AND (object's classification is
"Confidential" OR
objecti's classification is "Unclassified")) OR
(subject's clearance is "Uncleared" AND (object's classification is
"Unclassified")) then
permit "read" else permit "null."
```

12.3.1　策略规范

谁有权指定策略规则？授权人称为策略作者(Policy Author)，当与属性管理服务具有相同基础状态的策略管理服务向系统添加新的资源抽象(Resource Abstraction)时，会给策略作者授权。资源抽象意味着有一个软件程序，该程序充当一组新创建的资源(如文件或数据库)的访问监测，将其称为对封装的资源的保护子系统(Protecting Subsystem)。

通常，策略按不同的策略作者类型分层指定：通用策略运用于企业内的所有访问控制，所有者策略可进一步限制由资源的目标系统所有者确定的控制。第一层必须始终存在，并且不能由资源所有者重写。此强制层在策略创作中是必需的。与加密类似，安全策略可能十分复杂，很难正确执行。策略需要进行重要的分析和测试。因此，不应让策略作者选择重写经过深思熟虑的强制策略，否则风险极大。

例如，组织可能为企业设置了多级安全策略(Multilevel Security Policy)。这是一个通用策略。资源所有者可创建其他规则和相关属性，限制此通用策略以外的访问。策略编写子系统应强制实施这两类策略。图 12-9 显示了图表左侧由多个源编写的策略。

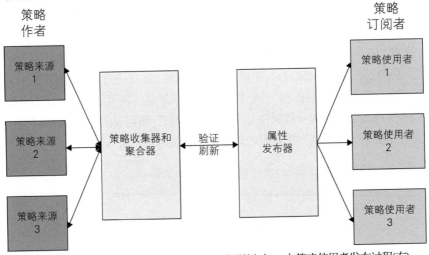

图 12-9　策略编写、收集和聚合(左)；验证和刷新(中)；向策略使用者发布过程(右)

12.3.2　策略分配

策略分发(Policy Distribution)是指策略编写服务与实体之间的通信。这些实体必须在访问请求时评价策略，决定如何授予请求实体访问权限。与属性一样，策略可能会更新。因此，向消费决策实体分发的策略的时效性是个问题。因此，策略分发系统必须有一种方法通知存储这些策略的使用者，策略已过时需要更新。类似于属性，分布式策略可能会过期，然后触发使用者的检查更新。或者，策略分发者可跟踪每个策略的所有使用者，并在更新时推送修订的策略。人工策略往往不会经常更改，数字策略的易变性要比属性分配小得多。

因此，策略分发延迟的要求和风险不同于属性分发延迟。在决定如何最好地解决时效性问题时必须考虑这些要求和风险。图 12-9 显示了策略的收集、聚合和验证，图的右侧显示了策略的分发。

12.3.3　策略决策

策略决策(Policy Decision)指对特定主体和特定客体的给定访问尝试评价访问策略规则的过程。策略决策由通过保护子系统寻求访问的主体触发。保护子系统必须评估策略以确定访问。请注意，没有任何东西强迫保护子系统触发评价，这是一个高度安全的关键功能。这意味着必须证明保护子系统功能正确，并且始终执行评价。否则，保护子系统只需要自行决定是否授予访问权限，这种做法将违反指定的策略。

必须证明总是调用策略决策。

策略评价(Policy Evaluation)可在本地或远程这两个位置的任一位置进行。决策制定的位置称为策略决策点(Policy Decision Point，PDP)。保护子系统可通过网络调用外部远程策略决策服务。该服务可处理所有策略时效性问题并正确评价策略规则的所有复杂性。缺点是，在获得答案时，网络往返延迟时间很长。

远程策略决策的性能问题导致保护子系统自行评价这一替代方法。这要求保护子系统订阅策略并确保策略是最新的。正确的执行是加速本地评价最困难和最危险的方面，使用一种标准的策略说明语言和一个标准的可嵌入的软件模块执行评估可减轻这种风险。可扩展访问控制标记语言(Extensible Access Control Markup Language)[OASI13]就是这种语言的一个例子，有几个执行引擎可用于确保标准化的评价[LIU08]。

12.3.4　策略执行

最后，在评价策略并确定特定访问后，保护子系统必须强制执行决定。执行的位置有时称为策略强制点(Policy Enforcement Point，PEP)。策略强制过程解释授予的访问并强制执行指定访问背后的意图。保护子系统必须注意只允许访问请求的客体，而不允许访问辅助数据。例如，应响应应用用户请求，保护子系统可使用自己的权限查询数据库资源。然后，保护子系统可能需要过滤掉一些查询响应，因为这些响应解释了授予请求用户访问权限的含义。

通常，策略强制处理必须很快。因此，类似于属性缓存，可使用决策缓存策略获得实质性加速。这种加速是以策略或属性更改而延迟决策更新为代价的。必须用已讨论过的技术确保缓存条目的时效性。与策略决策处理一样，策略强制处理同样是安全关键的，必须证明是正确的、不可绕过的和防篡改的。

正确的策略实施对安全至关重要。

整个策略决策和策略执行过程如图 12-10 所示，按步骤描述如下：

步骤 1　应用程序代表用户 ID 请求对资源 1 的读取访问。

步骤 2　保护子系统的策略决策功能通过检查策略发布服务，确保资源策略最新。图中的连线显示为虚线，表示检查不太可能在每次访问尝试时执行，而是定期执行或在更新时推送。请注意，步骤 2、3 和 4 在概念上是同时的，这些步骤只是检索做出基于属性的策略决策所需的数据。

步骤 3　策略决策函数获取寻求访问的用户的属性。通过调用属性发布服务实现。

步骤 4　类似地，策略决策函数获取所需资源的属性，作为策略决策过程的输入。虽然这些属性描述为附加到资源本身(底部)，但也可以是属性发布服务的一部分。

步骤 5　策略决策函数现在具有需要的所有信息，来评价所保护资源的策略。可在本地执行，也可执行外部服务调用。如图 12-10 所示，到策略决策服务的连接是虚线，表示此调用并不总是存在，具体取决于对实现的选择。

步骤 6　此时策略决策功能具有用户对所请求资源的访问权限，将决策和处理传递给保护子系统的策略执行方面，以解释和执行访问权限。

步骤 7　然后，策略执行子系统访问资源获取数据，并可能根据对授予的访问的解释，来转换或筛选数据。

步骤 8　然后保护子系统将数据返回到请求应用程序(图 12-10 中未显示)。如前所述，可缓存此决策，用于同一用户对同一资源的后续访问。

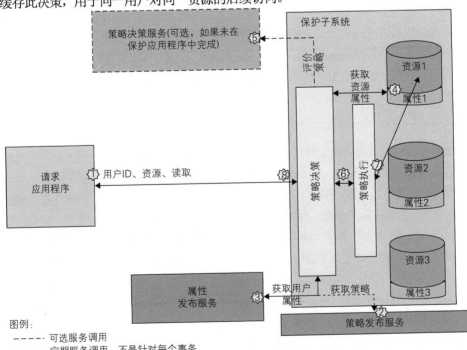

图 12-10　保护子系统内的策略决策和执行处理步骤

12.4　授权使用方案

创建授权网络安全服务只是第一步。授权服务必须集成到保护所有需要保护的系统资源的所有子系统中。这意味着组织必须：

- 确定需要保护的资源
- 用保护子系统封装这些资源
- 证明该保护子系统的访问监测属性
- 适当整合远程或本地决策
- 正确设计和实施策略执行
- 确保身份来源可靠、渠道安全

12.4.1　直接集成

授权集成构成了一个庞大的任务清单，需要耗费时间和资源才能完成。保护子系统可以是已为资源提供服务的现有子系统，也可以是新的子系统。保护子系统可以是由一个组织自定义开发的、免费的开源软件，也可以是商业产品。在第一种情况下，开发人员必须与网络安全工程师密切合作，仔细完成任务清单。未经安全培训的软件工程师没有资格执行必要的网络安全工程。在开源软件的情况下，系统所有者必须充分学习软件，以便仔细进行必要的修改，这是开发人员中不太常见的另一种技能。

> **集成安全服务需要专项培训。**

12.4.2　间接集成

对于商业软件，软件使用者必须说服供应商执行所需的更改(这是一个困难的提议)。或将商业产品封装在执行访问控制功能的自定义保护子系统中，这通常称为代理，因为自定义保护子系统在执行所需的访问控制功能时代表商业产品。

12.4.3　替代集成

有一种残留的授权集成模式值得一提。这是一种专注于身份验证的模式，身份验证证书通常携带隐式和显式用户属性数据，隐式属性的一个例子是证书的颁发机构。该颁发机构通常意味着持有该证书的人已经经历了规定的审查过程，签署了保密协议，因此是颁发机构所服务的社区的成员。明确的信息可能包括用户的组织、国籍以及与组织(雇员、承包商等)的隶属关系。所有这些信息都可用于做出基本的授权决策。例如，某些数据可能不太敏感，公司中的每个人都能看到，但公司阻止竞争对手访问这些信息。一个包含组织信息的证书(Certificate)就可以满足这一水平的授权决策，不需要提交到属性分配系统，这是一个更粗粒度的授权过程，但组织的大部分信息不需要细粒度的控制访问。在主授权系统暂时不可用的情况下，对于关键数据，此授权过程也是一个有用的后备。计划和接受这样的后备是一个权衡风险的决策。

> *授权过程在失败时应该有后备机制。*

12.5　小结

本章将身份验证扩展到确定允许用户在系统上执行的操作。身份验证和授权共同构成了网络安全能力的基础。下一章将讨论如何检测未受到阻止的攻击。攻击检测功能创建了第二层防御，并开始组建防御架构。

总结如下：
- 自主访问控制有用，但无法有效防止敏感数据泄露。
- 强制访问控制基于用户和数据属性的规则确定访问，但也可能需要更细粒度的控制。
- 基于身份的访问控制提供细粒度的控制，但可能无法管理。
- 基于属性的访问控制以牺牲粒度为代价提供可扩展的访问控制。
- 属性管理是一项安全关键功能，因为属性驱动策略决策。
- 时效性确保分布式属性和策略数据保持最新。
- 数字策略是一套管理资源访问的规则。
- 与属性一样，策略也有一个需要管理的生命周期。
- 将数字策略的运行分为决策过程和执行过程。
- 这种分离有助于在不必更改软件的情况下更新策略。
- 策略决策和执行至关重要，必须符合访问监测属性。
- 将授权集成到保护子系统中有很多选择。

12.6　问题

(1) 访问控制管理什么？

(2) 什么是访问控制矩阵？访问控制矩阵由什么组成？访问控制矩阵有多大？

(3) 描述自主访问控制的工作原理及优缺点。

(4) 描述强制访问控制，以及强制访问控制如何弥补自主访问控制的弱点。如何权衡这一优势？

(5) 如何结合自主访问控制？如果一方允许访问，另一方拒绝访问，应该如何解决冲突？

(6) 如前几章所述，类型强制是什么类型的策略？

(7) 什么是隐蔽通道？隐蔽通道与强制访问控制的目标有什么关系？

(8) 两种隐蔽通道是什么？这两种隐蔽通道是如何工作的？为每一项举出本章包括的例子。

(9) 如何解决隐蔽通道带来的问题？

(10) 基于身份的访问控制是否与自主访问控制相同？如果不是，这两种访问控制有什么不同？关于访问控制的性质，每种访问控制都回答了什么基本问题？

(11) 在什么样的系统中，基于身份的控制易于管理？

(12) 基于属性的控制有哪三个方面？

(13) 为什么组列表不是实现主体属性的最有效方法？该论点假设分配给一个主体的属性数量是多少？

(14) 谁为用户分配属性，如何授权？

(15) 定义属性的语义意味着什么？列举两个例子。

(16) 什么是访问控制规则？访问控制规则与策略规范有何关系？

(17) 访问控制规则如何影响属性的语义？

(18) 为什么会有关于将某些属性组合分配给任何给定用户的策略规则？在哪里可执行这些策略规则？

(19) 资源属性分配与主体属性分配有何关系？

(20) 什么是属性收集和聚合？为什么属性收集和聚合很重要？聚合器和权威源之间的网络连接的理想属性是什么？为什么？

(21) 如果攻击者控制了属性分发过程，攻击者会怎么做？如果攻击者控制了属性分发过程呢？

(22) 证书中的标识公钥对与属性管理子系统中的标识属性对有何不同？

(23) 列出属性分配子系统必须为真的八个属性，并提供在不满足各个需求时会发生什么的简短理由。

(24) 定义两种类型的属性验证，为什么这两种类型的属性验证都很重要。哪个更重要？为什么？

(25) 属性使用者经常缓存其需要的属性意味着什么？为什么要这么做？这样做会产生什么问题？这些问题是如何解决的？

(26) 什么是属性分发？为什么需要属性分发？有人可以订阅属性分发服务吗？为什么是或者为什么不？

(27) 数字策略规则采取什么形式？

(28) 为上一章讨论的多级安全"*-属性"编写数字策略规则。

(29) 谁可指定数字策略？两类说明符是什么？

(30) 当特定于数据所有者的策略与组织要求的通用策略冲突时，会发生什么情况？在哪里检测到并解决了这个问题？

(31) 在网络安全架构中，为何策略执行与策略决策分离？带来什么好处？

(32) 保护子系统在本地和远程决策之间的权衡是什么？

(33) 什么是保护子系统？必须证明哪些特性？保护子系统封装了其资源是什么意思？

(34) 如何避免执行策略决策功能的保护子系统的复杂性？这有什么帮助？

(35) 三种不同的授权使用方案是什么？分别适用于什么情况？

(36) 哪些条件可能需要撤销属性分配？

第 13 章

检测基本原理

学习目标

- 解释预防与检测技术之间的协同效应。
- 列举并描述检测系统的七层结构。
- 定义特征选择及其在攻击检测中的关键作用。
- 解释特征提取与特征选择的关系。
- 定义事件选择，以及如何将事件与一个特定的攻击和选择的特征关联。
- 区分事件检测与攻击相关事件。
- 描述"攻击检测"如何工作，以及"假阳性"和"假阴性"的含义。
- 讲述攻击的分级问题和概率的作用。
- 解释攻击警报和攻击检测中人的元素。
- 描述探针的运行性能特征的本质和重要性。

大多数组织的领导者得到的真实报告是这样的："好消息是，今天看起来没有遭到攻击；坏消息是，其实是未看到大多数重要的攻击。"本章涵盖攻击检测的重要基础知识。这一基础内容再延伸到下一章，下一章讲述如何设计网络安全攻击检测系统。

> *组织无法抵御看不到的事物。*

13.1 检测的角色

如果对攻击的预防是完美的，就不需要攻击检测。然而，现实情况是攻击预防远达不到完美程度。基于如下原因，攻击往往能够取得成功：

- 预防措施未能覆盖攻击空间的某个方面
- 预防措施没有部署在目标系统的关键位置
- 没有针对特定系统部署恰当的预防措施

- 预防措施失效
- 预防措施本身遭受成功攻击

检测必不可少，因为防御无法做到至臻至善。

　　攻击范围(Attack Coverage)的所有现存预防措施存在许多攻击点(Hole，下图圆孔)。可将攻击引诱到这些攻击点中，并在这些攻击点中检测攻击。图 13-1 刻画了这一"协同"方法。映射防守的优势和劣势对防御者和攻击者一样都是好主意。掌握优势和劣势如何匹配也很必要。同时，正因为有诸多原因导致攻击者成功攻陷一个只能预防的系统，所以不仅要了解预防能力中的攻击点，考虑如何覆盖整个攻击空间也非常重要。

映射防守的优势和劣势。

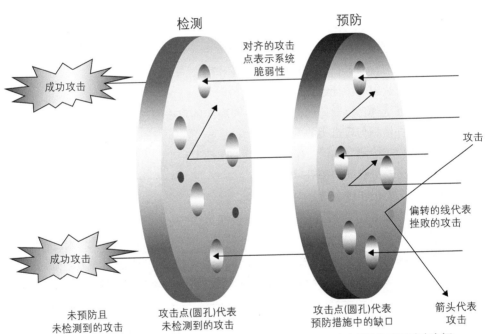

图 13-1　预防与检测措施协同覆盖攻击空间，从右到左遍历的"攻击箭头"表示攻击空间。
对齐的攻击点代表系统的脆弱性

　　从历史上看，攻击检测(Attack Detection)的第一步是简单地尝试可利用已有的能力和工具看到什么，主要是查看系统审计日志(Audit Log)。通过系统审计日志可检测出各种不同类型的攻击，包括从登录界面猜测口令的企图、恶意文件系统活动和恶意系统进程活动。从本质上讲，任何操作系统出于健康和性能监测原因监视的内容，都可能由监测者发现。对那些在系统中较早检测攻击的人员，这是一个难题。由于系统审计日志只能达到这种程度，所以也成为限制陷阱。防御者无法检测到来自操作系统以上层级(如中间件和应用程序软件层)或操作系统以下层级(如设备驱动程序、设备控制器和处理器固件等，见图 6-3)的攻击。有时，手头有一个已知的解决方案时，可能忽视完整解决方案空间的各种可能性和需求。

13.2 检测系统如何工作

在继续之前，必须说明检测系统实际是如何工作的。这里有几个重要分层，如图 13-2 所示。要真正理解攻击检测的本质，就需要了解所有七个分层。

图 13-2 入侵检测系统的抽象层。这些层可归为 3 个不同的分组：处于底层的特征、位于中间的基于特征的事件和位于顶部的攻击

首先，请注意这里有三个层的分组。底层是关于特征(Feature)——即攻击可能会出现在系统运行层的各个方面。第二层分组涉及攻击相关(Attack-Relevant)的事件——即与检测攻击相关的监测到的特征序列。第三层即顶层涉及真正攻击。很多网络安全工程师只关注顶层，而没注意到下方分层的重要性，以及这些层如何影响检测的成败[TAN02]。图 13-2 讲述了从底层开始一直到顶层的入侵检测系统的每一层。

> *理解攻击检测需要涉及所有层。*

13.3 特征选择

在基础抽象层(Foundational Abstraction Layer)中，需要考虑的基本问题是一次攻击如何表现。这个概念层用于向整个系统和所有抽象层开放意识光圈(Mental Aperture)，而不只开放给运行大多数入侵检测系统的操作系统和应用程序层。特征选择(Feature Selection)通常通过离线分析攻击的每个实例完成，并借此尝试获得一个攻击分类的覆盖范围。例如，一个蠕虫可能在操作系统的活动进程表(操作系统一直跟踪的运行中的进程表)中显现，所以活动进程表就成为针对这个攻击的一个待观察特征。

13.3.1　攻击特征表现

每个攻击都可表现出多重特征，称为一对多映射(One-to-Many Mapping)。在攻击检测中，将这些特征结合起来可提高检测结果的可靠性。例如，一个蠕虫可能在应用程序层的一个邮件程序中表现为一个拥有不寻常大小的发送邮件，在操作系统层表现为一种网络套接字利用的奇怪模式，而在网络设备驱动层中表现为一个发向范围很广的、无特征网络地址的以及无特征爆发性的数据流。与此类似，尽管事件(接下来将讲述)可能各不相同，但多个攻击可表现出一个特定的特征；称为多对一映射(Many-to-One Mapping)。例如，组织内部人员企图对受保护的资源(如敏感的人力资源文件)发起未经授权的访问，或特洛伊木马尝试发现敏感数据，二者在授权系统的日志上的表现都是多次失败的授权尝试。

13.3.2　表现强度

映射到攻击上的特征具有不同的强度，代表了特征表现的不同程度和清晰度。特征表现的清晰度类似于通信中的信号质量(例如，拨号接入无线电台时会遇到的静电干扰)。因此强烈且清晰的特征表现是强攻击信号(Attack Signal)，而微弱的特征表现就是弱攻击信号。下一章将更多地介绍一些信号处理理论(Signal Processing Theory)。

例如，不会变化(非变异的)的病毒(Virus)具有固定的签名字符串(Signature String)，这是一串对病毒代码来说独一无二的比特序列。因此在执行最新导入的代码前，可用攻击的签名字符串检查代码文件。如果出现签名字符串，即是病毒存在的强信号或强指示。另一方面，如果特征包括网络活动和不寻常的外发流量特征(如前所述)，那些特征可能与良性且完全授权的活动(例如，向在职的全体人员发送电子邮件，宣布为了纪念圆周率日，3月14日提前下班)混淆，或者可能与各种不同类型的攻击混淆在一起。

很明显，特征选择过程的一部分精确定义了每次攻击在该特征中如何表现，以及如何将该攻击和正常活动区分，还有如何将该攻击和其他攻击区分。图 13-3 对一对多映射、多对一映射和映射强度概念以图形方式进行了概括。

> 入侵检测始于精确的特征选择。

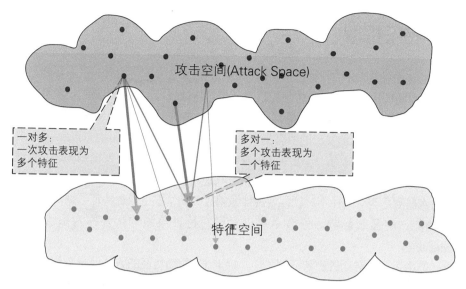

图 13-3　攻击映射到特征空间的展示。一个攻击可表现为多个特征(称为一对多),
多个攻击可表现为相同特征(称为多对一)。线的粗细代表特征中攻击的强度

13.3.3　攻击映射到特征

在对攻击空间的所有攻击(或至少对具有代表性的子集)进行分析的最后阶段,要逐一分析每个攻击并将每个攻击分别映射到一个或多个特征上。每个映射都有关于映射强度的描述,以及关于攻击的可能表现的描述,还有攻击在特征上如何区分的描述。最后留下一些特征没有相应映射的攻击。

13.3.4　选择的标准

可以想象,下一步将是测量每个特征。用于测量特征的探测仪(Instrumentation)称为探针(Sensor),最终可能收集到多样的特征数据。因为几方面的原因使得这种方法并不实用。有些特征值可能因冗余而不必要。从某些特征收集数据可能显著消耗系统资源和性能,因此在理想情况下,攻击检测的设计人员应选择具有最高聚合攻击信号和最可靠攻击检测潜力的最小特征集。出于实用性或成本的原因设计人员无法选择某些重要特征,这种情况下避免让攻击者知道分析结果就显得尤为重要,因为这会给攻击者提供一个精确的防御者盲区地图。

13.4　特征提取

　　一旦完成对基础部分的特征选择层的分析，网络安全专家就拥有一张需要监测的特征清单，问题也随即出现：在系统中何处以及如何对特征进行监测，还要进一步考虑这个方法是否实用。关于在何处进行监测的问题取决于特征本质以及特征处于哪个抽象层。例如，如果想监测向 CPU 处理器发出的所有指令，那这个监测就无法在应用程序层实现。虽然这在操作系统层是可能实现的，但也将潜在地排除在操作系统层以下发出的 CPU 处理器指令。理想情况下，可直接在 CPU 处理器的指令高速缓存中实现监测。在考虑如何监测的问题时应考虑监测是否可能在不对软件或硬件做明显改动情况下获得特征数据，而且不会对性能与功能产生显著影响。修改系统以实现对特征监测的行为称为系统探测仪化(Instrumenting)。

　　上一节中提到的活动进程特征例子中，提取(即监测)特征的方法就是查询操作系统的活动进程表。大多数操作系统都内置了该能力，用户和系统操作员可借此诊断和纠正各种问题，如挂起的进程(即那些不再响应指令、很可能已崩溃的进程)。

　　注意，某些攻击实际上会侵入并修改操作系统进程表的列表功能(第 3.5 节中提到的攻击系统完整性的一个例子)来特意隐藏运行中的恶意进程，从而降低检测到的可能性。因此，特征提取的设计者必须考虑这类攻击并开发出相应对策。因为大多数操作系统都有较多基础的进程管理功能，而进程列表功能正是在此基础上构建的。所以如果特征提取器(Feature Extractor)用到操作系统中最基础的功能模块，就应当更健壮，并要通过运行一致性检验保证得到的是合法数据流。

13.5　事件选择

　　一旦选择某一特征并在系统中配置探测仪监测该特征，就必须分析数据流结果，确定在事件选择层上，特征流中的哪些事件与攻击相关。仅因为一个攻击在数据流中显现，并不表示数据流中的所有数据都与攻击相关。事实上，在理想情况下，预防机制发挥良好作用时，只有微小片段的数据流会代表可能的攻击相关序列。在最初分析特征以期识别出攻击时，检测设计者还要详细说明在监测的特征中表现出的性质，描述的不仅是一般性概念，而是精确说明在事件中是如何显现的。事件(Event)在这种情况下表现为来自特征检测器的一个或多个离散的输出。例如，将发送给 CPU 处理器的指令作为一个特征，得到的数据流可能如下(用高级伪代码表示)。

```
Load location x with value y
Add 5 to location x
Compare location X with 500
If Result < 500, JUMP to first instruction
Otherwise EXIT
```

每一个指令都可看成一个事件，或者两个或更多的指令序列也可称为事件，或仅是特定的某类指令(如输入和输出指令)可作为来自指令流的事件。在示例指令序列中，潜在与攻击有关的只有内存加载指令。注意，加载指令在正常程序中经常遇到，且通常都是完全良性的，因此单独的事件不能预示一个攻击，但可标记为一个需要在更高层的堆栈中做进一步检查的重要事件，或创建一个历史状态然后在一定数量的指令中寻找另一个可能预示恶意活动的命令。

现代计算机系统重度使用多任务，经常在执行的进程间切换。这使得寻找攻击进程的任务变得很有挑战。同时，多任务一般是不确定的(意味着执行顺序和执行分段会根据计算机内发生的情况随时变化)。这种不确定性导致测试非常困难，而且创造了潜在的攻击机会。这也使得序列几乎不可能具有可重复性。因此，这种情况下调查包含攻击事件的事件序列难以正确执行。

13.6　事件检测

前面的层中建立了与攻击相关的事件描述。在这一层，从提取的特征中检测出这些事件并报告给下一个更高的层。这称为事件检测(Event Detection)。回顾一下，这些事件并不一定是攻击，而是表明值得探索的可能存在攻击的证据。在很少的情况下，事件本身就是代表攻击的一个 100%的指标，例如，匹配到一个病毒签名而不必进一步分析。大多数情况下还是需要进一步分析的。

13.7　攻击检测

事件检测层根据事件流数据向攻击检测层报告证据，这些证据可汇编进卷宗作为存在攻击的证据(类似于警探根据某人所犯的罪行设立卷宗)。案例可能十分简单，如检测到病毒签名串，也可能是高度复杂的，像零日攻击这样出现由许多不同探针检测到的几十个弱信号。通常会遇到一个存在于不同弱攻击信号事件间的关联(相关信息连接在一起)[AMOR99]。

就像调查犯罪案件一样，证据并非总是确定的，必须仔细权衡。把正常活动报告成一个攻击会在跟踪调查中浪费宝贵资源，还会破坏目标系统和运营。同样，没能报告可疑的攻击同样会导致不良结果，让罪犯逃脱并犯下其他罪行。一旦证据达到确定的告警(Alert)阈值——即一个通常参数可调的数值——一个攻击就会报告到下一个更高的层，即攻击分级层。

13.8　攻击分级

　　攻击分级(Attack Classification；业内人士常使用较绕口的说法，即攻击"分类分级")层从攻击检测层接收攻击报告。自动化攻击分级的任务非常困难且在当前的系统中非常有限，需要经验丰富的运营人员辅助。可期待这一问题会随时间而改善，但问题仍然是复杂的。

　　攻击分级层有助于将攻击检测层以下的内容看成数百个并行的攻击检测器。检测器的任何一个子集都可在任意给定的时间，在不同置信度水平上工作。因此，检测器 1 可能说："嘿，有 52% 的概率是 37 号攻击"。同时检测器 2 可能说："好吧，有 75% 的概率是 422 号攻击"。为什么会这样？因为很多攻击具有类似的特性，所以很难明确进行的是哪个攻击。在前一个虚构的例子中，两个竞争性假设攻击都凑巧发生的概率，至少也有 3% 而非 0。除了这种模糊性以外，通常还有攻击检测跨时间发生的多个实例。因此，理论上可在短短几分钟内接收到关于同一攻击的数以百计的报告。攻击分级的输出需要耗费人力去整合发生在下一层顶部的事件。

13.9　攻击警报

　　报告从攻击分级传到最顶层，即系统的人类防御运营人员界面。一个攻击警报(Attack Alarm)是一个从系统到人员的报告流程，预示着有足够的攻击信号确保人员展开调查和执行可能的干预。人类运营人员在一天内只有一定的时间和耐心分析并响应系统的警报。如果系统报告了太多假警报，则人类运营人员将开始忽略所有攻击警报，就像童话故事中那个喊"狼来了"的男孩一样。因此，对于监测入侵检测系统的网络安全运营人员而言，重要的是仅处置最可能的攻击。当系统报告攻击时，应尽可能多地提供攻击警报的信息，使分析时间减到最少。

13.10　了解探针的运行性能特征

　　每一个探针，即监测一个选定特征的装置，具有由一组性能指标组成的性能特征，包括：

- 在各种配置和设置条件下完成数据收集任务需要消耗的资源。
- 在一系列系统负荷下(高度使用的各种类型和层级的系统资源，如计算资源、存储和网络带宽)，特别是当接近于这些资源的极限时需要消耗的资源。
- 在各种攻击负载下(在一个系统中发生不同类型和数量的攻击)所消耗的资源。
- 各种系统负载下的典型输出。
- 针对各类攻击的健壮性。

- 潜在的失效模式以及在这些模式下发生了什么。
- 如何恢复一个失效探针，在该过程中丢失了哪些数据和功能。

为什么要知道这一切？事实上，知道这一切并非仅针对探针，设计一个可靠的系统中的所有系统组件都需要。当拥有两倍的所需资源，且自身输入条件和所依赖的系统都从不出错时，设计一个可运行的系统并不难。但现实并非如此。系统设计因为组件总是失效而变得很难，这种失效有时以人们无法预料的方式发生。特征化探针很有必要，这样当资源受限时，就知道该期待什么——最好只期望部分服务失效而非整个系统失效。整体失效频繁发生是因为设计师们没有想到提前降低期望。

特征化探针必不可少，这样当探针失效时就知道探针是如何失效的以及怎样从失效中恢复。这在嵌入式系统(没有直接用户界面的系统)中尤其重要，控制系统(如电网、汽车、坦克、飞机、导弹、起搏器和烤面包机)就属于嵌入式系统。当器具是太空交通工具且位于外太空的行星(如木星或冥王星)附近时，这将变得更重要。送去一个人类技术员去那里将花费数十亿美元和很多年，而这一行为基本意味着目标系统失败。

> 因为很多不可预料的故障，导致系统设计变得更加困难。

13.11 小结

前两章中讲述预防技术；从本章开始，将用三章的篇幅讲述如何检测攻击。本章聚焦在如何选择攻击可能显现的特征的基础知识，以及如何据此构建能检测潜在的相关攻击序列的探针。然后这些序列就会发出引人注意的警报。下一章将讲述如何在系统中使用探针来检测攻击和系统误用。

总结如下：

- 检测是对预防的补充，聚焦于那些不容易预防的攻击。
- 检测始于良好的特征选择，得益于七层架构。
- 特征选择是研究攻击空间中所有攻击的显现地方。
- 攻击与特征的映射关系为多对一和一对多。
- 特征提取通过使用探针收集数据流实现。
- 探针可从多个特征中收集数据流。
- 事件是提取出的特征流中的数据序列，只有部分与攻击相关。
- 事件检测发生在遇到一个与攻击有关的事件时。
- 狡猾的攻击需要关联多个事件，一个事件很少能给出确凿证据。
- 攻击检测是一种二元攻击分类方法，要么是攻击，要么不是。
- 检测通常要求对特定的攻击分级，据此准备正确的防御响应。
- 攻击检测和分级会产生警报，通知人类运营人员采取进一步行动。

- 警报需要区分优先级，因为警报数量超出了运营人员的处理能力。
- 探针根据系统负载、攻击载荷和失效模式等方面的不同而表现出不同性能。
- 特征化探针的性能对于创建一个可靠的检测系统必不可少的。

13.12　问题

(1) 对于给定攻击集合，预防和检测的协同作用意味着什么？请举例说明。

(2) 在什么情况下预防机制会失效？检测系统对此有何帮助？

(3) 列举检测系统的七个层次，描述每个层的作用以及该层与上下层的关系。

(4) 解释为什么攻击和特征之间的映射是一对多和多对一的关系？这种特性意味着什么？

(5) 解释为什么不是所有可能的特征都是可提取的？列举书中未提及的两个不可行例子并解释原因。

(6) 事件检测与事件选择的区别是什么？

(7) 什么时候事件检测等同于攻击检测？什么时候不等同？为什么？

(8) 通过对比攻击检测，解释什么是攻击分级。解释为什么攻击分级很难？

(9) 什么是攻击警报？警报是如何与攻击检测和攻击分类关联的？什么附加信息会添加到警报上？

(10) 说出三个重要的探针运行性能特征并解释为什么这些特征对于给定探针而言是重要的。

(11) 当网络负载近乎 100% 时，探针数据会受到怎样的影响？

第 **14** 章 检 测 系 统

学习目标

- 区分并对比两个基本类型的检测系统。
- 解释假阳性、假阴性，以及在接收器运行特征上的权衡。
- 描述如何结合特征集创建一个有效且高效的检测系统。
- 解释在检测系统中高假阳性率对信任(Trust)的影响。
- 确定如何从攻击中获得检测需求。
- 讨论检测系统如何失效，以及对设计的影响。

14.1 检测系统的类型

入侵检测系统有两种基本类型：基于签名型和异常检测型。理论上二者都基于前述的分层模型，但每一类的处理流程和能力都截然不同。接下来将逐一讨论。

14.1.1 基于签名

基于签名(Signature-Based)是历史上最早出现的。尽管基于签名型仅限于检测事先已发现的攻击，但在市场上依然占据统治地位。基于签名的检测要求攻击：

- 是以前在其他地方观察到的。
- 是可识别的。
- 是可捕获的。
- 是分析过的(可能在第三方实验室分析完成)。
- 是评估过的，通过识别某个独特部分将攻击代码与正常应用程序和其他攻击代码区分开来。

这个独一无二的部分称为攻击签名(Attack Signature)，通常包括一个静态特征，例如，攻击代码中一个与众不同的比特序列，或是在审计日志(Audit Log)里的一种记录模式。攻击签名相当于区分特定细菌(类似于攻击软件,如计算机蠕虫)独一无二的 DNA(脱氧核糖核酸,所有细胞的遗传编码),或者特定的插入细胞 DNA 中的生物病毒子序列(类似于计算机病毒)。例如,比特串 00001111001110010101000011101 可能是恶意代码所独有的,这个特有的比特串就是恶意代码的攻击签名。这也是分析所生成的结果。

McAfee、Norton 和 IBM X-Force 等从事病毒软件和恶意软件检测的公司,都会通过这样的分析找到攻击签名并嵌入产品中。组织中的计算机应急响应团队和一些大学也会做此类分析。攻击签名串有时称为静态攻击签名,因为无论是否执行攻击软件以观察其行为,都能捕获这种签名。

可通过检查攻击软件执行过程概括出静态攻击签名(Static Attack Signature)的含义,例如,可观察操作系统调用序列或其他资源使用的模式。注意,观察执行中的攻击软件是有风险的,攻击软件可攻击安全专家用于观察的系统。因此,需要采取特殊的预防措施,如隔离这些实验室环境,这类似于在隔离的实验室分析危险生物的病原体。这些动态行为也可能是独一无二的,因此可作为动态攻击签名(Dynamic Attack Signature)。实际上,现在大多数签名都是静态的,内容来自于恶意代码(Malicious Code)自身。未来攻击软件会变得越来越复杂而且有能力隐藏静态签名,那时静态签名的主导地位很可能发生变化。

一旦获得攻击签名,就变成类似于接种(或种痘),通过惰性(非活性)的蒸馏提取恶意软件的实质,再分发给所有联网的计算机的过程。这些计算机必须未受感染且能接收到疫苗。这种能力通常需要安装恶意软件检测软件并订阅新出现的恶意软件攻击签名的分发服务。这种更新处理通常通过对新攻击签名的产品分发点进行周期性轮询完成,然后任何新更新都会下载为本地副本,该副本可用于与计算机活动进行比较。这个过程需要一些时间。图14-1 概述了从初始攻击感染到疫苗大规模分发以及概括出相应攻击特征的全过程。

计算机零号病人类似于生物学零号病人。零号病人(Patient Zero)是在流行病学调查中第一个感染疾病的病人,零号病人很可能对特定传染病的传播负有责任。在恶意代码从计算机零号病人扩散到网络内的其他计算机后,本地网络安全专家(CERT)将受感染的代码复制到恶意软件实验室中进行分析以确定攻击签名。感染扩散过程需要几小时、几天甚至几个星期。攻击签名用于给未受感染的计算机免疫,从而在未来可检测到同一恶意代码的攻击。这类似于疫苗接种的流程。疫苗是一种无害病原体的孕育剂,能使人体的免疫系统对同一病原体的新感染做出反应并予以对抗。

并非所有计算机都有能接收和使用攻击签名的软件,并非所有安装了这种软件的计算机都会按要求频繁更新。此外,攻击签名并非总是在计算机病毒厂商之间自由公开地共享。这意味着在释放出恶意软件来供其他攻击者复制和重用后,相当一部分计算机至少在一段时间内是脆弱的。甚至在签名传播后,部分组织由于运营的原因而导致给系统打补丁的时间明显延迟。在这一延迟期内,可能甚至已发生诸如 WannaCry 攻击的重大损失[WOOL17]。

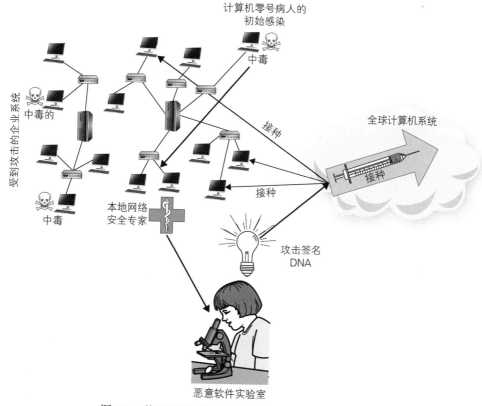

图 14-1　基于签名的攻击发现和广泛接种的流行病学模型对比

　　基于签名方法的另一个缺点是需要在一开始就检测到攻击。在开发并分发攻击签名之前，这样的初始感染常会同时影响许多系统站点，会造成数百万甚至数亿美元的潜在损失。所有计算机在新攻击类型面前都是极度脆弱的。

　　关于攻击和针对攻击的安全对策的一个重要观点就是：这是一个不断增长的升级和进化过程。恶意代码开发者针对基于签名模式，创建了隐身技术(Stealth Technique)和快速变异技术(Rapid Mutation Technique)。隐身技术的示例是变换密钥的自加密，意味着当代码通过检测系统时，大部分代码内容看起来已经不同了。因此，在代码中即使存在攻击签名，也会隐藏在加密的密文中。攻击签名通过变换密钥(Key)而不断变化。

　　自修改代码(Self-Modifying Code)是能重写自身部分的代码，一般可适应不断变化的环境。恶意代码开发人员有时使用自修改代码技术产生快速变异病毒，这类似于生物学上快速突变的病毒，如甲型流感病毒。这些隐藏或改变攻击签名的技术有时统称为混淆技术(Obfuscation Technique)。混淆技术和免疫延迟(Inoculation Delay)问题一样，限制了基于签名模式的效用(Utility)。而这些限制则催生了一种称为异常检测的替代模式。

攻击和安全对策总在不断升级和进化。

14.1.2　异常检测

基于签名模式检测特定的恶意事件清单，称为攻击签名。异常检测模式(Anomaly Detection Scheme)检测可能发生恶意的事件。这种差异在语义上似乎是微妙的，但具体方法截然不同。"可能发生恶意"这个概念来自于"异常(Anomaly)"这个词。异常是指偏离标准、正常或预期的事件。基于异常的模式善于检测新攻击，但往往有高比例的假警报，而且会占用大量资源。

要度量偏离正常行为(Norm)的程度，就要将正常行为特征化。通常，这种特征对于特定系统是独一无二的，并且必须在规定时间内度量以建立正常行为模型。这个时间段叫做训练期(Training Period)。必须测量系统的特定方面——如本章前面所述的一些特征。操作系统级的一个示例是某用户同一时间打开的网络连接数。异常的大量网络连接可能表明病毒正在试图扩散传播。应用程序级的一个例子是用户在某一天发送邮件中来自联系人列表中不同接收者的数量；通常情况下是一小部分，称为小圈子(Clique)[STOL06]。针对这个特性，将电子邮件发送给某个联系人列表中很大一部分情况可表示一个蠕虫正在试图扩散传播。

一旦在训练期选中一个特征并进行度量，系统就监测训练期特征所拥有的度量值或度量值范围的偏差。例如，如果训练数据确定系统用户在某一天内将电子邮件发送给用户联系人列表中人员的比例平均不到 1%，并且监测到某个用户发送电子邮件给用户联系人列表中全部人员，就可肯定这是一个异常。这个例子的偏差是极端的，但如果用户把电子邮件发送到用户联系人列表 50%的人员该怎么办？或者 10%？1.00001%？从技术角度看，这些都是反常的，但这些在数值和攻击相关性上有很大的不同。

异常检测模式必须设置告警阈值(Alert Threshold)，说明需要报告的偏离程度。阈值通常是可调整的，取决于监测企业系统所在组织的需求、力度和资源。有时非常小的偏离可能是一个会发现重大攻击的线索[STOL89]，因此可能建议把阈值设置得非常低。不幸的是，这可能导致威胁疲劳(Threat Fatigue)，监测系统的运营人员厌倦了花费无数小时追踪报告却发现并非是真正的攻击。例如，电子邮件异常可能是因为销售人员向所有客户发出电子邮件告知公司有新产品发布。这种徒劳的疯狂追逐细微变化的量化指标线索，称为假阳性(False Positive，亦称误报)，足以导致运营人员对入侵检测系统失去信心，并开始逐渐忽略告警。设置告警阈值过低除了导致疯狂追逐线索，还会引发大量警报，以至于一天只能追查一小部分。出于这个原因，大多数异常检测系统根据优先级对异常排序，并根据偏离度及已知的滥用模式(通过解析异常数据得到的)来设定优先级。

在基于异常的系统中还存在其他几个问题：

- 真值困境
- 运行模式变换
- 偏转
- 攻击者制约

● 性能和带宽

1) 真值(Truth)

第一次在系统上训练异常检测系统时,不能保证系统没有遭到已经渗透到企业系统的主动攻击,攻击可能已经构成包括计算、存储和网络流量等在内的资源使用模式的一部分。这意味着训练过程正在学习把攻击活动识别为正常并忽略。当然,严重问题需要用严肃的纪律规避。好消息是可能发现与系统中现有攻击大不相同的新攻击,但这对于防御者只是一个小小的安慰。尽管如此,安全专家对于这个问题几乎毫无办法,因此大多数异常检测系统的用户只能与风险共舞。

2) 场景变换(Shift)

训练的另一个问题是训练期只代表系统运营的一种模式。按模式来说,指的是一类运营,即一种活动的节奏。在该模式下可能存在高度偏差。例如,周末和晚上的活动往往不同于正常营业时间的活动。因此,训练可能因为标准范围太大以致攻击可隐藏而结束,或异常检测系统不得不为每个子模式设计不同标准。这个问题当然可以解决,但增加了异常检测系统的复杂性。

另一方面,组织有时会切换到一个与任何在训练期间看到的情况都不同的非常模式或运营节奏。可能是国防部系统从和平时期切换到战争时期,零售商从正常季节销售切换到节假日销售,或非营利救济组织从正常运作切换到大规模救灾努力以应对全球灾难。

大的模式变化基本上会使训练数据完全失效。一种模式下的异常在新模式下变得完全正常,组织可能观察到错误警报剧增。这些激进的模式改变大部分是由于组织中的危机、紧急事件或压力源,所有这些都倾向于使组织和检测系统更脆弱。因此,在最需要基于异常的入侵检测系统发挥作用时,检测系统多数情况下却失败了。当然,检测系统可在新模式下重新训练,但这需要时间(在这段时间里检测系统是脆弱的)、资源和耐心,而这些却是组织在压力下不太可能拥有的。此外,这类受压模式趋向于产生更多的变化、子模式和不可预测性,所有这些都会导致更高的虚假警报率或更高的假阴性(False Negative,亦称漏报。将在下一节讨论)。总之,就像在生活中一样,转变悄悄地发生了。

> *预期运营场景发生变换,将使检测更复杂。*

3) 偏转(Drift)

除了运营模式的转变,业务系统随着组织的变化而变化,检测系统正常行为指标自然会偏转。例如,组织总是根据市场条件增长和收缩,市场在变化,供应商和经销商在变化,管理也在变革。所有这些变化导致系统正常行为的偏转,意味着检测系统必须定期重新训练。每次训练完成后,检测系统承担了在已渗透过的目标系统上训练从而将现有攻击视为正常的风险。此外,训练工作所需要的时间和资源本可用在完成公司目标系统上。

4) 制约(Conditioning)

由于目标系统不断变化的本质,运营团队逐步期望随着训练数据日益陈旧而改变告警水平。在一段时间内，阈值参数可调整以降低假警报率，这将冒着假阴性(False Negative)漏报率升高的风险。此外，攻击者可利用系统事件反馈刚好达到和勉强超过阈值。运营团队一无所获时很可能会增加告警阈值。攻击者以这种方式，可以制约异常检测系统，使得当准备好进行真实检测时，检测不到攻击。就是潜伏(Insidious)。

> 网络安全运营团队必须小心攻击者的制约。

5) 资源占用(Resource Hogging)

最后，异常检测系统倾向占用大量系统资源。实际上，组织正在自己的网络上运行一个数字网络智能系统，这可能需要大量计算资源来收集和处理数据，需要大量存储来储存用于趋势分析和取证的数据，需要大量网络带宽将所有收集到的数据传送到中心分析点。这些资源都无法用于执行目标系统的功能。如果控制不够小心，所使用的资源量会增长到与执行目标系统本身所用的资源相当(并没有开玩笑，这可能已经发生了)。

因此，基于签名的检测系统存在易遭受新攻击破坏的显著缺点，而且难以应对混淆攻击。异常检测系统会独占大量资源，给出的确定结果较少而导致假阳性率高，且容易受到场景变换和偏转的影响。正如人类免疫系统对外来入侵者或细胞异常的反应一样(例如，正常细胞分裂错误导致癌症)，有效的入侵检测系统应当尽量避开两者的弱点并充分发挥各自优势。表 14-1 在图 13-2 所示的分层模型上比较了两种方法。然后，表 14-2 总结了每种方法的优缺点。

表 14-1   基于签名模式与异常检测模式在分层检测分层体系上的比较

分层体系	基于签名模式	异常检测模式
攻击警报	立即向人类运营人员报告攻击分级和攻击的存在。作为一种临时保护性措施可能采取一些自动隔离行动	攻击警报基于攻击信号的强度，与偏离正常行为的程度和先验经验有关，其中偏离值是最可靠的攻击检测器
攻击分级	除非多个攻击变量包含相同的独一无二的标识字符串，否则分级是即时的	常常是不确定和模棱两可的。可将攻击范围缩小到某一类，但大多数情况下这是最好的和可操作的
攻击检测	找到独一无二的字符串时报告	与正常行为的偏离值超过由运营人员设置的指定阈值时
事件检测	从相关数据流中搜索唯一字符串	偏离正常行为的事件
事件选择	通过对攻击实例的鉴别分析发现攻击的独一无二的字符串	测量正常行为与任何其他事件之间的差异
特征提取	基于攻击	基于攻击
特征选择	基于攻击	基于攻击

表 14-2 基于签名模式和异常检测模式的优缺点总结

	优点	缺点
基于签名	快速、有效、清晰明确、假阳性低及攻击前可免疫	需要牺牲计算机零号病人目标系统，延迟免疫，对新的和模糊的攻击视而不见。签名列表会变得相当庞大
异常检测	可检测到新的和模糊的攻击，可抵御计算机零号病人攻击	资源占用、模糊和不确定的分类器、假阳性高、偏转和变换等制约

14.2 检测性能:假阳性、假阴性和接收器运行特征(ROC)

如何衡量检测性能？当然，速度和资源占用是相当标准的性能指标，但更深层次的问题是：具体速度是多少？和什么相比的资源占用率？更重要的是，攻击检测系统在检测真实敌对者(或能模仿真实敌对者，如红方团队，见第 6.5 节中讨论)的攻击中有多精准？为此必须回到图 13-2 中给出的七层入侵检测系统抽象层次模型中的检测工作基本原理上：

(1) 特征选择(Feature Selection)

(2) 特征提取(Feature Extraction)

(3) 事件选择(Event Selection)

(4) 事件检测(Event Detection)

(5) 攻击检测(Attack Detection)

(6) 攻击分级(Attack Classification)

(7) 攻击警报(Attack Alarming)

14.2.1 特征选择

特征选择主要是将攻击映射到系统特征的人工分析过程，并不一定意味着流程中没有性能或质量度量。对攻击空间感兴趣的攻击集合中，每个攻击都存在一组系统特征，攻击表现为不同的信号强度，如图 14-2 所示。

1) 特征向量(Feature Vector)

特征向量是系统内所有可能特征的一维矩阵(亦称向量)表示。如前所述，这个空间相当大，因此图中的 24 个特征是示例性的。纳入考虑的特征用实线表示，而其他用虚线表示。当然，攻击表现的特征是事先未知的，并且没有现成的方法可彻底地找到。

2) 表现子空间(Manifestation Subspace)

所有特征的子集，攻击在其中不管有多微弱都有某种表现，称之为表现子空间。这个子空间虽然存在，但还不完全已知。在拥有 24 个原始特征的子空间示例中，已识别出该子空间的 6 个特征(4、9、11、14、18 和 23)。

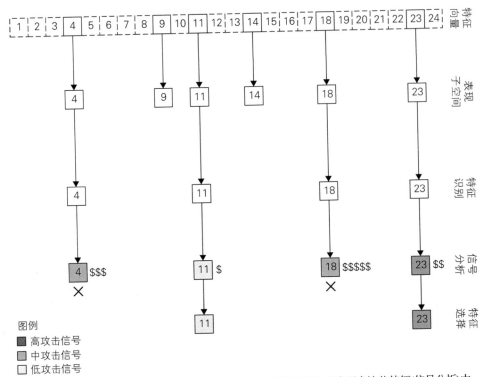

图14-2　特征选择性能分析显示选中了特征11和14，因为许多攻击表现在这些特征(信号分析)中，能实现这一结果也是合理的和具有成本效益的

3) 特征识别(Feature Identification)

在图14-2中，下一层是特征识别，是人工分析人员搜索特征的地方(如审计日志、网络活动等，见图13-2)，也是攻击显现的地方。分析员识别出攻击可能显现的所有特征。在示例中，由于分析过程和分析人员自身知识的限制，六个特征中只识别出四个。

注意，分析师未能注意到的特征9和14代表了检测系统中潜在的盲点和脆弱性(Vulnerability，漏洞)。可将这个子层的性能看成67%，因为这是发现的特征片段。因为仅规定了目标表现子空间，所以只能在假设的例子中给出数字。事实上这是无法知道的，所以实际性能数字将很难估计。然而，重要的是要知道性能总是小于100%，并且这个识别过程是有缺陷的并可导致脆弱性，在攻击者能比防御者更好地分析和检测系统时更是如此。

4) 信号分析(Signal Analysis)

再下一层称为信号分析。这是人工分析团队确定上一层中标识出的每个特征的攻击信号强度的地方。在示例中，攻击表现强度从11增加到18，再从到4到23，由图14-2中阴影深度的增加水平表示。除了信号分析，还对每个特征进行其他类型的难度和成本分析。

5) 特征选择(Feature Selection)

这是最终给出对特定攻击特征集的实际选择。在该示例中，由于成本过高和特征提取困难而删除了特征4和18。分析人员留下特征11和23，其中23的攻击信号更强。分析人员可能只挑出特征23，但还有一些问题。如前所述，特征提取器可能失效或阻塞。因此，挑选单一特征相当脆弱。此外，系统会产生提取信号所需的背景噪声。这种噪声会对不同特征产生不同影响。最后，具有多个特征就更可能将攻击信号增强和放大到更高水平，从而确定此事件就是攻击。

请记住，刚才讨论的过程仅针对一次攻击。同样的过程必须对所关注攻击集中的攻击重复数百次。如果存在 N 个攻击，分析人员最后会生成 N 个特征集。图 14-2 显示了一个简单例子，涉及三个攻击，即攻击 A、攻击 B 和攻击 C。攻击 A 有六个不同的特征表现：3、7、13、18、21 和 24。攻击 B 表现为特征 2、3、7、11、14 和 18。攻击 C 表现为特征 2、5、6、13 和 18。从图中立即注意到特征 2、3、7、13 和 18 提供了观察多个攻击的能力。特征 18 具有非常幸运的特点，在所有三个攻击相关的过度简化的世界中都表现出来。要找到攻击表现特征的完整列表，分析人员是否应该从这些集合中提取合集、交集或其他？

开始的组合特征集应该是所有特征集的非重复合集(Non-duplicate Union)。这在图 14-3 中的底部用表达式 A∪B∪C 表示。非重复合集意味着，如果一个特征在合集中不止一次出现，则仅能取其一，只是决定是否在最终集合中包括这个特征。交集的有趣之处在于定义的特征可用于检测出多个攻击，价值特别高。

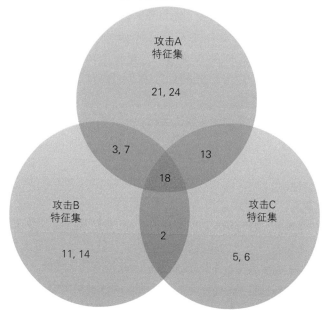

$A = \{3, 7, 13, 18, 21, 24\}$ $B = \{2, 3, 7, 11, 14, 18\}$ $C = \{2, 5, 6, 13, 18\}$
$A \cap B \cap C = \{18\}$ $A \cup B \cup C = \{2, 3, 5, 6, 7, 11, 13, 14, 18, 21, 24\}$

图14-3 攻击空间确定的特征合集

如果无法负担实现所有相关特征的集合会发生什么？注意，这里成本的含义比金钱更广泛，包括开发和实现相应探针所需的资源，对系统功能、性能和限制的影响，以及维护和操作探针的成本。由于没有足够的预算实现所有特征提取器，组织面临背包优化问题

(Knapsack-type Optimization Problem)[CORM93]，其中每个特征的效用都与所检测出既定攻击的价值以及攻击在攻击空间中的重要性有关。

> *特征选择是一个检测优化问题。*

最后要特别提醒一点，如果选错了特征，那么不管剩下的层实现的功能有多强大都无法检测到攻击。基础部分必须仔细考虑。在顶层，人们可能会说检测系统的执行很糟糕，但更恰当地说是特征选择做得不好，因此剩余的层没有可能得到正确选择。

> *拙劣的特征选择将摧毁攻击检测的基础。*

14.2.2　特征提取

利用组织资源限制内可实现的组合特征集，可开发出软件或硬件，创建用于提取和报告这些特征的探针。一个或多个特征可由既定探针提取和报告。如果一组特征是紧密相关的，且位于同一抽象层的相同功能区(如操作系统层的文件系统功能)，则可合并在一起。

像任何其他安全组件一样，探针应该设计成可靠的和抗攻击的。此外，探针可能需要在至少两种模式下运作：正常模式和超警戒模式(Hypervigilant Mode)。正常模式下，探针报告用于检测攻击信号特征所需的事件，需要合理平衡系统所占用的资源(如存储、带宽和计算能力)。稍后将讨论当一个攻击正在进行时，要提升探针的功能效果可能需要增加数倍的资源，因此命名为"超警戒模式"。

在探针层中实现特征提取器的优劣取决于：

- 部署探针的速度
- 执行的可靠性
- 探针的安全性
- 探针的位置

实现的速度十分重要，因为开发和部署探针所需的时间越长，组织受到的攻击(探针可发现的)就越久。一个可在一个月内建成的良好探针，往往比一个需要三年建成的顶级探针更好。如果探针不可靠或在高负载下垮掉(Buckle)，就没有什么用处。类似地，如果探针易遭到攻击，组织无法信任探针的输出，也同样没什么用处，因为安全基础架构组件是有能力攻击者的首要目标之一。最后，如果所有探针都放在组织网络的一个小角落，仅因为容易部署在那里而不是在一个可检测到大部分攻击的位置，那么即使是最好的探针也没有价值。

14.2.3　事件选择

事件选择(Event Selection)实际上与特征选择过程同时执行。分析员必须回答的与攻击检测相关的问题是特征提取过程输出了什么。攻击在探针输出的特征流中如何精确表现是一个应该深刻理解的问题。如果分析不正确，则攻击检测的性能将非常差或根本无从谈起。这是确定系统性能的另一个关键点。

14.2.4　攻击检测

攻击检测(Attack Detection)的性能取决于如何从所有特征的信号字节中合成攻击信号，以及如何在各种噪声条件下提高本底噪声(Noise Floor)上的信号。如果算法没有恰当地建立关联并进行信号增强，攻击信号很容易丢失。这里性能最好根据可能的理想情况测量，但由于通常不进行理论分析，因此几乎不可用。

如果攻击检测层报告攻击，但实际上并没有攻击，则称为假阳性(False Positive)，这是一种错误类型。假阳性是有问题的，因为浪费了资源跟踪并试图阻止不存在的攻击。出于这个原因，运营团队可能开始对检测系统失去信心并开始忽视。

假阳性破坏信任。

如果攻击存在但未检测到，则将错误称为假阴性(False Negative)。假阴性是坏的，因为未检测到攻击，会对系统造成潜在的重大损害。正确地报告攻击则称为真阳性(True Positive)。

为理解攻击检测器的性能特征，可将真阳性率与假阳性率绘制为一个 ROC(Receiver Operating Characteristic，接收器运行特征)曲线[MAXI04]，如图 14-4 所示。

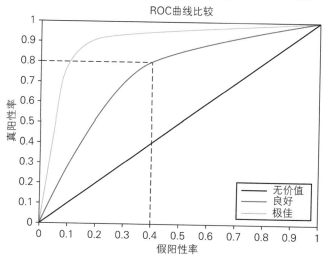

图 14-4　ROC 曲线表示二元分类器的名义性能。虚线处的相交点表示采样点
具有 80%真阳性和 40%假阳性的检出率

将攻击检测问题称为二元分类器(Binary Classifier)，在某种意义上，将事件或事件序列

分类为攻击、可能攻击或不攻击。一个完美的分类器提供了100%的真阳性(假阳性为0)。无用的检测器并不比掷硬币更好。真正的检测器在这两个极端之间，通常通过权衡更多的假阳性率以获得更高的真阳性率。

图 14-4 所示的采样点用相交虚线表示有 80%真阳性率和 40%假阳性率的点。这意味着1000个事件中如果100个是实际的攻击事件，那么100个攻击中可正确检出80个(80%)，900个良性事件中错误标记为攻击的有360个(40%)。注意，为得到额外的10%攻击检测而产生 90%真阳性，必须接受(在概念曲线中)高达 80%的假阳性率，这通常是完全不可接受的。ROC 曲线是检测器性能的关键度量。

> ROC 曲线是检测器性能的关键度量。

14.2.5　攻击分级

一旦检测到攻击，系统必须识别是什么攻击。由此性能测量从二元分类器(Binary Classifier)发展为具有更复杂运行曲线的多值分类器。错误的攻击分级(业内人士常用较绕口的说法，即攻击分类分级)会产生严重后果，防御方最终会采取不正确的缓解措施从而造成更糟的局面。攻击分级是一个难题，对新攻击更是如此。某些情况下可将攻击范围缩小到几种可能性，当每个都有类似的缓解措施时更是如此。例如，攻击分类器确定攻击是通过网络迅速传播的一种计算机蠕虫，立即精确确定到底是哪一种蠕虫并不必要，而中止蠕虫传播的缓解措施才是紧急的。在各种情况下都是相似的。

14.2.6　攻击警报

经验丰富的人类运营团队是系统内最有价值和有限的资源之一。一旦检测到攻击并对攻击做了分级，人类运营团队就会收到警报，进一步分析并采取可能的行动。攻击警报层需要确保聚合了真正来自同一攻击的事件，以避免错误地告警和浪费运营人员的宝贵精力。考虑到攻击对系统的潜在危害，需要优先紧急处理攻击警报。

最后，正在使用的网络安全系统必须尽可能跟踪警报来源，确定是真正的恶意警报还是误报(False Alarm)。这里的目标是从人类运营人员身上移除所有计算机可做到的机械性任务，并利用人类技能进行人类最擅长的对复杂模式或因果序列的创造性分析和侦测。注意，如果计算机可落实绝大多数警报(即调查警报的起源和原因)，以确定是否为假阳性，将大大降低更高误报率的影响。在入侵检测系统的这个最顶层，性能需要最小化假阴性和减少误报，以保证人类运营人员的工作量处于合理水平。

14.3 攻击驱动检测需求

攻击检测发展至今，必须超越现有系统探针只能检测那些探针能检测到的攻击的状况。今天的商业入侵检测系统并不是设计用于检测整个攻击空间中广泛的攻击类型和攻击分级。商业系统往往倾向于最大化可检测到的攻击，同时最小化成本和对系统的影响，从而将利润最大化。这种权衡对数十亿美元的入侵检测产业是有利的，但不会增加对攻击空间的覆盖。这些系统忽略了两个重要的攻击类别：(1)用现有的检测方法无法很好了解的攻击；(2)检测代价太高的攻击，或者说对系统性能或成本有太大影响。不幸的是，这些产品的消费者往往认为产品已覆盖了完整攻击空间，所以当听说零日攻击(Zero-day Attack)等许多攻击都可很容易地避开这些产品的检测时会感到非常震惊。

这里所说的检测系统是自上而下，从需求到设计再到实施设计的。检测需求来自于系统所有者最关心的攻击库和攻击场景(有多个来源)。然后根据这样的分析生成探针和使用这些探针的检测响应系统的需求。要做好这一点需要基于一个好用的攻击空间分类法，通过把攻击分解成不同类别，然后根据攻击在系统中的表现提取每类攻击的特征。

虽然已经有几个公开出版的攻击分类方法[LAND94]可作为有用的指导，但尚未形成完整的用于检测的分类学。

检测应面向覆盖攻击空间。

14.4 检测失效

与预防技术一样，检测技术也会由于多种原因无法检测到攻击，例如：

- 底层攻击探针无法探测到攻击(探针失效)
- 攻击信号淹没在正常系统活动的噪声中(在本底噪声之下)
- 攻击信号低于检测算法的告警阈值(低于告警阈值)
- 入侵检测系统没有部署在攻击发生的系统区域(不当的放置)
- 检测系统的一个或多个关键部件自然失效(自然失效)
- 检测系统的一个或多个关键部件遭到成功攻击(成功的攻击)
- 攻击检测组件阻塞了探针数据(阻塞探针输入)
- 攻击报告遭到阻塞，无法发送(阻塞报告输出)

接下来将依次分析每个原因。

14.4.1 探针失效

如前所述，探针可能由于缺乏正确的特征选择、执行效果不佳的特征提取、糟糕的事件选择或不正确以及不充分的事件检测，而导致完全探测不到攻击。由于技术的局限，即使七层入侵检测系统设计得很完美，也会有一定程度的探针限制。重要的是准确地描述探针盲点发生的确切位置。因此，当检测系统报告没有检测到攻击时，必须始终提醒：列出并报告由于系统的局限而无法检测到的所有攻击。需要充分测试整个攻击空间，确认探针特性并探索可能由于错误或设计缺陷导致的设计者所不了解的盲点。

> 了解敌对者知道的系统检测盲点。

14.4.2　在本底噪声之下

与信号处理类似，攻击信号可能淹没在噪声中。噪声可能有多种形式。在异常检测系统中，噪声与提取特征的数据流相关。背景活动是高度规则和稳定的，就更容易检测到攻击。以汽车的嵌入式计算机系统为例，只有少数应用程序运行，执行与操作车辆系统相关的狭义任务。既没有 Excel 电子表格也没有用户在查看新下载的应用程序。如果系统开始发起针对一些系统的大量网络连接，而这些系统在预先定义的需要执行的功能集合之外，就明确表明有恶意活动发生。与之相对的是大学计算机系的研究系统，研究人员正努力将计算机功能扩展到设计极限。在这样的网络上一直发生着非常广泛的怪异行为，例如，动态地重新配置网络、类似病毒传播的软件更新和自修改代码等。这种奇怪行为是常规的，使得动态研究环境中的攻击检测变得特别困难。

14.4.3　低于告警阈值

检测系统具有如前所述的接收器运行特征曲线(图 14-4)。假阳性率和假阴性率之间存在权衡。通常这种权衡是可调的。如果运营人员遇到过多误报，就可重新调整权衡以产生较少警告。或者只处理高优先级告警也可得到类似结果。这个动作显著降低了告警阈值，提高了假阴性率(攻击发生了，但探针未检测到)。不幸的是，接近阈值的攻击通常是这类攻击中最严重和最危险的。因为通过精心制作，攻击使用隐身技术保持低于正常检测阈值。提高攻击告警阈值意味着恰恰会忽略可能是最重要的攻击。

> 提高告警阈值可节省时间，但会忽略关键攻击。

14.4.4　不当的放置

就像历史上人们使用外城城墙构建坚固的防御方式来保护自己那样，拥有城堡和护城河精神的系统设计者聚焦于加强保护企业系统边界，有时会忽略或采取很少的措施来保护内部系统。这样的想法导致一些安全专家将入侵检测系统聚焦在边界防火墙和路由器以保护企业免受外部入侵。这样的布置确实是重要和明智的，不过，如果内部人员从企业内部的系统发起攻击时会发生什么呢？边界系统可能永远发现不了。因此，在企业系统的内部和边界部署检测系统十分重要。这样做有时会戏称为外硬内软，意味着一旦攻击者通过外围边界，就很少遇到内部防御。

> **准备好同时应对来自内部人员和外部人员的攻击。**

企业系统的内部可能庞大和笨重；有大量的子网和子子网，有时称为飞地(Enclave)。在每个系统飞地中放置探针和从这些探针反馈数据在许可成本和资源利用率(如网络带宽)方面代价昂贵。

将入侵检测系统只放在少数几个地方并希望敌对方犯错是一种无效策略。一个精明的敌对方通过例行的对系统的探索性扫描，定位和识别检测系统并绕过或躲在下面(即低于检测系统的检测阈值或使用监测系统看不见的特征)。探针应在国际化网格上部署，最大限度地提高攻击者逃避检测的难度。这将在第 15.1.1 节中更详细地讨论。

> **探针网格设计应最大化逃逸难度。**

14.4.5　自然失效

与预防性组件和任何系统组件一样，检测系统组件由于同样的原因失效。失效避免(Failure Avoidance)技术在检测系统的设计中必不可少。例如，代码检查和重度测试是开发过程的重要内容。失效检测和恢复技术也很重要。例如，检测停止进程并自动重启是自我修复暂时性故障的有效方式。

设计一个系统也是重要的。当系统发生故障时，为保证安全，将进入不危害系统的故障模式。假设一个重要的探针流失效了，停止流入具有多个流反馈的事件检测层。探针流的输出似乎仍能正常运行，但事实上由于缺少必要的反馈，将削弱探针流。该系统需要检查所有探针反馈的存在和完整性，以确保失效(或受到攻击)时，系统会标记这些故障并警告人类运营人员或试图马上修复问题。在故障修复前，所有入侵系统报告应该给予"部分故障导致能力受损"的提示。

14.4.6　成功的攻击

检测系统和系统的组件，像系统的任何其他方面一样，都容易受到攻击，实际上可能是优先攻击目标。如果敌对者获得检测系统组件的控制权，则可操控检测系统的输入、内部处理和输出，提供虚假信息。例如，敌对者完全控制关键探针就可抑制任何正在进行的攻击的证据。类似地，如果成功攻击检测系统输出，则可任意地抑制攻击警报。检测系统将比无用还糟，成为敌对者的工具，通过不存在攻击的虚假报告，给防御者一种虚假的安全感。

14.4.7 阻塞探针输入

除了探针失效导致功能受损，经常可能因为网络故障或故意攻击(例如，网络泛洪攻击)阻断在网络中传递的探针流。一个足够复杂的系统总有组件在特定时刻遭到破坏。当路由器或防火墙失效时，可能暂时隔离子网。路由表可能损坏，导致错误路由或数据丢弃。网络上的拥塞可能导致简单地丢弃网络数据包的一小部分。

所有这些问题都会导致对探针输入的抑制。需要密切监测这些情况并尽快纠正。应当优先考虑探针流量，特别是在受到攻击时。设计者应该考虑为探针数据建立一个专用网络以尽量减少这个问题。再次，在探针输入恢复前，受损的检测能力应该清楚和突出地在所有输出报告中警示。

14.4.8 阻塞报告输出

出于同样的原因，检测系统输出报告和告警可能发生阻塞，导致运营人员看不到。如前所述，类似的对策也应该运用到这些输出中。

14.5 小结

本章在前一章的基础上讨论如何正确设计攻击探针，本章聚焦在如何从探针构建检测系统和评估系统的性能。下一章将讨论攻击检测策略。

总结如下：

- 基于签名和异常检测是入侵检测的两种基本类型。
- 基于签名型模式检测预示攻击的已知列表中的恶意事件。
- 异常检测模式检测出偏离标准并可能预示攻击的事件。
- 异常检测模式需要在原始系统中训练以建立标准。
- 既定的标准可能随着目标系统的发展而发生偏转和转换，有时模式还会改变。
- ROC 中显示假阳性率和真阳性率的权衡。
- 良好的检测始于对攻击显现特征的选择和提取。
- 选择监测除了包含攻击信号的特征，还要考虑成本等实际问题。
- 攻击驱动检测需要获得完整的攻击空间覆盖。
- 检测系统失效有多种方式，需要用多个探针覆盖。

14.6　问题

(1) 入侵检测系统的两种类型是什么？是如何工作的？

(2) 什么是攻击签名，攻击签名是如何开发和分发的？

(3) 恶意软件和生物病原体有何相似之处？入侵检测模式与生物学对策有何相似之处？

(4) 恶意软件如何规避基于签名模式？基于签名模式如何应对这些规避行为？

(5) 为什么异常检测模式中的弱信号有时非常重要？

(6) 什么是威胁疲劳？威胁疲劳如何与误报率相关？

(7) 列出五个异常检测系统的问题并解释原因。

(8) 基于入侵检测的七层模型比较两种入侵检测系统。

(9) 这两种入侵检测的主要优缺点是什么？

(10) 假阳性和真阳性是如何权衡的？这个权衡的曲线名称是什么？绘制一个表达卓越性能的曲线，并解释为什么是卓越的。

(11) 描述特征选择过程。什么是特征向量？为什么识别特征集小于特征表现空间？给出选择的特征可能是攻击将要显现的识别特征的子集的一些理由。

(12) 是否应该监测所有攻击特征集的合集或交集？合集意味着什么？交集表示什么？

(13) 为什么高误报率存在问题？

(14) 给出五个检测系统失效的原因并解释每个原因。如何避免每次失效？如何检测？怎么能从失效中恢复？

(15) 什么是盲探针？盲探针为什么会看不见？盲探针看不见什么？

(16) 什么是本底噪声？与攻击检测有什么关系？

(17) 什么是告警阈值？告警阈值如何影响发送给人类运营人员的攻击警报？如果阈值设置得太高会发生什么？如果设置得太低会发生什么？

(18) 什么是飞地？对入侵检测系统的部署有什么意义？

(19) 如果探针输入阻塞会发生什么？

第 **15** 章 检 测 策 略

学习目标

- 从"网络拓展"和"攻击空间"两个维度定义深度和广度检测。
- 描述如何采用"驱赶"等方式来设计网络空间以维护防御者的优势。
- 定义和描述攻击流行因素及其对系统安全的影响。
- 汇总可完善检测本身的检测后操作。

15.1   检测广度和深度

正如深度防御(Defense in Depth)的设计原则一样，深度检测也面临同样的问题：探针失效、可绕过，并且对于特定的攻击类别可能存在盲点。

检测的深度和广度尤为重要。

在两个维度上检测深度和广度——如前所述，覆盖组织网络的各个角落(网络拓展)，以及攻击空间。表 15-1 简要描述了这四个领域中的每一个。本节的其余部分将分别进行详细讨论。

表 15-1   从两个方面检测深度和广度：网络拓展和攻击空间

	网络拓展	攻击空间
深度	多种探针，用于检测边界和内核之间的特定攻击(内核涵盖最有价值的数据和服务信息)	每次攻击有多种类型的探针检测
广度	在所有组织系统的角落和缝隙(也就是飞地)都有检测系统	整合所有探针，覆盖整个网络攻击空间

15.1.1 广度：网络拓展

宇宙中，地球位于太阳系，太阳系位于银行系，银河系又位于超星系团。与此类似，组织系统也具有结构和子结构(Sub-structure)。目标系统中，合法的控制流和数据流定义了适当的处理路径。例如，零售系统可能显示在线目录，从目录接收订单，处理付款，然后安排订购产品的装运。需要从客户端通过一系列服务器控制业务流程，同时也需要数据流。这些服务器可通过路由器到达子网，甚至是外部系统。

同理，网络攻击者必须创建并遵循一种攻击流，也就是一系列攻击步骤来完成目标。网络攻击者可能遵循的路径类型如图 15-1 所示，列举如下：

(1) 在系统上建立立足点(一种有效网络攻击，攻击者可获得一些较低的访问权限)，通常是在外部边界设备(如路由器或外部服务器)。

(2) 从低权限(如低级别用户账户)升级到高权限(如超级用户账户)。

(3) 从一种系统或服务器(具备特定访问权限和信任关系)向另一种系统或服务器进行黑客攻击，直到达到目标系统。

(4) 在网络攻击开始前瘫痪和检测网络安全能力。

(5) 通过防火墙和其他内部边界设备开展黑客攻击。

攻击者必须利用这个事实，遵循攻击流路径。

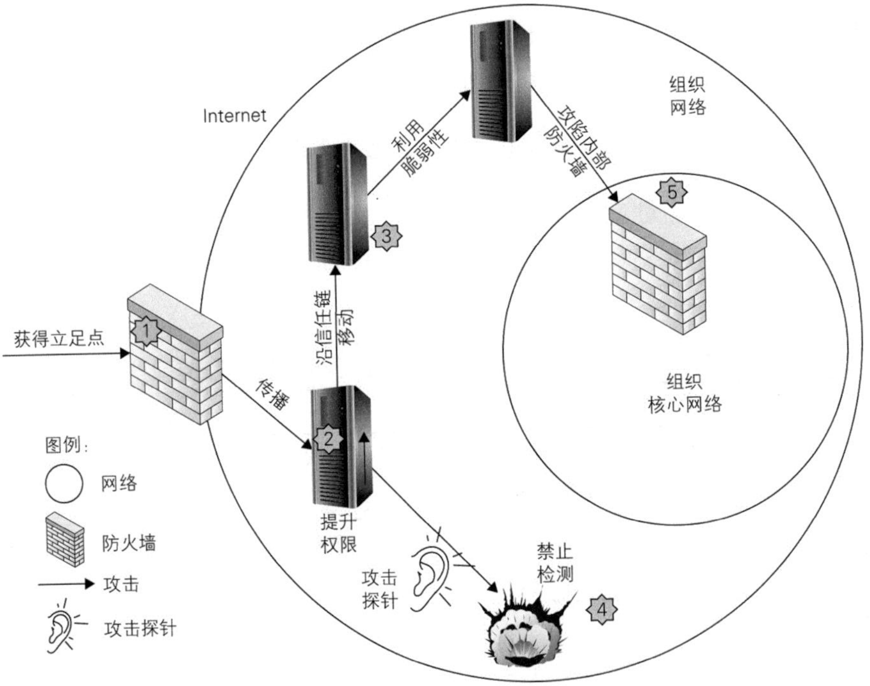

图 15-1　通过破坏内部防火墙获得立足点的攻击流路径表示

最有效的方法是整个攻击路径都具备检测功能，这样攻击者在每一步都会受到挑战。由于敌对者在攻击之前会尝试禁用这些检测功能，因此检测系统本身必须能抵御各种攻击和欺骗，并在有人试图篡改系统时发出警报。

作为首要打击目标的检测系统必须坚实耐用：在入侵的每一步都对攻击发起挑战。

15.1.2 深度：网络拓展

通常情况下，组织系统按防御层部署，第一道防线在外层，最后一道在内核。每一层都受到边界保护设备(如防火墙和过滤路由器)的保护。这种概念如图 15-2 所示。网络攻击必须穿越并破坏每一网络层。在穿越过程中，敌对者将受到入侵检测系统的检测。检测系统在每一层都提供了深度检测。安全专家如果因为检测系统价值高而专门将该系统放在内核，深度检测就不存在，网络攻击者的目标系统也就简单得多。

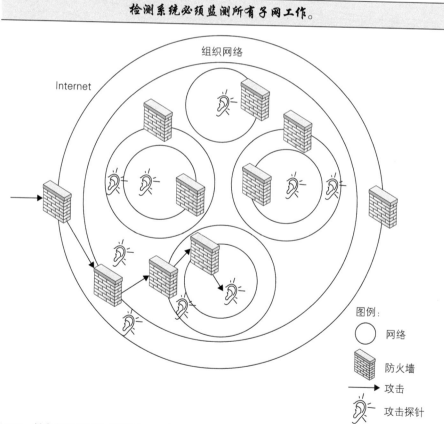

图15-2　抽象的连续网络检测层，通过连续的子网，提供针对攻击者整个攻击路径的深度检测，增加信任和保护

15.1.3　广度：攻击空间

广度攻击空间覆盖(Breadth Attack Space Coverage)，简单地说是指由现有的检测系统能够可靠检测出的所有攻击的总和。如前几章所述，这一点取决于检测系统七个层面的功效。如果攻击没有系统可监测的特征，则不会覆盖该攻击。同样，如果攻击在受到监测的特征当中表现强烈，但攻击检测层没有将其识别为攻击并予以报警，那么尽管在处理与攻击有关的事件的表层下存在一些活动，但也不会覆盖该攻击。图 15-3 从概念上描述了广度覆盖范围。每个阴影矩形代表给定探针检测到的一组攻击。为检测系统的上层提供数据的探针可检测多种攻击类型。因此，该图包括代表集合的几个阴影区域。没有单个探针可检测到所有可能的攻击，因此空白表示攻击空间中没有探针覆盖的部分，这意味着探针对这些攻击不知情。称这部分攻击是覆盖广度检测(Detection Breadth)。

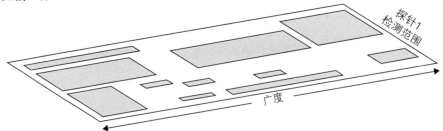

图15-3　通过一个或一组探针进行广度检测，覆盖了攻击空间的某些部分(阴影矩形)，
而没有覆盖其他部分(白色区域)

重要的是要有尽可能广泛的覆盖范围，因为攻击空间的未发现部分代表一个可能对系统致命的重大脆弱性。此外，必须准确了解检测覆盖差距(Detection Coverage Gap，指漏洞)的位置，以便尝试通过预防或容忍技术覆盖这些差距(后续章节将详细讨论)。有一点是肯定的：一个熟练的战略敌对者肯定有一份与检测差距有关的详细布局图。敌对者可设计攻击方案，在检测差距(漏洞清单)中找到正确的攻击方法。

> **敌对者会在检测差距中找到正确的攻击方法。**

15.1.4　深度：攻击空间

由于检测系统组件失效，网络攻击空间覆盖深度尤为重要。深度检测(Detection Depth)意味着多个探针对相同的攻击或一系列攻击进行检测。如果其中一个探针发生故障或成功攻击，在检测该攻击时还有其他探针提供支持。当然，在攻击空间中，每一千次攻击中有一次有深度是有点荒谬的。如上一节所述，敌对者将开发并使用系统检测覆盖范围的广度和深度图。敌对者一定要在深度(单个攻击的良好探针覆盖范围)周围导航，因此检测深度必须广泛运用于整个攻击空间。由于某些探针的成本可能过高，对于完全均匀的深度布局可能不太实用，但具有一定深度是必不可少的。有一幅浅覆盖区域布局图也很重要，原因和之前讨论的广度相同：可预见敌对者会创建和使用这样的布局图展开攻击！

图15-4从概念上描述深度(和广度)检测。图中显示：在攻击空间的某些区域，深度为3、2、1甚至是0。这是一个切合实际的事实，制定一套防御方案覆盖薄弱的检测区域是可行的。

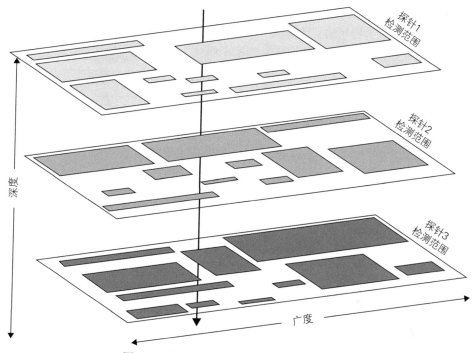

图15-4　在攻击空间的深度和广度上防御敌对者

15.2　将敌对者置于防御者的预设战场

防御者占据主场优势。防御者比敌对者更了解防御系统，敌对者所攻击的系统和环境都是由防御者设计的。为获得优势，网络安全专家必须在设计的早期阶段与系统工程师合作，一起明确定义需求，最大限度发挥优势，然后根据这些需求设计系统。不幸的是，这种情况很少发生。

设计网络空间有利于防御者。

通过上一节可了解到：防御者应该有一幅好的布局图显示检测能力的空白和深度。这种布局图的一个用途是操纵敌对者，避开弱点。怎么做到这一点？网络安全专家可通过一系列激励措施操纵敌对者，激励敌对者进入系统覆盖良好的预设区域，抑制敌对者进入检测覆盖薄弱的区域。这样的操作完成了所谓的"牵着敌人的鼻子走(Herding the Adversary)!"。

抑制措施可能涵盖更严格、更有防御性的安全控制，如身份验证和系统授权。这不仅使敌对者进入系统这些区域的工作量增加，而且风险也增强。通过预防性技术偏转是一种原始检测类型。

引诱敌对者进入系统中检测能力更好的区域是因为创建了高价值目标的表象，例如，包含敌对者感兴趣的关键字的文件(如文件名是"银行账户口令"或"核发射代码")。这是一种有用的欺骗方式，将在后续章节中详细讨论。

> *将敌对者逼迫到对防御者有利的位置。*

15.3　攻击流行因素

第 7.3 节讨论了"五问"，针对系统遭受攻击，列出所有重要的知识和理解(这个过程很少有人遵循)，并进行分析。通过这样的过程，也可从其他防御者的系统所遭受的攻击中吸取教训——事实上，这样做的痛苦要小得多。在更大的社会结构中，人类之间产生联系，从而容易受到传染病的影响。同样，针对互联网群体，计算机作为其中的一部分，容易遭受网络攻击的影响。

在人类社会，当一个人患上一种未知疾病时，病人会接受严格的检查，并进行一连串测试和分析，迅速确定致病因素的性质和来源。这种病首先由当地医务人员发现，实验室进行检查，确认所有已知的潜在致病因素均为阴性，然后将该病例标记为非典型疾病，病因不明。一旦专家能识别并分离出传染源，就会迅速开发一种药物和疫苗(接种疫苗)，来治疗或治愈这种疾病。疫苗会用在社会的其他地方预防感染，尽量减少疾病影响。为造福整个社会，在监测新疾病的过程中，美国疾病控制和预防中心(United States Centers for Disease Control and Prevention)和世界卫生组织(World Health Organization)发挥着关键的监督作用。

与上述情况类似，一个系统成为新的网络攻击受害者时，本地计算机应急小组(Computer Emergency Response Team， CERT)经常将攻击识别为未知类型并开始调查，同时提醒帮助分析的区域或国家响应小组。一旦网络攻击完成隔离，团队会发布一个关于网络攻击的公告，让系统所有者意识到这个问题。如果该攻击利用系统脆弱性，则会识别该脆弱性，并在可能的情况下使用系统修补程序修复该脆弱性。然后，存在脆弱性的系统的供应商(如操作系统供应商)通过正常分发渠道，尽快发送修补程序。如有可能，分析人员会提取一种网络攻击特性，识别独特的特征并广泛分享。防病毒供应商通过正常的订阅更新过程分发网络攻击签名。

通过这种方式研究网络攻击的流行因素，可利用对实际系统的网络攻击，将损害降至最低。

15.4 蜜罐检测

可制造虚假目标系统进一步减少损害。虚假系统看似真实，对敌对者有吸引力。攻击者耗费资源发动真正的攻击，获取认为有价值的数据或服务信息。这些虚假系统称为蜜罐(Honeypot)，可帮助识别攻击，避免攻击在全球范围内造成重大破坏。可很好地组装和构建虚假系统，使敌对者暴露攻击方案。蜜罐是防御者的宝贵工具。

蜜罐的另一种变体是生成伪数据(Fake Data)。如果攻击者公开这些数据(如电子邮件)，则会向防御者证明发生了泄露。这个证据是在有价值数据不受破坏的情况下获得的。此外，在验证数据或采取行动时，伪数据的数量可能使敌对者疲于应付[NOSS17]。

> *蜜罐是发现攻击方法的宝贵工具。*

15.5 细化检测

当检测系统发出网络攻击警报时，采取行动的时刻到了，但该采取什么行动呢？一般来说，是网络指挥与控制(Command and Control，见第 23 章)。不过，可立即采取一些特定的、高价值的反应行动：发出警告并着手调查，获取有关攻击的更多信息。

15.5.1 告警调查

并非所有告警都是确定的，如前几章所述。有些是假警报；事实上，假警报往往比真警报多得多。每个警报都需要一定的资源量，以确定该警报是假阳性还是真阳性。不同警报类型使用不同资源来调查警报。许多调查这些警报的活动是相当常规和自动化的。表 15-2 列出了分析师寻求调查警报的问题类型。这些问题来自调查假警报的历史，以及知道哪些数据倾向于支持假警报的证据。所有这些问题的答案都可很容易地从现有系统中挖掘，从而避免维护者键入一系列查询的必要性。除非另有证明，一般将网络攻击警报视作真正的攻击。

> *除非另有证据，一般将攻击警报视作真正的攻击。*

表 15-2　调查可疑活动时，用于告警调查的问题和理由

序号	问题	目的
1	涉及哪些系统？	一些系统比其他系统更容易出现错误警报，因为要解决的问题不同(例如，与执行常规任务的生产计算机相比，软件测试计算机可能表现异常)
2	这些任务分配到什么目标系统？	一些目标系统比其他目标系统更容易出现错误警报，因为要解决的问题不同(例如，这项研究目标系统倾向于推动计算机能力的发展，因此表现异常)
3	涉及哪些用户？	有用户更容易出现错误警报(例如，调查内幕活动的用户可能具备可疑的访问模式)
4	那些用户在度假吗？	非活动账户通常成为攻击目标，因为用户不会像尝试登录时那样容易注意到其他人登录
5	明显的攻击路径是什么？	是内部攻击还是来自系统边界的不可信用户？

15.5.2　学习关于攻击的更多信息

作为项目权衡的一部分，攻击检测探针通常必须在正常运行期间衰减，确保探针限制在共享系统资源的合理区域(例如，网络带宽的 10%)。正常操作模式下的权衡可能不同于确定系统受到攻击时的权衡(这应该只占一小部分时间)。因此，权衡需要对探针进行动态调整，以便在发生攻击时增加输出量。这一点并不要求所有探针都全速运转，仅要求那些与假设攻击有关的探针全速运转。这样系统能获得有关攻击和阻止攻击的更多信息。网络安全专家必须在检测系统中内置可调整探针，并确定如何、何时调整探针。

15.6　增强攻击信号，降低本底噪声

将攻击检测视为一种信号，这种信号隐藏在系统正常活动噪声中。这个概念很重要，会反复出现。在信号处理(Signal Processing)领域，发送者和接收者协作，通过含有少量随机噪声的通信信道(如数据网络或电话线)通信。信息论指出：对于任何特定数量的噪声(如杂散的电信号)，存在一种使用多余的重复内容检测和纠正数据流中错误数据的编码方法(例如，电话线上的语音数据)，放大本底噪声以上的数据，并创建可靠的通信路径。这是一个重要的理论成果，具备实践意义。

攻击信号的情况有所不同。沟通者是合作的对立面，二者是敌对的。"发送者(Sender)"就是攻击者。"接收者(Receiver)"是防御者。攻击者正积极地设计低于本底噪声的攻击，避免防御者看到网络通道。攻击者要实现某个目标，就必须对系统产生影响，这样反过来又会改变系统内在状态。因此，攻击者只能在系统状态空间中通信，或发出攻击信号。问题在

于，防御者能否通过选择、监测和处理来自正确特征的数据，从而在状态空间中找到这种通信信号(这些特征进入状态空间)。表 15-3 总结了正常通信和攻击者-防御者之间交互的映射。

表 15-3 正常通信与网络攻击者-防守者交互的对比摘要

层面	正常通信	攻击者-防御者交互
发送者(攻击者)	打算向接收者发送消息的实体	攻击者尝试对系统和系统状态产生负面影响，从而无意中向防御者发送活动信号
接收者(防御者)	打算从发送者接收消息的实体	防御者尝试在非常大的状态空间内发现攻击者信号，该状态空间也会持续受到正常系统活动的影响
关系	合作	对立
途径	数据或电话网络	系统状态空间
噪声	随机	后台系统流量，攻击者可在一定程度上对其进行塑造
编码	使用多余的重复内容消除随机噪声	攻击者调整活动，对状态空间的影响最小，并跌入噪声层(Noise Floor)以下，避免与防御者通信

攻击者的目标是在实现攻击的同时，在系统状态空间中占用最少的空间。目标还包括出现在状态空间中未受到监测或无法监测部分中的任何攻击痕迹。对于监测状态空间中出现的痕迹，目标是确保攻击信号保持在网络中正常系统活动的噪声水平以下，或使本底噪声以上的信号太弱，以至于无法超过告警阈值。另一方面，防御者的目标是降低本底噪声，暴露更多攻击信号，尽可能放大攻击信号，并尽可能降低告警阈值。攻击者-防御程序动态如图 15-5 所示，该图显示了这些检测改进的操作。防御者的检测增强选项在第 15.6.1 节中讨论。

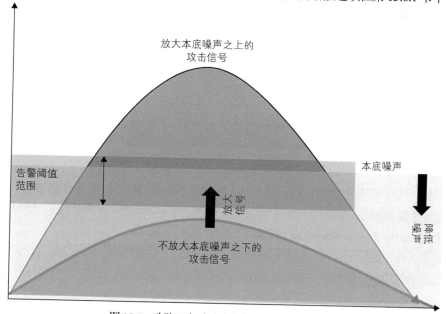

图 15-5 攻防双方对于攻击信号检测的动态交互

> *降低本底噪声；放大攻击信号；降低告警阈值。*

15.6.1　降低本底噪声

噪声是由正常的系统活动产生的。活动越混乱，噪声下限就越高，检测攻击信号就越困难。是什么造成了这种混乱？是系统活动的多样性。当然，组织运营和蓬勃发展需要多样化活动。这些组织需要业务系统，如人力资源和财务管理系统。组织需要进行多方面的研究和开发，需要制造生产系统，需要提供下一代能力的设计开发系统，需要网络控制和系统管理来有效运营系统。组织不需要在完全相同的基础架构上托管这些系统和活动。当这些功能在同一计算机和网络上共存时，每种功能的混乱都会增加甚至翻倍。有时，创建几十个独立的物理基础架构，并进行必要的受控交互，价值可能非常昂贵。

> *将不同的目标系统活动划入独立的受控子网。*

在共享公共信息技术资源时，实现受控分离的工具称为虚拟化(Virtualization)技术。计算机可使用虚拟机(Virtual Machine)软件，有时称为管理程序(Hypervisor))执行虚拟化操作。虚拟机(历史上起源于"分区内核"概念(Separation Kernel)[RUSH81])是一个低级操作系统，功能是让客户操作系统(如 Microsoft Windows 或 Linux)看起来像在硬件上直接运行，并且只使用系统资源。这个虚拟化结构如图 15-6 所示。与一个子单元相关的虚拟机，即可与另一个社区共享相同的硬件，也可分配给子单元。

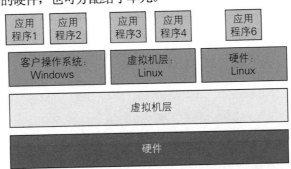

图 15-6　虚拟化计算资源(硬件)用于分隔用户活动类型从而降低攻击本底噪声

同样，网络可使用加密技术进行信道化，在相同的物理网络架构上创建单独的子网。这是通过计算机的专用路由器模式、网络设备或通信软件实现的。由此产生的子网称为虚拟专用网(Virtual Private Network，VPN)。概念如图 15-7 所示。

有了这两种虚拟化技术，处理和网络流量可分离，但通过受控接口连接，使得系统上的授权活动更稳定、可预测并将噪声降到很难隐藏攻击的程度。

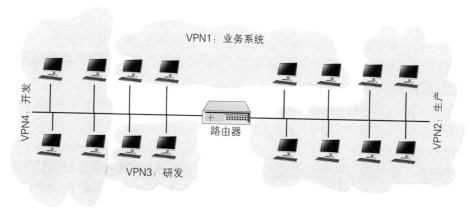

图 15-7　虚拟网络用于分离网络流量，从而降低本底噪声

15.6.2　增强攻击信号

除了降低本底噪声外，还可增强攻击信号。这样做可使攻击者在攻击流程的每一步都更费时间。如果系统具备多个已知漏洞，敌对者只需要运用已知漏洞即可。另一方面，如果一个系统及时更新了所有发布的最新补丁，那么敌对者将不得不进行额外的侦察、检测和测试，制定新的攻击方案。这些活动创建指纹，增强了攻击流的整体攻击信号。遗憾的是，许多系统的已知漏洞尚未修补。

与上述情况类似，如果系统在许多系统端口上运行大量不需要的服务，则很难检测到这些端口上的攻击活动。另一方面，如果通过加固(Hardened)措施严格锁定系统，只使用服务的基本要素和服务目标系统所需的端口，则攻击者对端口的检测量会显得非常突出；因此会再次增强攻击信号。

防御者还可使用过滤功能，来增强攻击信号，就像在无线电通信中过滤掉不需要的频率和放大想要的频率一样(例如，人声主要出现在 300~3400Hz 左右的频带中，因此可选择增强这些频率)。防御者过滤需要一个逻辑基础。为此，误用案例(Misuse Case)是有用的。误用案例是一种特殊类型，其中对特定类型或类别的攻击场景进行了假设，并对设计和检测的影响进行了分析。

误用案例的一个例子是在网络协议中使用"保留供将来使用"字段。这些领域不应该有任何内容。除包含保留字段的报头部分外，过滤掉所有网络流量将极大地提高攻击信号。当然，有些应用程序开发人员有时不明智和不适当地使用保留字段，因此这种滥用将作为搜索攻击的副作用而遭到捕获。滥用案例的另一个例子是将被盗数据过滤到专用网络的远程部分，而该部分的物理保护较少。因此，这种情况下，过滤除这些远程站点之外的所有流量，并将重点放在网络流量中的体积异常上，将可能取得丰硕成果。可能有数百个甚至数千个这样的误用案例非常值得追求，因为每一个都可能放大多个攻击的信号，使攻击者的工作变得更困难。

过滤的最后一个例子是过滤掉已知和注册的通信。随着时间的推移，一个组织在企业网络边界之外，可将数以百万计的链接添加到数以万计的网络目标地址。所有这些通信必须通过边界路由器和防火墙。可实施一个策略，开始显式地注册这些通信路径(使用的源地址、目标地址和端口)中的每一个。

随着时间的推移，剩下没有任何人声称拥有的通信。然后可将这些链接作为可能的告警进行调查。很多都是合法路径，有人干脆忘了注册。不过，之后剩下的很可能是攻击。对于星际迷航的粉丝们来说，这类似于一个有趣的插曲《军事法庭》(《星际迷航：原初系列》，第一季，第20集，于1967年2月2日首播)，在那里发现有人躲在飞船的工程舱，做法是过滤掉所有注册船员的心跳声；剩余未注册的心跳声认为是死于离子风暴的流氓船员发出的。

15.6.3　降低告警阈值

防御者增强攻击信号的最后一种方法是降低告警阈值。这很有用，因为可暴露有意隐藏在现有告警阈值之下的弱攻击信号。攻击者指望防御者没有足够的资源或不愿意耐心检查所有误报。如果防御者偶尔激增资源，追踪这些错误警报，或自动降低每个错误警报的运行成本，就可能捕捉到本会错过的攻击。

15.7　小结

本章是介绍"检测"主题的最后一章，分析探针开发乃至攻击检测系统，并讨论检测策略。本章讨论如何部署、检测系统，以便最有效地检测攻击。

总结如下：
- 从"网络拓展"和"攻击空间"两个维度定义深度和广度检测。
- 网络空间可以(应该)为防御者的利益而设计。
- 将敌对者集中到检测系统更强、更深的区域。
- 攻击流行因素可为一对多的攻击带来好处。
- 可通过告警调查，获得关于攻击本质的更多信息。
- 可采用过滤等技术增强攻击信号。
- 可通过虚拟化和网络分离等流程降低本底噪声。

15.8　问题

(1) 定义"深度检测"，并说明如何实现。

(2) 定义 "广度检测"，并说明如何实现。

(3) 解释深度检测和广度检测的关系。

(4) 命名并解释检测深度和宽度两个方面。

(5) 什么是攻击流？与检测布置策略有什么关系？

(6) 当攻击一个系统时，必须是隐秘的，这一点很重要。敌对者进行攻击的首要目标之一是什么？

(7) 为什么要假设敌对者有一张完整地图(该地图绘出检测空白和阴影区域)？

(8) "驱赶敌对者" 是什么意思？如何运用这个策略改进系统防御？

(9) 什么是攻击流行因素？解释如何从中受益。

(10) 请列举两种可根据后续行动改进攻击检测的方法。

(11) 比较攻击信号与正常通信信号。

(12) 如何增强攻击信号？描述书中未提供的其他方式。

(13) 如何降低本底噪声？描述书中未提供的其他方式。

(14) 如何降低告警阈值？为什么防御者会这么做？

学习目标
- 说明实现威慑的三个要求以及如何满足这些要求.
- 定义敌对者的风险阈值，并论述风险阈值如何影响敌对者的行为。
- 确定防御者如何改变敌对者的风险，从而阻止攻击。
- 论述不确定性和欺骗在攻击者-防御者动态中扮演的角色。
- 检测和威慑有时在系统防御中无效的情况和原因总结。

上一章论述了优化入侵检测的方法，并作为一种对预防技术所遗漏的网络攻击进行检测和恢复的方法。另外，有点讽刺的是，检测技术可起到重要预防作用。为什么？出于同样的原因，监控摄像头可预防犯罪，原因是犯罪分子担心逮捕，特别是担心逮捕的法律后果(如入狱)。入侵检测具有轻微的威慑(Deterrence)作用。

威慑理论还涉及更多事项，例如，在国家政策层面确保能互相摧毁网络安全。虽然这样的讨论已超出本书的范围，但鼓励读者进一步阅读与这一主题相关的资料，以了解如何成为一名更好的网络安全专家。

16.1 威慑的要求

为发挥威慑作用，必须做到三点：①能可靠地检测到攻击；②可将攻击可靠地归属(Attribute，归因)于攻击者；③潜在后果足够严重，使攻击者受到有意义的损害。下面依次论述每一点。

威慑需要检测、归属和后果。

16.1.1 可靠的检测：暴露的风险

据专家估计，多达 70% 的攻击未能检测到[THOM15]！这令人震惊，部分原因是并非所有系统都执行了基本的保护措施。没有安装应对知名攻击的补丁[WOOL17]，有些甚至没有部署基本的入侵检测系统，而入侵检测系统不管商用和开源都有可用的产品。有些部署了入侵检测系统，但未正确配置或主动监测告警。此外，即使在补丁更新齐备、具有最佳监测和入侵检测功能的系统，由于检测功能不足，某些攻击也将取得成功；尤其是零日攻击和未修补的已知漏洞。尽管如此，防御者必须竭尽全力最大化敌对者暴露的风险。

> *防御者必须最大化敌对者暴露的风险。*

16.1.2　可靠地归属

为达到威慑目的，有必要检测攻击，甚至正确划分特定类型，但仍然不够。防御者必须知道是谁发动了攻击，才能知道让谁付出代价。这称为攻击归属(Attack Attribution)。攻击归属之所以很难，是因为敌对者努力掩盖攻击源，从而避免归属和被捕后受到相应惩罚。敌对者使用多种方式发起攻击，如利用计算机系统多次跳转后执行攻击，利用电信网络盗用(Phreaking，攻击电话系统)，利用多个国家/地区的系统，特别是那些没有网络安全法律且缺乏资源跟踪和起诉网络攻击的国家的系统发起攻击(图 16-1)[MITN11][MITN17]。敌对者还使用源地址欺骗(Source Address Spoofing)之类的技术进行混淆和误导，将地址改为特定的虚假地址(False Address)，从而将责任归咎于特定个人、团体或国家/地区。

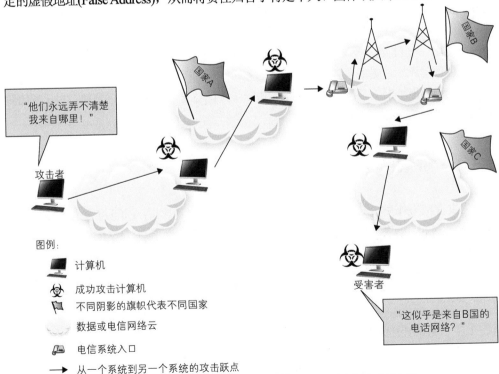

图 16-1　攻击者跨多个国家/地区的多个系统跳转，攻击行为难以归属

尽管存在这些困难，但有时仍可能通过 Internet 服务提供商和电信提供商的合作，查看每个跃点所经过的路由器，将攻击归属于攻击序列的每个跃点，进而找到真正的攻击点。某些攻击者可能并未使用诸如 Tor 的匿名器工具混淆攻击路径。因此，防御者不应认为归属总是很难。

还可检查攻击代码本身，并找到标准化的和可重用的编码模式，这些模式可能强烈暗示了攻击的原始来源。查找重用的编码模式与 n-gram 分析有关，查看重用的短语和序列建立作者身份和其他类似的有趣应用场景。当然，每种措施都有对策。由于该技术众所周知，老练的攻击者可能欺骗使用各种敌对者的 n-gram，并导致错误的归属。

每种攻击手段都有相应的安全对策。

16.1.3　有意义的后果

最后，防御者必须：
- 能使攻击者承担有意义且较重的后果。
- 具有施加后果的意愿。
- 愿意承担因施加这种后果受到报复的风险。

如何解读"有意义且较重的后果"取决于所防御的系统、攻击者和攻击的性质。以捍卫国家关键安全系统的网络安全专家为例，敌对者是一个强大的有核能力的国家，试图进行间谍活动。有意义且适当的回应可能首先是外交抗议。如果不行，可尝试让公众谴责。如果还不行，防御的国家可能希望考虑对犯罪系统进行计算机网络攻击。如果目标系统是一个国家电网的主要部分，而攻击的性质是破坏活动，情况将更严峻。一些国家的政治领导人表示会将这种攻击视为战争行为，并会考虑进行物理报复，包括核打击报复(恐怖！)[CRIS17]。

"有意义的后果"取决于所保护的系统、攻击者和攻击的性质。

考虑另一个示例，攻击目标是商业组织的零售系统，攻击者是有组织犯罪，攻击本质是勒索(Extortion)。如果赎金较少，一些组织可能会支付。此外，有意义和妥当的安全对策是请执法人员追捕并起诉犯罪分子，但如果攻击者在其他国家，这可能很困难。

除了施加相应和有意义的惩罚，防御者还必须了解，归属是概率问题，几乎永远不会肯定。因此可以说，相信敌对者是 XYZ 的概率为 75%，仅此而已。此外，防御者必须考虑以下可能性：攻击者不仅试图阻止归属于自身，而且可能积极试图将罪行转嫁给他人。当进攻似乎太容易归属，并且好像是不劳而获一样，防御者应该格外小心。

归属通常是概率问题，而不是确定性问题。

16.2　所有敌对者都有风险阈值

前面简要介绍了可靠的检测、可靠地归属以及让正确的敌对者承担有意义的后果。攻击者总有暴露的风险，甚至是由于攻击或攻击过程失败或攻击者组织中内部人员的揭发。尽管敌对者的风险可能很小，不会对攻击行动构成重大障碍，但敌对者的风险永远不会为零。

> *敌对者的风险永远不会为零。*

攻击者具有风险容忍度(Risk Tolerance)，即愿意承担的风险量。敌对者的风险容忍度和对以下的估计有关：

- 攻击暴露的可能性(检测概率)。
- 攻击得到适当归属的可能性(归属概率)。
- 让敌对者付出代价的能力。
- 让敌对者付出代价的概率。
- 对防御者施加的后果报复的能力(报复能力)。
- 实际进行报复的概率(报复概率)。
- 个别领导者喜欢冒险的程度。

不同敌对者在不同情况下具有不同的风险容忍度。所有敌对者在超出一定程度的风险后都不愿冒险，这个风险程度称为风险阈值(Risk Threshold)。

> *所有敌对者都有风险阈值。*

16.3　系统设计可改变敌对者的风险

针对上一节列出的影响攻击者风险容忍度的每个因素，防御者的目标是尽可能增加攻击者的风险。下面将依次论述这些因素。

16.3.1　检测概率

检测到攻击者的概率与以下因素有关：

- 防御系统内部署的检测系统的功能
- 防御者正确运营的能力
- 检测深度和广度的完成度
- 系统补丁安装的及时程度
- 无补丁的已知漏洞的多少

- 防御者系统的独特程度

前面曾在攻击的检测-恢复防御中论述过这些主题。相同的因素也适用于威慑。如果攻击者通过外部情报或初步探测得知防御者在其中几个因素上的评分很高，就知道暴露的可能性大大提高。仅以此为基础，攻击者就可简单地选择其他更容易得手的目标。

16.3.2 归属概率

归属与防御者取证能力(Forensic Capability)以及与其他专家和服务提供商紧密合作追踪攻击源的能力有关。软件开发之类的高科技组织肯定比建筑组织之类的技术含量较低的组织具有更好的能力。此外，与区域和国家计算机应急小组的密切联系可扩展组织的能力。

此外，与 Internet 和电信组织的紧密关系创造了更强大的能力。因此，攻击互联网服务提供商组织与攻击硬件存储系统相比，归属难度有很大不同。

最后，与执法部门和政府的密切关系可显著扩展使用适当授权完成工作的能力，在需要与其他国家合作的情况下更是如此。建立行业联盟，然后通过Infragard(www.infragard.org)之类的计划与联邦调查局等组织或国土安全部建立关系[NIPP13]。向攻击者发送信息，透露自己拥有其他专业团队的支持，并得到政府帮助可能是一种好方法[GERM14]。

16.3.3 让敌对者付出代价的能力和概率

防御者可制定明确的公共策略，向潜在攻击者说明后果。任何情况下，"组织不向攻击者支付赎金"的策略发出了明确信号。策略申明：组织将迅速与执法部门合作，起诉任何肇事者，来展示组织的应对攻击的能力。务必遵守这些策略，并在可能的情况下公开宣布，仅虚张声势没有后续措施的策略是不能让敌对者信服的。

使后果大到足以阻止攻击者，并确保执行后果是很困难的。迄今为止，用该方式阻止攻击的效果非常有限。

16.3.4 报复能力和概率

报复能力和概率掌握在攻击者手中。但在归属过程中，重要的一点是防御者必须了解攻击者的本质和能力。引起匿名或外国有组织犯罪的黑客主义者团体的愤怒可能给组织造成严重后果。

16.3.5 喜欢冒险的程度

有些人相对于其他人愿意承担更大风险[PARK08]。同样，这几乎完全在攻击者控制之下。不过，有可能巧妙地说服攻击组织的管理者承担过多风险，使攻击组织承担超出期望的风险。例如，某个国家/地区的网络攻击部门的负责人习惯性不顾后果地攻击其他国家/地区的系统，而对归属的关注不高，则可能引起外交部门的抗议，甚至是公开谴责，导致职位由更低调的管理者代替。

16.4　不确定性和欺骗

如前所述，风险是预估概率乘以预估后果。这样的预估基于攻击者和防御者彼此开发的行为模型。正如前面各章所论述的那样，应该最大程度地操控这些模型以使一方受益。不确定性和欺骗是完成操控的两种方式。

16.4.1　不确定性

使得敌对者很难确定上一节中论述的任何因素对防御者有利。例如，敌对者认为防御者拥有有效的入侵检测系统，概率为60%，但不确定性区间为±20%，敌对者将需要像对待有80%概率的有效入侵检测系统一样。防御者通过不公开其产品选择的细节以及配置和运营细节，来制造这种不确定性。具有最少开放端口且经过强化的防火墙也将使敌对者无法进行重大侦察，因此将进一步增加不确定性。

> **敌对者的不确定性是防御者的朋友。**

不确定性不仅在于是否会发现攻击，还在于是否会及时发现攻击以阻止攻击者的目标。老练的攻击者通常投入大量资源完成复杂攻击。因此，其攻击步骤很早暴露可能导致攻击者浪费大量资源。这种浪费投资的可能性可作为最重要的威慑力量之一。

16.4.2　欺骗

防御者可使用欺骗(Deception)技术，将不确定性提高到另一个水平。例如，防御者可创建蜜罐。防御者可在系统提示(程序打开端口侦听该端口服务时自动发送的消息)中暗示正在监测每个按键，并正在测试新的实验性入侵检测系统，或声称拥有安全性较高的商业系统(实际上没有，类似于张贴标语"此房屋受警报系统保护")。可对每个因素进行欺骗，从而造成不确定性和不正确的估算。

16.5　什么情况下检测和威慑无效

什么情况下检测和威慑无效？重要的是要知道检测在哪里有帮助，在哪里没有帮助。

检测-恢复方法背后的理论指出攻击是一个多步骤过程，需要花费大量时间执行。图 16-2 就是这种情况。在开发过程中尽早发现 Bug 避免损害理论也用同样的图形[NIST02]。注意，损害可能包括收入损失、从攻击中恢复的成本、声誉受损、目标系统失败或任何额度的价值。同样，时间尺度与攻击可造成损害的速度有关。由于这些原因，概念图未在轴上提供数量。

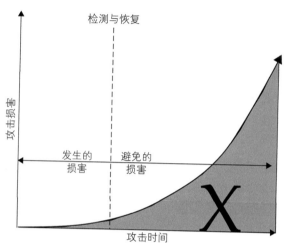

图16-2 攻击损害与攻击时间的函数关系，早期检测能避免大部分损失

同时，在某些情况下，攻击是单步执行且速度太快，无法做太多事情减轻损害。此类攻击有时称为一包一杀(One-Packet-One-Kill)。某些脆弱性确实在攻击网络数据包发送到应用程序的确切端口会导致应用程序关闭，甚至导致整个系统关闭。因此，一个数据包"杀死"了系统。该术语有时用于概括为一种攻击，该攻击足够快，以至于防御者甚至没有意识到攻击开始就已造成损害。同样，杀死(Kill)概念仅适用于对可用性的攻击；更笼统地说，以足够少的步骤完成攻击目标系统，将很难及时发现和挫败。

对于快速攻击，检测-恢复(Detect-Recover)模型在可逆转破坏的情况下有效。对于机密性攻击而言，如果数据已经遭到破坏，再去保护数据没有多大意义。对于完整性攻击而言，只要存在备份并可回滚到安全状态，就可成功恢复。对于可用性的攻击，可通过重启系统恢复；大多数情况下，损坏仅限于系统中断的时间段。当然，紧急情况下损坏可能很大；例如，防空系统故障，敌机在头顶飞行的损失是无法恢复的。

最后，当攻击者不在意大多数代价时，威慑是无效的。一个国家可声称从本国发动的攻击实际上来自其他地方，或是本国黑客实施的犯罪，并非国家所为，国家支持的和国家认可的网络攻击存在区别，有一条很清晰的界限。前者是该国特工，如军事人员资助并执行了袭击。后者是国民发动攻击，国家要么视而不见，要么通过招募或资助的方式间接奖励行为者。

在关于谁在采取行动以及代表谁采取行动的模糊界限上，很难驳斥国家没有介入的声明。这使得几乎不可能施加后果，特别是如果该国是超级大国或至少是核大国，这会造成从网络攻击到动乱升级，到无法想象的核武器攻击。此外，如果两个国家已交战，威慑就更难，在这种情况下发起网络攻击谁都不会感到惊讶。当攻击目标是新闻系统、银行或电网等民用系统时，情况将更混乱。

16.6　小结

本章介绍威慑性战略攻击预防技术。威慑旨在让攻击者认识到后果的严重性，来阻止攻击者，甚至让攻击者的放弃尝试攻击。本章论述了可发挥威慑作用和不能发挥威慑作用的情况。本章是第 III 部分的最后一章。下一章将转入第 IV 部分，介绍如何运用设计和架构原则来编排(Orchestrating)构建块。

总结如下：
- 威慑需要可靠的检测、归属和有意义的后果。
- 敌对者使用风险阈值指导其攻击行动。
- 防御者可通过增加敌对者暴露和归属的概率，以及通过施加选项并确保使用使敌对者付出高昂代价，来增加敌对者的风险。
- 防御者可通过提高不确定性增加敌对者的风险。
- 在公开战争等情况下，威慑作用很小。
- 在攻击损害不可逆且未检测到的情况下，检测-恢复模型无法为系统的防御增加价值。

16.7　问题

(1) 什么是威慑效果？

(2) 在入侵检测方面，威慑与检测-恢复功能有何不同？

(3) 检测何时执行防御功能？防御什么时候执行检测功能？

(4) 威慑的三个要求是什么？每一个要求意味着什么？三者都是实现威慑必需的吗？为什么？三个加在一起足够吗？为什么足够或为什么不够？

(5) 列出防御者在实现可靠检测方面的至少三个挑战。哪一类攻击特别难检测？为什么？

(6) 攻击归属是什么意思？

(7) 为什么攻击归属很难？

(8) 如果攻击证据是压倒性的，很容易指向一个可能的来源，网络安全人员会怀疑什么？为什么？

(9) 可能需要与哪些组织协作才能实现归属？

(10)　为什么在检查网络数据包时不能信任 Internet 协议源地址？能对此做些什么？

(11)　什么是错误归属？造成错误归属为什么符合敌对者的利益？

(12) n-gram 分析是什么？n-gram 分析与归属有什么关系？

(13)　描述书中未提到的两种不同情景，并论述在这两种情景中可能产生的有份量、有意义的代价。

(14)　敌对者的风险阈值是什么？如何确定？风险阈值如何影响敌对者的行为？

(15)　列举并论述影响风险承受能力的五个因素的基本原理。

(16)　什么是告警阈值？告警阈值如何影响对运营人员的攻击警报？如果阈值设置得太高会怎样？如果设置得太低会怎样？

(17)　论述防御者改变敌对者风险的三种方法，并评估哪种方法最具成本效益。

(18)　前几章论述的黑客模型与威慑有何关系？

(19)　防御者如何增加敌对者的不确定性？为什么这在降低攻击可能性方面有用？

(20)　列举两个例子，说明防御者如何利用欺骗增加敌对者的风险。论述如何采用实际方式实现。

(21)　检测-恢复保护模型何时崩溃？

(22)　在什么情况下威慑效果最差？

第 IV 部分

如何协调网络安全？

第 IV 部分全面讨论解决网络安全问题和攻击空间的原则，并提出网络安全架构的原则。

第 17 章

网络安全风险评估

学习目标

- 讨论定量概率风险评估在网络安全工程中的优点。
- 解释为什么风险是主要的安全指标。
- 描述如何在工程系统中使用度量。
- 讨论防御者和攻击者价值观点之间的区别。
- 总结风险评估和度量在防御者设计中的作用。
- 列出并描述风险评估过程中的分析元素。
- 解释资源限制和风险容忍度如何影响敌对者的行为。

有时，度量比其他一切都重要；只要度量过，就能做成。

——匿名

本章概述用于分析的系统化定量风险评估(Risk Assessment)过程，以及该过程如何指导设计更好的网络安全架构。本章借鉴了前几章中介绍的内容，在流程上下文中讨论评估。

17.1 定量风险评估实例

本章和下一章将定量概率风险评估运用到网络安全中。定量概率风险评估在网络安全中的使用是一个有争议的话题。本节介绍这类风险评估的简要案例，将其作为网络安全工程的重要组成部分，并介绍一些反对意见。有些人会继续反对。摆在批评家面前的问题是：还有什么选择？

如果没有一个统一的衡量风险的标准，那么如何确定一个系统何时足够好，或一个系统的设计优于另一个？当然，以有无缺陷(漏洞)的方式来评定是有用的，是对的。不幸的是，网络安全缺陷可以有多种维度和程度来评定，这种方式是较差的指标。

以下是对网络安全定量风险评估(Quantitative Risk Assessment)的一些反对意见：

- 网络安全过于复杂，无法量化。

- 风险太难衡量。

- 风险衡量太不准确。

- 定性评估更好。

- 网络安全性还不成熟。

网络安全确实非常复杂，在网络安全学科的早期阶段，风险衡量异常困难和不精确。举起双手宣布风险太难衡量是无益的。尝试量化风险的行为会帮助网络安全专家和利益相关方开始了解风险的性质、来源以及如何有效地缓解风险。通过成功地将此方法应用于国防部(Department of Defense)和情报部门(Intelligence Community)的许多大型复杂系统，已数十次证明了该方法的有效性。

通过记录有关风险的来源、程度和本质的假设，网络安全专家可就重要主题进行适当辩论、实验，获得更深入和更好的理解。相信随着时间的推移，以后的评估会更精确。另一种选择是保持无知，压制讨论而不继续推进。这种选择是糟糕的工程和科学。当然，网络安全专家应格外小心了解量化风险评估的局限性，包括所有模型和工具的局限性。

如果估算的不精确严重干扰了一些读者，那么可用定性值(如高、中和低)替换数字。评估中使用的美元单位，也可以用其他一些衡量价值的数量替换。这种方法的重要方面是分析技术以及由此产生的深刻理解和见解。

网络安全必须走在这条布满荆棘的道路上。这些章节为读者提供了一个基础，来理解网络安全工程过程中的重要组成部分以及如何运用来分析和设计系统。

> 定量风险评估对于网络安全至关重要。

17.2　风险作为主要指标

有些人会错误地声明无法衡量网络安全。恰恰相反，可用风险有效衡量网络安全。如第 2.1 节和 16.4 节所述，风险(Risk)是可能发生的负面事件与发生概率(Probability)的乘积。了解网络安全风险基于系统脆弱性以及敌对者的能力和价值主张，明白可能发生的负面事件的本质并估计发生的可能性。本章探讨一个流程，定义可能发生的负面事件并系统地估算其发生的可能性。

> 用风险衡量网络安全。

17.3　为什么要度量？

为什么要度量？度量对以下方面至关重要：

- 描述事物的本质和原因。

- 评估系统的质量。
- 预测各种环境和情况下的系统性能。
- 持续比较和改进系统。

没有度量，就没有指南，没有质量指标(Metric)，也没有提高网络安全性的明确方法。度量是科学的基础，科学是工程的基础。

> 风险度量是提高网络安全性的基础。

17.3.1 特征化

网络安全度量使安全专家能了解系统的过程、工件、资源和环境及所有防御措施。此特征提供了一个基线。了解是改进的跳板。

例如，基于可采取行动的性质，网络安全预防机制仅对攻击空间(Attack Space)的指定子集有效。这是深度和广度防御的特征(第 8.3 节)决定的。更具体地说，防火墙无法阻止内部攻击的渗透，因为防火墙设计为保护内部和外部的边界。根据定义，内部人员位于边界内部。同样，只分析网络数据包的入侵检测系统也无法检测主机操作系统内的攻击，因为这些攻击停留在该计算机内，从未尝试从该主机通信或传播(第 15.1 节)。

特征化(Characterization)是关于描述网络安全系统给定特征的行为。前面的示例选择了攻击空间，因为攻击空间具有很高的相关性，安全专家可根据前几章的讨论熟悉相关内容。其他特征可能包括对该机制基础算法的时间复杂度(Time Complexity)分析。时间复杂度是一种表征某种算法将花费多长执行时间的函数表达方式。例如，防火墙通过扫描传入文件的内容来查找恶意软件，那么时间复杂度是文件大小的线性函数吗？是多项式的(意味着文件大小会呈指数级增加)还是指数的？

就系统在不同条件下的运行方式而言，了解时间复杂度对于确定系统的局限性至关重要。空间复杂度(Space Complexity)是将系统所需的存储量作为输入的函数，是高度相关且重要的。如果系统没有获得运行需要的所有时间或空间，该系统将如何反应？是仍然有效但处于服务降级状态，还是完全失败？或更糟的是，是否会导致整个系统崩溃？这些是特征化的重要问题。

17.3.2 评估

网络安全指标(Cybersecurity Metric)可帮助网络安全专家确定系统的性能水平，从而决定其在指导投资方面的价值[JAQU07]。这样的度量指标还可在两个替代设计之间比较，引导系统实现更好的性能。同时网络安全指标也允许工程师评估新技术、不断变化的环境及其他重要变量的影响，使系统的设计在各种不同情况下都能达到良好性能。评价(Evaluation)可以是经验的或理论的，两者各有优缺点，在严格评价中都有其价值。

1) 经验(Empirical):

经验指标(Empirical Metric)是直接度量的。对于攻击检测,一项经验性度量是在攻击负载(Attack Load),即一组易于理解且特征明确的攻击下评价检测性能。有多少次攻击预防?检测到多少?对系统造成什么危害?这些都是经验评价的重要指标。

2) 理论(Theoretical):

理论指标(Theoretical Metric)是通过对机制设计及基础算法和输入的分析确定的。入侵检测系统天然对某些类型的攻击视而不见,因为根本不检查那些攻击表现的特征(第 13.3 节)。如内容过滤(Content Filtering)之类的预防技术可能受到底层算法时间复杂性的固有限制。由于数据速率或数据大小的限制,进行内容过滤的设备可能无法处理。这种情况下,该机制必须决定是阻止内容(故障关闭,Fail Closed)还是允许内容通过(故障开启,Fail Open)。无论哪种情况,做出的决定都基于对设计及其实现的理论分析。

经验度量(Empirical Measurement)和理论度量(Theoretical Measurement)结合使用是有价值的。在理论上已知网络安全系统性能的各个方面,再凭经验度量是在浪费资源。理论上已无法或不能防御的攻击,为什么还要包含在攻击负载中?从实证的角度检验理论上建议的测试始终是一个好主意。这种测试表明,由于分析模型不足或设计人员对攻击过程欠缺了解,系统的性能通常比理论上预期的要差。因此这样的测试几乎总是值得的,尤其是所谓的边缘测试(Edge Testing),在理论建议的极限范围内测试系统性能。例如,在高噪声(大量可变数据流量)环境中凭经验测量“攻击检测”性能可能有用,因为在嘈杂条件下性能的防御模型通常是原始且不可靠的。噪声模型是很复杂的。

17.3.3　预测

精准的网络安全指标允许设计人员推断各种情况下的风险趋势(Extrapolate Trend),并部署合理的网络安全控制机制,在预期情况发生之前进行应对。这将创建寿命更长、功能更强大的系统。基于风险趋势的预测使得工程师在项目中可达成质量(如可靠性、可用性、速度和准确性)、成本以及进度目标。

> 精准的网络安全指标可预测风险,设计人员可据此减轻风险。

如上所述,可预测给定系统在高流量负载、高攻击负载、嘈杂条件以及目标系统模式更改(如零售商在假日期间销售流量很高)等异常情况下的系统性能,或资源匮乏情况下(计算时间、存储或网络带宽不足)的故障模式。宏观上,可通过构建模型并基于先前的行为预测敌对者的行为。还可研究行业危害趋势,明白需要从根本上改变国家投资、法律、研发和网络安全架构,避免系统变得不可信而无法开展任何类型的重要业务。

> 先前的行为通常会预测未来的行为。

17.3.4 改善

质量安全指标(Quality Security Metric)使网络安全专家能识别安全改进的障碍,确定高风险的根本原因并找到影响网络安全性能的设计缺陷。找出这些原因对于系统的改进至关重要,在以最低成本实现最大风险降低的领域尤其如此。参见第 7.3 节了解"五问"分析技术以及如何将其用于诊断设计问题,这些讨论随后可帮助改进。

利用这些指标还可帮助设计人员避免收益很小或根本没有收益的改进,因为风险会轻易转移到系统的另一个区域,而敌对者在那里实施破坏。最后,网络安全专家的目标是使敌对者痛苦不堪,而不仅是将敌对者重定向到其他目标。通过采用整体性的网络安全方法,可降低整个系统的风险。第 18.4 节将进一步讨论如何设计降低风险的系统。

风险必须降低,而不是转移。

17.4 从攻击者的价值角度评估防御

了解系统风险意味着了解攻击者的价值主张。这意味着优秀的防御者会了解攻击者的想法,并像攻击者一样思考。如果没有攻击者对系统的某些方面感兴趣,则防御者不必耗费资源对其进行保护。同时,如果攻击者从自身角度确定了异常高价值的目标(High-Value Target),将愿意耗费极大的资源获取这一价值,并愿意在防御者可能没有考虑到的系统中寻找多种创新方式。最后,尽管如此,攻击者与防御者一样,都有用于实现目标的预算。预算不是无限的。防御者可利用这一事实将攻击的成本和风险推高到超出攻击者的预算。

使攻击者的成本和风险超出其预算。

例如,产生信息的组织对攻击者有两个有吸引力的目标:信息产生设备和从该设备产生的信息。对此类组织的敌对者而言有两项价值:一是进一步获取和窃取信息供自己使用,二是了解信息产生组织可能存在的隐藏信息。

敌对者最多花费一美元窃取价值一美元的信息。如果防御者增加敌对者的费用,那么敌对者将选择其他组织投资(也许以其他方式改善进攻或防御手段)。敌对者攻击防御者系统获取收益的成本,等同于可利用的最低成本攻击(Lowest-Cost Attack)。这种攻击可以是从买通内部人员到复杂的各类技术生命周期攻击(Life-Cycle Attack)之类的任何东西。防御者不要指望敌对者攻击最安全的地方(例如,尝试破坏通信安全的高级加密技术),因此,人们无法根据自己的最佳防御能力判断防御的优势。

因此,系统部署防御的价值不是防御者对系统部署防御的所有投资的总和。例如,防御者在部署网络安全服务和组件上投资 100 万美元,假设在部署前攻击者的最佳攻击成本为 100 美元。如果之后攻击者还能找到成本为 1000 美元的攻击方式,看上去该网络安全服务所提供的防御价值将远低于总成本。换句话说,就像购买消费品一样,不能因为为某件商品支付了 100 美元,该商品就真的值 100 美元。在网络安全中,防御者必须在降低风险方面,用网络安全收益证明成本合理。降低风险取决于该措施多大程度上提高了攻击者的门槛。

> **降低风险是网络安全的推动力。**

防御者很难穷尽所有攻击系统的入口。即使防御者系统广泛地寻找所有可能的攻击类别,并实施保护,总可能漏掉一个,这大大高估了防御能力。因此,开展持续的再评估是一个好主意(请参阅第 6.5 节介绍的“红队”)。

17.5　风险评估和度量在设计中的作用

度量风险(Risk)是设计过程的关键部分。设计从需求分析(Requirements Analysis)开始。系统所有者愿意承担多少风险? 需求分析过程应确定最大可接受风险目标(Maximum Acceptable Risk Goal)。在图 17-1 的左下角可看到。最大风险成为风险目标。随着设计的进行和迭代,将评价风险,并将产生的风险与该最大可接受风险比较。如果当前设计风险小于最大风险,就风险目标而言,设计过程已完成(可靠性等其他考虑因素可能促使设计继续迭代)。如果系统的设计风险大于最大可承受风险,则设计过程将继续进入分析阶段,在此阶段,可从评价中识别出风险来源。然后将分析结果作为附加输入需求,从而改进设计。此设计循环将反复进行,直到最终设计的风险低于最大风险为止。该循环显示在图 17-1 的中间和右侧。

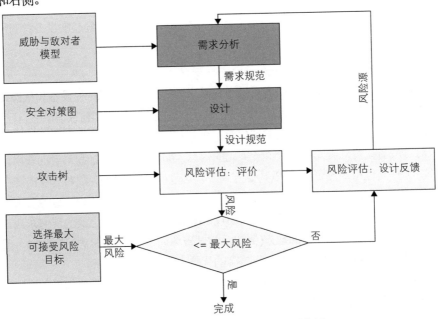

图 17-1　风险度量在迭代设计过程中的作用

图 17-1 集成了本书各部分的设计概念，创建了威胁与敌对者模型(第 6.1 节)，并将该信息包含在需求分析中。安全对策图(第 8.2 节)用于告知防御者的设计。目标导向的攻击树(第 7.1 节)用于确定攻击场景，并进一步用于风险评估评价以确定最大可接受风险目标。需求分析、设计和风险评估评价是迭代设计过程的一部分(第 5.4 节和第 20.4 节)。

风险评估流程对在迭代设计循环中描述的风险评价和风险设计反馈有帮助。本章重点介绍评价(Evaluation)。下一章将介绍风险设计反馈。风险评估评价流程本身是一系列复杂分析，可表示为流程图。如图 17-2 所示。下一节将讨论每个元素。

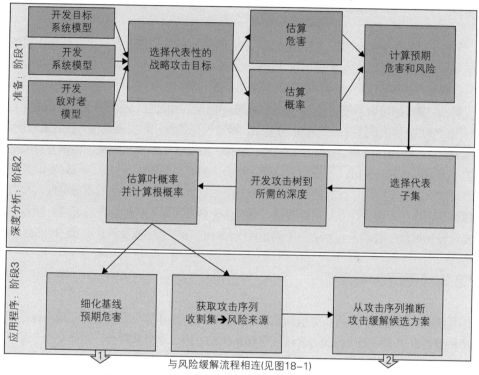

图 17-2　风险评估分析目标系统和流程图分三个阶段显示

17.6　风险评估分析元素

图 17-2 的第一行表示阶段 1，即风险评估准备，从而得出所需的模型和要求。中间一行描述阶段 2，即使用该模型进行深入分析，通过攻击树和预测敌对者行为来估算风险。最下一行是阶段 3，即从分析中运用和收集信息，并将其输入风险评估的设计反馈子过程中，这将在下一章中讨论。

17.6.1　开发目标系统模型

风险评估(Risk Assessment)流程第一阶段的第一步是开发目标系统模型(Mission Model)，该模型可以是信息技术支持的目标系统的非正式声明。这些声明对于理解后续步骤非常重要，涉及根据敌对者目标识别组织的价值和痛点。

17.6.2　开发系统模型

另一个并行的初始步骤是从生命周期、控制和数据流的角度开发一个系统操作模型。为便于网络安全分析，此模型需要包含足够详细的信息。此模型源自文档和与系统专家的讨论。根据分析的相关性，也需要考虑与外部系统的接口。

第 5.3 节详细讨论系统建模(System Modeling)的问题和过程。系统模型可以很简单，只有一页文字或一组幻灯片。也可能十分复杂，涉及千页的设计和实现规范，包括需求规范、操作概念、初步设计规范、详细设计规范、模拟、测试计划和测试结果。该模型可以是最新的，但通常是部分过时。该模型可以是完整的，但有自原始设计以来的临时更改方案，所以可能存在安全空白。优秀的网络安全专家必须认真考虑这些方面的不确定性，检查系统模型是否存在不准确性并尽可能改进。系统由于规范不足而可能存在脆弱性，所以在网络安全设计过程中必须牢记剩余的不确定性(请参阅第 8.3 节中有关深度防御的讨论)。

17.6.3　开发敌对者模型

系统所有者通常从具有典型敌对者特征的标准库中选择敌对者模型。在风险评估中选择哪种敌对者模型需要了解敌对者破坏目标系统的手段、动机和机会。网络安全专家可通过研究类似组织和系统的历史攻击获得这种理解。

第 6.1 节详细介绍了敌对者模型的构建。建模活动的结果本质上是一系列敌对者类型及其主要特征。通常，红队通过模拟敌对者战术和首选攻击方法补充高级模型。商业情报组织使用有关领导力和预算(Budget)及敌对者策略方面的信息补充敌对者模型。建模活动的结果实质上是一张敌对者类别及其主要特征的清单。表 17-1 给出了高级敌对者示例。

表 17-1　高级敌对者模型类别

序号	攻击等级	示例	时间范围	重点	资源	风险忍受度	技能	目标
1	精英黑客集团	匿名	短期	黑客主义	低-中	低	高	曝光，社会变革
2	孤独的黑客	凯文·米特尼克	短期	证明自我	低	极低	中-高	获得加入黑客组织的入场券

17.6.4 选择代表性的战略攻击目标

风险评估的下一步是制定一系列战略攻击目标(Strategic Attack Goal),涵盖对目标系统最重要的威胁。攻击目标来自对目标系统的理解和可能适用于目标系统各个方面的网络攻击类别的组合。这里不可能详尽列举所有可能的战略攻击目标。所选的集合旨在充分代表所涵盖的大部分相关攻击。还需要选择代表集合,使对攻击的缓解与类别中对元素的缓解对应。

第 4.4 节详细介绍如何在探索目标系统危害的背景下选择敌对者战略攻击。这个关键步骤涉及目标系统的利益相关方,包括组织的高级领导目标系统。分析结果显示有约 10 个具有代表性的敌对者目标,类似于表 17-2 中所示的通用银行系统。该表是表 4-5 中提供的常规模板的实例化。该示例将在一个通用且具体的应用场景中继续讨论。

表 17-2 适用于通用银行系统的战略攻击者目标列表范例

序号	攻击类别	攻击造成的危害	场景示例
1	机密性	<用户账户数据>泄露,这将危害<现有和将来留在银行的账户>	攻击者入侵系统,窃取<用户账户数据>并公之于众或在黑市上出售
2	机密性	<对借款人敏感的数据>泄露,组织需要再次投入巨额资金以恢复<吸引新借款人>的能力	攻击者使用内部攻击窃取<对借款人敏感的数据>,组织依靠保护这些借款人财务状况信息来增强用户信心,从而达到<吸引新借款人>的目标
3	完整性	<账户交易和余额>的完整性遭到损坏,消费者将对<银行正确管理财务数据的能力>失去信任	攻击者利用生命周期攻击插入恶意软件,发现并破坏<账户交易和余额>
4	完整性	<贷款状况信息>的完整性遭到破坏,将引发<在贷款失败时会危害现金储备>的决策错误	攻击者离开用户系统,进入生产系统,经分析后,选择性地破坏系统输出的<贷款状况信息>
5	可用性	<网上银行子系统>无法提供服务,将使<网上银行>无法正常使用超过 14 天	攻击者对<网上银行子系统>执行分布式拒绝攻击,<网上银行子系统>对<网上银行>是必需的
6	可用性	<网银转账系统>的系统完整性遭到破坏,<网银转账系统>的备份是运行<银行同业结算系统>所需的	攻击者攻击组织的企业信息系统,破坏关键基础架构<网银转账系统>及备份,导致<银行同业结算系统>的服务停止

17.6.5 基于群体智慧估算危害

对于每个战略攻击目标,目标系统专家都会估算实现战略目标时可能的危害。可通过使用的其他资源进一步分析这些估算,从而完善分析和结论。这样的估算是专家意见,但该方法使用"群体智慧(Wisdom of Crowd)"使估算尽可能准确[SURO05]。

群体智慧需要两个明显因素:智慧和群体。这里的智慧意味着估算的群体具有合理依据,且熟悉组织及其目标系统和运营。群体是由各种专家组成的专家组,能为特定数量提供估算值,例如,与实现战略目标的敌对者相关的成本。多样性要求建议该小组中大约五名高级管理层人员独立估算危害。这通常意味着,理想情况下,必须在同一次会议期间同时以书面形式估算。重要的是,估算必须彼此完全独立。否则,越来越多的下属员工担心与老板产生矛盾,倾向于附和会议室中最高管理层的意见。这也意味着高层管理层人员和会议主持人必须在持有不同意见时绝对安全(互不影响),这样做至关重要。

危害估算(Harm Estimate)常以数量级为单位。数量级是指 10^n,其中 n 是整数。以这种方式表达估算值是不精确的。本质上是说估计到最接近 10 的幂,考虑到所有不确定性,这已是组织估算到的最接近的 10 次幂了。例如,值 10^4 表示 1 后跟四个零,即 10 000,这意味着对组织造成 10 000 美元的损失。

使用美元(或其他货币)旨在表示直接可度量的经济成本和更无形的价值,如人身安全和生命。将无形资产转换为美元存在争议,原因有几个:①将美元价值放在与人身安全和生命同样重要的物品上似乎很冷漠;②很难准确地进行这种转换;③定量方法并不精确。这些都是公平的批评。另一方面,社会在土木工程的标准实践中,把人员生命和金钱做交易。例如,在道路上设置弯道的决定(为了节省购买土地的钱)是每年要杀死 x 个人的决定,因为弯道本质上比直行道路更危险。这是必须做出的真正权衡。一个人可将自己的头埋在沙子里,说人员生命是无价的,或可明确地对待这些无形资产,争论应该具有什么样的价值。同样,那些认为人们不能精确地对无形资产进行估价的论点,也不能提供一种从工程角度看待无形资产的替代方法。货币仅是一种方便的手段,通过一个共同手段来比较,从而交易这些有价值的东西。

在对每种潜在危害进行多次估算后,可计算出所提供估算值的几何平均值;几何平均值往往忽略极高和极低值。表 17-3 给出了本章使用的示例中的一个组合估计值。

表 17-3　群体智慧和组合函数在通用银行系统危害估计中的运用

序号	攻击类别	攻击造成的危害	E1	E2	E3	E4	E5	平均值	几何平均值
1	机密性	<用户账户数据>泄露,这将危害<现有和将来留在银行的账户>	10^7	10^9	10^5	10^8	10^6	10^8	10^7
2	机密性	<对借款人敏感的数据>泄露,组织需要再次投入巨额资金以恢复<吸引新借款人>的能力	10^{10}	10^6	10^8	10^9	10^7	10^9	10^8

　　注意，如果完全实现了战略攻击者的目标，则危害值以损失的美元表示。重要的是要向估算者强调，实现攻击者目标的可能性是完全无关的判断。大多数防御者在心中可能很难分开，特别是对于低概率高影响的事件。例如，某个事件的真实可能性是百万分之一，但危害将是十亿美元，则估算人员很难将十亿美元作为危害值。之所以会出现这种偏见，是因为在脑海中这种情况不太可能发生，因此希望以某种方式将十亿美元的估算降低到心理上较低的水平，不再那么令人恐惧。因此，此估算过程需要使用流星撞击地球这样一些极端例子进行额外指导。如果以不可能发生的危害为由将估算伤害降低，那么需要进一步提醒判断的独立性。

　　给出独立的估算(Independent Estimate)后，将提供估算值的小组聚集在一起讨论估算值变化的潜在原因很有用。这种讨论的目的不是要找出谁对谁错，而是辨别某些估算人员是否对组织的目标系统和运营或估算过程本身有重大误解。一旦通过对话明白估算假设，估算者就有机会根据对假设和过程的更好理解更改输入。必须明确的是，目的并不是让所有估算都收敛于一个值，那会违背群体智慧过程的初衷。

17.6.6　基于群体智慧估算概率

　　作为初始练习，基于系统和目标系统专家对系统如何工作及目标系统如何依赖系统的知识来评估战略攻击成功的概率非常有用。同样请注意，概率以 10 的数量级(即指数形式)给出。与危害估算一样，用这些指数值表示估算不准确。这种情况下，值是负数表示指数在分母中。因此，例如 10^{-2} 表示 $1/10^2$，即 1/100，成功进行战略性攻击(Strategic Attack)的机会为百分之一或 1%。

　　这种抽象级别上的估计往往过于乐观。与更详细的分析相比，该估计明显偏向于较低的概率估计值，有时甚至低估了一个数量级。同时，目标之间的偏差通常是一致的，此估计的目的是指导战略目标的选择，以便在其余分析中重点关注。这里要注意的一个例外是黑天鹅事件[TALE10]。黑天鹅事件是概率非常低的事件，但影响很大。人们在直觉上处理这些问题的能力不强，而且这个错误偏见可能导致人员和组织的死亡。这就是为什么不能依赖此级别估计的原因。此级别的估计只提供一个总起点，以便以后在风险评估过程中比较。

　　如第 4.5 节所述，预期危害只是给定概率的危害。需要明确的是，不管危害后果是否发生，实际危害是指所发生事件的危害。

　　估算危害与估算概率的乘积给出了初始预期危害，并需要在后续步骤中完善。表 17-4 显示了一个虚构的估算概率示例以及第 17.6.5 节中讨论的估算危害值。前两个危害值从表 17-3 的平均值栏中获得，本章继续使用同样的通用银行示例。

表 17-4 使用通用银行系统示例，根据危害成本的几何平均值乘以攻击成功的概率，计算预期危害

序号	攻击类别	攻击造成的危害	危害成本/美元	攻击成功的概率	预期危害
1	机密性	<用户账户数据>泄露，这将危害<现有和将来留在银行的账户>	10^7	10^{-3}	10^4
2	机密性	<对借款人敏感的数据>泄露，组织需要再次投入巨额资金以恢复<吸引新借款人>的能力	10^8	10^{-2}	10^6
3	完整性	<账户交易和余额>的完整性遭到损坏，消费者将对<银行正确管理财务数据的能力>失去信任	10^{11}	10^{-4}	10^7
4	完整性	<贷款状况信息>的完整性遭到破坏，将引发<在贷款失败时会危害现金储备>的决策错误	10^6	10^{-3}	10^3
5	可用性	<网上银行子系统>无法提供服务，将使<网上银行>无法正常使用超过 14 天	10^9	10^{-2}	10^7
6	可用性	<网银转账系统>的系统完整性遭到破坏，<网银转账系统>的备份是运行<银行同业结算系统>所需的	10^{10}	10^{-3}	10^7
总和					10^7

表 17-4 的底行给出了预期危害的总和。注意，总和完全由第 3、5 和 6 行中的值决定。在这种情况下，小于 10^7 的值都是四舍五入的误差，对计算出的估算预期危害无明显贡献。数量级的使用使这一点显而易见。网络安全专家应将注意力集中在上述三行中的预期危害上，因为这三项是危害的主要来源，并对该组织的目标系统构成风险。

这些预期危害值的总和是系统的最低预期总危害。为什么最低？回顾一下，敌对者的战略进攻目标是代表性目标，而不是详尽清单。第 7.1 节更详细地讨论过这个问题。每个敌对者的战略目标都代表该类别中的一系列攻击。因此，如果需要一个绝对的风险值，就必须拿出一个乘数表示所代表的类中实例数量的估算值(Estimate)。根据过去的经验，数值 10 是一个很好的起始乘数。

正如稍后在风险评估过程中将讨论的那样，绝对预期的危害很重要，因为可确定降低风险的好处，有助于确定其他降低风险措施的价值回报。

17.6.7 选择代表子集

基于对危害和可能性的估算，分析人员可以在可能的攻击范围内选择攻击的子集推动其余分析。通常至少需要三个战略攻击目标(通常一个用于机密性攻击，一个用于完整性攻击，一个用于可用性攻击)，也可能由于攻击空间的复杂性而需要更多(取决于目标系统的复杂性和系统支持该目标系统的方式)。

第7.4节介绍了选择战略攻击目标代表子集的过程。为继续使用通用银行业务的示例，将保留表17-2中所述的全部六组内容。

17.6.8　开发深度攻击树

一旦选择了代表性的攻击树集，就可在目标导向(Goal-directed)的攻击树中依次完善战略攻击目标。战略目标是树根。根的从属节点会创建一个子目标层，该子目标将在根部实现战略目标。每个子目标节点都可通过实现该子目标的下一级目标进一步完善。理想情况下，每层都包含可实现根目标的互斥且穷举的从属节点。可从多个角度细分每层技术(如网络、防火墙、计算机和操作系统等)，必要的攻击顺序(如闯入网络，查找有趣的数据，将其从网络中删除)以及目标系统的各个方面(如收集、处理、分析和分发信息)。哪种方式有助于理解和分析及进一步完善目标，取决于专家的判断。细分会一直持续到主题专家满意为止，即根据专家对系统和目标系统的了解及细分节点的连接方式，轻易地将底层叶节点的概率估算为单例事件(攻击步骤，Attack Step)。

第 7.5 节和第 7.6 节描述了连续的细分过程及何时停止细分(叶节点的最终底层)的标准。在遵循当前示例(完善战略攻击者目标 5)的过程中，使用假设分解的子目标创建攻击树。攻击树必然是不完整的，部分原因是为了简洁起见，部分原因是本书并非是关于如何破坏银行的书。图17-3 显示了示例攻击树。注意，"前端"通常是一台可从互联网访问的计算机，客户可访问该计算机。这台计算机还可连接到银行企业内部的其他系统(称为"后端系统")。

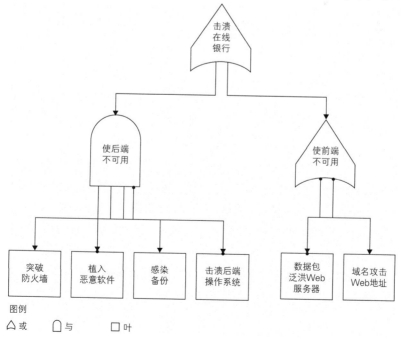

图17-3　通用在线银行服务上的可用性攻击树示例

在图 17-3 示例的攻击树中，第一次分解基于通用在线银行系统的两个主要组件之间的架构划分，并为"或"关系中的内部节点提供了两种选择。左侧的内部节点"使后端不可用"，依据攻击步骤(完成目标所需的攻击步骤顺序)分解，使得攻击步骤具有"与"关系。这些步骤通常需要以特定顺序完成，无法在这些树中很好地体现出来。右侧的内部节点"使前端不可用"，涵盖两种攻击技术，以叶节点为代表。从穷尽或详尽的角度看此细分是不够的，但对于此示例足够了。

17.6.9　估算叶概率并计算根概率

假设敌对者尝试攻击，则攻击树的叶节点是估算其成功概率的关键。这里使用与估算危害相同的方法：群体智慧估算的平均值。评估团队中要有各种不同的专家，包括有红队经验的专家、掌握各种技术的专家、实用主义者和反对者，这是有作用的。表 17-5 显示了之前的示例，该示例将攻击目标 5 的攻击树转换为电子表格。

表 17-5　群体智慧攻击的叶概率估算

#	攻击树节点和叶节点	E1	E2	E3	E4	E5	几何平均值
1	击溃在线银行						
2	使后端不可用						
3	突破防火墙	1E-02	**1E-05**	**1E+00**	1E-01	1E-02	1E-02
4	植入恶意软件	1E-01	**1E+00**	1E+00	**1E-02**	1E-02	1E-01
5	感染备份	1E-01	1E-01	**1E-02**	1E-01	**1E+00**	1E-01
6	击溃后端操作系统	1E+00	1E+00	1E+00	1E+00	1E+00	1E+00
7	使前端不可用						
8	数据包泛洪 Web 服务器	1E-01	**1E-02**	1E-01	1E-01	**1E+00**	1E-01
9	域名攻击 Web 地址	1E-01	1E-01	**1E-02**	1E-01	**1E+00**	1E-01

加粗显示异常分数值

注意，在表 17-5 中，只有叶节点(亦称攻击步骤)具有关联的估算。这是因为内部和根节点上的概率都从叶概率算出，这将在下面讨论。还请注意阴影的叶概率估算。这些就是统计中的异常值(Outlier)。异常值特别有趣，因为可能表示误解(Misunderstanding)或敏锐的洞察力(Keen Insight)。确定独立的初始估算之后在估算值之间进行假设级别的讨论，确定异常值是误解还是洞察力。通常，提供异常值的估算者首先发言，解释其假设，包括正在考虑的详细攻击路径。在简短讨论并达成共识后就可提交新的估算(目标不是达成共识，就会破坏群体智慧方法)。

异常值表示误解或敏锐的洞察力。

尝试概率(Probability Of Attempt)是攻击者根据攻击的属性、防御者的属性和目标价值进行攻击的概率。为简化分析，假定尝试分析的概率为1(表示100%)。尝试模型的概率基于潜在敌对者的详细知识，而这往往很难获得。给定尝试的成功概率(Probability Of Success)指攻击者尝试攻击后成功的可能性。给定尝试的成功概率取决于专家评估的敌对者的技能和系统的脆弱性。后面将交替使用术语"成功概率"和简称"概率"。

确定叶概率后，可直接用数学方法计算攻击树根的成功概率，从而成功计算战略攻击目标的概率。如果节点处于"与"关系，则成功的概率是概率的乘积。这很直观，因为攻击者必须实现每个攻击步骤。因此必须至少与最难的攻击步骤一样困难。攻击步骤的最小概率是成功概率的上限。在数学上，$P(A\ AND\ B)<MIN(P(A), P(B))$。如果有两个攻击步骤，A 和 B，其中 A 的成功概率是十分之一，而 B 的成功概率是百分之一，那么两者的成功率为千分之一。数学上将其表示为$P(A\ AND\ B)= P(A)* P(B)$。注意，由于乘法，攻击者的实际概率可能比最差(最低概率)步骤更差(更低)。在该示例中，看到最佳(最高概率)攻击步骤的成功概率为百分之一，但整个攻击成功的概率为千分之一。

如果节点处于"或"关系，那么直观地讲，实现该目标并不比最简单的难。例如，闯入前门的概率为百分之一，而闯入后门(即滑动玻璃门)的概率为十分之一，则攻击者闯入房屋的概率至少是十分之一，因为那是最好的攻击方式。这称其为成功概率的下限。在数学上，$P(A\ OR\ B)> MIN(P(A), P(B))$。为什么不是最小值呢？对攻击者来说怎么做更好呢？

这里的关键是有一个简化的尝试概率模型，该模型表示敌对者将尝试所有攻击步骤，而与每个步骤的概率无关。在示例中，想象两个小偷一起工作。一个试图闯入前门，而另一个试图闯入后门。前门的窃贼很可能幸运并发现门是打开的，即使这种可能性很小。因此，如果实现了任何一个叶节点或实现了节点的任意组合，则可实现攻击目标，从某种意义上讲，这是过度伤害(Overkill)，但有可能发生。在示例中，前门和后门的小偷都可能成功。

出于多种原因，从数学上考虑时最好考虑 A 和 B 均不发生的可能性，并从 1 中减去这个值。攻击成功有四种可能性：仅 A，仅 B，A 和 B，A 和 B 都不。因为必须是这些结果之一，所以这些概率值加起来必须为1。如果发生前三个结果中的任何一个，则攻击成功。因此，与其计算前三个值，不如用 1 减去第四个值。在数学上，$P(A\ OR\ B)=1-(1-P(A))*(1-P(B))$，其中表达式"$1-P(A)$"表示攻击步骤 A 失败的可能性，对攻击步骤 B 同样如此。

表 17-6 显示了前面各节中相同的示例。根节点成功的概率是使用两个内部节点(#2 和 #6)的"或"公式来计算的。节点 #2 是使用乘积来计算的，因为"与"关系要求所有从属事件都发生。节点 #6 是使用"或"公式计算的，因为叶节点处于"或"关系。

表 17-6 使用叶节点计算的概率，显示"与"和"或"的组合函数

#	攻击树节点和叶节点	概率	方式
1	击溃在线银行	2E-01	1-(1-P(#2)) * (1-(P(#6))
2	使后端不可用	1E-04	Product(#3,#4,#5,#6)
3	突破防火墙	**1E-02**	估算
4	植入恶意软件	**1E-01**	估算
5	感染备份	**1E-01**	估算
6	击溃后端操作系统	**1E+00**	估算
7	使前端不可用	2E-01	1-(1-P(#8)) * (1-(P(#9))
8	数据包泛洪 Web 服务器	**1E-01**	估算
9	域名攻击 Web 地址	**1E-01**	估算

可与前面步骤中给出的根节点的原始估计进行比较，进行完整性检查。从表 17-4 中可看出，直接估算时攻击战略目标 5 的根节点概率估算为 10^{-2}。这种对比验证了第 17.6.9 节中讨论的现象，即防御者往往将成功的攻击者事件的概率低估至少一个数量级。因此，将这里的计算值作为更好的估算。比较有助于关键利益相关方理解为什么详细分析很重要，而且结果常令人惊讶。

17.6.10 细化基线预期危害

基准预期危害(Baseline Expected Harm)是每个战略攻击目标成功的概率与目标达成的估算危害的乘积。因此，如果概率为 10%，且危害为 100 万美元，则基线预期危害为 10 万美元。计算出的数量就是"基准(Baseline)"预期危害，因为该过程的下一步估算在采用各种缓解措施后概率可能如何变化，从而帮助改进投资。

表 17-7 显示了修订后的预期危害表，仅显示对敌对者战略目标 5 的详细重新计算。其他值仅为示例编制。使用了更高概率以符合经验法则，即在没有攻击树的情况下，倾向于在其最高估算上偏离至少一个数量级。请注意，基线预期危害估算的总和从 10^7(一千万美元)变为 10^8(一亿美元)。

表 17-7 使用本章的通用银行系统示例，根据详细的分析树计算修订的基准预期危害估算，
并由此更好地估算概率

序号	攻击类别	攻击造成的危害	危害成本/美元	攻击成功的概率	预期危害
1	机密性	<用户账户数据>泄露，这将危害<现有和将来留在银行的账户>	10^7	10^{-2}	10^5

(续表)

序号	攻击类别	攻击造成的危害	危害成本/美元	攻击成功的概率	预期危害
2	机密性	<对借款人敏感的数据>泄露，组织需要再次投入巨额资金以恢复<吸引新借款人>的能力	10^8	10^{-1}	10^7
3	完整性	<账户交易和余额>的完整性遭到损坏，消费者将对<银行正确管理财务数据的能力>失去信任	10^{11}	10^{-3}	10^8
4	完整性	<贷款状况信息>的完整性遭到破坏，将引发<在贷款失败时会危害现金储备>的决策错误	10^6	10^{-2}	10^4
5	可用性	<网上银行子系统>无法提供服务，将使<网上银行>无法正常使用超过 14 天	10^9	10^{-1}	10^8
6	可用性	<网银转账系统>的系统完整性遭到破坏，<网银转账系统>的备份是运行<银行同业结算系统>所需的	10^{10}	10^{-2}	10^8
	基准预期危害的总和				10^8

17.6.11　获取攻击序列割集=>风险来源

从完成的攻击树中，一个获取了一组达到战略目标的所有攻击步骤序列(叶节点集)的集合称为割集(Cut Set)。就通用银行系统示例而言，图 17-4 显示了针对目标 5 的战略攻击的三个割集。对于攻击森林(Attack Forest)中的所有攻击树，每个攻击树都将具有相似的割集。每个战略攻击目标都需要一棵攻击树，因此，针对该章的通用银行系统示例，共生成六棵攻击树。

请注意，割集中所有叶节点的集合足以实现战略攻击目标。对于图左下角的收割集 1，只有完成所有四个攻击步骤才能实现父节点(后端不可用)。实现"后端不可用"时，内部节点将自动达到根模式，因为父节点与其兄弟节点处于"或"关系。在图的右侧，割集 2 和 3 是单元素割集(Single-element Cut Set)，因为任何叶足以达到父内部节点，而由于父节点间的"或"关系，足以达到根节点。确切地说，这三个割集是：{突破防火墙、植入恶意软件、感染备份、控制后端操作系统}、{数据包泛洪 Web 服务器}和{域名攻击 Web 地址}。

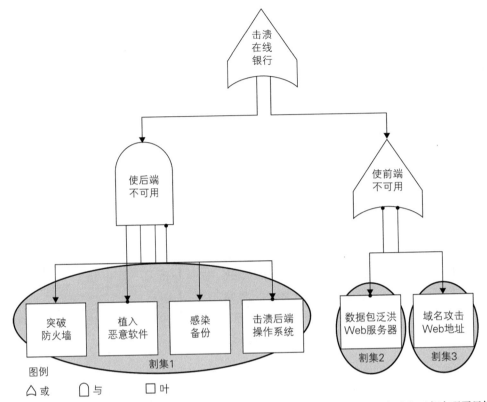

图 17-4　本章运行的通用银行系统示例中，战略攻击目标 5 的攻击树有 3 个切口，每个切口都实现了目标

通常，相同的叶节点在多个节点和多个树中反复出现。许多步骤是进一步操作的先决条件。这些关键的叶节点成为在系统设计、部署和运营期间的关注焦点。这些关键因素对于下一节讨论的攻击缓解流程十分重要。

17.6.12　从攻击序列推断攻击缓解候选方案

每片叶代表通过改进系统的设计、实施或运营的潜在机会，来改变攻击者成功概率。估算成功攻击概率的知识(了解目标系统及其如何与系统脆弱性关联)突显了潜在的缓解措施。例如，攻击者必须突破防火墙才能发起所有类型的攻击，建议增强该防火墙并增加对防火墙及其周围攻击的检测。

评价攻击者成功的知识可帮助缓解风险。

表 17-7 显示了主要的预期危害来自三个战略攻击目标：攻击目标 3，破坏用户账户；攻击目标 5，拒绝提供网上银行服务；攻击目标 6，拒绝向银行间结算服务提供服务。对本章的银行业务示例只分析战略攻击目标 5，攻击树如图 17-4 所示。表 17-6 显示内部节点"使

前端不可用"割集(图 17-4)对根概率的影响最大。其他割集是割集 2(数据包泛洪 Web 服务器)和割集 3(域名攻击 Web 地址)。注意，敌对者成功的概率在这两个节点上都是十分之一。

　　如果改进网络安全设计，使数据包泛洪网页服务器成功攻击的概率达到百分之一，会发生什么？这如何改变成功攻击的根概率？答案是根本不会发生重大变化。这是因为攻击者仍可以十分之一的成功概率进行域名攻击。由于该节点与要改善的节点是"或"关系，状况并非更好，因为敌对者很可能通过最简单的攻击获得成功。这个数学实例显示，整条链条的强度不会比其中最弱的链条更强。如果要大幅降低根概率，就必须改善两个叶节点。

　　这两个叶节点必须提高到什么水平，才能将敌对者推到另一个攻击场景(以不同的割集表示)？从表 17-6 可看到，第 2 行("使后端不可用")表示的下一个路径是图 17-4 中攻击树左侧的四个"与"关系的叶节点，通过割集 1 实现，概率为万分之一。这意味着需要将割集 1 和 3 的两个叶节点都提高到万分之一，才能将割集 1 表示的攻击场景变为一条攻击路径，从而影响整个攻击者成功的可能性。

　　在考虑风险缓解(Mitigation)控制措施时(见第 18.1 节)，很明显要关注主要的攻击叶节点，如果想改变根的概率，就必须以某种方式应对网络泛洪攻击(Network Flooding Attack)和域名攻击(Domain Naming Attack)，从而改变攻击者目标 5 的预期危害估算。必须对目标 3 和目标 6 进行相同的分析，因为这二者数量级相同，因此对修订后的基准预期危害产生同样的影响。如第 6.5 节所述，可用红队来验证关于概率的声明。

17.7　攻击者成本和风险检测

　　本章到目前为止的讨论假定攻击者始终尝试所有攻击的情况下，研究攻击者成功尝试的可能性。回到敌对者模型，还有两个重要的考虑因素：资源和风险容忍度(Risk Tolerance)。

17.7.1　资源

　　每次攻击都会消耗敌对者资源。有些攻击比其他攻击昂贵几个数量级。如果没有对每个攻击叶的成本建模，就会过于简单地假设攻击者拥有无限资源。这里可调整前面提到的模型，以包括成本并考虑敌对者的预算限制。这是该模型相对直接的扩展。一种更简单的选择是过滤掉超出敌对者资源级别的所有攻击。这是一个不完美的近似值，可能导致接近敌对者预算极限的攻击防御问题，但这是一个合理的近似值。

17.7.2　风险容忍度

　　没有风险容忍度(Risk Tolerance)的敌对者不会去尝试某些攻击，因此改进入侵检测的对策可能不会引起足够的重视。该模型可扩展为每个叶节点的检测概率，然后通过加权函数来选择"厌恶风险的"敌对者更倾向使用的低风险攻击。或者可将检测概率纳入对成功攻击概率的估算中。许多攻击只有隐蔽才能成功。因此，如果在攻击完成前就可能检测到敌对者，则可降低成功攻击的可能性。因此，入侵检测系统安全对策的引入将降低攻击成功的可能性，因为检测的威胁与敌对者的风险规避是相关的。同样，这可能并不完美，但给出了合理的近似值，可有效地指导网络安全设计。

17.8　小结

本章涉及将网络安全模块编排为能保护目标系统的网络安全系统。重点介绍风险评估并确定给定系统承担的风险。下一章将讨论如何使用此风险评估指导系统设计，来缓解风险和更好地降低风险。

总结如下：

- 风险是网络安全工程在各种挑战情况和环境下进行分析、指导设计、评估质量和预测性能的实用且有用的指标。
- 度量在工程中对特征化系统、评估性能、预测性能和故障模式以及改进系统具有重要价值。
- 度量是了解如何降低风险而不仅是避免风险的关键。
- 理解风险的关键是了解攻击者如何从攻击中获取价值。
- 防御者的目标是使攻击的成本和风险超出敌对者能承受的范围。
- 网络安全架构的价值与降低攻击者的投资回报率有关，而与防御者在网络安全系统上花费了多少无关。
- 度量设计的风险并将其与已确定的最大可容忍风险比较，从而将设计迭代引导至可接受的风险水平。
- 风险评估分析分为三个阶段：模型和需求的设置、概率的深度分析和信息收集以指导设计。
- 收集达到攻击者战略目标的攻击序列及其相关概率的收割集，可以知道如何最好地减轻风险，因为风险的源头显而易见。

17.9　问题

(1) 主要的网络安全指标是什么？为什么？

(2) 指标在工程中的四个主要用途是什么？简要描述每个对象，并举例说明如何在日常生活中使用。

(3) 风险度量如何用于推动改进网络安全设计？

(4) 为什么网络安全及系统的价值不是由防御者的部署成本衡量的？

(5) 攻击者的价值观与防御者的价值观有何不同？

(6) 进行成本效益分析(Cost-benefit Analysis)时，驱动网络安全的好处是什么？

(7) 为什么说网络安全设计是一个迭代过程？是什么决定何时停止迭代？

(8) 在建立风险评估的分析阶段时开发了哪些模型？ 每个因素在分析过程中起什么作用？

(9) 在分析过程中如何估算概率？如果估算者不同意怎么办？估算应如何组合？如果估计有误怎么办？

(10) 在"与"关系中，攻击步骤序列的概率上限是多少？为什么？如何从敌对者实现父节点(目标)的角度解释"与"关系？在"与"关系中攻击步骤的概率公式是什么？

(11) 在"或"关系中，攻击步骤序列的概率下限是多少？为什么？如何从敌对者实现父节点的角度解释"或"关系？在"或"关系中发生攻击概率的公式是什么？

(12) 什么是攻击割集，如何获得？是采取什么形式获得的？结果如何？攻击步骤的顺序如何表示？

(13) "群体智慧"是什么意思，是如何工作的？

第 **18** 章 风险缓解和优化

学习目标

- 列出并描述风险评估流程(Risk Assessment Process)中的风险缓解(Risk Mitigation)元素，并讨论风险缓解元素与风险评估分析元素之间的关系。
- 解释如何制定风险缓解方案(Risk Mitigation Package)，以及在风险评估流程中如何使用风险缓解方案。
- 定义和比较攻击直接成本和间接影响目标系统的成本，并描述成本是如何产生的。
- 列出风险缓解方案成本的六个方面，并解释为什么以这种方式分解成本很重要。
- 解释修改后的攻击者成功概率是如何开发和适用于基线概率(Baseline Probability)的，以及如何与风险缓解方案的价值关联。
- 描述如何在不同的预算水平优化风险缓解方案的组合，创建最佳的可能解决方案集。
- 总结如何利用优化曲线来驱动网络安全投资决策，获得最有效的结果。
- 讨论适当执行网络安全投资的重要性及其与原始投资决策依据的关系。

风险(Risk)是网络安全的主要衡量标准,因此网络安全专家的业务是将风险降到组织自定义的可接受阈值(Acceptable Threshold)。在安全领域,风险是根据可能结果范围内的概率来衡量的。在网络安全方面,负面结果不是偶然的,而是敌对者故意造成的。

> *安全专家将风险降到组织自定义的阈值。*

风险降低(Risk Reduction)是指在对敌对者开放的整个攻击范围内降低风险。如果敌对者有其他方法达到相同结果,增加敌对者在击败一个机制的成本不会增加敌对者的总体成本。例如,敌对者可攻击另一项薄弱的安全机制,如一个保护不力的工作站。

此外,从经济角度看,如果防御者必须花费 10 美元才能使敌对者的成本增加 1 美元,对于防御者而言,这并非一个有利的财务状况。网络安全专家应向组织利益相关方说明解决方案的价值,即为增加敌对者成本需要付出的防御代价。

上一章详细介绍了风险评估流程的分析阶段,本章讨论设计反馈(Design Feedback)阶段。在设计反馈阶段进行了分析,并指导设计低风险和改进的网络安全架构[BUCK05]。这组步骤如图 18-1 所示,随后进一步描述。图 17-2 所示为设计反馈阶段的连接编号箭头,表示来自风险评估分析阶段的接入连接点。

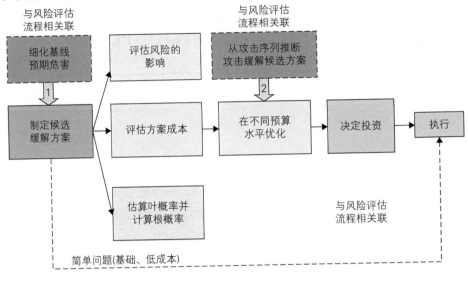

图 18-1　风险评估流程的设计反馈部分

18.1　制定候选缓解方案

　　风险评估的设计反馈部分从准备阶段(Setup Phase)开始,包括开发候选风险缓解方案,即对网络攻击相关安全对策的分组。候选风险缓解方案可如第 17.6.12 节所述受攻击树(Attack Tree)的启发。其他来源则包括基于主题专家对实际攻击的历史经验直觉,或基于红队为确定脆弱性(Vulnerability)而进行的假设攻击演习。方案(Package)也可来自外部资源,如行业最佳实践。方案需要从概念、实现和范围及影响风险、成本和目标系统机制等方面进行全面描述。

　　在本章中,组织继续使用第 17.6 节中介绍的通用银行网络安全系统示例。在学习后面的示例和分析前,读者需要复习 17.6 节,特别是表 17-4 提供的战略攻击者目标,图 17-3 中与战略攻击目标 5 相关的攻击树(提供一个通用的网上银行系统可用性)及表 17-6 中计算的根节点成功概率。表 18-1 显示了一个向攻击目标 5 针对叶节点 8 攻击 Web 服务器的数据包泛洪攻击步骤。

　　这些方案通常指定字母标志符,以便引用(例如,表 18-1 中的 A 或 A1)。

表 18-1　使用前一章介绍的通用银行系统示例缓解方案

缓解方面	说明
标志符	方案 A
(1) 处理的攻击类别	可用性
(2) 技术	路由器和入侵检测
(3) 描述	为所有组织边界路由器购买网络泛洪检测模块，这些路由器检测泛洪攻击包，并自动过滤来自原始 IP 地址的所有数据包
(4) 时间线	两个月
(5) 风险影响	专门针对战略攻击目标 5、节点 8(数据包泛洪攻击 Web 服务器)。预期的解决方案可将泛洪攻击(Flooding Attack)成功的概率降低一个数量级
(6) 成本影响	新增模块的额外许可费为每年 2000 美元
(7) 目标系统影响	对性能的影响可忽略不计
(8) 变量(80/20)	使用一个免费的开源软件网络设备检测数据包泛洪攻击，并向路由器发送一条规则。节省了每年 2000 美元的许可成本(License Cost)，但产生了一次性的开发成本(Development Cost)，即安装和配置软件的成本为每年 1000 美元，使用改进和最新补丁维护软件包的成本为每年 100 美元。将此变量称为 A1(或备选项 1)

下面列出表 18-1 所示示例中的每个字段的目的和意图。

(1) 处理的攻击类别(Attack Category Addressed)　攻击类别有机密性、完整性或可用性攻击。指出了缓解针对的一般攻击类型，为安全专家指明了方向。

(2) 技术(Technology)　表明哪些技术领域受到影响。有助于需要审查一揽子计划的那些人员了解其职责范围的潜在影响和成本。

(3) 描述(Description)　简要描述缓解方案是什么，以及缓解方案涉及哪些内容，以便审查人员了解拟议的安全对策如何影响风险、成本和组织的目标系统。

(4) 时间线(Timeline)　预计从投入到项目完成所需的时间。这一点很重要，因为没有部署安全对策的每一天都有额外风险。一个花两年时间交付的优秀解决方案可能不如一个可在两个月内部署的较好解决方案有效。

(5) 风险影响(Risk Impact)　提议者对安全对策如何减轻风险的看法和依据。分析还将在稍后的过程中由问题专家分别重新评估，但对于这些风险专家来说，理解建议的解决方案的意图很重要。

(6) 成本影响(Cost Impact)　提议者对缓解包装成本的最佳估计。应逐项对表 18-2 中列出的所有六类成本的成本影响估计进行细化。这些成本估算需要由实际实施安全对策解决方案的利益相关方进行审查，因此这些成本估算将在后续步骤中细化。

(7) 目标系统影响(Mission Impact)　在信息技术的支持下，提议者对提议的变化如何影响目标系统的想法。与成本影响一样，实际的目标系统利益相关方必须审查和完善这些估计, 以便对潜在的微妙影响有最好的理解。

(8) 变量(Variation) 在二八原则指导下, 识别潜在变化或安全对策解决方案, 仅用 20% 的成本或 20%的目标系统影响获得 80%的风险降低价值。

> 没有安全对策的每一天都是增加风险的一天。

候选风险缓解方案通常由信息技术组织开发, 对风险评估分析阶段或其他需求(如升级或技术更新)做出响应。这就是为什么需要其他利益相关方审查一揽子方案, 确保提议者关于影响和成本的想法是正确的。尤其重要的是与目标系统所有者沟通, 并使目标系统所有者成为关键的利益相关方, 因为目标系统所有者对规划过程具有重大影响。否则不仅会发生冲突, 而且将导致在前期协调下本可避免失败的目标系统失败。

通常, 制定大约 12 个备选的缓解方案, 这样组织就有了投资选择。继续以通用银行系统为例, 为简洁起见, 组织只提供两个方案(原始方案 A 和一个变量 A1)。如果组织只制定一个方案就是在阻碍自己。应该与利益相关方举行一次有组织的头脑风暴会议, 开发更多解决方案, 特别是开箱即用的创新解决方案。某些解决方案设计甚至可能涉及未来功能的研发。

18.2　评估缓解方案的费用

成本影响包括安全对策解决方案的直接货币成本以及与目标系统影响相关的成本。这两个问题都将在本节中讨论。

18.2.1　直接成本

完全描述候选风险缓解方案后, 分析阶段就开始了。对解决方案在开发、部署和维护过程中产生的成本进行评估。对于每个元素, 通常有助于将信息技术组织产生的成本与由目标系统本身所引起的成本分开。因此, 组织通常为每个候选风险缓解方案创建一个 3×2 的成本矩阵——IT 基础架构成本与目标系统成本的两行, 解决方案生命周期的三个部分(开发、部署和维护)三列。如上一节所述, 表 18-2 和表 18-3 给出了假设的缓解措施 A 和 A1 的成本矩阵示例。

表 18-2　候选风险缓解方案 A 的成本分解矩阵, 协助预算规划

方案A	研发	部署	维护
IT 基础架构成本	0 美元	100 美元	五年以上, 每年 2000 美元
目标系统成本	0 美元	0 美元	五年以上, 每年 0 美元

表 18-3　候选缓解方案 A1 的成本分解矩阵，协助预算规划

方案 A1	研发	部署	维护
IT 基础架构成本	1000 美元	1000 美元	五年以上，每年 100 美元
目标系统成本	0 美元	0 美元	五年以上，每年 0 美元

将基础架构成本和目标系统成本分开通常是有用的，因为这类投资的预算和影响可能有不同的机会成本(Opportunity Cost)。因此成本与收益的权衡对每一种投资都可能不同。成本分析人员常使用二八原则，即 80%的风险降低可通过战略性和选择性的应用获得，前20%的降低可用于系统最重要的部分或方面。取决于有多少个方案，可能会替换一个单独的裁剪方案或原始方案。

18.2.2　对目标系统的影响

方案成本的评估包括目标系统影响，这是一种间接成本(Indirect Cost)。表 2-1 列出每个缓解方案可考虑的 9 个不同影响因子。这些影响必须货币化(Monetized)，用于涉及投资回报的计算，下一节将讨论。组织该怎么做呢？表 2-1 列出 9 个示例目标系统影响，表 18-4以银行系统的运行示例为例，只研究其中的两个。

表 18-4　表 2-1 网上银行范例问题两个目标系统案例的影响因子

序号	方面	网络安全的权衡示例
1	用户友好度	记住口令十分麻烦
2	员工士气	检查大量安全日志令安全运营团队麻木且沮丧

由于两个示例风险缓解方案 A 和 A1 没有显著的目标系统影响，假设有两个新方案，B 和 C。因为敌对者使用计算机网络攻击入侵银行系统(使用受攻击的用户账户或受攻击的银行员工账户)，并从其中一个立足点提升特权，用户账户数据的机密性将丢失。方案 B和 C 的风险降低目标将是在网上银行的企业防火墙和系统中，强化身份验证(Authentication)流程并完善安全策略。

接下来要求利益相关方估计每个方面和每个缓解方案对目标系统的影响。组织在整个风险评估流程中使用相同的诱导方法：独立估算(Independent Estimate)，通过假设水平(Assumption-leveling)讨论确定一些估算师是否做出了不一致的假设，然后基于改进的理解对估算进行可能的修订。流程遵循与以前相同的模式(第 17.6.5 节)，这里没有显示。相反，表 18-5 记录两个目标系统影响因子代表性的最后影响，表示为方案 B 和方案 C 的百分比。估算是根据实施四个风险缓解方案目标系统有效性的相对百分比变化得出的。最小百分比、最大百分比以及值域如表中所示。

表18-5　专家评估拟议的缓解方案对目标系统的影响，以百分比表示

	目标系统影响因子	A	A1	B	C	最小值	最大值	值域
1	用户友好度	0	0	10%	5%	0	10%	10%
2	员工士气	0	0	15%	2%	0	15%	15%

有了目标系统影响评估百分比，回到高层领导小组并询问这些目标系统影响的价值。我们邀请了相同或相似的高级领导者小组，以评估实现代表性攻击目标的敌对者的危害(见第 17.6.5 节)，并使用相同的群体智慧(Wisdom-of-crowd)方法。对于每一个目标系统影响因子，会询问领导层愿意支付多少资金将这个目标系统因子从最大影响转移到最小影响？例如，对表 18-5 中的用户友好度(User-friendliness)因子，将问领导层愿意支付多少资金将一个解决方案从 10%的用户友好度降到没有影响。在领导的头脑中正在做一个复杂计算，考虑用户界面不完善导致的客户流失，以及拨打客户支持热线处理由此产生的令人沮丧的问题而导致的费用增加。表 18-6 列出从表 18-5 转来的影响范围和以美元计算的目标系统影响价值估计。然后将目标系统影响值除以目标系统影响范围的百分比，确定该因子目标系统降级每个百分点的增量值，如表 18-6 的最后一列所示。

表18-6　归属于目标系统影响因子的成本值和增量成本值计算

	目标系统影响因子	值域	目标系统影响值(MI)	每个百分点的值(MI/R)
1	用户友好度	10%	1000 万美元	100 万美元
2	员工士气	15%	500 万美元	33 万美元

通过计算增量成本(Incremental Cost)值，可将表 18-6 中专家给出的目标系统影响百分比货币化，方法是将增量成本值乘以目标系统影响值。在最小目标系统影响百分比非零的情况下，使用以下公式推导一般成本影响系数，然后乘以目标系统影响值。

$$一般成本影响系数 = \frac{影响百分比 - 最小影响百分比}{影响百分比值域}$$

表 18-7 将表 18-5 中所列的目标系统影响百分比转换为与四个缓解方案中每个方案相关的目标系统影响成本。转换通过将方案的目标系统影响百分比乘以目标系统影响百分比完成。例如，B 组目标系统影响的百分比为 10%；用户友好系数的价值为 1000 万美元；方案 B 具有最大的可能影响，因此其成本为用户友好系数的全部目标系统影响成本(10%-0%)/10%*$10M = 1*$10M = $10M。同样，方案 C 只产生 5%的影响，因此目标系统影响成本仅为 1000 万美元或 500 万美元的一半。下一节将使用产生的值确定每个方案的价值。

表 18-7　使用增量值将示例因子百分比转换为数值

	目标系统影响因子	A	A1	B	C	每个百分点的值
1	用户友好度	0	0	1000 万美元	500 万美元	100 万美元
2	员工士气	0	0	500 万美元	66 万美元	33 万美元

18.3　重新估算叶概率并计算根概率

第二阶段分析的下一个目标系统(图 18-1)是重新估计叶概率并计算根节点概率。该方法类似于上一节描述的评估任务(Assessment Task)，只是考虑了给定方案对先前确定的成功基线概率的相对影响(表示为乘数)。如果风险缓解方案只影响服务的可用性，则可很快确定不会对旨在支持数据机密性的机制产生影响。将相对乘数(Relative Multiplier)应用于基线概率，确定叶节点的修正概率。然后将这些修正后的叶节点成功攻击概率组合起来，计算修正后的根节点成功概率。根节点概率的变化反过来用于计算攻击风险如何因部署方案变化而发生变化。此风险变化用于在后续步骤的成本收益分析中计算收益。表 18-8 给出了修正估计过程的一个示例结果。相同或类似的问题专家小组检查正在进行的通用网上银行示例六个攻击树中的每个叶节点。

表 18-8 只显示了六战略攻击目标中的目标 5(可用性)。专家通常提供一个乘数，反映考虑中的风险缓解方案(在通用网上银行示例中是方案 A)的部署如何影响攻击成功的概率。

表 18-8　部署风险缓解方案 A 时对估计概率的修正传递到根节点

序号	攻击树节点和叶	概率	修订乘数	修改后的概率	方式
1	击溃在线银行	2E-01		1E-01	1-(1-P(#2))*(1-(P(#6))
2	后端不可用	1E-04		1E-04	Product(#3,#4,#5,#6)
3	突破防火墙	1E-02	1.00	1E-02	乘数*基线
4	植入恶意软件	1E-01	1.00	1E-01	乘数*基线
5	感染备份	1E-01	1.00	1E-01	乘数*基线
6	击溃后端操作系统	1E+00	1.00	1E+00	乘数*基线
7	使前端不可用	1E-01		1E-01	1-(1-P(#8))*(1-(P(#9))
8	数据包泛洪 Web 服务器	1E-01	0.10	1E-02	乘数*基线
9	域名攻击 Web 地址	1E-01	1.00	1E-01	乘数*基线

修订乘数为 1 意味着评估人员认为方案对攻击者的成功概率没有影响。这可能意味着方案中的安全对策并不打算影响这种类型的攻击，或者评估人员判断安全对策完全无效。

修订乘数为 0 意味着评估人员相信缓解是 100% 有效的，并使攻击完全不可能发生(很少出现这种情况)。乘数为 0.1 意味着评估人员相信缓解措施是非常有效的，会将敌对者成功的概率降低一个数量级。

　　请注意，在表 18-8 中，根节点的修正概率与基线(Baseline)保持不变，为什么？如表 17-6 所示，这是因为内部节点 7(使前端不可用)的概率没有改变。节点 7 的概率没有变化，因为节点 7 的子节点 8 和 9 处于或(OR)关系中。尽管该缓解方案显著降低了节点 8 的攻击成功概率，但该缓解方案对节点 9 的攻击成功概率没有影响(该缓解方案也不是为了影响节点 9 而设计的)。因此组织可以看到，方案 A 除非与其他方案一起使用减少攻击者在节点 9 上成功的概率，否则对于降低风险几乎没有好处。

　　在深入分析战略攻击目标 5(可用性)的成功概率和目标系统影响后，回到表 17-7 所示通用在线银行示例的其他 5 个战略攻击目标列表。表 18-9 是表 17-7 的副本，省略了第三列(攻击造成的危害)，并将概率和预期危害列重新标记为基线概率(Baseline Probability)和基线预期危害(Baseline Expected Harm)，反映在检查方案时发生的修正。表 18-9 的最后两列是新增的，探索了风险缓解方案 C 的效果，创建了修改后的攻击成功概率，从而修改了预期危害。

表 18-9　假设的超级风险缓解方案 C 的总风险降低收益，产生 9000 万美元的风险降低

序号	攻击类别	危害成本(H)	基线概率(P_B)	基线预期危害 ($H*P_B$)	方案 C 修订 概率(P_R)	方案 C 修订 后的预期危 害(P_R*H)
1	机密性	10^7	10^{-2}	10^5	10^{-3}	10^4
2	机密性	10^8	10^{-1}	10^7	10^{-2}	10^6
3	完整性	10^{11}	10^{-3}	10^8	10^{-4}	10^7
4	完整性	10^6	10^{-2}	10^4	10^{-3}	10^3
5	可用性	10^9	10^{-1}	10^8	10^{-2}	10^7
6	可用性	10^{10}	10^{-2}	10^8	10^{-3}	10^7
	总和			10^8		10^7

　　这里省略了深入的分析，只显示修改后的 C 方案对所有六个战略攻击目标的攻击成功概率。注意，方案 C 导致所有六个目标的可能性大幅降低。在实践中，一个缓解方案在整个战略攻击目标范围内如此有效是不寻常的，这里仅用于说明。可看到，风险缓解方案 C 将总体预期危害从 1 亿美元(10^8 美元)的基线降到 1000 万美元(10^7 美元)的修正预期危害。因此，通过简单的减法，风险缓解方案 C 的风险降低值为 9000 万美元！

计算风险降低后，投资回报率(Return On Investment)可计算为风险降低收益减去缓解方案(投资)的直接成本除以方案的直接成本：

$$投资回报 = \frac{风险降低 - 直接成本}{直接成本}$$

如第 18.2.2 节所述，有时需要考虑目标系统影响的间接成本(Indirect Cost)。为此，将该间接成本计入上式的分子，得到：

$$投资回报 = \frac{风险降低 - 直接成本 - 目标系统影响成本}{直接成本}$$

18.4　优化各种实际预算水平

在对所有风险缓解方案评估了成本和风险变化之后，分析阶段的最后一步开始。

18.4.1　背包算法

这一步需要运行一个背包算法(Knapsack Algorithm)，确定在各种选定的预算水平下方案的最佳成本收益组合[MART90]。根据支持的实际范围选择作为优化约束的不同预算水平。通常会考虑大约 10 个可能的水平，包括当前的预算水平、一半的预算水平、两倍的预算水平及增量水平，最高可达整个组织信息技术预算的一小部分，如 10%(这是一般健康的人类为维持其免疫系统所做的投资)。图 18-2 描述了一个示例，其中背包优化用于优化四个风险缓解方案的成本收益组合，这些方案的预算限制在 10 万美元。

执行背包算法的结果是在每个后续水平上选择不同的风险缓解方案组合。优化取决于方案之间如何协同，以及哪些方案组合可产生最佳的风险降低。在给定的预算水平下选择的方案组合称为解决方案集(Solution Set)。表 18-10 列出 10 个不同的假设风险缓解方案(A~J)，以及在不同预算水平下优化的背包算法执行后的结果。阴影项是优化算法根据最大限度降低风险原则，在给定预算水平(每一行)下选择的缓解方案。倒数第二列显示在下一个较低的预算水平上，一个解决方案集相对于前一个解决方案集风险降低值的变化。最后一列给出总风险降低值(Total Risk Reduction)，随着预算水平的增加，累积计算降低量的增量。预算增量水平纯粹是为说明而选择的。对于这个虚构例子，有人可能会说组织通常的预算在 20 万美元左右，所以范围表示从通常预算的 25%到近两倍。

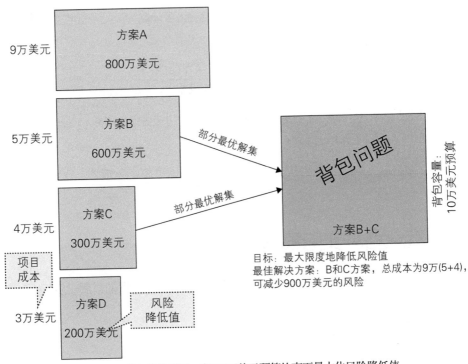

图 18-2　背包优化示例，在 10 万美元预算约束下最大化风险降低值

表 18-10　缓解方案解决方案集的背包优化，其中阴影项表示在给定行的预算水平上选择方案。
这个数字与通用在线银行示例没有关联

预算水平	A	B	C	D	E	F	G	H	I	J	增量风险降低值	风险降低	投资回报率增量
$50 000	$20 000	$30 000	$50 000	$200 000	$100 000	$100 000	$70 000	$75 000	$250 000	350 000	$5 000 000	$5 000 000	100
$100 000	$20 000	$30 000	$50 000	$200 000	$100 000	$100 000	$70 000	$75 000	$250 000	350 000	$2 000 000	$7 000 000	40
$150 000	$20 000	$30 000	$50 000	$200 000	$100 000	$100 000	$70 000	$75 000	$250 000	350 000	$1 700 000	$6 600 000	34
$200 000	$20 000	$30 000	$50 000	$200 000	$100 000	$100 000	$70 000	$75 000	$250 000	350 000	$1 350 000	$6 100 000	27
$250 000	$20 000	$30 000	$50 000	$200 000	$100 000	$100 000	$70 000	$75 000	$250 000	350 000	$1 250 000	$6 600 000	25
$300 000	$20 000	$30 000	$50 000	$200 000	$100 000	$100 000	$70 000	$75 000	$250 000	350 000	$1 150 000	$6 600 000	23
$350 000	$20 000	$30 000	$50 000	$200 000	$100 000	$100 000	$70 000	$75 000	$250 000	350 000	$1 100 000	$6 600 000	22

对于表 18-10，需要指出一些重要和有趣的内容：

- 首先注意，尽管成本(7.5 万美元)完全在预算的最低水平内，但从未选择缓解方案 H。这可能是因为 H 方案对降低风险有负面作用。优化实际上不仅是为了最大限度地降低风险，而是最大限度地降低风险、减少成本和降低目标系统影响的间接成本。因此，如果一个风险缓解方案只提供了比其直接成本更高的适度风险降低，或者如果有重大的目标系统影响，将永远不会选中这个方案。分析人员需要执行更深入的分析，确定为什么没有选中。

- 类似地，从未选中缓解方案 J。J 的直接成本超过了所有预算(35 万美元)。很少有单一的风险缓解方案优于许多方案的组合，因为很多不同方案往往是相互补充覆盖攻击空间的。

- 在大多数解决方案集中选择了经济的缓解方案 A 和 B。这意味着二者可能覆盖了攻击空间的重要和独特的部分。没有选择这些方案，可能是因为在较高预算水平上采用其他解决方案也可取得大致相同甚至完全相同的结果。

- 最后一列标记为"投资回报率增量"，将增加的风险除以与以前预算水平相比增加的预算。这是一个衡量从一个水平增加到下一个水平的投资是否值得的度量(图 18-3)。

背包算法的一个局限性是会忽略风险缓解方案之间的重要协同作用和负面协同作用。可通过明智地选择包括具备高度协同作用措施缓解组合的风险缓解方案来缓解这个问题。此外，对于这些限制，没有什么能取代人类的专业分析和判断。

在这些不同的预算水平上运行背包算法优化创建了一条风险降低与投资曲线，如图 18-3 和表 18-10 所示。根据预算成本(x 轴)与每个预算水平的增量风险降低(y 轴)绘制出来。下一节将更详细地讨论图 18-3。

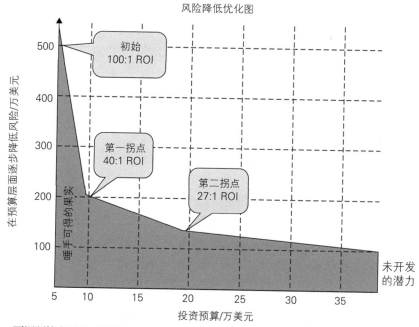

图 18-3 不同预算水平下可能降低风险的概念优化图，在曲线中也显示了投资拐点(Knee)上的增量收益

18.4.2　敏感性分析

上一章讨论的估计过程涉及专家意见，因此是不精确的。如果这些估计发生一个或多个数量级的严重偏离，结果会怎样? 有趣的答案是，有时这并不重要，但在其他时候偏离可产生很大影响。敏感性分析(Sensitivity Analysis)是一种分析技术。敏感性分析允许确定哪些评估在不正确的情况下会显著影响结果。安全专家可一次一个地大范围改变所有输入，并查看优化输出在每个预算水平上对最佳解决方案的改变程度。对于那些对结果有很大影响的估计值，需要进一步通过分析、讨论和实验确认估计的有效性。

18.5　决定投资

一旦创建优化曲线，就可研究投资曲线。这就开始了设计反馈过程的行动阶段，这是从图 17-2 中先前的风险评估流程开始的。在图 18-3 的理论投资曲线中，可看到许多重要和典型的特征。

- 在图左侧较低的投资中，削减高风险是可能的。有时称这些投资为"唾手可得的果实(Low-hanging Fruit)"，不需要伤脑筋。投资的回报通常是每一美元的风险缓解投资就能减少数十到数百美元的风险(例如，5 万美元的投资能减少 500 万美元的风险)。

- 这些容易实现的项目屈指可数。投资回报以 40:1 的比率(200 万/(10 万-5 万))迅速下降。在曲线上有一个斜率变化点，标记为"第一拐点 40:1"。因为坡度变化类似于弯曲的膝盖，在数学上有时称这个点为拐点(Inflection Point)。无论如何，拐点表明现有缓解措施的性质发生了变化，即需要更多投资才能获得与"唾手可得的果实"类似的风险降低。

- 如果组织能负担得起，超过第一拐点的投资回报仍然相当高，值得投资。

- 曲线发展到的第二个拐点，投资回报更快地递减。第二个拐点通常出现在 27:1(135 万/(20 万-15 万))的投资回报率附近。这样的比率仍然是良好的投资回报，但数量级上不如第一部分中"唾手可得的果实"。

- 通常在现实投资水平的高端开始接近 2:1 甚至 1:1 的比率。组织往往决定根据现有资源的看法和现实经济情况，在这一部分的早期阶段对投资进行限制。

- 无论组织决策者选择什么样的投资水平，都可降低曲线其余部分的风险，也许可在未来一轮投资中减少风险。值得注意的是，y 轴并不度量绝对风险(Absolute Risk)，而度量给定方案集带来的风险变化。因此，系统的残余风险(Residual Risk)是基线风险减去从曲线上选择的缓解组合点在 y 轴上的风险降低。因此，如果系统所有者假定为曲线(40:1)的第一个拐点的预算为 10 万美元且风险降为 500 万美元，那么残余风险就等于基线风险减去 500 万美元。如果基线预期危害是 1200 万美元，那么系统的残余风险残余是 700 万美元；残余风险亦称为残余预期危害(Residual Expected Harm)。

残余风险＝选择的解决方案集的基线风险 - 风险降低

18.6　执行

做出投资决策后，进入设计反馈阶段的最后一个步骤，该阶段由之前的风险评估流程指导(图 17-2)，制定了项目计划和基础架构，以便及时成功地部署方案以执行风险缓解，从而充分实现收益。这类网络安全投资的预算通常需要两三年的时间，项目的实施需要几年。这一事实应该为目标系统的风险降低设定预期的时间表。

在项目预算和执行过程中，很多事情都有可能出错。预算延迟可能使项目推迟一年启动。在某个时刻，系统的风险基线会发生变化，此时因为目标系统和环境已经发生了变化，重新分析确保项目仍然是一个好选择就变得非常重要。当项目由于各种原因延迟时也会出现类似问题。通常，削减预算并达成妥协。重要的是要理解评估人员对项目是否得到充分的资金支持及是否按照合理的质量标准执行做出具体假设。一旦违反了这些假设，组织获得的风险降低价值肯定会比预期少得多。某些情况下，这一变化很大，足以授权取消该项目，因为将不再具有预期效果。因此，一旦作出决定，重要的是由一个高级项目负责人监督项目的执行，并在需要重新评估时作出良好的判断。

18.7　小结

本章与上一章关系紧密，上一章讨论如何确定给定系统的风险。本章讨论如何使用这些知识指导系统设计和对可选设计的风险评估迭代——给出一种优化技术帮助在给定投资水平上降低系统风险。接下来的两章开始讲述工程设计的基本原理。

总结如下：

- 网络安全专家从事的业务是将风险降到可接受水平。
- 风险缓解方案包括制定替代风险缓解方案或解决方案集，评估风险缓解控制措施的影响，为各种可选风险缓解控制措施的组合优化投资，决定最佳投资，然后执行修订后的设计。
- 候选缓解方案针对基准风险的主要来源，以风险评估分析为指导。
- 应该分解缓解成本，确定由谁来支付，以及成本在生命周期的哪个阶段发生，以便能得到适当的资助、规划和管理。
- 缓解成本还包括对目标系统的影响，可通过让高层领导对目标系统影响因子增加价值而货币化。

- 每个缓解方案都会针对攻击森林中的每个攻击叶节点计算修正后的攻击成功概率。这构成了理解每个方案如何有效处理代表性攻击的基础，并成为价值的基础。
- 降低风险的投资回报是：降低风险减去直接成本减去对目标系统的影响，再除以直接成本，有一种物超所值的感觉。
- 在实际预算水平上优化，选择各种预算水平上的最佳风险缓解方案组合，帮助决策者确定最佳投资方式和预算水平。
- 然后，通过分析曲线的特征，特别是斜率变化和增量收益开始下降的拐点，优化投资曲线可在给定预算约束的情况下，引导决策者做出最佳投资。
- 投资决策很重要，但在执行过程中决策同样重要。计划延误和预算削减不可避免。重要的是确保在分析过程中所做的假设得到维护，并当对攻击者成功概率、直接成本或对目标系统影响的间接成本的估计有足够大的偏差时，触发重新评估。

18.8　问题

(1) 总结风险评估的风险缓解方面。列出每个阶段和每个阶段中的步骤。描述每个步骤之间如何相互支撑。

(2) 如何开发风险缓解方案？应该有多少个？

(3) 缓解方案中有哪些字段，为什么要设计这些字段？

(4) 缓解方案描述的受众是谁？

(5) 如何将二八原则应用到风险缓解方案以开发其他选项？

(6) 应为风险缓解方案制定哪六种类型的成本估算？为什么是六种？每一种类型扮演什么样的角色？如何将成本从一种类型转到另一种类型？列举一个例子。

(7) 列出至少三个目标系统影响因子，为什么这些目标系统影响因子对模型很重要？

(8) 为什么修正后的攻击成功概率通常作为基线的修正乘数？乘数为 1 是什么意思？乘数为 0 是什么意思？

(9) 如何从叶节点的概率得到根节点的概率？

(10) 什么样的算法用于探索可能的投资空间，并在不同的预算水平上找到最优的投资？这个算法的时间复杂度是多少？

(11) 在背包容量(预算水平)为 1 万美元到 10 万美元之间，以 1 万美元为增量，为图 18-2 中给出的缓解问题开发投资曲线。显示数据表并绘制曲线。

(12) 优化投资曲线如何影响缓解投资决策？

(13) 怎样知道一项投资的执行情况如何，这种不确定性怎样影响概率估算？

第 **19** 章　工 程 基 础

学习目标

- 解释墨菲定律(Murphy's Law)对系统工程的影响。
- 阐述安全缓冲工程技术，及其与不确定性的关系。
- 详述风险守恒的伪命题，及风险如何"转移"。
- 描述 KISS(Keep-It-Simple-Stupid)原则如何应对需求蔓延。
- 总结系统设计早期的投入如何获得回报。
- 解读增量开发如何及何时可提高系统的成功率。
- 详述模块化(Modularity)和抽象(Abstraction)如何管理系统复杂度。
- 对比层次化(Layering)和模块化(Modularity)概念，并讨论层次化和模块化如何在设计中协作。
- 阐述时间复杂度和空间复杂度概念，并与系统伸缩性建立联系。
- 解释循环和访问局部性为什么对性能优化非常重要。
- 详述分治在系统设计过程中的作用，及其与递归的关系。

网络安全架构(Cybersecurity Architecture)是将各种安全机制和功能有机整合，有效遏制敌对者实现战略攻击目标。正如本书所讨论的，网络安全架构依赖有效的构建块。对网络安全架构同样重要的是运用设计原理正确部署和搭配构建块。以下正确的设计原理适用于所有系统，但运用到安全系统时可增强抵御网络攻击的信心。

19.1　系统工程原理

介绍安全设计原理前，先从更基础的系统工程原理(Systems Engineering Principle)和计算机科学原理(Computer Science Principle)开始，因为这些原理是安全设计原理的基础。介绍系统工程原理和计算机科学原理的优秀书籍已经数不胜数。本节并不尝试回顾所有内容，而是重点介绍对安全设计原理实践具有重要作用的内容。鼓励安全专家们进一步阅读常见设计原理的更多内容[LEVE12] [KOSS11]。

19.1.1　墨菲定律

事情如果有变坏的可能，不管这种可能性有多小，则总有一天会发生。这就是许多人在生活中经常听到的墨菲定律(Murphy's Law)。墨菲定律非常适用于工程领域，尤其是网络安全领域。因此，工程师必须清楚系统故障出现的所有方式，并构思如何应对:

- 预防故障发生。
- 检测故障发生。
- 检测到故障发生时，让系统从故障中恢复。
- 错误容忍，直到系统恢复。

注意，以上四个概念的关系是"与(AND)"，而不是"或(OR)"。预防、检测、恢复和容错共同作用，为抵御故障造成的影响提供多道防线。预防、检测、恢复和容错都是必需的，需要相互配合。

> 事情如果有变坏的可能，不管这种可能性有多小，则总有一天会发生。

1) 预防(Prevent)

故障可引发错误，而错误可导致系统失效。这个连锁反应已在第 5.6 节介绍过。预防故障是有关系统设计及实现的优秀实践，本章稍后将进一步介绍。在开发阶段，消除故障的投资回报非常可观[NIST02] [ZHIV09] [FAGA76]。而修复维护阶段发现的故障的成本比设计阶段高 100 倍(如图 19-1)。

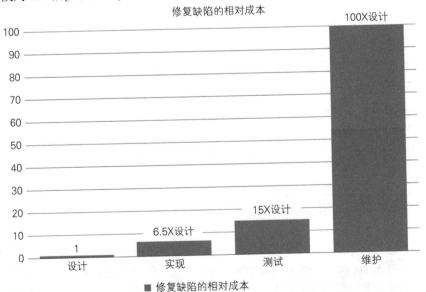

图 19-1　相比于设计阶段修复缺陷的成本，在系统后续阶段修复缺陷成本成倍增加

安全故障可能对系统造成灾难性后果，最坏的情况可能导致系统完全失效。取决于安全功能的集成方式，如果身份验证(Authentication)或授权(Authorization)等安全功能失效，敌对者(Adversary)可肆无忌惮地访问系统资源，或导致系统完全不可用。针对目标系统，这两种情况都不是什么好兆头。

> *安全故障可能导致整体目标系统失效。*

2) 检测(Detect)

无论工程师如何殚精竭虑、努力预防错误，但故障(Failure)总不可避免。网络安全专家不仅要认识到这个重要事实，并且要有意识地运用到日常工作中。优秀的网络安全专家应在各类故障中不断学习，了解系统出现的故障类型及产生方式，进而深入了解故障的检测手段。每个子系统都需要尝试检测内部错误，预测与其交互的其他子系统会产生错误。假设所有子系统都完美无缺是一个错误常识。千万不要成为怀有这种想法的工程师。

网络安全系统非常关键。因此，网络安全系统有必要考虑更多检测错误的设计和实现，而不应该像当前许多网络安全系统那样考虑甚少。例如，网络安全系统通常假设与之通信的其他系统都是可信赖的，绝无恶意。如果敌对者控制了网络安全系统所依赖的另一个系统，那该怎么办？盲目地信任其他系统，攻击可能迅速波及整个系统。

> *永远不要盲目地信任所依赖的相关系统。*

3) 恢复(Recover)

一旦检测到故障就必须恢复系统。恢复流程如下：

(1) 分析和评估故障造成的损失(如损坏的文件)。

(2) 通过存储的检查点(Checkpoint)采用回滚数据库等技术手段消除损失。

(3) 分析和诊断故障的起因(如软件错误)。

(4) 消除故障产生的起因(例如，修补系统以修复错误)。

(5) 使系统恢复到运行安全状态(Safe State)。

(6) 以最小工作损失恢复运行。

分析和评估损失至关重要，在网络安全领域尤其如此。如果访问控制列表(Access Control Table)遭受损坏，敌对者则可能未经授权访问系统。所有网络安全系统都应该定期进行自我诊断(Self-Diagnostic)，检查程序或关键数据结构是否存在错误和不一致的情况。

破坏恢复涉及网络安全系统设计方面，允许将系统回滚到已知的良好状态，亦称安全状态(Safe State)。安全状态包含安全核心数据、安全核心程序及程序执行状态。在计算机科学领域，尤其是在数据库管理系统设计方面，研究人员已深入研究保存已知安全状态(称为检查点)和恢复安全状态(称为回滚)的方法[BOUT03]。在多个分布式子系统协作实现网络安全功能情况下，安全状态保存与恢复会非常棘手。安全状态包含所有子系统的状态，回滚也需要将所有安全子系统的状态协调成一致的安全状态。

4) 容错(Tolerate)

系统故障必然会发生。实际上，对任何足够复杂的系统，系统的一部分总以某种故障模式运行。故障模式(Failure Mode)可能有所不同，取决于系统设计，故障可从带来轻微不便的故障到灾难性故障大小不等。譬如，如果飞机发动机因故障平稳地停止运行，并对即将发生的故障发出充分警告，这是一回事；如果飞机发动机因内部零件损坏出现故障，让内部零件卷入机身，进一步破坏机翼和机舱的结构完整性，则可能引发坠机危险，这完全是另一回事。

系统展现哪种故障模式是系统设计的事情，需要系统架构师事先考虑。优秀的系统架构师不断地问自己，系统可能出现什么故障，如果故障可能造成灾难性后果，就必须重新设计系统。

> **系统故障必然会发生。**

在网络安全领域，为故障制定规划和在故障中存活都至关重要。像任何其他系统一样，网络安全机制也必然失效。唯一的问题是故障时间、故障频率及故障模式。正如墨菲定律所述，可认为"故障时间"的答案是"最坏的时间"，"故障频率'等同于如何预防的问题，"故障模式"等同于如何进行深思熟虑设计问题。例如，某个网络安全传感器出现故障，很难从入侵检测系统(Intrusion Detection System)检测到这个传感器出现故障。如果失效的传感器是检测某类攻击的唯一手段，系统便无法检测这类攻击，但安全管理员却仍认为可检测。失效的传感器为敌对者发起攻击创造一个绝佳机会。针对上述故障，系统应发出警报，安全管理员必须迅速采取纠正措施(如更换传感器，或修理后重新启动传感器)。再如，授权系统未分配到充足的主内存空间执行访问控制决策，也不应该简单地崩溃并彻底失效，而应该把辅助内存作为临时交换空间，降低执行速度后继续。

> **灾难性故障模式是设计问题。**

19.1.2　安全冗余

网络安全工程旨在将风险降至可接受的最低水平。网络安全工程存在的三个重要事实阻碍了风险最小化的实现：

- 用户行为
- 意外情况
- 不确定性

例如，设计吊床之类的机械系统需满足特定的总负载指标(Total Load Weight)。但用户总会找到超过总负载的方法。或无意为之，或用户了解在超重情况下机械系统仍可正常运行。一旦出现意外，可能出现超出系统设计极限的情况，例如，过去 50 年美国人的平均体重猛增。最后，系统组件性能无法保持完全一致，存在一些不确定性(Uncertainty)。譬如由于金属材质和生产工艺的细微差异，并非所有钢梁都能承受完全相同的重量。由于工程知识精确度的限制，实际性能指标可能仅是近似值。

为应对上述 3 种情况，工程师提出所谓的"安全冗余(Margin Of Safety)"。安全冗余就是要求工程系统能应对超出规定指标的情况。如果安全冗余需要考虑上述 3 种情况，故障风险足够高，则实际性能指标可能是规定性能指标的 3 倍。

> **不确定性和不可预测性需要系统存在一定的安全冗余。**

网络安全工程包含不断迭代的风险评估(Risk Assessment)，而风险评估又需要粗略估计风险概率(请参阅第 17.6 节)。由于估算的结果不精确，粗略估算会产生大量不确定性。此外，不了解敌对者真实实力，加之防御系统可能隐藏未发现的安全漏洞，因此强烈建议在目标风险水平上设置较高的安全冗余。安全冗余和可接受的安全风险水平之间的比例是1:3，这个比例是最低要求，还可更高。例如，如果可接受的风险水平是承受 9900 万美元的损失，网络安全专家值得预留 3300 万美元预算解决所有不确定性。

19.1.3 能量和风险守恒

能量守恒定律指出，能量既不会凭空产生，也不会凭空消失，只是进行形式上的变换。在工程领域，能量守恒定律应用广泛，影响深远，如可推导出不可能制造永动机。

类比能量守恒定律，网络安全领域流传一个半开玩笑的伪定律(Pseudo-Principle)，即风险既不会凭空产生，也不会凭空消失，只是不断转移。鉴于本书仅讲述系统设计如何降低总体风险，所以此定律并非放之四海而皆准。

网络安全设计的改变经常像按下葫芦起了瓢一样，消除某个风险，但发现风险又在其他地方出现。风险在系统中出现的位置总是神出鬼没，最终导致受保护系统比预期的设计更不安全。因此，这个伪定律还是有值得借鉴的地方。

例如，身份验证(Authentication)子系统使用更长和更复杂的口令，此设计看似不错。但用户记不住口令，不得不将口令记在便笺上，贴在键盘下面(类似将应急钥匙藏在住宅大门的垫子下面)，尝试敌对者会尝试先翻一翻。或更糟的是将口令在线存储在某个敌对者可轻易获取的文件中。实际上，此安全设计只是将风险从网络安全系统转移到用户身上，而用户的应对措施却加剧受保护系统所面临的整体风险。类似的安全设计可让系统所有者转移责任，并在账户出现泄露时把责任推卸到用户身上。

网络安全专家应该反思提出的所有网络安全系统变更："这种变更可消除哪个方面的风险？是否真的消除了这个方面的风险？对整体风险(不仅是局部风险)又产生什么影响？"

> **风险总是转移到出其不意的位置。**

19.1.4　KISS 原则

保持简单原则，在英文中通常缩写为 KISS(Keep It Simple, Stupid)原则，简单任务比复杂任务更容易正确处理。相对于运转不良的复杂系统，人们更喜欢运行良好的简单系统。想象带有数十个菜单、二级菜单及三级菜单的复杂用户界面。如果用户不明白如何使用系统完成一些常见任务，系统功能存在的意义便无从谈起。

> 简单任务比复杂任务更容易完成。

KISS 原则适用于所有系统，同样也非常适用于网络安全系统。网络安全系统出现故障的后果非常严重，正确实现功能至关重要。KISS 原则是提高设计成功率的一种方式。保持网络安全服务接口的简洁，可提高服务正确整合及使用的可能性。

违反 KISS 原则的一种隐匿的现象称为需求蔓延(Requirement Creep)。任何系统设计时，自然而然地倾向于增加新需求，超出最初设计的核心需求。如短语"嗯，既然正在设计，不妨增加……"应该让所有优秀的工程师心生恐惧，这就是需求蔓延的表达方式。此想法背后的意图并非不合理，可让系统功能更强大，为更多用户提供服务，以较小投入增加一项功能，便可获得更高的投资回报。

遗憾的是，通往地狱的道路是由善意铺成的，"仅增加一项需求"逐渐演变成增加 20 或 30 多项需求，使得系统越来越复杂，预算不断增加，进度不断延期。在开发过程中新增需求，情况更糟糕，导致重新设计。在系统设计和实现过程中，增加系统的复杂性，可能引入系统缺陷和意外行为。出现这种情况的主要原因是由于尝试设计更复杂的系统，引入额外的代码错误和设计错误。

应该强烈抵制需求蔓延。正如在第 19.1.6 节介绍，在通过增量式设计和开发的系统中，可将新需求放入系统未来的升级版本。用户在体验完核心功能后，通常意识到根本不需要额外功能，或者额外功能代价过高。

> 小心需求蔓延，需求蔓延会导致系统失败，应坚决抵制需求蔓延！

19.1.5　开发流程

系统开发流程对所有工程项目的结果都至关重要。如果将钢梁胡乱堆砌在一起，建筑物注定倒塌。同样，没有设计意识，只是将代码随意组合在一起，系统注定失败。

在第 5.4 节介绍了工程 V 模型。V 模型强调前期对工程过程及原则进行投资的重要性。在需求阶段花费足够的时间，深刻理解真正的而不仅是用户想要的需求，设计良好的系统更可能满足用户需求。优秀的设计要考虑多种方案，并依据风险、有效目标系统支撑、扩展能力等关键参数筛选。良好且安全的编码实践可减少程序缺陷的数量，进而减少系统缺陷、系统错误及成本高昂的系统故障。一些专业工程师抱怨，严格的工程过程需要耗费时间、金钱，并让工程"枯燥无味"。如图 19-1 所示，在需求、设计和编码阶段额外的前期投入最多可得到 100 倍的回报，因为不需要在生命周期的后期耗费大量精力查找和修复错误。

> 向优秀的工程流程投入资金，终将获得回报。

这并不是说预付投资的收益不会减少，特别是在进度延期方面。几十年前，重要系统的交付时间长达七年以上的情况十分常见。当计算机技术发展缓慢时，这种交付模式可良好运行。但即使在那时，进度延期也会带来很高风险，即系统在交付时已经过时。实际上，大约 60%~70% 的代码从未运行过[KRIG09]。这种情况是对资源的极大浪费，可归结为从需求阶段开始的糟糕设计流程。

19.1.6　增量开发和敏捷开发

根据 KISS 原则，小型系统在各个方面总比大型系统表现更好。因此，最好从最小功能集开始，认真开发系统，并进行测试和交付。尽快将运行良好的系统交付给用户。用户可迅速提供反馈，提出可能与最初设计有很大不同的改进建议。用户可迅速确定新功能的优先级。这个过程可促使系统不断改进，不断增加新功能。基于相同原因，这种迭代，有时也称为 Spin，保持最小化，可快速交付。系统会不断迭代，直到完全交付为止。持续改进可能无限期增加系统价值，所以迭代过程可能跨越系统整个生命周期。Spin 增量和迭代开发过程有时称为敏捷设计(Agile Design)，而交付模型有时称为 DevOps(Development-Operations，开发-运维)。DevOps 指出开发和运维之间紧密融合，两者通过快速交付周期和反馈紧密联系在一起。

> 简单有效的系统可击败迟迟无法交付的复杂系统。

网络安全专家必须牢记两个重要忠告。首先，敏捷设计往往成为糟糕流程的借口。在设计过程中，忽视流程，缺少文档。如前所述，这种模式会带来灾难性后果。V 模型的所有流程，尤其是良好的需求和设计对成功的系统设计都是必要的，不管建设的目标是桥梁还是网络安全系统。所有流程都要妥善记录。流程不需要特别冗长或复杂。如果经过专家深思熟虑和设计，内容可在几小时或几天内得以流程化并实现。

其次，必须选用合适可增量迭代的总体架构，否则系统会演变成胡拼乱凑的系统，臃肿不堪，最终崩溃。具有讽刺意味的是，为确保快速增量开发形成一致的系统，敏捷设计要求在需求、架构和设计的前期投入更多精力。遗憾的是，成本和进度压力往往导致前期投入水平得不到保证，最终带来灾难性后果。更令人担忧的是，管理者和整个组织并不认为糟糕后果是管理不善导致的，可能在错误的道路上越走越远。千万不要让这种情况在身边重现。安全专家作为专业的安全从业人员，网络安全专家需要为系统安全承担相应道德和法律责任，请认真对待。

> **网络安全专家需要对系统安全负责。**

对网络安全而言，总体架构下的增量设计更重要。例如，网络安全工程必须对身份验证、授权及策略管理的组合方式有一定了解。在规划增量迭代时，网络安全专家必须深刻理解功能之间的依赖性，从功能依赖性方面确保每次增量迭代都是完整的。例如，如果新增的授权功能需要加强身份验证方式，在系统新版本中必须将两者一起交付才有意义。如果网络架构设计良好，子系统之间的界面清晰，便可对某个子系统进行改进，而不需要对其他子系统进行大规模升级改造。第 19.2.1 节介绍如何实现这个重要的系统属性，称为模块化。

19.2　计算机科学原理

计算机科学是一种特殊的工程类型，包含计算机硬件和软件工程。工程领域的所有原理都适用于计算机科学。由于计算机科学，特别是软件的特性，计算机科学原理增加了一些新原理。本节将介绍这些新增的原理。

19.2.1　模块化和抽象

从根本上讲，模块化(Modularity)和抽象(Abstraction)是关于如何清晰构思设计的。模块化和抽象将系统划分为逻辑功能组，再将主要功能分解为子功能，直至分解成一组构建系统的基本原始功能。系统可通过多种方式分解。本节介绍对系统进行适当分解，从而获得良好的设计特性。

1) 面向对象(Object Orientation)

优秀的分解方法会考虑一些共性行为，这些行为可自然而然地相互协同并使用通用数据结构。一种有效的分解方法是系统遵循现实世界的工作运转方式。例如，在餐厅中，食客从老板手中接过菜单，用菜单点餐，并将订单告知服务员，后面由服务员转告厨师。厨师着手准备饭菜，完成后再通知服务员。服务员将饭菜送给食客，由食客享用，随后食客向收银员付款。此场景提供一种自然合理的方式构建系统，基于菜单、账单等各种数据结构，创建食客、老板、服务员、厨师和收银员等各个参与者，定义订单、提交订单、取餐、送餐、进餐和付款等各种行为。这种组织方式有时称为面向对象设计(Object-Oriented Design)，体现了模块化和抽象概念。所有计算机科学家都应该对面向对象设计有所了解[BOOC93]。

2) 设计模式(Design Pattern)

除了像面向对象设计之类的设计范例外，计算机科学家需要积累丰富经验，进而知悉哪种分解方式最优。计算机科学家可通过几次失败尝试总结这种经验。幸运的是，有时可从称为设计模式[GAMM95]的设计模板中汲取相关经验。尤其是针对等特定领域已形成了有效设计模式，诸如石化厂控制系统或银行业务，设计模式是一种出色的经验总结方法。

3) 模块化(Modularity)

模块化是一种将相似功能聚合到以下编程实体的设计原理：

- 明确的控制边界
- 私有数据结构
- 清晰定义的接口

编程实体，又可称为模块(Module)或对象(Object)，可以是一种特有的程序功能，甚至是一个在私有地址空间(Address Space)中运行的独立进程。当大多数子功能在同一模块内完成时，模块应具有明确的控制边界。模块包含私有数据结构，如数组、表和列表等。这些数据结构仅由本模块的功能访问，需要保护起来阻止外部访问。创建和维护受保护的私有数据有时亦称数据隐藏(Data Hiding)，因为对不需要直接访问的模块和用户隐藏关键数据。因为仅模块内少数功能可更改私有数据结构，数据隐藏更容易控制对数据结构的修改。定义清晰的接口意思是使用少量参数调用模块，每个参数都具有明确的语法(Syntax，格式)和语义(Semantic，含义)，并且返回的数据也一样明确。模块的示例如图 19-2 所示。

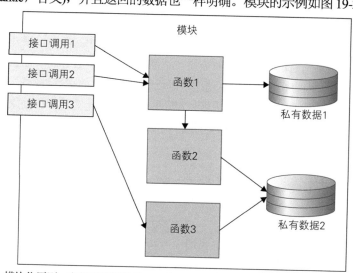

图 19-2　模块化原则，左侧有清晰的接口，实现接口的内部函数，以及受保护的私有数据，仅对内部可见，外部无法访问

4) 抽象(Abstraction)

抽象与模块化概念是相似的。抽象通过隐藏细节处理系统复杂性，从而不必一次考虑所有复杂细节及所有可能的交互。抽象在计算机科学中的作用和在自然语言中的作用相似。

单词"桃子"是对桃子所有可能实例的抽象，包含所有可能的桃子品种，涵盖桃子从长出到腐烂的生命周期的所有阶段。在提及桃子时不必列举所有实例。

　　类似地，在本节前面提及的餐厅示例中，服务员具有许多属性，能从事许多操作。对于人力资源部门而言，服务员有工资、工作时间表、福利、工作授权和最低年龄要求等属性。对于餐厅经理而言，服务员可提供某些餐桌服务、送餐，也对客户满意度负部分责任。因此，服务员的抽象实际上非常复杂。

　　在设计系统时，描述服务员与厨师交互、服务员为食客送餐类似的特定工作流时，没必要考虑细枝末节。设计人员忽视描述细节，在较高抽象水平上理解整个系统。然后，每个抽象可分解成详细功能，甚至可由不同的人员分解。一个抽象通常某个模块来实现。抽象也能以层次化形式出现，如下一节所述。

19.2.2　层次化

　　在自然语言中，概念建立在复杂性和抽象性不断提高的层次结构上。例如，家具概念依赖椅子、桌子和沙发等概念，而椅子、桌子和沙发等概念又依赖于人们对每种家具的认知。学习理论量子物理学之前，要学习古典物理学，再往前还需要对科学概念有基本了解。这是一个知识积累过程。

　　同样，计算机科学使用层次化(Layering)作为管理系统复杂性的一种方式。层次化与模块化概念类似。不同之处在于，层次化实际上是对协同工作模块的分组，在同一层次中模块拥有相同抽象级别。在某个抽象层内，模块通常会相互调用。调用该层外部模块的功能是直接调用下层模块进行的，尽管有时需要在不需要从上一层进行高层抽象的情况下调用较低的层(例如，应用程序调用设备驱动程序等低级功能，从而提高性能)。低层模块永远不要调用高层模块，因为一层的概念只能依赖于较低的层创建的功能和抽象的有序构建。下层模块调用上层模块的功能调用称为分层冲突(Layer Violation)，一定要避免。图 19-3 描述了层次化原理。

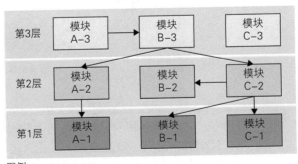

图例：

Ａ ▶ Ｂ 模块A调用模块B接口的函数

图19-3　层次化设计原理，控制系统复杂性，建立抽象层

作为层次化示例，操作系统内核对底层硬件抽象，并创建系统资源独占控制的接口。实际上系统资源在程序之间共享。可以说，操作系统内核对底层硬件抽象，因为操作系统内核可在硬件提供的基本功能基础上扩展为更复杂的功能。在抽象过程中，操作系统内核需要牺牲灵活性和性能，换取更为强大和复杂的功能的同时隐藏底层硬件功能的细节。操作系统利用内核函数，为底层内核创建更高的抽象层。反过来，应用程序再调用操作系统函数满足目标系统要求。系统层次化如图 8-5 和图 9-1 所示。同样，入侵检测系统的层次化示例如图 13-2 所示。

像模块化一样，因为层次化将功能分解为较小且易于理解的功能，层次化更容易证明功能实现的正确性。遵循模块化和层次化的规则可保持系统简洁。

因为缺陷可能导致系统出现灾难性故障，安全功能等的正确实现对系统安全性至关重要。如果希望建立一个可信赖的系统，则必须同时设计模块化和层次化的网络安全机制。应确保网络安全层跨越并集成应用程序、高级操作系统，直到硬件层(请参阅第 9.1 节)，创建一系列可信赖的防护层。例如，在防护脆弱的计算机系统的授权服务中构建访问控制决策毫无意义。

入侵检测系统如果基于完全不可信赖的传感器，那么检测攻击结果不可信。人们必须假设传感器会成为敌对者的首选目标。

> 模块化和层次化是系统可靠性的基础。

19.2.3 时间和空间复杂度：理解可扩展性

通常，网络安全解决方案已通过实验室环境的测试，看似可有效运转。当扩展到现实环境中成千上万用户时，网络安全解决方案有时经证明无力支撑。需要从用户和系统运营人员的角度，对系统的部署和运营进行可扩展性(Scalability)分析，针对网络安全系统更应如此。要了解什么是可扩展性，理解系统的复杂性是关键。

并不是系统所有部分都同样重要。优秀的计算机科学家清楚需要将精力集中在系统哪些部分。本节之前提到复杂度(Complexity)概念是待处理的问题。在计算机科学中，复杂度术语还有第二种更专业的含义。复杂度是指完成列表排序等计算任务的难度。复杂度分为时间复杂度(Time Complexity)和空间复杂度(Space Complexity)两类。时间复杂度是指完成任务需要花费多少时间。空间复杂度是完成任务需要占用多少内存。时间复杂度是本节后续部分的重点。空间复杂度与时间复杂度相似，为简洁起见，在此省略。可进一步阅读了解复杂度这一重要领域[AHO74]。

时间复杂度并不通过秒(时间单位)表示，而通过基于输入大小或任务其他基本参数的数学函数表示。例如，冒泡排序的时间复杂度表示为 $O(n^2)$。冒泡排序会对列表中的元素逐对比较，如果第 2 个元素小于第 1 个元素，则交换两个元素的位置，因此最小元素会通过第 1 轮循环"冒泡"至列表第 1 个位置。冒泡排序在列表中执行 n 轮循环，那么第 2 小的元素、第 3 小的元素等也冒泡到相应位置。此过程意味着冒泡排序的时间复杂度是输入大小的平方阶数(O 代表"阶数"，近似于 10 的幂)。在冒泡排序中，n 是列表元素的大小。因此，冒泡排序需要花费 n^2 个步骤，从而对包含 n 个元素的列表完成排序。事实证明，存在一种更快的列表排序方法。可使用名为快速排序(Quick-Sort)[AHO74]的算法，在 n*log(n) 时间复杂度内完成列表排序。为什么了解复杂度非常重要？

因为复杂度分析可直接影响系统的可扩展性。如前所述，针对给定问题，某些算法优于其他算法。最坏的情况是算法与其关键参数是指数相关。随着步骤数量的增加，指数级复杂度(Exponential Complexity)的算法很快就接近天文数字，导致所有计算机都难以胜任，所以指数级复杂度的算法无法扩展。多项式级算法的时间复杂度可表示为一系列项组成的方程式，在这些项中，所有输入参数不是指数的(如 10^n)。因此，从实用角度看，多项式级算法和指数级算法之间的区别非常明显。指数级算法有时也称为非多项式(Non-Polynomial)，简称为 NP。

> **复杂度分析可直接影响系统的可扩展性。**

那么，可以说问题与解决此问题的最佳算法的难度等价。有时，可证明某个算法是最好的，但在其他时候，此算法只是目前最熟知的算法。如果解决某个问题最熟知的算法是指数级的复杂度，那么此问题是指数级问题或非多项式级问题。此类问题通常需要使用启发式算法寻找近似解决方案。启发式算法(Heuristic Algorithm)可给出满意答案，但不一定是最佳答案。满意答案有时已经符合要求，启发式算法就够用。

因此，对于选用何种解决方案，及待解决问题是否有更好解决方案，复杂度分析(Complexity Analysis)起到非常重要的作用。不使用复杂度分析，设计人员就像在黑暗中探索，可能选用错误的解决方案，导致系统投入运行后迅速崩溃。

19.2.4 关注重点：循环和局部性

在系统性能方面，程序循环(如 For、Do-While、Repeat-Until)和本地访问非常重要的概念。就系统性能而言，代码的影响是不同的。软件在执行循环中耗费大量时间。性能提升应该集中在优化循环内部的软件代码，而不是耗费在仅执行几次的代码上。

对代码执行性能而言，数据结构的设计和对其内部数据的访问同样重要。软件程序通常不会将所有数据都加载到内存。访问辅助内存数据的时间可能是访问内存数据时间的 10~100 倍，导致程序性能大幅下降。因此，谨慎设计数据结构非常重要。相同重复代码序列访问的内存应该彼此相邻，防止数据从内存中换入和换出。因为连续访问形成的内存并称为空间访问局部性(Space Locality of Reference)。

由于循环和模块化的特性，同样存在一种称为时间访问局部性(Time Locality of Reference)的现象。如果运算在某个时刻访问了内存的某个位置，那么在接下来的几个时刻很可能继续访问。这种局部性原理促使缓存等加速技术的出现。最近访问的内存数据保存在快速内存(Fast Memory)中，确保后续访问尽可能快。如果一段时间内程序未访问快速内存中的数据，则将最近访问的内存数据更新，此过程称为老化(Aging Off)。

网络安全运营，特别是身份验证和授权等涉及资源访问检查的操作，可能会严重降低系统性能，所以访问局部和循环非常重要。网络安全专家必须对性能问题非常敏感。一般来讲，绝不允许稳定运行的网络安全机制导致防御系统性能下降超过 10%。网络安全机制在遭受攻击时(如 15.5 节中介绍的可调探针)暂时提高资源占用率是合理的，在正常运行情况下则不允许。如果网络安全机制对系统性能造成重大影响，可能引发系统所有者和运营人员绕开网络安全机制，尤其是在急切需要性能，或目标系统承受压力的时候。

> 网络安全对系统性能的影响不应超过 10%。

19.2.5　分治和递归

分治(Divide And Conquer)是解决系统复杂度的另一种重要方法。如果问题太复杂，弄清楚如何解决简单问题，然后将简单方式组合解决复杂问题。思考 "!" 符号表示的阶乘函数(Factorial Function)。在数学上，非负整数 n 的阶乘定义为所有小于或等于 n 的正整数的乘积。0!取值为 1。例如，5!= 5 * 4 * 3 * 2 * 1 = 120。或可将阶乘定义为：n!=n *(n-1)!

根据定义，计算 5!等同于计算 5*4!。因此可将阶乘问题分为两个子问题，即计算问题的简单版本 4!，然后将此结果乘以 5。因为仍然要计算 4!，这个步骤还不能得出答案。但需要注意，可用相同的分治方法解决 4!问题。因此，4!的等价为 4*3!，而 3!又分解为 3*2!。2!可分解为 2*1!。最后按照函数定义，1!=1，得到结果。为解决复杂问题，可将其分解为越来越简单的阶乘，直至计算结果可轻易得出。图 19-4 显示将 5!分解成子问题顺序，然后从子问题的结果构建最终结果。

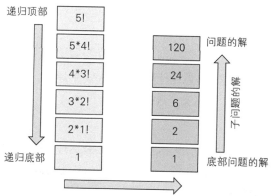

图 19-4　阶乘算法的递归示例，通过求解一系列较简单的子问题获得最终解

递归(Recursion)是一种编程技术，通过实现分治方法解决复杂问题。递归允许函数进

行自我调用, 函数保持挂起, 直至较简单问题逐渐得到解决。递归首先挂起函数状态并存入内存, 再使用新参数创建函数的新实例。在上例中, 先创建名为 factorial(x = 5) 的函数。该函数的代码显示 "如果 x> 1, 则返回(x*factorial(x-1)), 否则返回(1)"。在执行函数代码时, 通过 factorial(x = 4) 递归调用。挂起 factorial(x = 5) 函数实例, 函数状态存入内存, 并使用输入参数 4 创建 factorial 函数的新实例。函数状态存入内存及创建函数新实例的过程一直持续到递归基数满足 x=1。递归调用将返回 x = 2 函数调用结果, 经计算 factorial(x = 2) 函数的返回值是 2。递归调用过程一致持续到 factorial(x=5) 函数实例恢复, 并返回结果是 120。请注意, 这个过程会创建 5 个单独内存区域存储函数调用实例的状态。递归方法可能消耗大量内存, 甚至耗尽内存, 所以需要在算法简单性与内存空间之间权衡。

　　分治和递归是与网络安全设计有间接关联的重要方法。在构建网络安全子系统保护企业时, 网络安全子系统本身也成为需要保护的对象。在发起攻击前, 敌对者的首要任务就是让网络安全子系统失效。最后, 网络安全系统需要另一个网络安全子系统保护。可使用同样的网络安全系统自我保护吗? 答案既是肯定的, 又是否定的。

> *敌对者的首要目标是网络安全子系统。*

　　分治和递归技术类似, 需要有一个过程划分的原则。请格外小心, 禁止在各个子系统之间创建循环依赖关系, 例如, 身份验证、授权、属性分配和分发、策略规范(Policy Specification)、策略决策(Policy Decision)和策略执行(Policy Enforcement)这些子系统不能循环依赖。上述子系统有时必须依赖上一节中介绍过的下面抽象层的安全原语(Security Primitive)。这种情况需要一种设计和分析的原则, 可跟踪依赖关系, 确保子系统通过内核(如图 9-1)构筑在安全服务内。例如, 设计人员不应该使用应用级的身份验证服务认证在内核中编辑配置文件的开发人员。这种做法违反层次化原则, 因为低层的内核编辑功能依赖于高层的身份验证功能, 而高层的身份验证功能反过来依赖内核, 导致潜在的循环依赖。

19.3　小结

　　本章概述基本的系统工程原理以及计算机科学特有的原理。下一章将继续运用这些基本原理, 并将其扩展到适用于网络安全系统的原理。

总结如下:

- 墨菲定律揭示 "事情如果有变坏的可能, 不管这种可能性有多小, 则总有一天会发生。"
- 在故障发生之前预防。
- 在故障发生时, 可检测故障。
- 检测到故障发生后, 从故障中恢复。
- 容错直至系统恢复。

- 不可预测的用户行为、不可预见的情况及不确定性均需要相当大的安全缓冲。
- 风险经常四处转移，随着网络安全设计变更，风险以意想不到的方式转换。
- 在安全性、可靠性、成本及进度方面，简洁的系统总是胜过复杂的系统。
- 系统越简洁，越可能满足需求。
- 因为设计阶段发现和修复问题的成本比系统运行阶段低很多，设计阶段的投入往往可从项目整个生命周期得到回报。
- 从最基本的功能开始增量开发，是一种创建可靠系统的有效方法。但这种方法依赖总体架构，依赖明确定义且稳定的接口。
- 模块化和抽象具有关联性，是解决系统复杂度的有效方法。
- 复杂流程分解为简单流程，并隐藏细节和数据结构。
- 层次化在模块化的基础上对相互依赖的模块及其下层模块进行分组，因此创建了越来越复杂的逻辑层。
- 时空和空间复杂度分析可帮助网络安全专家理解特定类型问题的难度。
- 复杂度分析可预估特定解决方案的可扩展性。如果经过复杂度分析，解决方案无法扩展满足目标系统的要求，网络安全专家可避免浪费时间和成本。
- 程序循环和访问局部性可帮助软件工程师优化性能。
- 分治是一种将复杂问题分解为更简单问题的方法。

19.4 问题

(1) 描述墨菲定律及其对网络安全的影响。

(2) 列举设计人员应对墨菲定律的四种方法。

(3) 为什么要花费资源检测设计可预防的故障？

(4) 列举恢复的六个必要步骤，并解释每个步骤存在的原因。

(5) 解释容错为何如此重要，与检测、恢复的关系。

(6) 列举两个示例，说明如何设计可容错的网络安全系统。

(7) 阐述安全冗余的定义，并列举决定安全冗余大小的三个因素。

(8) 讨论给网络安全设计引入不确定性的三种来源，如何缓解这些不确定性。

(9) 风险守恒定律是什么？如何应用到网络安全设计？

(10) 为什么 KISS 原则对可靠性如此重要？

(11) 什么是需求蔓延，网络安全专家应该如何应对？为什么或者为什么不？

(12) 为什么在早期设计阶段投入可减少缺陷？为什么如何重要？

(13) 什么是增量开发，增量开发对管理系统复杂性有何帮助？

(14) 阐述 DevOps 和敏捷设计的定义，与增量开发的关系。

(15) 促使增量开发成功两个必要条件是什么？

(16) 如果两个必要条件中有一个条件不满足，会出现什么情况?

(17) 阐述模块化的定义，并讨论模块化如何解决系统复杂性。

(18) 模块化如何让系统更容易证明是正确的?

(19) 面向对象的编程与模块化如何联系在一起?

(20) 什么是私有数据结构? 为什么私有数据结构对模块化很重要?

(21) 对模块而言，什么是定义良好的接口?

(22) 抽象概念和模块化概念之间有什么关系?

(23) 描述层次化原理，将其与模块化比较。

(24) 为什么底层模块调用高层模块是个坏主意?

(25) 阐述时间复杂度和空间复杂度的定义。

(26) 为什么时间和空间复杂度对系统可扩展性很重要?

(27) 指数级困难意味着什么? 指数级困难与指数解有什么关系?

(28) 问题的指数解与固有指数问题之间有什么区别?

(29) 在什么情况下，指数解适用于系统?

(30) 为什么优化性能过程必须考虑循环?

(31) 什么是访问局部性? 软件工程师如何利用访问局部性显著提高系统的性能?

(32) 列举无法使用访问局部性的三种情况。

(33) 什么是缓存，缓存与访问局部性有什么关系?

(34) 什么是分治? 请列举一个本章中未涉及的示例。

(35) 什么是递归? 递归与分治有何关系?

(36) 分治和递归如何运用于网络安全设计?

第 20 章

网络安全架构设计

学习目标

- 区分网络安全架构与安全部件组合。
- 列举并阐述访问监测的三个属性。
- 解释最小化和简化原则如何提升信心。
- 讨论关注点分离在系统可扩展性中的作用。
- 总结和描述安全策略流程的三个阶段。
- 描述入侵容忍在构建分层网络安全中的作用。
- 指出采用云安全架构的利弊。

网络安全不仅是将许多优秀的安全部件随机集成到某个系统。网络安全还涉及获得特定的系统属性，然后产生指定的可接受风险级别。实际上，实现工程目标的程度始终存在一些不确定性。尽管覆盖攻击空间是网络安全工程中必不可少的概念，但只有对系统属性充满信心才能切实实现良好的网络安全。这就是保证技术的作用。最后，优秀的网络安全专家为设计和实现安全属性的主张提供了有力依据。有时将这种结构化论点称为保证案例(Assurance Case)。

> *网络安全实务离不开有保证的安全属性。*

20.1 访问监测属性

访问监测(Reference Monitor，RM)有三个基本属性，即功能正确性、不可绕过性和防篡改性。访问监测是一种保护系统关键资源的网络安全机制。这三个属性可通俗地表示为：无法突破防护措施，无法绕开防护措施，也不能削弱防护措施。

访问监测的三个属性之所以如此重要，是因为这三个属性对所有网络安全机制都适用。如果攻击者利用系统存在的大量可利用脆弱性，轻易突破网络安全机制，那么安全机制的存在有什么意义？即使安全机制内部运转完全正确，如果攻击者可通过其他方式绕过安全机制访问关键资源，那么安全机制还有什么存在价值？如果攻击者可轻松更改或破坏某种安全机制，那么安全机制的正确实现和不可绕过又有什么意义？下面依次详述这三个属性，然后继续探讨其他几个相关属性。

> *访问监测属性是安全防护机制的基石。*

20.1.1　功能正确性

期盼设计不规范的系统永远不出错，只是痴心妄想。

——Earl Boebert

功能正确性意味着网络安全机制仅需要完成要求的事情。此定义要求清晰地描述网络安全机制。这个描述称为设计规范(Specification)。设计规范通常从顶层规划开始，包括非形式化的目标系统需求说明、运营概念，随后是形式化的需求规范。这些顶层描述依次完善成概要设计规范、详细的顶层规范、代码实现，最后是可执行系统，如图20-1 的左侧所示。

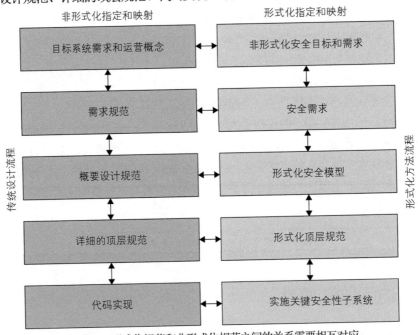

图20-1　形式化规范和非形式化规范之间的关系需要相互对应

注意，功能正确性需求并不能确切规定设计规范中网络安全方面的内容。设计规范可包含各种期望行为。这些行为以事件处理规则(如访问控制的结果判定)的形式出现时，称为安全策略(Security Policy)。

注意，功能正确性最后要求系统"不超出"其职责范围。超出职责范围的任务，如证明系统不存在特洛伊木马等恶意代码，无论代码有多少行，都是极其困难的。恶意代码仅需 692 行代码就可骗过网络安全专家[GOSL17] [WEIN16]。

设计规范可以是非形式化的，也可以是形式化的。非形式化的设计规范以松散的自然语言形式编写。训练有素的工程师能以尽可能清晰的形式编制设计规范。但自然语言和个人能力的局限性会向设计规范引入缺陷(Flaw)。设计评审(Design Review)的目的是发现和修复此类缺陷。注意，评审流程受限于对大型系统的理解及思考能力。

形式化的设计规范使用更结构化的语言跟踪设计细节，帮助设计人员确保设计的清晰性和完整性。这类语言可用工具编写。当工具使用数学与自动推理严谨地证明设计规范的属性时，将规范设计和工具辅助分析过程称为形式化方法(Formal Method)。21.3 节将讨论形式化方法和设计确认(Design Verification)。

设计规范是在逐层细化的基础上形成的。最顶层的文件是需求规范，捕获了用户和系统发起者期望的系统行为和功能。再下一级的文件是概要设计规范，描述了主要的功能模块、模块之间的交互，以及模块与依赖的外部系统之间的交互。可召开非正式的讨论，证明该规范满足需求。

讨论通常需要通过需求跟踪矩阵(Requirement Traceability Matrix)支持。需求跟踪矩阵是一种双向映射，从每个需求映射到试图满足这一需求的设计元素，或从每个设计元素，如架构的功能模块，映射到所支持的需求。需求也应该双向追溯到目标系统需求声明，从而为需求提供支撑。通常，多个设计元素可部分满足某项需求，而设计元素部分支持多个需求。因此，必须提出一个综合论断，即设计元素的组合可满足所有要求。图 20-2 显示了双向映射的示例。此示例可明显看出，设计没有满足需求 4。同时，由于设计元素 4 没有支撑任何需求或存在的遗漏需求，导致设计元素 4 看起来是多余的。

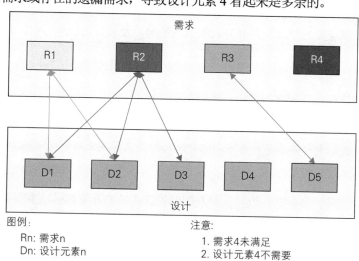

图 20-2　需求和设计之间的双向可追溯性映射，体现设计元素必须满足需求，
而所有需求必须得到设计元素的支持

20.1.2　不可绕过性

除了证明每个网络安全组件的正确行为，还必须证明系统整体具有某些特性。这种特性称为全局保证(Assurance-in-the-Large)。例如，控制访问文件等资源的授权系统不仅可正确工作，而且系统各组件还必须达成共识，即未经授权子系统的授权，应用程序无法通过其他方法访问系统资源。此属性称为不可绕过性。如果缺少该属性，耗费大量精力实现的授权系统将变得毫无意义。

20.1.3　防篡改性

网络安全系统必须可防篡改，使得系统保持完整性，即未经适当授权就无法修改。程序、硬件或系统均可具备防篡改性。访问监测的系统完整性(System Integrity)至关重要。因为访问监测是访问控制机制的核心，也同样是敌对者的高价值目标。如果攻击者可修改访问监测，那么不可绕过性和功能正确性将无法发挥作用。攻击者可肆意篡改访问监测的功能。

通过类似保护安全内核内部代码，进而禁止应用程序代码访问内核资源集合，可实现安全关键代码(Security-critical Code)的完整性。即使应用程序包含恶意代码，通过保护安全关键代码方式可杜绝大多数软件形成的威胁。该结论的前提是，在受此保护方式的地址空间中，安全内核的其他部分不能在软件运行期间修改其他应用软件，更新软件的补丁系统也要受到保护和限制。为实现防篡改性，可使用计算和验证数字签名等软件完整性保护措施。从软件供应商处获取软件并导入防御系统时，及软件每次运行前，都要进行完整性检查。

20.2　简化和最小化提升信心

完美的达成标志，并不是在没有内容可添加时，而是在没有内容可删减时。

——Antoine de Saint-Exupéry

当系统变得庞大复杂时，设计人员及辅助设计人员的计算机系统变得更难理解和分析。复杂系统往往内含更多未知错误，可靠性随之降低。因此，确保关键的网络安全子系统及其所依赖的所有内容，如操作系统内核，尽可能短小精悍非常重要。这就是 19.1.4 节所详述的 KISS 原理的一种典型运用。

简单带来信心。

20.3　关注点和可扩展性分离

关注点分离(Separation Of Concern，SOC)概念[LAPL07]与模块化概念类似(请参见第7.7 节)。关注点分离通过模块化封装实现特定属性。在这种情况下，特定属性与模块独立的可扩展性有关。网络安全系统功能可依据功能相似性及不同属性划分为各个子系统。这意味着，每个模块可遵循自己的进度计划并由独立团队改进。只要模块对系统其他部分保持相同的外部接口，不必担心其他模块如何变化及是否会变化。

20.4　安全策略流程

在网络安全领域，关注点分离有一个非常重要的运用，即安全策略(Security Policy)。必须明确安全策略规则，依据安全策略规则对每个访问控制请求进行决策，然后根据决策结果坚定执行。如第 20.1 节所述，访问监测封装一组受保护的系统资源，而访问监测位于系统其他部分和这组受保护的资源之间，实现访问控制。

图 20-3 显示访问监测的上下文中这些基于策略的访问控制(Policy-Based Access Control)的概念性元素的交互作用，详细信息请参见 12.1 节。策略制定者清楚所保护资源的访问控制要求，制定访问策略，并将策略分发给策略决策元素。每当用户等访问实体尝试访问资源时，系统都要查询策略决策元素。策略决策单元提供决策结果后，访问监测严格执行，仅提供与决策结果相符的访问权限。安全策略三个方面之间的关系如图 20-3 所示。

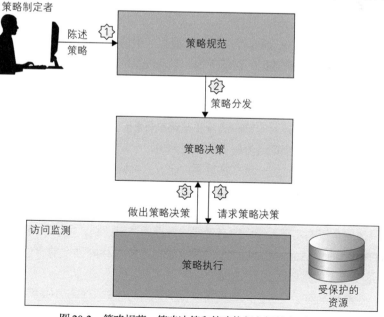

图 20-3　策略规范、策略决策和策略执行之间的交互

策略规范、策略决策和策略执行在流程和所需属性方面存在显著差异。这些属性包括:

- 性能要求
- 软件研发人员专业知识
- 身份验证要求
- 变更频率
- 集成度

表 20-1 汇总了这些属性。接下来依次讨论每个属性。从广义上讲,请注意安全策略的各个元素在基本属性上有明显差异。由于安全策略元素的基本属性存在如此大的差异,网络安全专家应该停下来,思考需要将这些元素放在拥有清晰接口的独立子系统,实现各个元素独立研发和演进。

不同的属性要求应使用不同的模块。

表 20-1　策略规范、策略决策和策略执行之间元素必需属性的比较

元素	性能要求	软件研发人员专业知识	身份验证要求	变更频率	集成度
策略规范	低	高	高	高	低
策略决策	中	中	中	低	中
策略执行	高	低	低	低	高

20.4.1　策略规范

策略规范(Policy Specification)是一个标准流程,根据访问实体的属性和所请求的特定数据的属性,管理对受保护数据的访问规则。策略规范的示例是用户可读取其安全级别或以下级别的数据。

为保护子系统创建新保护数据集时,安全策略已提前预置,因此创建安全策略的过程不需要很快的速度。与更频繁的策略决策和策略执行相比,基于自然语言策略编写的安全策略不存在性能瓶颈。安全策略流程需要深思熟虑,一定要仔细检查策略规范的正确性和一致性而不要仅关注速度,这一点非常重要。研发人员协助策略制定者创建安全策略,因此必须具有丰富的网络安全知识。策略制定者通过研究安全策略特性、面临的威胁及应对措施(如本书中所讨论的),对策略规范流程有深刻认知。

由于具体安全策略实现系统中所有受保护数据的访问控制,所以系统至少使用双因素身份验证(Two-Factor Authentication)方式对策略制定者进行高强度的身份验证(请参阅第11.2 节),这一点至关重要。

最后,策略规范对于受保护的数据集或保护数据的保护子系统不是特定的。策略规范仅涉及防御系统上基于策略访问控制的常见模式(例如,基于属性、基于身份等),防御系

统决定了可指定的策略类型。

20.4.2　策略决策

创建策略规范，然后将其分发到策略决策流程。策略规范形成策略决策判定的细节，从而产生访问控制的结果。从某种意义上讲，策略决策流程就像一个解释器，类似于 Python 等解释性高级编程语言，而策略规范就是需要解释的代码程序。如前所述，策略流程使用的语言由策略架构确定。将代码程序集成到编程程序语言解释器并没有多大意义，将策略规范集成到策略决策流程中也毫无意义。图 20-4 显示了策略决策流程和编程语言程序之间的相似之处。

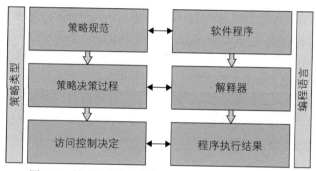

图 20-4　策略决策流程和编程语言程序之间的相似之处

对受保护资源发出访问请求时，系统会调用策略决策流程。策略决策流程获取受保护资源相关联的安全策略，分析请求访问实体(如用户)的属性及所请求资源的特定子集的属性。策略决策过程相对频繁地发生，因此性能是策略决策功能设计重点考虑的问题。短路评价(Short-Circuit Evaluation)技术可在确定结果后立即停止处理，使用表达式"if A or B or C or (D and E and F)"等优化技术有助于提高性能。

如果在执行此表达式的过程中，已确定 A 为真，那么整个表达式结果为真，其他项的结果都不重要。因此，网络安全系统不必浪费时间执行后面的内容。

关于性能，存在一种权衡的解决方案。策略决策服务的实现可以是具有单独进程的独立服务，甚至部署在独立计算机上通过网络响应访问决策请求，可集成到实施授权的保护子系统。独立服务模型的优势在于更容易维护系统完整性，也更容易证明防篡改特性。缺点是通过网络传输的请求延迟(时延)可能很大。在局域网上，往返延迟可以是毫秒级。虽然听起来非常短暂，但请注意，计算机每秒可执行上十亿次操作。这就意味着网络服务请求将比本地进行决策慢 100 万倍。因为访问控制决策会成为首次访问请求的直接瓶颈，因此可能造成严重问题。

可能存在疑问：何时需要权衡独立服务的防篡改功能，甚至将性能影响带来百万级损失也值得？这就是缓存发挥作用之处。如果有无限数量的用户和无限数量的受保护资源，用户不会多次访问同一资源，那么策略决策以单独服务方式实现毫无意义。幸运的是，访问模式的实际情况远非如此。数据的访问局部性(Locality of Reference)说明，如果用户在某时刻访问受保护数据的特定子集，很可能在接下来某个时刻访问相同的数据子集。这种情况允许保护子系统承担一次网络请求开销，然后使用缓存的访问控制结果响应同一用户对同一受保护数据子集的所有后续访问请求。

如果绝大多数访问请求通常表现出访问局部性，加上保护子系统本地缓存提供的百万倍加速，将获得策略决策单独服务方式的所有优势。实际上甚至可在一段时间内观察用户访问请求模式，并预读取(Pre-fetch)常用访问控制决策结果。即使在用户发出首次访问请求时，策略决策的单独服务方式也不会引起网络服务请求延迟。

顺便说一句，当将缓存用于安全策略决策或决策所依赖的元素时必须格外小心。安全缓存有两个重点要求：①缓存的完整性，②缓存绑定访问对象的完整性。如果攻击者可直接更改缓存的策略决策结果，那么基本上会绕过许可请求、资源属性甚至安全策略等所有网络安全基础架构，所以缓存本身会成为攻击者的高价值目标。缓存绑定访问对象的完整性更难捉摸，难以实现。如果安全策略决策访问某个资源，那么攻击者应该不允许通过更改资源(如文件)的位置或名称修改资源。换句话说，必须保留高速缓存条目的语义。

策略决策服务的正确实现对系统安全至关重要，所以策略决策服务研发需要很丰富的专业知识。这就要求策略决策服务研发由网络安全专家承担，最好是既有经验又熟悉基于策略访问控制的专业人员。

不像策略设计者必须与策略规范服务交互，用户不需要与策略决策服务直接交互。策略决策服务是由机器间身份验证系统执行的。换句话说，策略决策服务必须拥有到策略规范服务的高强度身份验证通信路径，来获取安全策略。策略决策服务到请求访问受保护数据的保护子系统这一路径也需要得到同样的保护。如果这些通信路径可能遭受欺骗攻击，那么敌对者可劫持通信路径，破坏策略决策过程，导致安全组件提供的网络安全属性故障。

最后，因为公共法律或法律责任引起组织安全策略变更，可能需要定期调整受保护资源的安全策略，但安全策略决策流程仍然不发生变化。策略决策服务仅是具体安全策略的解释器。好比每次修改程序代码后不需要修改解释器。因此，策略决策服务非常稳定，仅在策略规范语言发生变化时才需要更改。偶尔会发生这种情况，如当网络安全专家寻求更丰富、更强大的安全策略时[LIU08]。

20.4.3　策略执行

一旦根据输入的特定安全策略做出访问控制决策，无论是通过本地还是通过远程网络服务，系统就必须执行该策略。如果保护子系统无法正确调用策略决策服务或无法通过策略决策服务执行访问控制决策，那么创建整个基础架构，确定策略并基于策略实现访问控制，就没有存在的价值。

每当访问实体请求首次访问受保护数据时，系统必须引发策略执行(Policy Enforcement)

操作。因此，策略执行服务必须非常快。所需的专业知识主要由具有网络安全技能的系统软件研发人员和集成商提供。这些人员与网络安全专家协商，一起完成对集成的审查。网络安全专家编制的集成设计模式也非常有帮助。安全策略的所有修改均与策略规范流程无关，所以策略执行代码相对稳定。策略执行程序唯一需要变更的情形是受保护资源的性质发生根本性变化时，但这种情况相对少见。

20.5 可靠性和容错

> 当失效开启(Fail-safe)系统故障时，失效开发系统会因未能实现失效开启功能而失败。
>
> ——John Gall, Systematics

20.5.1 网络安全需要故障安全

系统总会出错。实际上，在多数大型企业系统中，某些组件总以某种方式发生故障。第 5.6 节介绍缺陷-错误-故障事件链的特性，以及在防御模型考虑的必要性。第 7.2 节介绍故障对预测网络安全故障的重要性。7.3 节着重理解故障，探讨通过适当设计来避免故障。本节详述为什么故障安全是良好系统设计的重要组成部分，尤其对网络安全等关键功能而言。

系统设计必须通过尽可能消除错误(Error)，预防故障，在错误发生时可检测到错误，以安全方式正确处理错误，并从错误中恢复。

> 所有系统都会出现故障；大型系统总是以某种方式出现故障。

不能忽略任何可能导致严重问题的故障模式。设计人员永远不要认为不需要检测和恢复，这样的假设可能带来灾难性后果。关于网络安全关键故障模式，网络安全设计应包括故障分析和可靠性论证。

> 不针对故障提出应对措施可导致灾难性故障。

20.5.2 预期故障：使用隔板限制破坏

最小特权(Least Privilege)意思是授予执行特定任务所需的最小访问权限。最小特权目的是将滥用访问权限的损失降至最小。该原理通过减少攻击面进而减少总体风险。最小特权概念可应对那些要小聪明的用户，但更重要的是可应对以用户权限运行应用程序。应用程序通常需要经用户授权后才能请求访问数据库等受保护的资源。在应用程序以有限权限运行的情况下，将用户的全部权限授予所有应用程序非常危险，安全专家们无法保证应用程序是正确且未遭受敌对者破坏，如未遭受生命周期攻击(Life-cycle Attack)。

最小特权减少风险敞口。

与最小特权原则相对的是新出现的责任分担(Responsibility-to-share)原则。责任分担原则认为过度共享限制可能损害目标系统执行，就像过度自由地共享信息所带来后果一样，这就是邓恩难题(Dunn's Conundrum)[LEE14]。责任分担强调客户发现并提取所需信息，而不是数据所有者预先了解客户需求并将信息推送过去。

最小特权必须与责任分担相平衡。

在非常稳定并长期存在竞争敌对者、组织和受保护系统环境下，如冷战时期，知必所需(Need-to-know)原则非常有效。责任分担认为世界充满活力，目标系统、组织和系统在世界中不断变化。动态世界需要创新思维，涉及发现和建立可能与静态“知必所需”假设不同的联系。

尽管最小特权原则看似与责任分担相对，最小特权原则借鉴知必所需原则，但实际上这是一个权衡问题。最佳权衡是将总体风险最小化，即过度分享风险与过度限制风险最小化。

权衡这两个原则时实际上存在两种独立情况：人类用户的权衡和代表用户运营的程序的权衡。每种情况下的攻击和风险都不同。无论如何权衡，围绕每种情况提供的额外余量，增加入侵检测，减少余量滥用的可能性都是明智的。

创建隔板的另一个相关原则是相互怀疑(Mutual Suspicion)，即网络安全子系统仅就特定属性最低限度地信任其他子系统，并尽可能验证这些属性。所需信任可以某种方式明确规定并验证。例如，身份验证子系统信任主机操作系统会提供正确时间，应该是已记录的依赖项，附带一些指示说明失败、恶意操纵或损坏的后果。此外，如果身份验证子系统跨多个计算机，那么应该跨多个计算机交叉检查时间，可能需要交叉检查网络时间服务。第21.4.2 节在信任依赖关系的上下文中进一步讨论该原理。

20.5.3　容错

防止攻击、检测和响应攻击以及限制由于过度依赖信任而造成的攻击损害传播都是很重要的，但手段不够充分。最终，攻击总会取得成功。在遭受攻击后，受保护系统需要经受住攻击造成的破坏，并以某种降级模式继续支持目标系统运行。该原则称为入侵容忍度(Intrusion Tolerance)。

入侵容忍度是必须在受保护系统中明确设计的属性，不应是集成大量网络安全小部件产生的偶然副产品。入侵容忍度需要关注重要设计问题，例如，系统可靠性、故障模式和故障传播路径。

为实现入侵容忍度，系统必须能够：

- 检测到系统损坏，尤其是对服务和可用资源的损坏。
- 最大限度地减少损害传播到系统未受影响的部分。
- 评估损害对目标系统造成的影响。
- 了解目标系统功能的优先级以及系统底层支撑架构。
- 将最基本目标系统功能重构到系统其余未受影响部分。
- 从系统受损区域转移功能。

1) 损害检测(Damage Detection)

检测系统损害是系统运行状况和状态报告的一部分。如果没有能力区分系统哪些部分已损害、哪些部分仍在运行，难以实现入侵容忍度。

2) 损害传播(Damage Propagation)

为了重构系统基本功能，系统部分功能必须保持完好无损。如果损害迅速扩散到整个系统中，那么当系统尝试重新构造功能时，承担基本功能的系统部分可能已经损害，无法正常运行。因此，如第 20.5.2 节中所述，系统需要隔离传播的隔板。

3) 损害影响(Damage Impact)

了解系统哪些组件遭受攻击是必要的，但还不够。这些损害必须映射到目标系统功能上，从而评估对目标系统造成的影响。损害影响会决定需要重新配置哪些基本功能和服务。

4) 排定目标系统功能优先级(Prioritized Mission Function)

要重构基本目标系统功能，重要的是确定哪些目标系统功能必不可少，并按功能优先级排序。由于系统功能的依赖性，在考虑没有服务依赖性的情况下重新构造服务毫无效果。在排序前必须建立功能分组。例如，每个目标系统功能分组都至少需要本组中一些基本的网络安全功能。

因为无法预测网络攻击将损害系统哪一部分，需要对系统基本功能排序。系统必须为造成不同程度损坏的突发事件做好准备。重构系统还需要最小的功能集合。这点应该事先知道，以防在不可能的情况下仍然尝试重构。例如，系统最低配置至少需要使用 10% 的系统资源，而系统资源仅剩余 8%，那么重组系统便毫无希望。此时，组织将需要回退到应急计划，例如，迁移到备用站点。

5) 重构(Reconstitute)

一旦遏制损害，可在系统完好无损的部分重构优先的目标系统功能。重构过程涉及关闭系统受损部分的功能，将其转移到系统完好无损部分。理想情况下，系统可在受损前保存进程状态，然后重新启动必要的进程，并将进程状态从系统受损部分恢复到未受损部分，这个过程称为进程迁移(Process Migration)。最重要的是，系统必须首先检查进程状态是否完整，然后从标准副本(Golden Copy)中恢复程序的新副本；所谓标准副本，就是一个来自原始状态，确信未遭受破坏的应用程序副本。如果数据损坏，系统将需要找到可还原的较旧检查点。

在一定程度上，系统可自动处理重建序列，称为自修复(Self-healing)属性。大多数情况下，自修复过程的某些环节还需要人工干预，但自动化程度应在日后提高。

20.5.4   预防、检测响应及容错协同

网络安全架构师应该将预防、检测响应和容错技术设计成概念上独立的子系统，但在攻击空间的覆盖范围上应该相互补充。预防和检测子系统之间的协同理念已在第 13.1 节中介绍，如图 13-1 所示。将理念扩展到三个互补层，从而包括如图 20-5 所示的入侵容忍度。

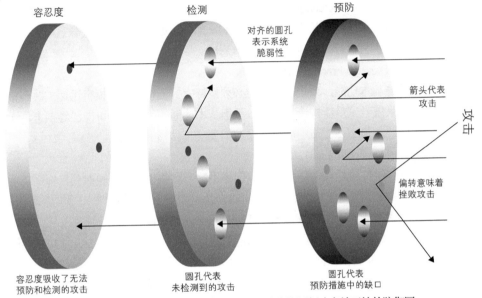

图 20-5   预防、检测和入侵容忍度等层次彼此协同创建有效互补的防御网

预防技术这一安全机制旨在防止攻击者成功入侵系统，包括基于 PKI 等的认证系统、执行资源访问控制策略的授权系统。检测响应技术检测攻击者是否成功入侵系统，并在检测到攻击后应急响应，目的是减轻损害并将攻击者赶出系统。入侵容忍技术机制旨在还原和恢复关键信息。尽管成功入侵可能导致系统出现故障，但系统功能仍可运转。

在分层的网络安全子系统之间，有意识地设计协同作用，确保每个子系统的弱点不会彼此相连，从而在攻击空间上造成整体弱点。换句话说，网络安全设计应该用一个网络安全层面的优势遮挡另一个网络安全层面的劣势，减少攻击空间的内部脆弱性。举一个具体示例，应该设计检测响应网络安全子系统层，检测最可能绕过预防技术的攻击，特别是经验丰富的敌对者发起的攻击。

同样，应尽可能避免网络安全机制之间的负向协同作用，如图 20-5 中对齐的脆弱性所示。举一个具体例子，内部网络上的数据普遍加密，攻击者也将获得对其数据流的加密服务，进而导致入侵检测系统很难检测到攻击。这种情况下，利用所使用加密流程的特性，允许入侵检测系统访问数据的明文。

20.6 云安全

分布式系统是指甚至不知道的故障都会使你的计算机无法使用的系统。

——Leslie Lamport

云计算(Cloud Computing)是一种分布式计算，其中大量计算机和应用程序通常跨地域协作，对外提供一致的服务。云计算模型之所以具有吸引力，是因为执行某项目标系统的用户不必深入了解计算机和网络的采购、运营和维护等信息技术业务，从而使用户专注于自己的目标系统。这种想法是使计算类似于大宗商品，就像用户不必在房屋内使用发电机、配电器和变压器一样[CORB65]。

云计算从行为分为两种类型：计算云(Computational Cloud)和存储云(Storage Cloud)，通常混合在同一系统上。Amazon Web Service 等计算云本质上是一种与许多其他客户共享的远程计算设施，但在用户看来好像是仅为自己服务的专用计算机集群。云计算服务提供商拥有成千上万台计算机，这些计算机可虚拟成数百万台计算机，遍布全球多个联网的计算机数据中心。虚拟化使用称为管理程序(Hypervisor)的底层操作系统完成，在同一台物理计算机上支持不同类型操作系统的多个副本，从而使每台计算机看起来就像数十台计算机(请参阅第 15.6 节和图 15-6)。

为用户分配所申请数量的虚拟机，这些虚拟机通常通过 VPN 网络连接，创建一组加密通道，连接到用户自己的计算机系统，以防止共享相同云计算资源的其他用户窃听。用户可申请大量虚拟计算机作为可动态分配的资源池，在较大云服务提供商的云计算系统中创建虚拟私有云(Virtual Private Cloud，VPC)。

Dropbox、Google Drive 或 Apple iCloud 等存储云仅充当可与其他用户和设备共享的大型远程外部硬盘驱动器。存储云允许从多个位置访问文件，进而促进大量用户之间的共享和协作。这些远程外部硬盘驱动器可通过 Web 服务显示，也可集成到操作系统，在本地文件目录中显示远程磁盘驱动器并创建分布式文件服务(Distributed File Service)。

从网络安全角度看，身份验证、授权和入侵检测等网络安全机制的实现已经外包给云服务提供商。集成的云安全既是其优点，又是其缺点。

> 集成的云安全是一把双刃剑。

网络安全设计难以正确实现，这就是撰写本书的目的。大型云服务提供商有充分资源和驱动力聘请专家以实现合理的全面网络安全设计，并尽可能强大。因为攻击破坏行为对受保护系统的信心可能造成数百万美元的直接损失和数千万美元的业务损失。此外，始终运转的防护体系几乎与开始设计的系统一样难用。随着漏洞修补和系统设计的扩展，系统往往会偏离设计规范。同样，大型云服务提供商可确保在系统整个生命周期内维护网络安全系统。

另一方面，云服务提供商提供了大多数客户所需的功能和保证水平。因此，高端客户要么不得不承担云平台网络安全防护不足的风险，要么自行打造网络安全机制。低端用户必须为不需要的过多功能付费。此外，如果云平台提供商的网络安全系统出现漏洞，那么客户的数据和服务可能遭受大规模破坏。此类云平台提供商会成为攻击者的高价值目标，面临遭受网络攻击的风险。此外，精美印刷的用户协议几乎否认此类损失的任何责任，客户几乎没有追索权。最终，可能有针对此类损失的保险，但保险公司刚开始弄清楚如何进入此类市场，极力避免云服务提供商安全实践造成的风险。

> *网络安全保险可能在未来的某一天涵盖残余风险。*

20.7　小结

本章将基本安全工程原理介绍扩展到网络安全架构设计。本章详述访问监测基本属性、简单和最小化原则、关注点分离以及如何容忍网络安全故障。下一章将详述如何证明网络安全系统在运营安全性方面达到期望的置信度。

总结如下：

- 网络安全是关于聚合特定的安全属性，不是仅集成一些安全小工具。
- 网络安全最基本的安全属性是与访问监测有关的三个属性：功能正确性、不可绕过性和防篡改性。
- 网络设计的简化和最小化可提高系统可靠性。复杂的系统很难证明其安全性，而且更容易产生难以察觉的缺陷。
- 关注点分离是一种模块化的运用，其中功能依据功能需求的相似性和功能变更的可能频率分组。
- 安全策略流程分为三个不同的阶段，每个阶段都有各自特征，表明这些阶段需要保持独立：策略规范、策略决策和策略执行。
- 入侵容忍度是网络安全防御的最后一道防线，必不可少。所有系统都可能发生故障。
- 云计算将信息技术转变为类似电力等商品，但将网络安全交给云服务提供商手中，可能是好事也可能是坏事。

20.8　问题

(1) 定义"保证案例"术语，并将其与网络安全关联。

(2) 为什么说网络安全与部件无关，而更关注实现的特定属性？

(3) 什么是访问监测？其三个属性是什么？为什么需要全部三个属性，属性之间又是如何相互关联？

(4) 为什么功能正确性要求系统只做应该做的事情？特意排除了其他哪些功能？

(5) 什么是需求跟踪矩阵，需求跟踪矩阵为什么重要？

(6) 什么是不可绕过性，为什么如此重要？

(7) 系统完整性如何与访问监测属性关联？是否可证明组件行为满足此属性？为什么或为什么不？

(8) 为什么更简单的系统更可靠，更安全？这对网络安全系统的设计过程有何建议？

(9) 关注点分离原则与模块化原则有何不同？

(10) 关注点分离原则如何支持独立可扩展性？

(11) 安全策略流程的三个阶段是什么？阶段之间如何相互影响？

(12) 区分策略流程三个阶段特性的五个元素属性是什么？

(13) 为什么策略规范设计速度可以慢些，而策略执行速度需要非常迅速？

(14) 类似于计算机语言解释器，策略决策以什么样方式实现？

(15) 通过网络服务请求方式进行策略决策的额外开销是什么？在什么情况下，开销值得考虑？

(16) 如何使用上一章中提到的访问局部性原理显著提高网络服务请求的授权性能？

(17) 如果策略流程中策略执行阶段遭到破坏，会发生什么事情？

(18) 解释为什么网络安全需要故障安全。

(19) 什么是网络安全隔板，要解决什么重要问题？

(20) 比对知必所需原则和责任分担原则，并解释两者如何在最小特权原则中权衡和体现。

(21) 解读相互怀疑，并讨论其对网络设计和保证的影响。

(22) 什么是入侵容忍度，实现入侵容忍度的六项要求是什么？

(23) 入侵容忍度安全层面与预防和检测安全层面有什么关系？

(24) 什么是云计算？云计算对用户的网络安全有何影响？

(25) 避免高价值目标的原则如何运用于云服务提供商？

第 **21** 章　确保网络安全：正确处理

学习目标

- 将保证和功能与整体网络安全属性关联。
- 描述保证的四层论证及其与传统工程规范的关系。
- 解释陈述安全需求的最佳实践。
- 定义形式化安全策略模型和形式化顶层规范。
- 区分全局保证和局部保证。
- 论述如何将具有特定属性的组件组合起来实现整体系统的可信特性。
- 描述可信赖性依赖关系的性质以及缺乏可信赖性在组件和子系统之间如何传播。

设计过程和设计本身必须指明基本的网络安全属性。例如，一个基本特性可能是系统不会将敏感的企业数据泄露到公共系统(如 Internet)。设计人员还必须基于流程(如经过审核的软件开发人员、网络安全测试和正式规范)和设计本身(如分层架构)对保证予以论证，证明为什么应该对系统呈现的特定属性充满信心。本节论述获得信心的方法。

21.1　没有保证的网络安全功能是不安全的

网络安全功能对整个系统的可信赖性极为重要。如果网络安全性无法得到保证，可能损害系统功能。例如，使用敏感度标签(Sensitivity Label)标记所有数据是根据敏感度对数据进行访问控制决策的重要前提。但是，如果网络安全系统标记了受保护的数据，随后却不能确保根据这些标记强制执行访问，标记实际上帮助了攻击者，准确指示出最有价值数据所在的位置。这恰好是现已过时的"可信计算机安全评价标准"(Trusted Computer Security Evaluation Criteria，TCSEC；又称为"橙皮书")B1 级的本质。TCSEC 要求对所有数据分级标记，却没有提供可保证的安全性。B1 安全级别的原则是合理的——向更高保证级别迈进，逐步熟悉标签，并以此为基础实现控制访问。遗憾的是，选择这种分级方式带来的网络安全后果没有经过深思熟虑。

> *没有保证的网络安全功能是有害的。*

再举一个示例，网络安全功能似乎提供了一定程度的保护，但实际上因为不是强制执行的，可能使用户陷入一种错误的安全感，从而承担了原本不会接受的风险。例如，自主访问控制内在特性无法杜绝信息流向未经授权的用户[HARR76]。但具有敏感数据的用户可能因为系统存在保护而倾向于将这些数据存储在系统上，但实际上这种保护存在误导。没有保证的网络安全功能称为虚饰安全(Veneer Security)，会增加而不是降低风险。如果在使用这种无法保证的机制，网络安全设计人员应该非常小心，清晰明确地警告用户这些服务提供属性的局限性。

> *虚饰安全增加了风险。*

21.2 应将网络安全子系统视为关键系统

网络安全功能集合在一起形成了自己的系统。该系统必须同时满足功能性要求(例如，阻止网络攻击或检测入侵)和非功能性要求。网络安全子系统和整个系统的非功能性方面包括可伸缩性、性能、可用性和网络安全，不一而足。

网络安全子系统的网络安全特别重要，应该是架构和设计过程的重要方面。

> *网络安全系统的网络安全至关重要。*

21.3 形式化保证论证

第 20.1 节涵盖非形式化保证方法。本节侧重于形式化论证，从而为系统按要求提供高可信度。如图 21-1 所示，系统的关键安全部分(Security-critical Portion)组成网络安全子系统。关键安全部分对网络安全所需属性的成功运行至关重要(第 20.1 节)。考虑到费用和难度，形式化论证通常仅限于网络安全子系统或选定的子组件。

因为创建了两条平行的设计和细化轨道，指定系统方法上的这种分歧导致开发过程更复杂。需要将两组文档连续关联、映射并保持同步。上一章的图 20-1 显示了与系统规范的标准分层分解并行的形式化分层分解论证，并依次论述每个形式化层及与非形式化层的关系。请注意，即使规范和文档的平行线看起来是分离的，包括形式化的网络安全子系统的整个设计和实施中，传统的非形式化运营、规范和设计过程的概念也必须保持一致。

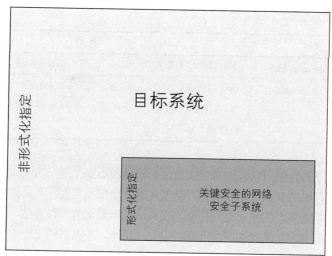

图 21-1 网络安全子系统是大型目标系统的子集。由于流程的成本和复杂性，
形式化方法仅适用于网络安全子系统

回到图 20-1，左侧显示了从目标系统需求、需求规范、设计规范直到实施的传统细化过程。该过程类似于第 5.4 节中描述的设计 V 型的左半部分。图的右侧显示了形式化过程的等效规范和细化过程，通常称为形式化方法[OREG17]。与自然语言表述相比，这些规范的数学形式化本质将在第 21.3.2 节和第 21.3.3 节中详述。

21.3.1 网络安全需求

网络安全需求(Cybersecurity Requirement)当然是更广泛的防御目标系统需求的一部分。同时有必要将这些需求收集在一起形成单独文档，或者可能是系统需求文档中的单独章节。汇总有助于确保网络安全需求在内部保持一致，并在与目标系统相关时条理清晰地表达所防御系统的网络安全需求。此外，网络安全需求通常会遵循与其他目标系统需求不同的开发和审查流程。分离可简化网络安全审查以及认可(Accredit)系统满足运行目标系统风险标准等的团队或人员的工作流程。

像任何好的需求一样，网络安全需求也应满足表 21-1 中列出的 S-M-A-R-T 属性。网络安全工程师常忘记需求收集的这一最基本概念。安全性需求有两个值得注意之处：明确的和可追溯的。

表 21-1 良好需求的属性

字母	属性	说明
S	明确的(Specific)	需求应清晰明确
M	可度量的(Measurable)	应该能轻松确定是否满足需求
A	可达成的(Attainable)	需求在理论上应该是可能达到的

(续表)

字母	属性	说明
R	可实现的(Realizable)	在项目的技术和方案约束下,该需求实际上应该可以实现
T	可追溯的(Traceable)	所有系统需求都应该追溯到实现这些需求的设计元素。所有设计元素应可追溯到要满足的系统需求,所有系统需求都应追溯到目标系统需求

明确具体很重要,但与具体到将设计甚至实施作为需求不同。例如,用户指定了访问控制列表的需求,网络安全工程师应询问问基本需求。通常需求实际上是针对单个用户粒度(Granularity)的访问控制。当然,访问控制列表是满足该需求的一种方法,但并非唯一的方法,并且不应该因为这种非需求而过度限制设计。同样,在以前的工作中普遍使用防火墙的好心客户可能指定防火墙而非更通用的外围保护需求。

抵制指定实施的需求。

可追溯性(Traceability)很重要,通常包括在网络安全工程流程中,尤其是在认可(Accreditation)时。通常会遗漏对满足需求程度及原因的评估,以及在规范的层次结构每个级别的双向跟踪。设计元素满足需求并不意味着完全满足了需求。通常,一个以上的设计元素可部分满足需求。例如,访问监测(Reference Monitor)的非旁路能力需求(第20.1 节)可由操作系统内存管理,由硬件支持(第9.4 节)通过实施封装软件部分满足。此外,仅因为五个设计元素部分满足一项需求并不意味着完全满足了该需求。必须论述相关设计元素集合为什么以及如何完全满足每个需求。

同样,对每个设计元素,应该跟踪哪些需求可满足该元素。尽管看起来是多余的并且完全可从需求到设计的追踪派生,但当映射是单向的时候,对简单性和设计经济性的分析十分复杂。例如,通过检查可能会发现给定的设计元素增加了不必要的复杂性,却未映射到任何需求。同样可看到许多重要需求取决于一项关键设计元素,必须确保正确。各种情况的示例如图20-2 所示。

除了 SMART 属性外,一个具有现实意义的需求集还应从一个非常简单的体现需求本质的单行需求开始逐级细化。例如,军用计算机系统可能有一个简单需求,即不得将机密信息泄露给没有适当权限的人员。另一个示例是,用于分析和研究恶意软件的企业系统,一个明确的简单需求一方面是防止恶意软件逃逸,另一方面是促进对恶意软件的了解并导出相关信息。然后从单行需求开始依次细化为越来越多的细节。这种方法更容易说明需求集充分满足网络安全子系统的意图。如果由于成本或计划超支而需要简化系统,可按优先级划分需求并阐明彼此关系。

21.3.2　形式化安全策略模型

特定抽象层的形式化安全策略模型(Formal Security Policy Model)定义了关键的网络安全元素以及如何使用这些元素满足总体网络安全需求。该模型本质上是抽象网络安全策略的形式化声明。与需求规范一样，出于相同的原因将安全策略模型与系统的其余概要设计规范分开也很有用。此外，在这种情况下将以严格方式正式声明此子集。

例如，形式化的安全策略模型可从声明所有实体(如用户)需要绑定哪些授权属性(如许可)开始，并且所有受保护资源(如文件)都需要绑定资源属性(如分级)。然后可继续声明，根据资源和访问实体的属性为受保护资源指定访问规则，说明有效访问规则构造的属性。此外，该模型可指定网络安全子系统的整体，尤其是访问规则必须满足的顶层需求，如不泄露敏感数据。形式化安全策略模型将使用系统理论[BELL76]或集合论符号[SAYD86]之类的形式语言，以严格的数学方式做出声明。严格按照无干扰(Non-interference)属性[GOGU82][GOGU84]的规定不泄露机密数据的需求，该属性包括显式数据流(Explicit Data Flow)和隐蔽信号通道(Covert Signaling Channel)。

最后可证明网络安全子系统功能的形式化安全策略模型符合防御系统所需的属性。证明使用的是半自动定理证明程序或人工指导的证明草图(Proof　Sketches)，类似于在数学期刊中可能找到的证明(这些证明未提供所有详细步骤，也没有证明数学的基本概念，如指出算术工作原理的 Peano 公理[HATC82])。因此，这种人工证明草图称为期刊级证明(Journal-Level Proof)[SAYD02]，与更严格和更费力的机械证明相比，不那么正式和严格，更容易受到人为错误的影响。

21.3.3　形式化概要规范

有了形式化的安全策略模型并证明该模型满足需求的属性，形式化过程将继续进行到与非形式化设计细化并行的下一个详细水平。形式化顶层规范(Formal Top-level Specification)包括更详细的功能块，功能块的功能以及数据流和控制流。再次，形式化规范仅代表系统设计中与安全性相关的部分，因此是称为详细的顶层规范(Detailed Top-level Specification)的同一抽象级别的更大非形式化设计规范的子集。

形式化规范通常比非形式化规范更抽象。这是因为规范在大小和复杂性方面存在技术限制，可通过现有的形式化方法和支持工具证明。因此，详细顶层规范必须是包括形式化规范中指定的所有功能和流程的非形式化版本。

由于抽象层的不同，需要做一些工作表明详细的顶层规范与受保护系统的安全关键部分的形式化顶层规范一致，并实现了形式化顶层规范。论证可以是每个元素间的非形式化映射，方式类似于在论述显示需求和设计元素之间映射所采用的方式。

最后严格证明形式化的顶层规范与形式化的安全策略模型一致。因此，通过推论，形式化顶层规范满足系统所需的基本安全属性。

21.3.4　关键安全子系统实施

最后到了实现软件和硬件中系统设计的阶段。在这一点上，由于形式化方法和工具的限制，形式化过程通常会停止。简单明确的系统有时可根据详细规格自动生成软件[GREE82]。如果对该翻译流程的可信赖性存在争议，那么可正式推理该实现符合所需的基本网络安全属性。

通常，这种严格程度是不可能的或不切实际的，因此在实现和形式化顶层规范之间进行了非正式映射(Informal Mapping)。在此，用于非形式化规范和形式化规范子集的映射和可追溯技术基本相同。这种以人为导向的映射流程容易出错，从而降低了系统的可信赖性，但这是最先进的技术。当网络安全工程师把信任融入处理关键和高度敏感数据及功能的系统时，应考虑这些限制。同样，网络安全工程师应通过在开发过程中添加绑定分析(Binding Analysis，确保安全关键标签之间的绑定完整性，例如，对实体的许可)和依赖关系分析(第7.7 节)，将限制最小化。

除了映射过程，安全关键子系统还必须经过如下所示的更严格开发过程。对于负责代码开发的人员，这是一个重要话题，应该阅读 *The Security Development Lifecycle* [HOWA06]。

- 重要的是采用良好的编码标准。
- 使用自动静态分析工具检测各种错误。
- 使用安全的开发语言(Ada、C#等)而非 C 或 C++是一个好主意(如在系统环境可行)。然后就不必担心缓冲区溢出(Buffer Overrun)和其他代码级漏洞。
- 可选择审查从事开发工作人员的可信赖性，因为开发人员可颠覆设计或在实施中插入恶意软件。
- 可对代码进行同行评审(Peer Review)，以便由创建该代码的工程师之外的人员评审软件，通过检查确保软件符合既定的安全编码标准。这样的同行评审过程可创建更可靠的代码，而不仅是安全性更高的代码。工程师避免因为同行发现自己的缺陷而感到尴尬。

不遵守安全编码标准可能引入漏洞，攻击者后续会发现并利用这些漏洞，从而启动零日攻击(Zero-Day Attack)，例如，利用缓冲区溢出漏洞攻击。

作为规范级别和实施之间正式映射替代的另一种方法是试图根据规范自动生成程序。该过程称为自动编程(Automatic Programming)或正确构建(Correct-by-Construction)，目前仅限于特定领域的应用程序[PAVL03]。

21.4　总体保证和组合

网络安全之类的关键功能必须正确，这些功能失败可能导致严重后果。如第 20.1 和第 21.3 节所述，通过从需求规范到概要规范再到实现的一系列规范细化，可满足功能正确性 (Functional Correctness)。这称为"局部保证(Assurance-in-the-Small)"，因为这些属性与系统内特定组件或模块的属性相关。同样，这些组件需要一起工作满足整体所需的不泄露敏感数据等属性。组件聚合的行为称为"全局保证(Assurance-in-the-Large)"，需求论证组件的属性在正确组合且具有完整性时，应该满足总体需求的网络安全属性。

21.4.1　组合

回顾一下，访问监测及其三个属性一起构成一个大的网络安全属性(第 20.1 节)。例如，功能正确性属性主要是相对于每个组件的局部保证。为确保访问监测属性，一种不可绕过的机制要求一步步走出单个组件。必须分析整个系统的结构及系统中的执行控制和数据流方式，这些方式通常由底层操作系统协调。为确保网络安全机制防篡改性 (Tamper-Resistant)，必须再次走出组件本身，检查系统完整性如何支持网络安全系统每个组件的完整性。反过来，系统完整性是受其他机制支持的属性，该机制的一个示例是数字签名，以及在加载软件程序组件之前由操作系统检查这些数字签名。

21.4.2　可信赖性的依赖关系

从应用程序到硬件都有一个垂直的可信赖性关系分层结构。同样，必须始终牢记横向信任关系。在给定层级中，如果某个组件依赖于另一个组件的属性而所依赖的组件的可信赖性不同，那么不仅会损害这一组件的可信赖性，还会损害所有依赖于这一组件属性的组件的可信赖性，这种数学属性称为传递闭包(Transitive Closure)。

横向可信赖性的级联对于网络安全设计和保证论证都是一个严重问题。图 21-2 是一个可信赖性级联的通用示例。良好的网络安全设计工程分析包括可信赖性依赖关系分析，检查缺乏可信赖性如何传播并影响整个系统的可信赖性，防止系统实现基本网络安全特性。这些分析还确定最重要的组成部分，应倾斜更多资源。

> **不可信赖性通过依赖关系传播。**

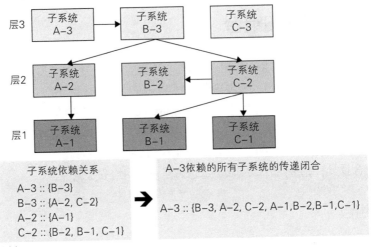

图 21-2　从子系统 A-3 到其他七个子系统的子系统信任依赖级联抽象示例

21.4.3　避免依赖关系循环

网络安全机制通常相互依赖才能实现需求。例如,授权(Authorization)服务取决于身份验证(Authentication)服务,而身份验证服务又取决于认证(Certification)服务。这些相互依存关系可能导致网络安全属性论证的循环。此外,由于可以而且应该存在专门设计的、用于防御网络安全子系统的网络安全机制,因此工程师在设计过程中可能遇到无法解决的循环依赖。存在这些网络安全机制如何得到保护的问题。递归网络安全论证需要有明确的基础,基本的机制必须以非常清晰和简单的方式确保安全,例如,对机房的物理保护将阻止任何未经适当授权试图进入的人员。

21.4.4　小心输入、输出和依赖关系

设计良好系统的网络安全属性通常隐性取决于这些系统所依赖系统的网络安全属性。这种依赖性采取输入(如将天气数据输入飞行计划软件中)或服务(如网络时间协议服务作为安全审计日志的输入)形式。标识所有此类子系统并根据所依赖的属性明确标识这些依赖关系非常重要。这些属性成为对相关子系统的需求,并应与那些系统形成包含所需提供服务的技术"合同"(Contract)。 如有可能,设计时应在认证和认可期间以及在系统运营期间连续不断地验证这些特性。

例如,应用程序的网络安全性几乎总是取决于基础操作系统的网络安全属性。不幸的是,这些类型的依赖关系通常没有得到网络安全设计人员的充分认识。另一个示例是身份

认证系统(Identity Certification System)可依赖于外部物理世界流程的正确性和完整性，该流程验证一个人员的身份以及用来存储该身份信息的系统(例如，取决于具体身份信息的数据库等资源)。

可用性属性尤为重要，因为级联的依赖关系可能非常微妙。例如，由 DNS(Domain-Name Translation Service)执行的域名转换服务失败，大多数人将不再能跟踪 Internet 协议地址，因此大多数用户的系统都会失败。另一个示例是专用私有网络通常依赖公共商业网络提供数据传输服务(因为私有网络通常只加密数据，然后通过商业网络发送)。这些类型的级联依赖通常是隐藏的。

同样，其他系统可能取决于所设计系统的属性。因此，重要的是要确保知道系统属性需求，并将这些需求包括在系统需求中，并在理想情况下在运营期间持续检查。

21.4.5 违反未陈述的假设条件

除了需要在多个子系统之间组合属性以实现整体网络安全性原则外，对于每个组件应明确声明其所依赖的子系统的假设，如何依赖于这些假设以及如果违反这些假设会发生什么也很重要。不幸的是，这种程度的分析并不经常进行。就像软件编码漏洞可能导致系统漏洞，从而破坏系统及其所支持的目标系统一样，在软件工程师设计彼此依赖的组件时，如果未加说明就会存在误解，可能导致灾难性漏洞。

> 明确陈述并解除所有依赖假设。

例如，如果子系统 A 的开发人员假定调用该子系统的其他所有子系统都在管理器地址空间内，并且该假设证明无效，则攻击者可以很容易地引诱从而欺骗该子系统 A。有时假设开始是正确的，但后来因设计变更而无效。由于这些假设很少记录，因此网络安全工程师无法跟踪这些假设及后续的违规情况。重新设计最终使一些先前正确的假设无效，并损害了整个系统的网络安全性。

21.5 小结

上一章论述了如何构建正确的网络安全系统以减轻风险，本章则论述如何正确构建并有效地论证系统确实正确地构建了。接下来的两章继续介绍网络态势认知(Cyber Situation Understanding)和指挥与控制的高级别概念，这两个概念推动了有效设计。

总结如下：
- 没有保证的网络安全功能很危险，将敌对者指向最有价值的目标，并误导用户误认为数据和服务受到保护。

- 形式化保证论证帮助管理复杂性，分为四个阶段完成：安全需求、形式化安全策略模型、形式化顶层规范以及对安全至关重要的子系统的实施。
- 使用最佳实践陈述安全需求特别重要，例如需求明确、可度量、可达成、可实现和可追溯。安全需求也应该分层以提高清晰度并帮助确保完整。
- 形式化安全策略模型本质上是一个概念，说明安全策略在较大系统的环境中应如何运营。
- 形式化顶层规范是网络安全系统主要功能模块的高层规范，这些功能模块指明、确定并落实安全策略。
- 局部保证是为了证明给定的组件具有所需的特定属性，而全局保证是关于以特定方式组合在一起的所有组件的集合通过编排提供安全需求中规定的一组安全性。

21.6　问题

(1) 列出没有保证的网络安全功能存在风险的两个原因。

(2) 是否对整个系统或子集做出了形式化的保证论据？为什么？

(3) 对于系统的安全至关重要和非安全至关重要的部分，采取两种不同的设计流程会有什么后果？

(4) 列出良好的网络安全需求的五个重要属性。

(5) 好的网络安全工程师应该如何分层创建网络安全需求？

(6) 如果目标系统所有者对特定安全机制(如防火墙)指定了需求，那是真正的需求吗？如果不是，网络安全工程师应如何处理提交的此类需求？

(7) 为什么需求和设计元素之间的可追溯性很重要？从设计元素到需求的可追溯性为什么很重要？

(8) 什么是形式化安全策略模型，为什么需要？

(9) 什么是形式化顶级规范，与形式化安全策略模型有什么关系？与详细的顶层规范有什么关系？

(10) 当形式化规范已经涵盖时，为什么非形式化的详细顶级规范还必须包含安全关键子系统的元素？

(11) 整体系统保证的组成需要什么？

(12) 列出一些可用于在实施阶段提高软件代码保证的技术。

(13) 什么是全局保证？与局部保证有何不同？二者如何相互联系？

(14) 什么是组成问题，与一般保证有何关系？

(15) 可信赖性依赖是什么意思？

(16) 缺乏可信赖性如何在系统设计中传播？

(17) 定义传递闭包概念。与可信赖性有何关系？

(18) 什么会在依赖关系中产生循环？为什么这是糟糕的？哪些设计方法可避免这种循环？

(19) 为什么在相互依赖的子系统间记录和检查假设十分重要？

(20) "陈述和排除所有依赖假设" 是什么意思？

第 **22** 章　网络态势认知：发生了什么

学习目标

- 定义态势认知、指挥与控制的概念，以及这些概念之间的关系。
- 从四个阶段描述基于态势的决策流程。
- 解释态势认知的五个重要方面。
- 论述对攻击本质的发现及其四个不同的组成部分。
- 列出四种不同类型的攻击路径以及为什么这些攻击路径对态势认知很重要。
- 定义目标系统映射，并将概念与评估攻击的潜在目标系统影响联系起来。
- 论述预测情报的重要性，及其与攻击树的关系。
- 总结为什么预测情报对防御优化十分重要。
- 根据当前和潜在的未来损失定义网络战损失评估。
- 描述系统防御的状态并描述为什么每个防御都很重要。
- 在评估动态防御行动的影响时，说明有效性度量的角色。

本章和下一章都是关于高级运营主题的，这些主题遍及网络安全所有方面并从概念上推动了需求。借用军事上的态势认知、指挥与控制这两个重要的概念。态势认知包括了解敌对者的行为，攻击的有效性及安全对策的如何工作。指挥与控制涉及如何动态控制网络安全系统，有效地击退敌对者，最大限度地降低损害并最大化目标系统的有效性。

22.1　态势认知和指挥与控制的相互作用

态势认知(Situation Understanding)和指挥与控制(Command and Control)协同工作，共同指导网络安全运营，如图 22-1 所示。

就像收集的数据应支持数据使用者的决策过程一样，网络攻击检测系统也应当由需要做出的响应决策来驱动，这些决策目的是减轻损害并将攻击者驱离目标系统。网络安全工程师必须考虑及时的响应策略和要求，将其作为指导攻击检测子系统和态势认知设计流程的一部分。

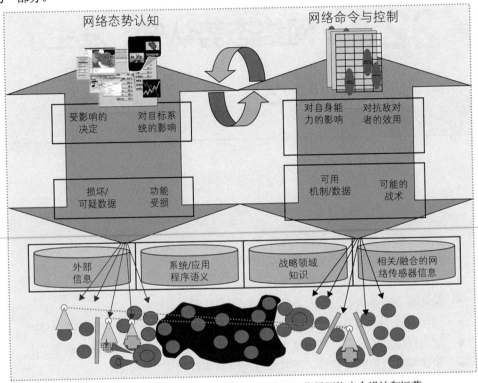

图 22-1　态势认知和指挥与控制之间的协同作用可指导网络安全设计和运营

　　要掌握网络安全态势应该收集哪些有关防御系统的信息？可以收集的数据种类繁多、数量庞大，以至于全部收集会使系统崩溃。将很快消耗处理器、内存和带宽之类的资源，达到无法执行目标系统功能的地步。网络安全社区中的一种趋势是收集和存储感兴趣的数据，并在之后弄清楚如何分析。有些组织倾向于收集可通过其他机制轻松获得的信息(例如，最初用于系统管理的审计数据)。这些都不是有效方法。

态势认知需要用来支持有效的防御决策。

22.2　基于态势的决策：OODA 循环

　　John Boyd 开发了称为"观察-调整-决定-行动"(Observe-Orient-Decide-Act，OODA)循环[OSIN07]的四阶段决策周期的概念来描述战术空战[PLEH15]。图 22-2 进行了描述。

图 22-2　指导行动的四阶段 OODA 决策循环

下面进行详细说明。

- **观察(Observe)**　飞行员观察当前状况，包括自身的位置和战备状态以及其他友军、敌军的状态和外部环境因素(如天气)。

- **调整(Orient)**　飞行员用观察数据调整自己，以便根据谁在战术上有优势、交战的结果如何以及发生的可能性和后果理解观察数据的含义。

- **决定(Decide)**　飞行员然后筛选并评估调整过程中所有结果的概率，并决定在这种情况下应采取的行动(例如，使敌人加入近距离空对空战斗)。

- **行动(Act)**　最后飞行员根据决策阶段制定的计划采取行动(例如，机动躲避敌机并发射武器)。

- **重复(Iterate)**　飞行员的动作可能影响态势，导致进入循环的另一周期。飞行员观察到这种状况，针对这种状况进行调整，决定一组新行动，然后执行这些行动。

　　尽管 OODA 循环最初是为战术空战创建的，但该循环可很好地推广到其他决策领域(如网络安全战，甚至是驾驶汽车)及更高水平的决策，如战略决策(Strategic Decision，如公司应如何应对竞争压力和市场份额丢失)。在面对网络攻击的动态过程和可能的安全对策时，组织人们思考网络安全是极具建设性的。

　　OODA 循环是一种控制反馈循环(Control Feedback Loop)[HELL04]。这样的控制反馈循环对于理解网络安全的动态性质及正在发生的事情(态势认知，Situation Understanding)和对此执行的操作(指挥与控制，Command and Control)之间的紧密联系非常重要。态势认知涵盖 OODA 循环的观察-调整部分，而指挥与控制则涵盖循环的决定-行动部分。本章着重于态势认知，第 23 章着重于指挥与控制，通过这些章节的学习可很好地理解这些概念在动态防御环境中的交互。

　　第 13 章和第 14 章论述了网络攻击检测的本质，这是态势认知的前提。态势认知不仅限于攻击检测，还包括：

- 掌握攻击的本质
- 对目标系统的影响
- 攻击造成的损害，以及可能导致的下一步后果
- 防御状态
- 当前防御配置有效性

22.3　掌握攻击的本质

识别正在发生的网络攻击本身就是一项艰巨任务。一旦确定正在发生某种类型的攻击，就必须针对该攻击回答很多问题。本节的其余部分举例说明论述如何回答这些问题。

通常在两个不同时间阶段进行分析：即时分析(Immediate)和深度分析(Deep Analysis)。即时分析对当前情况的反应时间有限。这种情况下，每一秒都很重要，因为每声滴答都可能造成越来越严重的损害。即时分析支持实时战术决策(Real-Time Tactical Decision)，决定应采取何种行动应对，下一章将进行论述。一旦目标系统没有迫在眉睫的危险，就可以更仔细地对情况进行深度分析，确定根本原因、敌对者的能力及如何改善未来的防御能力。

22.3.1　利用了哪些脆弱性(漏洞)?

有时攻击警报(Attack Alarm)给出正在发生的网络攻击的本质及发生的地点等具体信息。此类警报是基于签名的方案的典型代表。与异常检测相关的其他警报，在攻击类型、攻击所在位置甚至是否存在攻击(相对于系统错误)方面都具有高度的不确定性。对于不确定的警报，重要的是能跟进和弄清楚哪些传感器对警报有贡献，可对传感器重新分配任务以了解更多进展情况。

如果攻击是零日攻击(Zero-day Attack)，则可能无法确定所利用的确切脆弱性，但应该可以查明涉及的计算机、操作系统和应用程序。有时只通过影响就知道受到网络攻击，例如，整个系统崩溃。在这些情况下，可能很难找到脆弱性。恢复系统后，可查看内存转储(崩溃的最后阶段之前存储的主内存快照)和日志(假设日志是完整的)确定事件的发生时间，并缩小攻击路径的范围。

22.3.2　攻击使用哪些路径?

攻击路径(Attack Path)是与攻击相关的途径，包括：
- 渗入路径(Infiltration Path)是渗透到目标系统的路径
- 从系统内泄露(Exfiltrate)敏感数据的出口路径(Egress Path)
- 在目标系统内部攻击时控制攻击的入口路径(Ingress Path)
- 将攻击扩散到目标内部和其他目标系统的传播路径(Propagation Path)

1) 渗入(Infiltration)

进入系统以及敌对者可能继续使用的路径，这些知识在检测和恢复的初始防御成功后，阻止攻击并保护系统免受重复攻击时必不可少。攻击是通过防火墙进入的，还是在维护人员登录网络后神秘地出现的？是否来自企业网络上的特定授权计算机？这些问题可以说明攻击是外部计算机网络攻击、内部攻击(Insider Attack)还是生命周期攻击。

> 掌握攻击路径对于抗击攻击至关重要。

可通过关闭或严格限制(Tightening Down)防火墙(即将网络数据流量严格限制在支持该目标系统所需的最低限度，减少攻击面)阻止重复的外部攻击(Outsider Attack)进入企业系统。仅当发现内部人员并驱逐出组织后，才能阻止重复的内部攻击。而只有找到并禁用了生命周期攻击中作为恶意代码源使用的软件，才能停止重复的生命周期攻击。因此，针对每种重复攻击情况的防御操作可能有所不同。

2) 出口(Egress)

除了用于初始攻击的路径之外，渗入的恶意软件还可建立出口路径，泄露(从企业内部发送到外部供攻击者检索)敏感数据。渗入的恶意代码可使用出口路径沟通困难的情况(例如，不知道如何渗透某个防御机制)，以寻求额外方法，克服这种挑战。成熟的攻击者可能在此类路径上使用隐蔽信号发送方法，因此，防御者应根据渗出尝试的明确警报谨慎地考虑防御计划。

3) 入口(Ingress)

此外，可建立从外到内的路径或入口路径，允许敌对者继续控制和指导恶意软件进行攻击。入口路径通常称为指挥与控制路径，因为这些路径允许攻击者指挥与控制渗透到企业系统内的恶意代码的进度。

4) 传播(Propagation)

最后，自我传播(Self-Propagating)的恶意代码具有传播路径，恶意代码可在防御者系统内易感计算机之间传播，也可从防御者系统传播到网络上其他已连接的易感系统(Susceptible System)。

5) 切断攻击路径(Cutting Attack Path)

切断进入路径(从外到内)可防止敌对者从外部主动引导恶意软件。这未必能阻止恶意软件继续造成损害的自主行为，但可防止攻击者智能地指导恶意软件，攻破该软件的防御措施尚无法防御的方面。这是重要的第一步。切断公开的出口路径(非隐蔽，从内到外)，可防止恶意代码泄露敏感数据，最大限度地减少数据泄露(直到渗出停止)造成的损害。切断出口路径还可阻止恶意代码传播到震中系统(Epicenter System)之外，甚至限制在防火墙划分的网络内。

> 切断攻击路径可使攻击丧失能力。

22.3.3　路径是否仍然开放?

在攻击的初始阶段，防御系统可能采取一些初始的自动防御措施。今天通常还没有做到这一点，但可以预计，一定程度的自主行动对阻止以互联网速度传播的攻击必不可少。而且，网络运营人员通常会采取一些初步的分类行动，尽其所能阻止攻击，直到可通过更广泛的取证分析确定攻击的具体原因和性质。自主行动和初始安全人员的行动结合可能阻止攻击者的一条或多条路径。图 22-3 描述了基于态势行动的分阶段方法,下一章将对此进行更详细的论述。

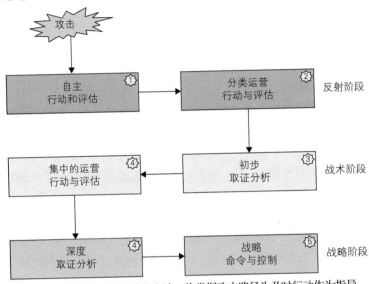

图 22-3　基于态势的分阶段方法,将掌握攻击路径为及时行动作为指导

在取证分析过程中重要的是要了解,分析要及时地追溯到防御系统处于不同状态的时间点(即使只是在片刻之前)。这意味着在决定采取措施并执行操作前,必须了解现有系统状态和攻击发起时状态的差异。仅采取关闭路径的措施将是令人费解和浪费资源的。

如果关闭攻击路径,防御者就有更多时间评估态势并决定最佳行动方案。最佳决定永远不会是在当下和压力下做出的。防御系统的首要目标系统之一是消除压力,并通过减慢一切来降低当下的热度。

> 阻挡攻击路径以节省时间并减少损失。

22.3.4　如何关闭渗入、渗出和传播路径?

通过掌握攻击者正在使用哪些路径及这些攻击路径是否仍处于打开状态,防御者可确定关闭路径的可能方式。这些基本信息将输入指挥与控制防御系统中,下一章中将论述。

为什么不是只关闭整个网络,擦除所有数据,然后重新启动? 好吧,在网吧里这是用户每次注销时所做的事情,这样做只是为了最小化攻击引入并转移到下一个用户或企业系统的风险。这种情况下,系统上并不存在有价值的数据,操作系统和应用程序的标准副本(即由原始供应商提供的应用程序可执行代码副本,假设不会损坏)每次也可加载。在企业系统中,彻底的重启可能花费数百万美元,并会破坏目标系统。修复方案可能比攻击本身更糟。

> *确保防御行动不比攻击行动更糟糕。*

因此，重要的是要了解攻击的确切本质和途径，以便可以有选择地关闭，而不会严重损坏系统所支持的目标系统。这一概念类似于抗生素，抗生素选择性地攻击引起机体感染的细菌，又不会对机体细胞造成太大伤害。该术语在生物学中称为选择性毒性。另一个恰当的类比是化学疗法。化学疗法对人体非常有害，会损害健康的细胞，但对迅速分裂的癌细胞则可能有更大的危害。化学疗法希望能在破坏如此多的健康细胞以致患者死亡之前去除癌细胞。

回到眼前的问题，如果知道确切的攻击路径，而且这些路径对于目标系统并非必不可少的，那么可选择性地关闭。例如，假设攻击来自非目标系统相关的 Internet 地址，使用的是目标系统很少使用的端口和协议，那么直接指导外围防火墙(位于防火墙边界的防火墙)就很容易了，可阻止来自该地址的所有流量及该端口上的所有流量(无论是源地址还是目标地址)。

如果停止来自源地址的网络通信，为什么还要阻止来自该端口上所有地址的所有通信呢？问题在于，攻击者很聪明且具有适应能力。如果攻击者发现攻击遭到阻止，将意识到已经有人针对 Internet 地址设置了防火墙规则，因此很可能冒用其他源地址。实际上，某些恶意代码在自动执行此操作，或欺骗(Spoof)各种源地址，防御者不知道应该阻止哪个地址。当然，攻击者也可能更换端口和协议，因此防御者必须时刻注意攻击者的这种适应方式。

22.4　对目标系统的影响

告诉目标系统所有者(如首席执行官)域名系统正在遭受分布式拒绝服务攻击几乎毫无用处。大多数人甚至都不知道这意味着什么。这样的描述没有提供与组织目标系统相关的信息。就像食堂今天因为没有鱼吃所以供应肉饼。两者都与目标系统所有者无关。

这引入了目标系统映射(Mission-Mapping)概念。通过一系列依赖关系将信息技术服务和子系统映射到所支持的组织目标系统。目标系统映射可使分析人员评估由于系统中断造成的目标系统损害，并预测成功攻击系统某部分时目标系统的脆弱性。

分析目标系统影响的一种好方法是重新查看攻击树(第7.1节)。攻击树着重于对目标系统的战略性损害，以及攻击者通过实现一系列子目标造成损害的所有方式。有了足够详细的攻击树，就可以确定任何成功的攻击或攻击尝试对目标系统的影响。

图 22-4 显示了第 17.6 节中的攻击树示例。成功的攻击概率为演示进行了修改，并已直接放在相应的内部和攻击叶节点上。未经修改的攻击树成功的整体概率始于 10^{-4}，这是根据叶节点概率计算得出的，如第 17.6 节所述。图 22-4 底部带有复选标记的两个攻击叶节点表示攻击者已以某种方式实现了这两个攻击叶目标，而防御者检测到攻击者已实现了

目标。问题是，这种情况下，防御者可就攻击和防御者自身的防御态势得出什么结论?

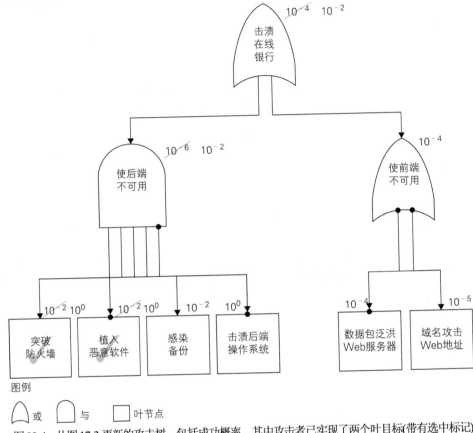

图例

$\bigcap$ 或　$\bigcap$ 与　$\square$ 叶节点

图 22-4　从图 17-3 更新的攻击树，包括成功概率，其中攻击者已实现了两个叶目标(带有选中标记)

　　两个成功攻击叶节点的概率可标记为 100%(相当于 10^0)，因为已经由攻击者完成。在未修改的概率上画一条对角线并将其替换为修改后的概率，显示在图 22-4 中。然后重新计算父节点直到树的根节点的概率。修改后的成功攻击树的概率(由顶部的根节点表示)为 10^{-2}。

　　注意，未修改树中的主导攻击场景(Dominant Attack Scenario)位于树的右侧，树的两个从属攻击叶节点之间是"或"关系。主导攻击场景是指最可能主导整个攻击树概率的场景("使前端不可用"这一内部节点的概率为 10^{-4})。攻击者获得图左下方的两个叶节点后，只需要再达成两个攻击叶目标即可实现图 22-4 中树左侧的攻击场景。一个攻击叶子目标为 10^{-2}(1%)，另一个目标为 10^0(100%)。因此，这两个步骤代表了攻击者成功攻击需要完成的工作。将父节点的概率改为 $10^{-2}*10^0$，等于 10^{-2}。因为该内部父节点(内部节点"使后端不可用")与其同级(内部节点"使前端不可用")具有"或"关系，所以根概率为 10^{-2}。这就说明了图 22-4 左侧的攻击场景如何代表主导攻击场景及其原因。

　　此外，防御者可得出结论，攻击者的目标很有可能是使网上银行崩溃，也就是攻击树的根。如果不显示防御者分析过的攻击森林中的其他攻击树，则很难得出这棵特定攻击树是攻击者主要目标的结论。这两个叶节点可能与攻击森林中的某些其他攻击树相同。这种情况下，防御者可能得出结论，敌对者也在以那些攻击树为目标。

如何处理有关攻击者潜在意图的信息？这就是所谓的预测情报(Predictive Intelligence)，即通过分析当前事件(这种情况下是成功攻击叶节点)获得的信息，用于预测未来可能发生的情况。信息是无价的，因为可做出如下决策：

- 目标系统风险增加
- 目标系统中断的应急方案
- 风险增加的本质和原因
- 专注于攻击检测工作
- 重新配置防御以相应降低风险

22.4.1 风险增加

要了解情况，重要的是要知道组织目标系统的风险是否在增加，该目标系统是军事、商业还是非营利性的。还有其他许多决策也基于该风险。例如，对假日期间的零售商，使系统保持在线状态的好处是巨大的,因为假日期间在线购物产生的收入所占的百分比很高。因此，零售商愿意花更多的钱确保系统保持在线状态，未完成目标系统愿意承担额外风险。到某个点时，风险变得过高，零售商将决定让在线购物系统离线以阻止攻击，当攻击带来的责任风险(Liability Risk)超过使系统保持在线状态而期望获得的利润时更是如此。

22.4.2 应急方案

所有组织都应制定企业系统无法执行目标系统时的应急方案(Contingency Plan)，从而在企业系统重新上线和运行之前，能完成最低程度的工作。应急方案可以是备用企业系统(例如，在装置外未连接到主系统的冷备件)，也可以是铅笔纸系统。另一个应急方案是在不会对组织造成太大破坏的情况下，在一段时间内不执行部分目标系统。例如，人力资源子系统关闭了几天可能不会对组织构成生存威胁，而股票交易系统关闭几个小时可能对经纪公司造成致命威胁。所以应始终对目标系统执行优先级排序流程，并事先进行分析。这涉及组织在遭受致命伤害，即无法执行目标系统的情况下可坚持多长时间。

> 应始终对目标系统执行优先级排序和评估流程。

22.4.3 本质和位置指导防御

了解攻击的本质和位置可指导对攻击检测器的调整。防御者可根据当前发生的攻击类型以及接下来可能发生的攻击类型优化攻击检测子系统。可基于攻击树的预测情报实现攻击者的目标。例如,可将异常检测系统(Anomaly Detection System)调整为具有较低的检测阈值,并以攻击树的预测顺序选择性地检测攻击类别。

重要的是要理解,不能同时针对所有可能的攻击场景优化总体防御,对于入侵检测系统尤其如此。与某些攻击类别相比,不同的防御配置对某些攻击类别更有效。因此,可针对攻击范围优化通用设置,根据可能性(随着攻击的发展和时间变化)和潜在破坏程度加权。当前预期的特定攻击类别的知识和见解,对优化网络攻击的检测和预防都非常宝贵。

无法针对所有攻击场景优化防御。

同样,了解攻击的本质和位置可指导重新配置预防机制,优化网络安全子系统特定区域中的特定类型的攻击。例如,如果攻击涉及在目标系统的子网之间传播的蠕虫,则可在组织网络中重新配置防火墙和路由器,通过阻止正在传播的端口和已感染计算机的 Internet 地址,防止进一步传播。

22.5　评估攻击损失

军方使用一种称为战斗损伤评估(Battle Damage Assessment)的概念评估攻击敌对者造成的损失,以及评估敌对者成功攻击后防御者的损失。两者都很有趣且相关,但本书着重于系统防御(而非进攻性网络攻击),因此本节涉及的是防御者的网络战斗损伤评估。

评估损失包括两个重要方面:当前损失(Current Damages)和未来潜在损失(Potential Future Damage)。评估当前损失包括两个部分;一是受到影响的计算机和子系统的损失,二是这些损失对目标系统的影响。评估计算机和子系统的损失是对健康和状态报告的汇总。如第 22.4 节所述,评估对目标系统的影响是将这些损失投射到这些子系统与其支持的目标系统之间的目标系统映射上的问题。

根据敌对者成功实现一个或多个战略目标的新概率,动态地重新计算预期危害(第 17.6 节),可评估潜在的未来损失。如第 22.4 节所述,这些概率会根据敌对者已经实现大量攻击子目标的特定情况更新。例如,假设正在进行的攻击成功实现了两个战略攻击树目标,分别将成功概率从 10^{-5} 更改为 10^{-3},从 10^{-6} 更改为 10^{-2}。进一步假定,每棵树造成的损害分别为 100 000 000 美元和 10 000 000 美元。预期危害的变化将从:

$$10^{-5} * 100\ 000\ 000 + 10^{-6} * 10\ 000\ 000 = 1010$$

变为

$$10^{-3} * 100\ 000\ 000 + 10^{-2} * 10\ 000\ 000 = 200\ 000$$

该分析给出了因当前情况而增加的预期危害或风险。在此示例中,风险增加了两个数量级(10 的 2 次幂)。防御者除了解测量情况变化的严重程度外，还可分析攻击树本身，准确了解风险变化的来源以及什么目标系统处于最危险的境地。这种分析使防御者能出色地了解态势。

22.6　威胁评估

进行正式的网络安全威胁评估(Threat Assessment)通常很有用。本书论述威胁评估的许多重要方面，将这些方面放在一起描述威胁评估过程。通过这种评估，可确定网络攻击对组织目标系统的威胁。威胁评估回答以下问题：

- 组织的目标系统是什么？
- 信息技术如何支持目标系统？
- 谁有能力、动机和机会破坏目标系统？
- 防御者的系统多容易受到网络攻击？
- 攻击者可在多大程度上通过网络攻击破坏目标系统？

本书论述回答这些问题的方法。这些答案结合在一起构成网络安全威胁评估。威胁评估的重要意义在于激励改善风险态势、确定适当的投资水平和引起对网络攻击的重视。

22.7　防御状态

了解网络情况的关键是网络安全子系统及其组成机制的状态。其中防御机制类型包括：

- 预防
- 检测
- 恢复
- 容错子系统

每个子系统都有许多不同的防御机制。对于每种机制，重要的是要掌握：

- 健康(Health)、压力(Stress)和胁迫(Duress)
- 状态
- 配置可操作性
- 进度与失败

下一节依次论述每种防御机制。

22.7.1　健康、压力和胁迫

1) 健康

防御机制的健康状况取决于规格与预期相比的表现。假设授权系统通常每秒处理 1000

个事务，但现在每秒仅处理 100 个事务，而请求数量并未减少。可得出结论：系统出现了问题。

2) 压力

另一种机制可能需要 100MB 的主内存才能满负荷运行，但由于某种原因，操作系统只分配了 80MB，减慢了处理速度。也许内存分配趋势持续下降，也许网络带宽已经饱和，所以入侵检测系统无法将所有攻击传感器数据报告给检测分析子系统。检测系统可能达到其缓冲数据能力的极限，存在丢失已收集并临时存储的传感器数据的风险。内存和带宽限制这两种情况是子系统压力的示例，这些压力可能导致网络安全子系统故障，最终造成目标系统失败。

3) 胁迫

除了压力外，攻击者还可能破坏甚至完全攻占子系统。如果受到攻击者的操纵，子系统的报告(如攻击传感器的报告)可能会变得零星、不连贯、完全停止或完全成为谎言。这称为胁迫情况。某些情况下，处于胁迫下的子系统的输出可能看起来类似于承受压力的子系统。如果攻击者攻占子系统，输出最终看起来可能很正常。防御者应该检查报告数据中的异常情况并保持警惕。

这些都是可能危及防御系统网络安全情况报告的示例。作为 OODA 循环的一部分，监测防御机制的运行态势有助于网络安全子系统运营者确定采取何种措施改善情况。

22.7.2　状态

除了防御机制健康状况的详细信息外，重要的是直接知道每个子系统是否正常运行。家用计算机崩溃或锁定时对用户很明显，但可能很难理解为什么启动停止状态报告很重要。如果组织的网络运营中心正在监测成千上万的设备，一台计算机宕机不足为奇。另一方面，同一网络上同时有数百台计算机发生故障就值得高度怀疑，表明可能存在网络攻击。同样，防御子系统故障可能是攻击的前奏。老练的攻击者几乎总是在发动攻击之前让网络安全机制瘫痪。

> 网络安全攻击是重大系统攻击的先兆。

22.7.3　配置可控性

几乎每个网络安全子系统都通过各种运营模式和参数确定行为细节。现实的军事称之为可控性(Maneuverability)。例如，防火墙规则确定防火墙对于企业系统进出流量是相对自由还是相对保守。可将攻击传感器设置为最大限度地减少数据输出，从而降低网络带宽利用率。在出现严重攻击时就需要重新配置收集更详细的信息，帮助更好地检测和表征正在进行的攻击。如果攻击者能控制网络安全系统配置，可重新配置所有防御机制对攻击视而不见、无法阻止或无法从中恢复。防御者必须始终监测所有防御机制的配置，这一点至关重要。

网络安全配置可控性是福也是祸。

由于攻击者会尝试在攻击序列中尽早接管网络安全防御机制，因此不能总是盲目地信任网络安全子系统的配置和运行状况报告，这一点很重要。仔细检查子系统报告的独立方法至关重要。为什么？　因为如果攻击者秘密接管网络安全子系统，攻击者可简单地让子系统报告一切良好，该配置完全与接管时的配置相同，而不是攻击者在"攻击之前"就采用的新恶意配置。

作为独立检查的示例，假设防火墙报告现有规则集合已严格限制为仅使用少数指定端口。这时最好采用独立的交叉检查规则，尝试发送防火墙规则应该阻止的流量；这称为已知答案测试(Known-Answer Test)。从性能角度看，连续运行已知答案测试可能不切实际，但明智做法是有这样的程序和机制定期检查报告的准确性，当报告与发生的事件不一致时(例如，目标系统运行异常，但网络安全传感器报告一切运行正常)尤其要检查。

验证网络安全状态报告和可疑的选择。

22.7.4　进度与失败

在攻击场景中，防御者很可能重新配置网络安全子系统防止进一步的攻击，同时检测和评估攻击，然后从攻击中恢复并容忍迄今为止所造成的损害。防御安全对策行动很可能是一系列动作，如在数百个设备上执行的程序脚本。例如，防御者可能希望重新配置所有防火墙上的设置，排除特定端口上和特定 Internet 地址范围内的所有流量。如果防御系统具有数十种不同的防火墙(可能来自不同的制造商)，则需要使用不同的程序脚本执行所需的配置更改，而且每种类型的设备的身份验证协议可能有所不同。

前面提到的防御措施显然不是瞬时的，因为涉及网络上的身份验证协议(可能会因攻击流量而陷入困境)、跨多个网络通道的命令序列传输，然后在每台设备上执行这些序列。由于正常的处理时间、延迟和可能的故障，了解每个操作序列的进度状态很重要。如果不采取这些措施，防御系统仍然非常容易受到攻击者对访问点的持续攻击。

由于操作可能失败，网络安全子系统进度报告必须包括故障报告，其中包括故障的原因。为应对攻击情况，必须采取如下一系列控制措施：

- 尽可能提前制定应急措施
- 针对给定情况实例化
- 分阶段执行以便将所有相关程序脚本发送到每个子系统
- 视情况传输到每个子系统
- 由每个相关子系统接收

- 正确执行
- 状态报告必须遵循类似的处理路径

这些步骤中的任何一个都可能以某种方式失败或受到攻击。防御者必须始终为不可接受的延误或故障做好准备，并制定替代计划。这些计划和应急将在下一章中详细论述，聚焦于网络安全指挥与控制。

22.8　动态防御的有效性

到目前为止，本章涵盖攻击的状态及其对目标系统的影响，攻击造成的现有和潜在损害以及相应的防御状态，包括任何正在进行的动态防御行动的进度。为完成控制反馈循环，需要确定防御措施是否有效。攻击停止了吗？损害稳定了吗？渗出停止了吗？系统上是否仍然存在恶意软件？是否重新运行关闭的主机子系统？

必须为每个防御性行动确定有效性度量(Measure of Effectiveness)，并在采取行动后必须立即评估。该反馈使下一个动作的决策过程更有效。例如，若防御行动完全有效，则防御者不必承受进一步防御行动可能带来的负面影响。

像为治疗大多数疾病而服用药物或进行外科手术一样，大多数网络安全措施都具有一些负面影响，其中一些的副作用可能非常严重。防御者需要尽可能减少防御措施和随之而来的不利的副作用。另一方面，如果防御行动没有效果，则防御者需要知道这一点，以便决定采取可能更具侵略性的替代行动。

> 所有防御行动都会对目标系统产生负面影响。

22.9　小结

前两章论述了网络安全设计的明确原理。本章和下一章论述驱动系统设计的重要组织概念。本章涵盖对网络态势的认知，并论述了如何深入了解系统中与网络攻击有关的事情，以及这种理解如何进入一个称为"观察-调整-决定-行动"的决策循环。决策周期的决定和行动部分将是下一章网络指挥与控制的主题。

总结如下：

- 网络态势认知可发现正在发生的事情，而网络指挥与控制则决定如何处理并执行。
- 基于态势的决策是动态网络安全防御和各类网络安全控制的核心。
- 网络态势认知涉及掌握攻击的本质、攻击对组织目标系统的影响的推理、评估实际和潜在的攻击损失、确定系统防御的状态以及确定为指挥与控制提供反馈而采取的任何动态防御措施的有效性。

- 理解攻击的本质涉及了解攻击所利用的脆弱性、攻击使用的路径、这些路径是否仍处于打开状态以及如何将其关闭。

- 四个攻击路径包括进入目标系统的初始渗入路径、泄露受保护数据的出口路径、攻击控制的入口路径以及用于扩散攻击的传播路径。

- 目标系统映射使用攻击树帮助防御者确定攻击者成功实现攻击树子目标的影响，可以量化风险的变化以及该风险变化的来源。

- 有关攻击者所做的事情的情报很有价值，但预测攻击者下一步可能做什么的情报对于提前阻止攻击者更有用。

- 无法对所有可能的态势都优化防御，因此了解正在实时展开情况的信息有助于优化对该态势的防御配置。

- 网络战斗损伤评估既可确定对系统和目标系统已经造成的损害，也可确定造成的潜在损害，从而有助于决定正确的防御措施以及这些措施是否有效。

- 了解系统防御的状态对于决定采取适当的防御措施非常重要。状态与所有的子系统和这些子系统内的机制有关，包括这些机制的健康状况、压力和胁迫，确定机制是否正在运行，与指定配置相比的当前配置，以及采取的动态防御行动的进度。

- 为完成控制反馈循环，网络态势认知的子系统必须测量并报告防御行动的有效性和动态。

22.10 问题

(1) 定义态势认知、指挥与控制，并论述二者在动态网络安全运营中是如何相互支持的。

(2) 描述基于态势的决策的过程和四个阶段。举例说明日常生活中不符合网络安全的示例。再举一个社会层面的示例。

(3) 将态势认知和指挥与控制映射到决策的四个阶段。

(4) 列出对态势认知的五个方面。简要描述每个方面网络态势认知时的作用。

(5) 论述确定攻击所利用的系统脆弱性时面临的挑战。

(6) 列出四种攻击路径，并描述每个路径在攻击序列中的作用。

(7) 定义渗出及其对目标系统的影响。

(8) 为什么尽快关闭攻击路径十分重要？

(9) 关闭攻击路径会阻止进一步的破坏吗？为什么或者为什么不？

(10) 区分渗入攻击路径和传播攻击路径。关闭一种类型的路径会自动关闭其他路径吗？为什么或者为什么不？

(11) 在攻击路径上，Internet 源地址和端口上的信息对动态防御有什么作用？

(12) 如果攻击路径阻塞，那么阻塞后，就新的攻击活动而言，态势认知子系统应该寻找什么呢？为什么？

　　(13) 什么是目标系统映射，与态势认知有什么关系？

　　(14) 对于敌对者实现子目标来说，完成目标系统映射的一种方法是什么？

　　(15) 当敌对者在系统中实现多个攻击树子目标时，执行目标系统的风险怎样？修订后的风险如何计算？

　　(16) 防御者应如何使用更新的风险信息更好地防御其系统？

　　(17) 当谈及攻击者在攻击树内实现子目标时，占主导地位的攻击场景可能发生变化，这是什么意思？这种变化的影响是什么？

　　(18) 什么是预测情报，为什么重要？如何使用？

　　(19) 防御者可采取什么方式应对增加的目标系统风险？

　　(20) 什么是应急计划，如何与对态势认知关联？

　　(21) 为什么说应该优先考虑目标系统？该信息如何使用？

　　(22) 为什么无法针对所有可能的攻击场景优化防御？如何将正在进行的攻击信息用于改进检测和预防？这些变化是否应该是永久的？

　　(23) 定义网络战斗损伤评估，列出其中两种形式，并描述每种形式的确定方式。

　　(24) 列出重要的防御状态的四个方面，以及为什么这四个方面如此重要。

　　(25) 在防御状态中区分健康、压力和胁迫。

　　(26) 为什么防御者不应该盲目地信任网络安全子系统的健康和状态报告？应当如何处理该问题？

　　(27) 跟踪为防御系统而采取的动态防御行动的进度为何十分重要？

　　(28) 列出动态防御行动的七个阶段，并解释为什么在每个阶段采取行动很重要。

　　(29) 评估动态防御行动的有效性为什么很重要？如何测量以及和什么关联？在更大的决策周期中如何使用？

第 **23** 章 | 指挥与控制：如何应对攻击

学习目标

- 解释指挥与控制的本质及其在决策周期中的作用。
- 总结如何获取知识驱动决策循环。
- 描述网络攻略在使用战略知识的场景中的作用。
- 论述在攻击场景中如何制定和评估行动方案。
- 对比自主控制和人为干预两种模式下的指挥与控制。
- 解释什么是元战略，以及元战略如何指导战略实施。

指挥与控制(Command and Control)解决的是第 22.2 节中论述的 OODA 循环的决定-行动阶段。在上一章中，态势认知(Situation Understanding)讲述发生了什么；指挥与控制能力则决定要做什么，并协调执行。在指挥与控制的术语中，命令(Command)是指决策行动方案和发出指示执行所选行动方案，而控制(Control)是指对执行过程及其有效性的监测，以便向下一个决策周期提供反馈。

23.1 控制的本质

下面将介绍控制的本质。

23.1.1 决策周期

术语决策周期(Decision Cycle)指的是遵循 OODA 决策周期四个阶段的完整循环过程(如图 22-2)。完成一个完整周期的时间称为决策周期时间(Decision Cycle Time)。这个时间很重要，因为如果决策周期比攻击步骤的执行时间更长，那么敌对者总将比防御者领先一步，从而无法阻止攻击及其带来的损失。回到 OODA 循环概念起源的空对空作战场景中，可以想象，如果飞行员能比敌对者采取更短的决策时间(称为紧凑 OODA 循环)，那么飞行员成功的概率就会高得多，与多架敌机交战时更是如此。因此，在多个攻击或连续攻击中，紧凑 OODA 循环(Tight OODA Loop)对动态网络安全防御也有效。

23.1.2　关于速度的考虑因素

某些情况下自动网络攻击发生得非常快，甚至比人为参与决策的最短周期 (称为人为干预决策，Human-in-the-Loop Decision)还快得多。这种情况下，网络安全防御机制 (Cybersecurity Defense Mechanism)必须依赖自动响应，即自主(Autonomic)网络安全行动。自动响应与人类生物学中的自主反射类似，叫作神经节的神经束可以实现非常快速的自主反射，不需要由大脑处理。这种自主反射(Autonomic Reflex)是人体在烧伤或咬伤时的反应，可以降低反应时间，减轻伤害。在做出反射动作后，大脑将有时间做出更具战略性的决策，如离开现场避免重复受伤。

> 以机器速度开展的攻击需要自动响应。

23.1.3　混合控制

由经验可知，有时反射的效果可能弊大于利，例如，从较轻的烧伤中迅速收回手臂可能撞到墙或其他硬物，进而对手臂造成更严重伤害。大脑无法克服这些反射，因此，即使反射是一种有价值的生存策略，有时也是脆弱点。事实上，很多武术，比如日本的合气道，都利用敌对者的反射完成防守动作，例如，利用敌对者的作用力将他们自己抛出去。

同样，网络安全自主响应可能非常有价值，也可能是一个脆弱点，因此在网络安全系统的设计和运行中，必须非常仔细地考虑自动响应(Automated Response)行动。自主网络安全是创建自动响应的一种有价值方法，有时可完全阻止像 Flash 蠕虫病毒这样的高速攻击，有时可通过减缓攻击，支持人类在决策周期里做出比自主响应更有创造性、更智慧的决策。

就像神经系统的自主部分和中枢神经系统协同工作力求获得双方的最大优势一样，网络安全系统也应以同样的方式设计和运行。图 23-1 描述了协同工作的两种控制类型：网络指挥与控制和机器自主控制。请注意，这两种控制类型都包含 OODA 循环决策过程的全部四个阶段。两者的区别很简单，自主控制是毫秒级或秒级的，仅涉及计算机决策，而网络指挥是分钟级或小时级的，且涉及人工决策。随着本章的深入，将详细介绍自主控制和人为干预的指挥与控制。

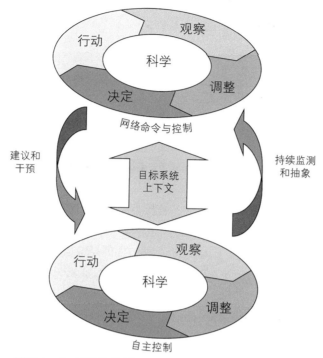

图 23-1　人工指挥与控制速度和机器自主控制速度的对比关系

23.2　战略：获取知识

OODA 决策循环的核心在于什么样的控制活动是有效的，以及当系统响应与预期不同时应该做什么。这种知识是一种战略(Strategy)形式[TINN02]。知识从何而来？　在实体世界中，知识来自人们对几千年来战争胜负的分析。通过这些经验，人们可获得智慧的结晶，例如：

- 永远站在高处战斗。
- 在敌人最不希望的时候进攻。
- 兵不厌诈，所有战争都建立在欺骗的基础上。
- 任何战役的第一个牺牲品都是方案。
- 没有比恐慌更糟糕的情况了。
- 部队匍匐前进。

很多战略都是从死亡和灾难中获得的，代价惨重。网络安全战略也是以同样的方法慢慢学习形成的，只是缺乏数千年的经验供组织获益。以下几种方法可帮助组织获取网络安全方面的战略知识，以弥补经验的不足：

- 通过类比
- 通过直接经验

- 通过间接经验
- 通过模拟

23.2.1 类比

类比(Analogy)是人们学习的重要方法之一，将人们在一个领域已获得的知识转移到另一个感兴趣的新领域，帮助我们快速入门。人们需要慎重理解类比的局限性，知道哪些方面的知识可直接转移，哪些方面的知识需要重新解释，哪些方面的知识由于不同领域的根本差异应予以丢弃。

网络安全冲突可通过人类实体冲突进行直接类比，每个冲突中都有防御者和攻击者，都要动用宝贵的资源，都有需要实现的目标。因此，《孙子兵法》[FORB12]对每位认真的网络安全专家都是无价之宝。《孙子兵法》在战略方面的经验是永恒的、普适的，很容易就能推广到网络安全领域。*The Art of Information War* 一书[NELS95]对网络安全进行了值得借鉴的解释和拓展。

将实体世界战争中的每个概念提取出来，并对应到网络安全领域，本身就是一本书。本书采用实体世界的战略，永远站在高处战斗。站得高能够看得远，武器射程也更远，而且在近身肉搏战中，地球引力也会帮助站在高处的战士形成泰山压顶之势。在网络安全领域，有很多类似的例子。例如，在网络空间中，从哪儿看视野最广? 路由器。具体从哪些路由器看呢? 是那些主要电信公司和互联网服务提供商掌控的大型核心路由器。如果能通过这些路由器观察网络流量，读者将看到全球大部分网络事件。因此，实体世界中的高度可类比解释为网络中的分层路由基础架构。

计算机具有抽象的分层架构，从顶层的应用程序到底层的设备控制器(图 9-1)。与常识相反，计算机分层架构中的底层才是最高点。越靠近底部的层次，对系统资源的访问就越多。总线上的处理器和大多数设备都可以访问所有系统资源，并且不受上层访问控制的限制。攻击者通过控制底部层次中的可编程实体(如固件)或底层硬件，就能获得对一台计算机的完整控制。

> *计算机的最底层是网络安全的制高点。*

正如本节开始所提到的，在将其他领域的术语类比到网络安全领域时，必须谨慎了解应注意的限制条件。表 1-3 论述了网络安全领域与实体领域(物理空间)的许多不同之处。这些差异对于如何解释和过滤实体领域的知识具有重要意义。

书中还论述了其他许多可类比的领域，包括:

- 生物学
- 病毒学
- 流行病学

- 病理学
- 运动
- 博弈论
- 控制论
- 信息论
- 信号处理论

所有这些领域都可向网络安全领域传递重要的战略知识，但都有其局限性。

23.2.2　直接经验

组织总在不断遭遇网络攻击或大量攻击尝试，有时这些攻击会对组织造成严重危害。最终，要么成功阻止攻击，要么自行消退。最重要的是如何从经受的网络攻击中学到最多，这一点可以借助第 7.3 节中论述的"五问"分析模式实现。除了研究网络安全在哪些方面失败了、为什么失败、是如何失败的之外，还应该检查网络攻击的决策和响应在哪些方面有效、哪些方面无效，以及其中的原因。

应充分记录攻击事件的分析结论，并分发给组织中各个防御方面(设计、实施、测试、运营和维护等)涉及的网络安全专家。由于觉得尴尬或担心外部组织(如客户、投资者及利益相关方)失去信任而隐藏这些信息，是一种危险的短视观点。必须深入思考新获得的知识对于改进防御配置和攻击中动态控制的影响，并尽快实现这些改进。这些知识也可有选择性地分享给与组织有密切信任关系的其他组织，以便保护相关组织的系统并使其受益。

23.2.3　间接经验

幸运的是，并不总是必须自己头破血流才能学到知识，有时也能从其他人的成功和错误中学习。如前所述，组织可从有密切信任关系的其他组织那里获得他们分析得出的知识。有时，组织可通过社区信息共享和分析中心，如信息技术-信息共享和分析中心(Information Technology-Information Sharing and Analysis Center，IT-ISAC)[ITIS17]获得知识。有时，通过网络安全专家组成的专业协会的在线论坛，如 RISKS[RISK17]、国家计算机应急响应小组(National Computer-Emergency Response Team)[CERT17b]，通过赛门铁克(Symantec)、IBM 等商业公司，或者通过来自学术界的同行评审期刊和会议文章，组织也能获得知识。公司应该找出这些非常有价值的知识，将其记录下来、加以运用并通过制度进行固化；随着新知识的出现，公司应该进行知识的持续更新。

23.2.4　模拟

最后还可通过模拟(Simulation)获得知识。模拟是指对攻击者、防御者和系统建模，并

在模型之间进行交互,判断网络空间内发生冲突可能产生的后果。使用模型和模拟有很多优点:

- 模拟的成本比构建真实系统进行实验的成本更低。
- 与直接在目标系统的操作系统上进行实验相比,模拟的风险更小。
- 从某种意义上讲,模拟可同时运行多种不同的实验,并且花费比在真实系统中更短的实验时间,因此模拟的运行速度更快。
- 恢复已建模系统的损害非常简单,且几乎不用什么成本。

模拟的主要缺点在于,对于模拟中所获得的知识来说,模型的某个方面可能是不现实或不准确的,因此无法确定获得的知识可否转移到真实系统中。一般来说,模拟的优点多于缺点,因此模拟是一个重要工具,可帮助组织获取网络安全战略知识。

存在很多不同自动化程度的模拟:

- 桌面推演
- 红队演习
- 自动化模拟

1) 桌面推演(Table-top)

桌面推演是模拟的一种类型,通常包括在不同预定义的网络安全场景下,供人工决策使用的自然语言脚本(Natural-language Script)。场景由负责创建和管理桌面推演的一组专家开发。这些场景应切合实际,并且对于利益相关方希望探究的问题,想要训练的参与者,以及能为真实网络攻击做出更好准备的场景,应该都有清晰的定义。

参与者通常是组织中主要的决策者。通常不会提前将场景告知参与者,桌面演练要求参与者做出好像正在亲身经历这些场景时的决策。演练团队解释所采取的行动。根据所涉及的不同决策者的行动,执行不同的场景路线。

最后,评估记录的事件:

- 重要的经验教训
- 可能需要的额外培训
- 更好的组织和清晰的授权链(Chain in Authority)
- 如何处理相似类型真实场景的成熟想法
- 可促进决策制定和快速有效执行的新工具和技术

2) 红队演习(Red Team Exercises)

红队演习通常在真实运行的系统上进行。红队模拟敌对者攻击一个或一组明确的特定目标系统。红队使用经过批准的交战规则进行攻击,确保对运行的真实系统产生的影响最小。因此,红队并不寻求对系统造成实际损害,而是要展示对系统的渗透程度,即红队能获取多大的控制权去对系统造成严重损害。例如,红队经常会在已成功控制的系统中植入一个文件,上面写着"红队到此一游",证明红队确实获得了系统控制权,而不需要关闭系统或损坏任何文件或子系统。

红队可能会通知攻击的目标系统,也可能不会;可能会通知攻击时间,也可能不会。

是否通知目标系统的运营人员、什么时候通知，以及什么时候发动攻击，这些都取决于模拟攻击想实现什么目标、目标系统的利益相关方愿意承担多大风险，以及在面对可能令人尴尬的评估结果时能有多么坦率。

红队攻击模拟的培训和评估目标与系统网络安全防御者和决策者的目标相似。如本章前面所论述的，可通过分析结果、学习创新的防御策略和反击攻击者的策略，形成防御知识并进行制度化。红队几乎总是成功，表明大多数系统在提高防御方面还有很长的路要走。红队的成功取决于防御系统的复杂性、脆弱程度以及攻击者有多少条可攻击的路径。简而言之，成功的防御本来就很难！

> 红队几乎总能获胜。

3) 自动化模拟(Automated Simulation)

完全的自动化模拟由攻击者、防御者和系统的可执行模型组成，这些模型根据一个定义的规则集交互，该规则集用于捕获每个系统的行为。这样的模拟可以极高速度运行，并能以比其他方法快得多的速度获取新知识。同时必须仔细验证所获得的知识，确保新知识在实际系统中能够工作。

> 模拟可更快地生成知识，但需要验证。

23.3 攻略

有了战略知识，就可将这些知识运用到实际的网络攻击场景中。网络攻击场景的信息源自上一章论述过的方法。本节论述如何处理给定的场景。

攻略(Playbook)一词指的是在特定场景下可用的行动方案，以及在这种场景下选择最佳行动方案的方法。网络安全防御者从体育队那里借用了"攻略"这个术语，这些体育队使用的攻略都是事先开发和练习过的，适合于体育队所处的特定场景，有时甚至是为特定敌对者量身定做的。网络安全攻略也有类似特点，本章将继续论述。

23.3.1 博弈论

网络安全形势相当复杂。国际象棋是一个恰当的比喻，即每一个棋手都试图围绕一个战略目标(将死对方的国王)走出最佳棋路，同时试图预测对方朝着其战略目标要走出的最佳走法和敌对者挫败自己的最佳棋路。将对方置于最不利的位置而将自己置于最有利的位置，这一过程称为"最小最大算法"(Min-max Algorithm)。作为人工智能这一更大领域的一部分，博弈论对此进行了详细探讨[CHAR07]。

网络安全"博弈"由于以下几个因素而变得更复杂。首先，如第 6.1 节所述，需要同时面对多个敌对者，每个敌对者可能有不同的目标，和一套防御者从未经历过的不同战术和战略。此外，因为敌对者可能拥有从未公布过的零日攻击(Zero-Day Attack)，"棋盘"的一部分仍然隐藏着，就像一个新棋子突然出现在棋盘上。最后，由于预先放置的生命周期攻击，博弈规则在游戏过程中会发生变化。在系统上站稳脚跟的攻击会像野火一样蔓延，就像棋盘上的一片棋子可突然跳到棋盘另一端的一块空地。图 23-2 描述了这种复杂性。

博弈论
多轮博弈
多名敌对者
不断变化的游戏板
持续进化的规则

图 23-2　网络安全战略涉及复杂的博弈论，白帽子防御者在部分隐藏的、
不断进化的游戏板上与多名黑帽子敌对者进行多轮博弈，游戏规则也在进化

将博弈论运用到网络安全领域的相对较新 [HAMI01][HAMI01a]。至少，博弈论提供了一种有效的方法思考如何制定攻略的问题，并根据场景和在行动方案中选择的标准编制索引。博弈论中的工具和技术随着进一步的研究很可能会得到更直接的运用。

23.3.2　预设行动方案

战斗过程中最不可能有制定作战方案的时间。有时，如果敌对者发动了出其不意的攻击，那么唯一的选择就是仓促制定方案。即使在这种情况下，一支训练有素的军队也知道适用于特定场景的通用战术。不要从零开始，而将已构建的模块组合在一起，并根据场景定制。网络安全规划也是如此。

战斗期间是最不适合制定作战方案的时机。

如何提前制定行动方案？一种方法是回到第 7.1 节中介绍的攻击树。或许还记得，这些攻击树表示攻击者试图在根节点上实现其更大的战略目标的一系列子目标。在第 22.4 节中，攻击树用于描述攻击的场景，根据敌对者已经达成的子目标重新评估风险，并大概预测攻击者可能采取的下一步行动。态势认知数据为决策提供即时决策所需的信息。攻击树及其节点可用于在攻击前制定假设行动方案，并确定如何选择最佳防御行动。

再次参考图22-4，将为树中九个节点中的每一个开发一组行动步骤。通常，由于情况的严重性和本质如此多变，因此最好为每个节点计划至少三个可能的操作过程。例如，如果实现了该图左下角的攻击叶节点(标记为"突破防火墙")，则防御者可制定三种替代行动方案，如图23-3所示。

- 行动方案1——最消极
  - 为防火墙安装所有已发布还未安装的补丁。
  - 对攻破防火墙就能直接访问的所有计算机执行完整性检查，并重启未通过检查的每台计算机。
  - 加强入侵检测持续监测，以检测恶意软件传播的任何迹象。
- 行动方案2——比较积极
  - 行动方案1中的所有方法。
  - 重启所有边界防火墙(Edge Firewall)。
  - 重新设置所有防火墙的规则，只允许最基本的必要流量。
  - 加强入侵检测持续监测，以筛选恶意流量。
  - 开始对攻击如何成功进行取证分析。
  - 搜索网络安全资源，寻找任何已知的类似网络攻击。
- 行动方案3——最积极
  - 行动方案1和行动方案2中的所有方法。
  - 立即隔离组织网络，将受到攻击的网络从较大范围的组织网络中隔离出去。
  - 赋予网络安全子系统对所有系统资源的高度优先权(这可能导致目标系统对资源的优先权降低，例如，仅能满足其最低需求)。
  - 制作所有系统的镜像副本并提交进行取证分析。
  - 使用只读磁盘中所有软件的黄金副本重新启动整个系统。

图23-3　积极的行动方案示例

按照风险和正在发生的其他事件的攻击性顺序，提出了图23-3中的三个行动步骤。应开发行动过程模板，考虑每个主要网络安全子系统可能的行动范围和重新配置。表23-1是非常有限的模板形式。

表23-1　参考不同领域13种可能的行动方案列表

编号	行动方案	说明及原理阐述
	防御机制	
	防火墙	
1	网络隔离	防止对目标系统的进一步损伤，因为损失太严重，不能允许进一步的损伤
2	最小化基本的进出流量	减少额外的渗透攻击和数据泄露的机会
3	减少流量，仅允许已注册的源和目的流量	在强调目标系统连续性的同时降低风险
	身份验证	
4	需要双因子身份验证	降低危及或劫持用户账户的风险

(续表)

编号	行动方案	说明及原理阐述
5	禁用所有非必要用户账户	缩小攻击者的攻击空间
6	仅允许受保护的通信	使得攻击者很难实现中间人攻击
	检测机制	
	传感器	
7	增加所有传感器的灵敏度	高入侵式操作可能导致网络瘫痪,但当攻击性质尚未确定且损害正在以惊人的速度加剧时, 高入侵式操作就很有必要
8	根据疑似攻击有选择地调整传感器	根据情景理解子系统, 为最可能的攻击获得更多信息
	警报	
9	降低攻击报告阈值	可增加可能的攻击报告的数量,意味着有更多机会发现更隐蔽的攻击
10	增加判断警报的资源	每个警报都应进行更深入的追踪, 以确定是否为真正的攻击
	恢复	
11	检测点	在采取会破坏系统状态的操作之前保存系统状态。保存好的系统可用于以后的取证检测, 或帮助减低对系统持续增加的损害
12	回滚	将系统状态还原到攻击前较早的时间段, 某些任务进度将丢失, 但损失也会回滚
13	从标准副本重新启动	从只读黄金级副本还原所有软件,消除系统中可能存在的任何恶意软件感染

23.3.3 最佳行动选择标准

针对敌对者在每个战略攻击树中实现给定子目标的每种场景, 应至少创建三种替代行动方案(第 23.3.2 节)。有了这几个可用的替代行动方案,组织需要选择哪种动作在哪种情况下是最好的。选择标准包括评估以下因素:

- **风险(Stake)** 什么有风险, 损害发生的可能性有多大?
- **攻击者的能力(Attacker's Capability)** 攻击者的方法有多复杂?
- **攻击者的目标(Attacker's Goal)** 攻击者的目标是什么?
- **攻击的不确定性(Attack Uncertainty)** 防御者对攻击本质的了解程度如何?
- **防御态势(Defense Posture)** 防御机制抵御攻击的能力如何?
- **速度(Speed)** 攻击移动的速度有多快,伤害增加的速度有多快?
- **行动效力(Action Effectiveness)** 预计防御行动的效果如何?

- **行动后果(Action Consequences)**　行动对目标系统会产生什么后果？

下面依次论述每个标准。

1) 风险

如果攻击发生在一个独立系统上，该系统保留了组织内部的运动员花名册、分数和排名，风险就不是很高。另一方面，如果这个系统包含了国家最重要的秘密或控制了整个电网，风险就非常高。风险关系到一个组织愿意承担多大风险，以及愿意承担多少成本防止这些后果。对高风险的系统昂贵的行动方案是值得的，而组织的内部体育数据管理系统遭受完全损失就不那么值得了。

2) 攻击者的能力

使用一个著名的攻击工具包利用所选目标(操作系统、服务和应用程序)上的已知脆弱性的脚本小子(Script Kiddie)和国家级敌对者之间有着天壤之别，国家级敌对者使用多个零日攻击、高隐蔽技术和生命周期攻击，并有内部人员配合。分析正在进行的攻击时，这种区别很快会很明显。众所周知的攻击工具包通常都很高调，具有可识别的恶意软件特征，大多数商业入侵检测系统都可轻松检测和报告这些特征。在最佳的异常检测系统上几乎没有发生更多复杂的攻击，并利用零日脆弱性(Zero-day Vulnerability)。防御者对脚本小子的反应可能是简单地部署由于操作原因而推迟的补丁，针对已知的损害执行相应的清理软件，然后继续运行。对于经验丰富的敌对者，防御者可能需要采取激进的应对措施。如果仅检测到一个攻击步骤，则可能是未发现的其他攻击步骤已经成功执行。

3) 攻击者的目标

如果攻击者是一个十几岁的青少年，只是为了证明有能力进入系统而在真实系统上玩夺旗游戏(Capture-the-flag)，那么目标是最令人讨厌的。另一方面，对军事雷达系统进行及时的攻击可能至关重要。攻击者的目标可能是在空袭的整个关键时间窗口内关闭系统。防御者可能需要做一切可保持系统正常运行的事情，甚至不惜以丢失一些敏感数据为代价。

4) 攻击的不确定性

物理世界一个重要的战略是战争迷雾笼罩一切。理想的世界是立即检测、特征化和识别攻击，并通过重新配置将其击退，然而这种情况很少发生。防御者通常每天甚至每小时都会发现可疑的活动。造成这种现象的原因几乎总是系统中一些无害活动，这些活动有时会共享某些攻击特征(如爬网检索内容的爬虫)。不断响起的攻击警报中的大多数是误报。

当真正的攻击发生时，警报信号可能会高于也可能不会高于每天处理的所有误报。即使信号稍微高一点，也总是无法弄清攻击的本质。识别攻击可能需要几个小时甚至几天的时间。如果态势认知子系统能将攻击范围缩小到几个可能的战略攻击目标之一(由攻击树的根节点表示)，那么防御者就太幸运了。因此，即使已知特定攻击树中给定节点的最佳可能行动方案，防御者也很难确定自身所处的确切位置。充其量，也许知道正在进行的攻击的分布。

> 战争迷雾使网络行动变得不确定且复杂。

5) 防御态势

假设防御者的网络安全子系统的状况良好，并且防御者在各种预防、检测、恢复和容忍机制上有丰富的可选项。这种情况下，防御者可能更愿意采取保守方法应对攻击者的第一次进攻。另一方面，如果把网络安全子系统在第一波攻击中彻底摧毁，那么防御者的行动范围有限，可能需要尽量具有攻击性。防御者甚至不知道损害程度，几乎没有击退攻击的行动方案。这种情况下，将网络与外部隔离(Islanding)可能是唯一可行的选择。

6) 速度

网络攻击可能要花费数年的时间准备和执行，也可能采用自动方式在几分钟内执行。攻击的移动速度与准确的行动过程息息相关。攻击速度主要指以下几个不同方面：

- 攻击步骤依次执行的速度。
- 攻击传播的速度(即病毒或蠕虫的传播)。
- 攻击目标系统成功完成(如泄露数据或关闭系统)的比率。

攻击速度的每一个方面都可能需要强调不同的行动阻止或减缓攻击速度，需要以高度的紧迫性采取行动。与其以后采取精细的、针对性很强的行动，还不如立即采取一项粗放的行动。优先选择是马上斩断攻击路径。例如，攻击以 100GB/s 的速度泄露敏感数据，则迫切需要关闭通过防火墙和路由器的通道。如果还不知道具体通道，则紧急关闭所有流出的流量，直到理清细节。稍有延迟则可能导致敏感数据完全丢失。

> **应对高速攻击时，更加广泛且迅速的行动至关重要。**

7) 行动效力

在特定攻击场景下，完全可有效地阻止某些攻击行动。如果攻击正在利用一个已知补丁所对应的已知漏洞，那么部署该补丁可立即阻止攻击。在其他情况下，行动的有效性可能是不确定的，在攻击的确切本质尚不清楚的情况下更是如此。例如，Flash 蠕虫可能传播得非常快，重新配置防火墙规则可能已来不及阻止蠕虫了。每一项行动都应该考虑到其在特定情况下可能具有的有效程度。

> **在各种情况下，行动有致性的预期是非常必要的。**

8) 行动后果

如前所述，大多数动态防御行动过程对目标系统都有负面的副作用。如果严格锁定授权策略，一些用户可能失去执行工作所需的、对重要数据的访问权。如果外部防火墙受到严格限制，用户可能无法访问关键数据来做出重要决策以及为客户提供服务。有时，防御行动对目标系统影响是微妙的且难以确定的。例如，关闭域名系统看上去只会影响网络基础架构子系统，但实际上几乎会影响组织中的其他所有服务。这就是在必须在攻击前分析和评估每一个防御行动的目标系统影响的原因，包括对目标系统的影响以及所评估的系统对目标系统的影响。

> **充分预估行动对目标系统各阶段的影响。**

评估这些因素(包括不确定性)是在任何给定情况下就最佳行动方案做出明智决策的核心。一旦采取行动，OODA 循环将围绕另一个循环继续进行，并根据演变情况的性质采取后续行动。演变情况取决于攻击者的行动顺序、防御者的行动以及系统对这两种行动的反应。

23.3.4　计划的局限性

没有任何行动方案在与敌人遭遇后还有效。

——Helmuth von Moltke the Elder

行动方案往往是无用的，但规划程序必不可少。

——Dwight D. Eisenhower

网络冲突和传统战争一样，不可能对每一种可能的突发事件都制定一套方案。因此，防御者为了战略，不能完全依赖攻略(Playbook)，应该对响应团队开展战略制定方面的培训。响应团队应该参与攻略的制定流程，理解在更大的战略背景下快速战术决策的含义。响应团队应该为防御行动贡献直觉，并学习战略原则，以便能够明智、迅速地制定新战略，或者根据新场景调整旧战略。即使方案本身并不总是适合当前的场景，制定攻略的过程也将为有效的防御战略提供宝贵的见解。

> **制定攻略过程远比攻略本身更重要。**

23.4　自主控制

当网络攻击以毫秒或秒速发生时，这种攻击比上一节中描述的人为干预的指挥与控制过程决策周期更短。这就是自主控制(Autonomic Control，也称自主神经控制)的由来。自主控制执行的决策周期与指挥控制执行的决策周期完全相同。唯一的区别是整个执行流程必须自动化。

23.4.1　控制理论

控制理论(Control Theory)是根据系统输入和响应这些输入的状态反馈研究系统的动态行为。控制理论中的一个典型示例是，扫帚在手掌上的平衡。扫帚开始朝一个方向掉落时就产生了施加在手上的力的变化的反馈。然后可以响应该变化而移动手掌，尝试重新平衡扫帚。如果输入的力太大，则扫帚会沿另一个方向掉落，在控制和反馈循环中进行另一个循环,直到扫帚平衡或以连续不平衡状态振荡,或直到失去控制掉落而且无法恢复为止。

控制问题的几个基本元素:

- 系统。
- 系统状态的测量。
- 系统的目标状态。
- 目标状态和测量状态之间的比对功能。
- 根据差异确定最佳输入的算法,该算法可向目标状态稳定推进。
- 试图将系统状态改为更接近目标状态的系统输入。

这些控制元素及其相互作用如图23-4所示。在网络安全方面:

- 系统包括防御者系统、攻击者系统及代理或传输攻击或防御的任何中间系统。
- 防御者系统状态的状态测量是由攻击检测数据提供的态势感知子系统。

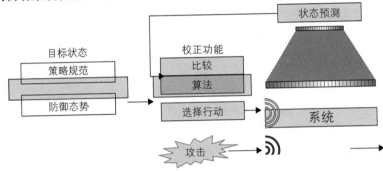

图23-4　控制理论与网络安全行动元素的交互作用

- 系统的目标状态是遵守安全策略并具有强大防御态势的状态。
- 比较功能评估防御系统的目标状态和测量状态之间的差异(例如,敌对者实现任何网络攻击战略目标的概率变化)。
- 通过比较确定最佳行动的算法正是上一节最佳行动方案的选择标准(第 23.3 节)所述的过程。
- 防御者系统的输入是通过系统内影响变化的执行器(Actuator)实际采取的动作。
- 防御者的系统中有来自攻击者的额外输入,攻击者正在积极尝试实现攻击目标,并根据对系统状态的测量计算和执行最佳行动。

实际上在同一个系统上有两个控制系统运行,每个控制系统都试图将系统推向相反的目标,这就产生了一个高度复杂的控制问题。此外,无论是攻击者的系统还是防御者的系统,要充分评估他们的动作是否有效都需要花费时间。评估过程中防御系统通常处于中间状态,很难全面评估攻击者或防御者的操作是否有效。评估工作让循环控制完成了闭环,评估工作决定了为达到系统的目标状态,是否执行下一个动作。

与目标对立的多重控制系统是复杂的。

请注意，控制循环和 OODA 决策循环等效，但描绘方式有所不同，目的是与控制类型的学科最适合的基础理论和概念保持一致。表 23-2 比较了 OODA 决策循环和控制理论循环元素之间的等价映射。

表 23-2　OODA 决策循环与控制理论循环之间的对等映射

OODA 决策循环	控制理论循环
观察	状态预测
调整	目标状态比较算法
决定	选择部分
行动	输入和驱动

例如，从完成控制那一刻起，系统状态的反馈存在明显的延迟，则控制理论表明系统可能无法收敛到稳定点。系统可能在多个状态之间波动(也称为摆动)，很难达成防御者的目标。

23.4.2　自主控制的作用

自主操作的范围是否应该与人为干预的指挥与控制相同？既然这个系统更快，为什么不将人为干预的指挥与控制转换为自主控制呢？

回顾一下，攻击面指攻击者可利用的攻击途径，这些途径以某种方式暴露。例如，外部防火墙是系统攻击面的一部分。更微妙的是，由于生命周期攻击，组织使用的整个商业软件套件也是攻击面的一部分。攻击面区别于攻击空间，因为攻击面由攻击空间中的攻击组成，不需要创造机会，敌对者就容易直接利用这些攻击。

网络安全子系统具有讽刺意味的方面是该系统可成为目标系统攻击面的一部分。不仅可通过攻击网络安全子系统破坏网络安全，实际上还可成为攻击向量(Attack Vector)。攻击实际上可通过攻击向量渗透到目标系统。

> **网络安全机制是攻击面的一部分。**

自主操作为敌对者创造了特别强大的攻击面，如果敌对者掌握用于选择操作的算法就更是如此。敌对者可得出导致所需的响应操作应有的条件。几乎所有网络安全防御措施都会对目标系统造成一些负面影响。诱发的防御反应更剧烈，对防御系统的潜在负面影响更大。作为主要目标或攻击序列中的一个步骤，敌对者可能故意试图诱导防御者做出反应，从而准确地造成负面影响。例如，严格的自主响应要将防御者的系统与外部网络隔离开来，则此动作可能会削弱大多数组织目标系统的功能。

这种削弱可能就是敌对者的目标。因此，敌对者的攻击不是为了达到这个目的直接攻击，而是通过攻击方式引起防御者的反应，间接地由防御者自己的行动造成隔离。这是一种武术和孙子兵法的运用,利用敌对者的力量对付敌对者会非常有效。网络安全设计师应尽可能避免给敌对者创造这样的机会。

自主控制的作用有两个方面:挫败比人类决策速度更快的攻击;减缓攻击进度,从而缩短人类决策周期时间。实现这些目标的策略是第 23.4.3 节的主题。

> 聚焦于机器速率攻击的自主行动。

23.4.3 自主操作控制面板

什么样的自主响应是适当的?适当的自主响应操作普遍具有以下特征:

- 紧急的(Urgent)
- 外科手术式的(Surgical)
- 可逆的(Reversible)
- 对目标系统的影响低(Low Impact)
- 可恢复的(Recoverable)
- 暂时的(Temporary)

1) 紧急的

在自主系统的权限内应对攻击的行动必须是紧急的。该约束限制了自主系统的攻击面,提高了系统的网络安全性(第 23.4.2 节)。最明显的例子是病毒和蠕虫等快速传播的恶意软件可在几秒钟内发生,不仅可破坏防御系统,也可在连接社区内其他组织的系统。

另一个例子是高速渗漏。防御者可通过实施新的防火墙和路由器规则,阻止攻击者在这两种情况下的渗透路径和并发破坏,这些规则关闭了恶意软件传播或受保护数据泄露所用的通信通道。

2) 外科手术式的

在可能的范围内,行动应该是外科手术式的,即必须缩小范围,并尽可能少地影响防御系统。例如,假设一个系统检测到防御网络上的数万台计算机中,有一台似乎是内部攻击的源头。当确认一台计算机的状态后将其从网络上屏蔽,可能不会对目标系统产生严重影响。除非是最极端的情况下,否则都应明确将整个企业与外部网络连接隔离等大范围行动排除到自主操作的范围之外。

3) 可逆的

防御操作必须是易于可逆的。例如,自主操作不应该包括重新启动网络上的所有计算机,因为这样做可能导致目标系统严重的中断。另一方面,对近期设置过检查点的少量计算机启用标准副本重新启动,可能是一个合理的自主操作,可应对这些计算机可能涉及的攻击。

4) 影响低

自主防御行动必须对目标系统有非常低的影响。例如,关闭系统内所有计算机上所有未使用的端口对系统的影响应该为零或很小，因为还没有使用这些端口。此操作减少了可能的备用通信信道。如果关闭对方的主信道，可能返回利用这些备用通信信道。另一个例子是关闭一周内系统用户未登录过的地址之间的通信。这种可选择的阻止攻击方法并非万无一失，因为攻击可在一周前开始。这种方法也不能保证目标系统不受损，因为有时目标系统需要与外部网络上的新地址通信。尽管如此，自主防御操作仍可能是低影响的战术自主响应，最小化了攻击者可用的通信和攻击路径。

5) 可恢复的

如果数据或服务的永久损失很小，则操作很容易恢复。例如，因为一波电子邮件恶意软件正在网络中传播，那么关闭所有电子邮件端口只要几分钟，几乎不会造成数据损失。这是因为电子邮件是一种存储转发系统，电子邮件存储在中间主机上，直到中间主机能连接时才将电子邮件传递到下一个中间主机，直至到达目的地。如果电子邮件系统在短时间内关闭，系统只需要缓存电子邮件消息，直到可重新创建连接为止。同样，如果路由器暂时饱和，则路由器可丢弃传输控制协议数据包，因为可靠的协议要求接收者确认已收到所有发送的数据包，并重新请求传输中丢失的任何数据包。

6) 暂时的

非常短暂的自主操作通常不会对目标系统产生重大影响，因为大多数系统设计成能从短暂的网络和系统故障中自我恢复。当然，这并不适用于飞行控制系统等实时航空系统，但通常是正确的。通常，攻击序列是时间关键(Time-critical)的。如果目标系统没有响应，因此无法尝试攻击，则攻击软件可能寻找另一个目标而不是重试暂时不可用的系统。因此，暂停服务可能是一种有效的战术自主措施，防止恶意攻击软件的渗透。

短时间暂停服务可引开攻击。

23.5　元战略

除了驱动指挥与控制、自主(Autonomous) 控制的战略之外，还有一些关于如何使用战略的重要总体战略，称为元战略(Meta-Strategy)。下面几节将列举论述元战略的示例。

23.5.1　不要过度反应

无论是人为干预还是自主响应都必须谨慎地调整操作，应与攻击类型相关的风险相当。记住，防御者的反应几乎总会破坏防御者的目标系统。如果防御行为造成的损害比攻击造成的潜在损害更严重，则防御者无意中与攻击者合作对防御者的系统造成最大损害。

在控制理论中，过度反应会带来额外后果，可能破坏控制循环的稳定性，使其无法收敛到防御者的目标状态——甚至可能帮助将系统收敛到敌对者的目标状态！类比航空业就是控制飞机在通往跑道的最后进场航线上的高度。在这个例子中，由于天气状况，飞行员无法看到跑道，但可以通过表盘上的指针指示飞行员是否在电子滑翔道上。如果飞行员让飞机稍稍偏离滑翔道以下，则飞行员明显应稍稍拉升飞机以回到滑翔道。如果飞行员拉得太用力，飞机就会越过滑翔道飞到跑道上方，偏离跑道太远。事实上，飞行员不能等到飞机回到航线再向航线下降，因为飞机的动量使其在原航线下偏离更远。图 23-5 显示了由于过度控制飞机偏离了进场航线，也称为下滑道(Glideslope)。

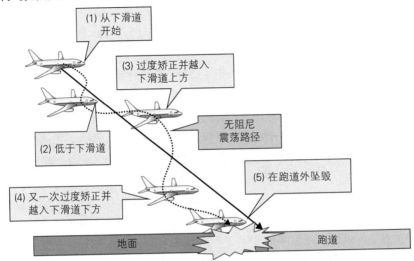

图 23-5　以航空业为例，过度控制造成无阻尼振荡失控并导致飞机坠毁

如果飞行员继续这种过度控制的方式，飞机最终将偏离跑道太远，很可能撞上地面或障碍物并在跑道附近坠毁。当然，这是一个谁都不愿意接受的结果。在控制理论中，这种情况称为无阻尼振荡(Undamped Oscillation)，发生在工程的许多领域，包括电气工程中的电信号、土木工程中的机械波[PAST15]。

23.5.2　不可预测性

无论使用何种控制类型，敌对者过度可预测通常是一个坏主意。如果网络安全系统在对相同的场景做出响应时，始终如一地使用相同的防御策略，就有利于敌对者了解在这种场景下的确切防御行动。事实上，敌对者可能对防御者的系统发起一些相对温和的攻击，目的在于观察和记录防御者的反应。这就好比有些国家让战斗机飞到另一个国家领空的边缘以观察另一个国家的雷达系统和空军的反应。

这一观察结论并不是在暗示防御者应采取完全随机的行动。防御行动必须努力使防御者的系统达到零伤害的目标。不可预测性原则确实表明，如果几种可选行动几乎一样有效，就应该在这些行动之间进行随机选择。另一个推论是，采取某种程度的欺骗是有效的，即防御者表面上表现出采取一套行动，而实际上采取的是完全不同的行动。例如，防御者可将攻击者重新路由到一个看起来与防御者系统非常相似的蜜罐系统。然后蜜罐系统会采取一些奇怪的行动，让攻击者困惑数日，使攻击者因为自认为了解防御者如何应对攻击而采用错误的攻击模型。

> **在确保有效性的前提下，行动应该是不可预测的。**

23.5.3　领先于攻击者

攻击者主动出击，因此总具有"出其不意"的强大优势。如果始终没人发现攻击者的活动，攻击者将继续享受这种强大优势。某些情况下，攻击进程可达到攻击者完全控制防御者系统的程度。到这一地步时，防御者采取任何防御措施都为时已晚。因此，防御者迅速解除攻击者的"出其不意"优势很重要。要最有效地防御目标系统及企业系统，检测成功的攻击至关重要。

> **攻击者总是出其不意。**

一旦检测到攻击，攻击速度可能太快，以至于无法在攻击发生时尝试检测并对每个攻击步骤(由攻击树中的节点表示)做出反应。该步骤成功时可能已造成损害，并且下一个攻击步骤可能已启动并正在执行。防御者在检测攻击者的攻击上落后几步，肯定会输掉网络战。因此，网络态势认知子系统将攻击步骤投射到战略攻击树的森林中，并预测攻击者的攻击方向，在能够实现子目标之前采取防御行动阻止攻击非常重要。这些防御者可拦截攻击序列并使攻击戛然而止的位置称为攻击拦截点(Attack Interdiction Point，AIP)。

> **在攻击拦截点战胜攻击者。**

23.6　小结

本章介绍了组织推动网络安全设计时的一些运营级概念。上一章论述了网络态势认知，了解网络攻击期间发生的情况。本章论述了如何通过经验、实验和模拟获得的战略和战术知识，制订计划并采取有效行动。下一章将进入论述本书的最后一部分，即网络安全的社会影响以及未来可能的发展方向。

总结如下：

- 指挥与控制是决策周期的关键。"指挥"制定并决定行动方案；控制监测执行情况及其有效性。
- 决策周期是通过 OODA 决策周期的四个阶段迭代的过程。
- 快速的决策周期是在动态网络安全防御行动中保持领先于攻击者的优势。

- 自主控制指由类似于人类反应的算法驱动的纯自动操作,用于反应时间必须快于人类能力的场景。
- 自主控制与人为干预指挥与控制协同工作,创建一个兼具两者优点的混合系统。
- 有效的控制需要知道在各种情况下应该做什么。这些知识来自类比、直接经验、间接经验和模拟。
- 类比是一种从其他领域有效获取知识的方法,但需要充分理解类比的局限性以及由此产生的知识的局限性。
- 直接经验是痛苦的,但只要获得的知识得到恰当提炼和制度化,就极其宝贵。
- 间接经验有许多获取来源,未必得到充分审查、分析和采纳。
- 模拟提供一种快速获得新知识和见解的方法,只要有效地控制了基础模型的准确性,就可有效控制网络安全系统。验证始终是一个问题。
- 攻略是指运用已获得的关于如何控制系统的相关知识。明确的文档和攻略的更新对于组织有效地保护在自己的基础上构建的知识库至关重要。
- 网络战中必须提前制定行动方案。战略攻击树有助于制定可能的行动方案。
- 在特定情况下,最佳行动方案取决于许多因素,包括利害关系、攻击者的能力和目标、攻击的不确定性、防御态势、攻击速度,以及防御性行动的预期效果与该行动对目标系统的影响。
- 自主控制对于阻止或减缓高速攻击至关重要。
- 控制理论提供了将系统转移到防御者的目标状态的有效模型。
- 必须格外注意,以防止自主行动成为攻击面。
- 自主行动应该是紧急的、外科手术式的、可逆的、影响低、可恢复的和暂时的。
- 元战略解决了如何最好地应用战略的问题:包括不要过度反应、不可预测性,以及通过拦截点领先攻击者。

23.7　问题

(1) 什么是指挥与控制?与 OODA 决策循环有什么关系?

(2) 定义决策周期和决策周期时间,并描述其重要性。

(3) 什么是紧凑的 OODA 决策循环?优势是什么?

(4) 什么时候自主控制对系统的有效动态防御至关重要?

(5) 如何将人为干预控制和自主控制结合起来获得两者的优势?

(6) 有效的控制需要知道哪些行动方案在哪些情况下有效。列出四种获取此类知识的方法,并简要描述每种方法。

(7) 通过类比获取知识的优势和局限性是什么?

(8) 列出三个与网络安全有关的可用类比,并简述这个类比在哪些地方适用、哪些地方不适用。

(9) 论述如何最大限度地利用直接经验的教训。

(10) 说出三种间接经验的来源，并描述可在哪里找到这些信息。

(11) 战略知识的制度化意味着什么？

(12) 列出三种类型的模拟，并描述每种模拟最擅长探索的知识领域和最无用的知识领域。

(13) 什么是网络安全攻略？与体育攻略有什么相似之处？

(14) 为什么博弈论可用于制定攻略？

(15) 什么是行动方案，为什么需要多种选择？

(16) 为什么要预先制定针对特定攻击场景的行动方案？

(17) 如何利用攻击树制定行动方案？

(18) 列出并描述在任何特定情况下与决定最佳行动方案有关的八个因素。描述每一种如何影响最佳选择。

(19) 比较自主行动与人为干预指挥与控制的决策周期阶段。

(20) 控制问题的六个基本元素是什么？如何应用于网络安全场景？

(21) 将控制问题的六个基本元素与 OODA 决策循环的四个阶段联系起来。

(22) 既然自主控制比人为干预的控制要快得多，解释一下为什么将所有网络安全控制都交给自主控制不是一个好主意。

(23) 定义攻击面并将其与网络安全控制系统的设计关联。

(24) 在自主行动范围内，防御行为的五个特征是什么？

(25) 什么是元战略？

(26) 列出三种元战略，并简述每种元战略以及如何能更好地运用元战略。

(27) 什么是无阻尼振荡，与网络安全控制有什么关系？

(28) 什么是攻击拦截点，如何使用攻击拦截点领先攻击者？

第 **V** 部分　推进网络安全

第 V 部分帮助读者了解该领域的发展方向，无论身处何处，如何最好地运用新获得的知识改善网络安全态势。

第 24 章

战略方针与投资

学习目标

- 论述网络战争中，情况会恶化到什么地步。
- 描述全球对技术及其后果日益依赖。
- 解释为什么虚拟经济十分重要并且值得在网络安全方面予以重视。
- 将虚假新闻问题与网络安全以及系统定义关联。

本章重点介绍网络安全的未来以及广泛的社会环境。主要关注国家和全球范围内的社会背景和重大政策问题。下一章将展望未来，并思考网络安全格局将如何演变以及准备应对这种演变的最佳方法。

本章目的是让当今和未来的管理者体会到这一代和下一代人将要应对的重要问题。从某种意义上讲，这是向技术管理者和政治领导人传达的信息：随着网络安全的发展，管理者应将注意力和关注点放在哪里。

24.1 网络战争：可以变得多糟？

从一开始，战争就是文明的不幸部分。网络空间并没有改变人类通过暴力解决争端的倾向，但的确改变了冲突的本质和速度。在信息时代，信息和信息处理是各国竞争的主要资源。此外，更重要的是，网络空间控制着物理世界中的关键基础架构(Critical Infrastructure)，包括电力、电信和银行业务。支持关键基础架构的信息技术称为关键信息基础架构(Critical Information Infrastructure)，极易受到攻击[PCCI97]。图 24-1 显示，电力、石油和天然气、电信和金融行业是最关键的基础架构，如果没有这四个行业，其他基础架构就会崩溃。图 24-2 显示所有基础架构都位于一个相互依赖的复杂网络中，对其中一个基础架构的攻击都会以令人惊讶的方式级联到其他基础架构。

网络空间加快了人类的日常生活节奏。

网络冲突可利用网络空间快速影响物理世界中的战略破坏，其结果可能是将局势升级为实际战争和潜在的核战争。风险是严重而真实的[PCCI97][HOU07]！

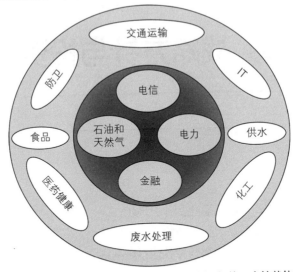

图24-1　关键基础架构显示了核心的四个特别关键的基础架构，支持其他所有基础架构

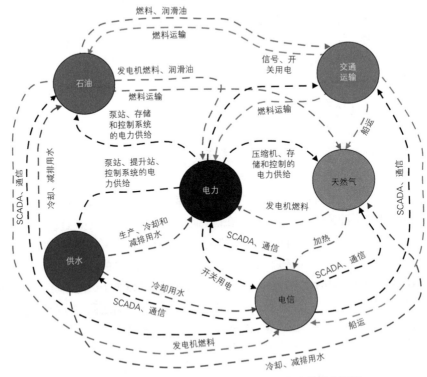

图24-2　关键基础架构显示物理世界中相互依存的复杂网络

24.1.1　场景

想象一下，灯光突然熄灭，所有电源不再供电。大家沉默了几秒钟，尝试使用手机却发现通信线路中断，尝试使用电池供电的笔记本电脑访问 Internet，但 Internet 也已中断。过了一会儿，有人冒险走上街头才了解到这种停电不只影响其身处的建筑物，目力所及之处都停电了。一个路人说银行已关闭，自动柜员机也无法正常工作。由于交通信号灯熄灭，街道拥堵，人们都试图离开工作场所。到了晚上电源还没有恢复。广播和电视台都没有广播，电话和互联网仍然无法使用，无法了解亲人的情况。

经历了一个漫长而躁动不安的夜晚，早晨来临。但仍然没有恢复电力和通信。人们开始感到恐慌，当地执法部门也无法恢复秩序。第二天夜晚，抢劫者开始袭击企业和私人住宅，交通拥堵状况进一步恶化。有消息说，美国遭到攻击——不是常规武器的攻击，而是网络武器攻击。结果是国家电网、电信和金融系统遭到破坏，更糟的是在几小时或几天内都不会恢复，需要几个月时间才能恢复。机场和火车站已经关闭。食物生产已经停止。供水迅速恶化。救生设备依赖电源供电的人将死亡。医院关闭。银行停业，所以毕生积蓄无法获取，一文不值。有价值的仅有人类基本生存所需的物品：汽油、食物、淡水和木柴。这些物资开始在黑市上交易。这个国家几乎在一夜之间从超级大国沦落成第三世界国家。

> 战略性网络攻击造成的破坏可能摧毁一个国家。

24.1.2　采取行动

美国人观察到 2005 年卡特里娜飓风摧毁美国一小部分基础架构时，社会结构发生了什么变化：混乱随之而来，影响持续了几个月。2017 年，美国创下自 1893 年以来最长的飓风记录。四级飓风哈维和厄玛以每小时 130 英里的速度登陆，于 2017 年 8 月和 9 月袭击了得克萨斯州和佛罗里达州。飓风厄玛袭击佛罗里达州时，近 380 万用户断电，工作人员昼夜工作，通过艰苦的努力花了一周时间才恢复了 99% 的供电。仅在飓风厄玛发生后几天，波多黎各就遭受了四级飓风玛丽亚的摧残，大部分人口几个月内都停水停电。花费几个月从全国范围的灾难中恢复后还会留下什么？ 战略性网络攻击情景造成同等水平的损失是合理估计，因此值得密切关注。世界各国还没有做好适当防御并从战略性网络攻击中恢复的准备。

在不考虑政府采取任何行动的情况下，了解此类袭击的合理性和后果是不合情理的。解决如此大规模的问题的唯一合理方法是按照曼哈顿计划(Manhattan Project)的顺序，制订一项高度协调的高优先级政府计划。不能执行这样的计划将对这一代和下一代产生灾难性后果。

24.1.3　准备行动的障碍

积极的准备行动至少有三个障碍：①人类自然的拒绝心理——抵制思考灾难性情况会感到安全，②认为政府投资将需要"大政府"对私营部门的干预，③高级领导层国家认为战略脆弱性(Strategic Vulnerability)尚不充分。

在人类意识中隐约可见广岛和长崎原子弹爆炸的幽灵。原子弹爆炸的确发生了。这是真的。这些可怕事件的恐怖影像成为集体记忆的一部分。这使得投资于与核威胁有关的战略计划成为可能。人们没有亲身经历过流星撞击地球、黄石超级火山爆发这类未意识到的威胁，也不知道谁经历过。即使概率可能相似，事件尚未发生的事实意味着在人们意识中该事件占据同样的时间，即便这种想法是非理性的[KAHN11]。此外，如果预计的事件非常负面，因为这个想法感觉不太真实，人们会主动压抑该想法。说服领导层注意威胁并在战略层面投资非常困难。

政府的参与和责任不是"大政府"与"小政府"的问题。政府有责任保护自己的国家免于超出私营部门能力和手段以外的威胁。

最后，美国不同部门的领导多次提出行动方案，其中包括美国国家安全委员会(National Security Council)[PCCI97]、美国国防部领导[DSB96] [DSB00]及美国科学和工程界[NRC91] [NRC99][NRC17]。如果国家管理者对可能性或风险仍然存疑，则有义务采取必要的措施解决这些疑问。战略始于对潜在问题的深刻理解。

> *国家战略行动很难激发。*

24.1.4　确凿的证据

有些人可能会想，急什么？确凿的证据在哪里？这是对网络基础架构发动重大攻击的征兆吗？当然，攻击即将到来，而且无疑已处于计划阶段。世界尚未发生重大袭击有三个潜在原因。

首先，战略性长期损害需要内容充实的计划和非常及时的执行。赋能并配置所需资产(如内部人员)耗费的时间有时甚至长达数年。

其次，创造了这种网络攻击武器后，从某种意义上讲，该武器是一次性使用的战略选择，不会轻易使用。在真正需要之前，攻击者不会出手。这类武器很可能已经部署了——深深隐藏但没有侦测到。全球所有主要国家/地区的关键基础架构可能隐藏着恶意软件，相关人员中可能有奸细。

最后，当前的网络基础架构提供大量有价值的知识(如高级研究成果)。敌对者进行间谍活动时也在绘制网络空间地图并获得丰富的实验和培训经验，使未来的战略攻击成为可能。保持优势并尽可能利用这些重要属性符合敌对者的利益。

没有冒烟的枪并不意味着枪没有锁定和上膛。

24.2　日益增长的依赖性、脆弱性和物联网

现代社会高度依赖技术。人们无法再从 A 点导航到 B 点，因为需要完全依赖于全球定位系统(Global Position System，GPS)设备。没有人知道其他人的电话号码，因为手机存储了所有这些信息。记不起生日，因为社交媒体网站提供了所有这些信息。如果无法访问日历，人们将茫然无知地走来走去，仿佛正在遭受脑震荡[CLAR04]。这些观察仅从个人角度说明了这些要点。

人们现在依靠技术处理一切。

24.2.1　社会依赖性

在社会规模上对信息技术的依赖性更重要。银行中的钱实际上只是一台计算机中的一连串比特。调整其中一些比特，资金可能在一夜之间消失。发电和配电在很大程度上取决于计算机。如果控制大型发电机的计算机出现故障，则发电机会发生毁坏[ZELL11]并导致断电。越来越多的飞机以电传操纵的方式建造，意味着座舱中的飞机控制装置与控制面板和发动机之间不再存在物理联系。电传操纵系统的故障意味着适航的飞机可能变成无法控制的金属块[KNOL93]。

24.2.2　万物即时

即时制造(Just-in-Time)是一种库存策略，已成为公司提高效率和减少浪费的规范。制造商将自身系统与供应商和分销商的系统紧密联系在一起，这样可按需交付组件，而成品也可随时消费。这种模式可节省大量资金并降低风险，但无疑会使制造系统更脆弱，更容易受到网络攻击的连锁反应。这些只是数以千计的可能性中的几个例子，表明社会对技术日益增加的、不稳定的依赖。

即时制造会造成脆弱性和风险传播。

24.2.3　物联网

新兴技术市场值得特别关注——物联网(Internet of Thing，IoT)是其中之一。物联网把低成本、低功耗的设备集成到日常生活中的各种物体中。如今，大多数汽车不是仅拥有一

台计算机，而是通常由数十台计算机控制从燃油到制动的一切。温控器和家庭安全系统也逐步在线，反映运行状态并提供可远程控制的能力。很快，烤面包机和冰箱将配备集成计算机，制作美味的吐司并订购所需的食材。

此外，衣服将装有微型集成计算机，以感应磨损、拉伸、温度和湿度。更具侵入性的是人体将成为技术集成物体之一。随着个性化医学的发展，心跳、血压和体温的变化，尿量和血糖水平都可连续记录和分析。根据结果数据通过诊断和治疗定制医疗服务。

24.2.4　传播的脆弱性

当然，这些集成的计算机将彼此高度互连，并与 Internet 高度互连。到目前为止，这种情况应该在网络安全工程师的脑海中发出危险信号。这些嵌入式设备的低成本、低功耗特性意味着这些设备经常会忽略网络安全功能。对单个设备的影响可能很小(尽管有人可能认为集成的人体传感器可能是性命攸关的)，但对周围系统传播的风险可能很大。此类攻击的例子已有发生。攻击者演示利用恒温器中的一个漏洞启动勒索软件(Ransomware)攻击[FRAN16]。利用安全摄像机中的漏洞进行了另一起广泛的网络攻击[HERE16]。

物联网正在来临，并在未来十年中迅速增长。物联网在带来极大便利的同时也带来巨大风险。网络安全工程师应密切注意这些设备中网络安全与功能之间的权衡。

成本和潜在责任远远超出了设备本身。如果当前继续对这一问题缺乏关注，可能会摧毁公司，大规模诉讼将会到来。

> 物联网带来巨大的潜在风险。

24.3　虚拟世界的网络安全：虚拟经济

本节将介绍虚拟经济。

24.3.1　蓬勃发展的游戏经济：虚拟淘金热

似乎是在开玩笑，但虚拟游戏，尤其是在大型多人在线角色扮演游戏(如"魔兽世界")正在蓬勃发展。这些游戏包含虚拟资源和虚拟货币。可能需要花费数小时的游戏时间获得这些资源和金钱。时间就是金钱，总有一些人喜欢走捷径。因此，相对低工资的工人创建这些资源，游戏玩家消费和交易这些资源，已经出现了数十亿美元的市场。这些游戏内部真实货币和虚拟货币之间存在实际汇率[LEHD14]。

24.3.2　比特币等数字货币

虚拟经济还包括现实世界中的比特币(Bitcoin)等虚拟数字货币[MICK11]。这些虚拟货币允许参与者交易却不需要涉及银行和交易费用，也不需要透露其身份。可使用各个国家/地区的货币买卖比特币，从而创建一种与国家/地区无关的国际货币。比特币市场大约有410 亿美元 [CHAN17]的货币，仅是其他大型货币的一小部分，但无疑会创建一个高价值目标，并代表了传统银行业务的潜在破坏者。

24.3.3　虚拟高价值目标

这与网络安全有什么关系？在现实世界中，信息技术系统主要支持组织在物理世界中执行操作。破坏信息技术系统会间接损害组织的目标系统。在虚拟经济中，信息技术服务就是目标系统。虚拟资源具有巨大的实际价值，因而成为高价值的目标。操纵数据成为直接操纵价值。如果可通过对托管这些服务的计算机进行网络攻击，从而产生虚拟资源和虚拟货币，那么可在这些虚拟世界中造成大规模的通货膨胀。这是一种形式的盗窃。可将这些资源换成真正的金钱。这种与实体经济的接口会导致对实体经济的级联破坏。

可以肯定，游戏系统不够健壮，不能完全抵御旨在利用这些系统谋取利益的严重敌对者。游戏系统已经发生了数次遭到攻陷的事件，并且肯定还会发生更多。这些游戏上发生过多起分布式拒绝服务攻击(Distributed Denial Of Service Attack)[CLOU17]。此类攻击将导致勒索软件攻击。勒索软件攻击中，攻击者向公司勒索金钱以换取不执行拒绝服务攻击的行为，拒绝服务将导致公司每分钟损失可观的收入。已发生了许多网络攻击，利用这些漏洞生成资源，还将发生更多攻击。

随着时间的推移，虚拟经济(Virtual Economy)及其价值已经显现。虚拟现实设计师没有完全预料到这些价值，因此没有正确预期与价值创造相关的风险。设计和部署此类系统后再试图回头修补这些系统确保安全非常困难。这项修补任务类似希腊神话中的西西弗斯(Sisyphus)。众神诅咒西西弗斯，要求西西弗斯无止境地将一块巨石推上山顶，再把石头滚回山脚。

回溯性网络安全设计是徒劳的。

24.3.4　从头开始?

在某个时候，可能需要根据更高的网络安全标准从头开始完全重新设计游戏。如果新的多用户在线游戏希望不受持续的网络攻击困扰，从一开始就需要包含这些要求。这种网络攻击不仅可以破坏游戏创造的价值，而且可传播并破坏其他相连系统的价值。因此游戏除了创造价值外还承担责任。

24.4　虚假信息和影响操控行动：虚假新闻

美国总统大选期间，虚假新闻(Fake News)成为 2016 年的大新闻。通过散布虚假新闻影响选举是一个严重问题。

24.4.1　哪些和过去不一样？

世界上到处都是"玻璃屋"，很多人从玻璃屋里扔石头。虚假宣传运动，或更笼统地说，影响行动，从开始一直在进行(例如，用虚假谣言抹黑竞争对手，损害其声誉)。但随着对网络空间的日益依赖，四项重要的事情发生了变化：范围(Reach)、自动化(Automation)、速度(Speed)和反馈控制(Feedback Control)。

1) 范围

40 年前，需要拥有并经营一家报纸，才能将新闻传播到邻居和生活圈子之外。这需要大量持续地投资。报纸的覆盖范围越广，价格就越贵，因此进入的门槛很高。如今，任何人都可在社交媒体上发布任何信息，并在瞬间将其传播给世界各地的数百万人，而成本几乎为零。没有信息审查，传播虚假信息或故意操纵信息的责任也很少。

2) 自动化

过去为了传播新闻，必须先写一篇文章，再审阅和编辑，一个团队需要在报纸上印刷再分发。如今有了机器人(Bots)。这是一种自动化软件，可将信息发送给广大受众，甚至对其他人发布的信息做出反应，从而以人工智能(Artificially Intelligent)方式对话(请参见第 25.6 节)。现在社交媒体上，大多数参与者实际上是机器人，可进行激烈的交流，有时称为火焰战争(Flame War)。僵尸程序的目的是影响人们对某个话题的看法(有时也称为思维共享)，这些话题既可以是普通的像最值得买的手机或鞋子，也可以是严重的如在大选中投票给谁。

3) 速度

当今，信息在 Internet 的各种社交媒体上几乎以光速传播。信息传播的速度确保信息不仅可传播给大量用户，而且可立即传播给受众。要利用当前每个人关注的热门话题，而不是第二天的旧闻可能很重要。这在下一个方面，即"反馈控制"中也很重要。

4) 反馈控制

今天，反馈控制可分析各组中的个体(如退休人员、枪支拥有者或特定政党或组成员)发布的信息，并识别出激发采取行动的热词。然后，机器人可制作自定义的帖子，针对这些热词发布信息，并直接监测响应。消息重新发布了吗？是否愤怒地号召行动？如果接收者没有回应，则可修改发布方式尝试影响目标。这么做提供了一个实时控制反馈循环。

24.4.2　操纵思维

当谈论攻击者入侵选举时，普遍想到的是直接入侵电子投票机和设备。使用当前的技术，破解足够多的计算机以影响选民的投票结果尽管并非不可能，但极具挑战性。原因不是因为这些机器是安全的，而是因为许多机器都不在线，并且不同的机器有许多不同的版本。一个人必须同时执行许多攻击，其中一些攻击需要对投票机进行物理访问。攻击者入侵选民注册数据库越来越接近于更具破坏性的攻击[PERL17]。

截至2016年美国大选，最近令人惊讶的是人们认为的"攻击者入侵"概念的发展——在军界称为心理战(Psychological Operation，如果想听起来酷一点，则称为PsyOps)。有时也幽默地称人们的大脑和思维能力为"湿件"，与软件形式的机械自动化形成鲜明对比。正如第24.4.1节中所论述的，影响人们思维方式的过程变得极为精致和强大。

从事这种心理战或更广泛地影响行动的经济和政治动机越来越强大。影响行动包括散布虚假信息、选择性信息和适时的真实信息。影响行动需要传播任何所需的信息以引发预期结果——购买产品X而非竞争产品Y，投票给候选人A而非候选人B。这意味着越来越难以信任互联网上信息的准确性，难以信任新闻媒体甚至重复社交媒体上的新闻。

24.4.3 污染信息圈

如果将互联网视为生物圈的数字等效物，则可将其视为信息圈(Infosphere)。使用这种类比，可以看到会有越来越多的组织为了自身利益大肆利用虚假或误导性数据污染信息圈。在生物圈中，污染会对生活在其中的生物造成长期损害。污染者应在道德和法律上对这些损害负责。

信息圈污染者(Infosphere Polluter)是否可对此类损害负责还有待观察。显而易见的是，可信系统的概念扩展到涉及人类湿件的社会系统。

> *信息圈的污染将成为未来的关键问题。*

> *对可信赖系统的关注扩展到社会系统。*

24.5 小结

本书第 IV 部分着重讲述网络安全设计，以便为给定的企业构建最佳系统。本章介绍了网络安全在全球范围内的社会意义以及网络安全的未来发展方向。本章论述了网络战、日益增长的依赖性和虚假信息等主题；虚假信息可能不受控制地污染人类赖以生存的信息圈。

总结如下：

- 网络战争可能是摧毁主权的大规模破坏性力量。就网络空间安全而言，世界处于历史不稳定时期。

- 社会严重依赖的关键信息基础架构是相互高度依存的、脆弱的。
- 缺乏战略性确凿证据并不意味着网络武器不会以墨西哥僵局(Mexican Standoff)方式对准关键系统。
- 社会对技术的依赖性不断增长，物联网可能更快地增加脆弱性。
- 游戏行业内部的虚拟经济和虚拟货币正在成为实体经济的重要组成部分，因此需要从网络安全角度予以重视。
- 虚假新闻在 2016 年成为头条新闻。社交媒体可有针对性地影响人们，改变人们的思维方式，降低信任程度。

24.6　问题

(1) 网络战争的潜在风险是什么？为什么？

(2) 四个最基础的关键基础架构是什么？为什么？

(3) 关键基础架构元素之间错综复杂的相互依存关系网的含义是什么？

(4) 为什么在战略性网络安全中影响国家政策具有挑战性？给出三个原因并解释。

(5) 既然网络战争的潜在风险如此之大，为什么还没有看到呢？

(6) 列举三个例子说明个人如何完全依靠技术度过一天，并说明如果没有可用的技术会发生什么。

(7) 社会对技术的依赖是增加、减少还是保持不变？造成该趋势的根本原因是什么？

(8) 即时制造意味着什么？对系统互连和风险传播有何影响？

(9) 什么是物联网？举三个例子。列举一个目前尚不存在但相信会在未来三年内看到的例子。

(10) 为什么物联网会带来与其他计算设备不相关的特殊风险？

(11) 论述虚拟经济。为什么网络安全工程师应该关注虚拟经济？

(12) 什么是虚拟货币？为什么有用？举例说明虚拟货币带来哪些特殊风险？

(13) 回溯性网络安全设计是"西西弗斯任务"意味着什么？为什么具有挑战性？

(14) 论述在网络安全背景下虚假新闻的重要性。

(15) 现代社交媒体的四个新方面能帮助影响行动改变人们的想法吗？论述各个方面及其如何产生影响。

(16) 入侵"湿件"是什么意思，为什么令人惊讶？

(17) 比较生物圈的污染与信息圈的信息污染。类比对于社会如何有效解决这一难题有何启示？类比在哪里可能失败或不合适？

(18) 论述如何将系统概念扩展到涵盖包括人及其行为在内的社会系统。论述这种扩展对网络安全专业人员视野的影响。

(19) 对于用户而言，哪些角色对实现系统可信赖性至关重要？

第 **25** 章　对网络安全未来的思考

学习目标

- 讨论保密的潜在侵蚀以及对网络安全工程的后果。
- 解释网络攻击和网络安全共同发展路径的本质，以及如何影响新的网络安全功能的发展和整合。
- 将太空竞赛与当今的网络安全竞赛进行比较。
- 总结网络安全科学和实验涉及的问题。
- 讨论网络安全研究的重要性以及如何最好地从事研究。
- 确定人工智能进步可能在网络安全和社会安全方面引发的关键问题。

25.1　没有秘密的世界

权力往往导致腐败，绝对权力导致绝对腐败。

——阿克顿勋爵

保密带来力量。因此，阿克顿勋爵关于权力腐败倾向的名言的一个推论就是保密的腐败倾向。保密有时是必要的，但需要采取特殊措施防止其肆意传播和滥用，用于掩盖不称职或不正当行为。

不考虑最小化安全的需要，有迹象表明随着时间的流逝，保守秘密的能力可能越来越低，直至消失。诸如 WolframAlpha[MCAL09]的复杂推理引擎，很快将能利用现有知识，高速推理，推断出任何可推断的事物。进行 Google 搜索时，不仅可检索到索引的内容，还可从所有索引的知识中推断出一切可推断的内容。任何在现实世界有影响的事物都会留下一些证据，这些证据经过汇总，便可泄露出最核心的机密。随着推理引擎日益完善，这些启示将一波接一波地发生。

保密是当今世界创造和保留价值的重要组成部分。商业秘密(Trade Secret)对于公司保持投资、创造价值至关重要。各国政府出于类似的价值保留理由而保守秘密。如果保密和隐私(Privacy)将以越来越快的速度遭到侵蚀的预测是正确的，那么建议采取以下几种重要的战略性预防措施：

- 适时发布秘密，最大限度地减少破坏。
- 最小化新秘密的生成。
- 学会在零秘密环境中的有效运营。

25.1.1　适时发布

如果组织拥有专有配方或研究成果等一系列秘密，可使组织具有竞争优势，那么发布时间的不同，某些信息的泄露可能造成不同程度的损害。例如，也许一家公司想在其商业秘密公开披露之前申请专利。如果允许竞争对手为该配方申请专利，并阻止发明者使用该配方，则可能是灾难性的。

再举个例子，假定组织对信息保密的原因是该保密信息可能使人尴尬，甚至造成法律或刑事责任。自愿提供该信息，并以最佳的报道方式释放信息，可极大程度减少组织声誉受损。另一方面，竞争对手或敌对者可能在最坏的时间释放信息，并以最糟糕的报道方式释放最大的伤害。

因此，组织有必要盘点其秘密，分析秘密并通过推理发现秘密的脆弱性(Vulnerability)，在秘密披露之前分析，以获取最佳发布时间(考虑到秘密泄露的准确时间存在高度不确定性)，并制定计划从现在开始逐步发布组织存储的秘密。

25.1.2　最小化新秘密的生成

鉴于保密的半衰期正在减少(见 3.4 节)，组织应开始最大限度地减少新秘密的产生，尤其是组织对成功执行目标系统所需秘密的依赖。如果企业对其大部分研究保密，且未申请专利以便阻碍竞争对手获取有关该研究的信息，那么该企业应重新考虑是否增加秘密研究的范围，更确切地说，应该申请专利还是参与协作开放式研究(Collaborative Open Research)，以此获得公共关系方面的信任。

25.1.3　学会在零秘密环境中的有效运营

最后，组织将需要弄清楚如何在不依赖秘密的情况下取得成功。《说谎的诞生》(2009年)、《男人百分百》(2000 年)和《大话王》(1997 年)等电影以及电视连续剧《别对我说谎》(2009 年)探讨了学习如何以零秘密运营的问题。那些与保密生死相依且以此为运营核心的人们，是无法想象考虑一种不保密的替代运营方式的。不管困难如何，最终在此问题上别无选择。学习如何在不保密的情况下开展工作，并建立一个试点小组，可能对整个社会机构的生死存亡产生影响[BOK11] [BOK99]。

> *零保密运营可能不可避免。*

25.2　措施和应对措施的共同演进

网络攻击和网络安全是协同进化(Coevolution)发展的。新的网络攻击的出现，新的网络安全防御也随之出现以阻止这些攻击。新的网络安全防御的出现以抵制网络攻击，新的网络攻击也随之出现绕过这些新防御。一方的发展会直接影响另一方的发展，在特定方向上产生逐渐演化的压力。

无论新的网络安全防御机制能否阻止、检测和响应或受到网络攻击，可能都会对网络攻击的发展产生不同影响。同样，无论新的网络攻击是否专注于间谍活动(Espionage)或破坏活动，无论是隐秘的还是非隐秘的，都将对网络安全防御应对措施的发展产生不同影响。一项非常有效的、新的网络安全防御措施，可能迫使网络攻击措施向日益智能化和潜在更具致命性的方面发展。类似地，一项非常有效的网络攻击模式，可能导致系统开发、集成和运营方式发生戏剧性变化。生物学中，宿主与寄生虫、捕食者与猎物、人类和动物与病原体或植物和害虫之间的相互作用，导致类似的物种共同演化。

对于共同发展的观察具有某些重要意义。考虑网络安全应对措施的设计、开发和部署时，必须始终问一个问题：这将对网络攻击者造成什么样的演化压力，这些压力会导致一条对防御者有利还是不利的演化路线？这类似于国际象棋棋手在国际象棋比赛中，预测数百个走法(就像计算机现在可以做的那样)，并执行最小-最大算法优化棋步(请参阅第 23.3 节)。如果网络安全设计师和供应商不谨慎，十年后可能会将世界推至不希望出现的境地。如今，网络防御机制的设计、开发和实施中的微小调整，可能导致严重的网络攻击后果。这种现象称为蝴蝶效应。

> *考虑每个网络安全设计的协同进化影响。*

对于参与网络攻击和网络安全业务的人员(如军事机构)，类似又似乎显而易见的推论是：不要开发没有设计、开发和部署网络安全应对措施的网络攻击；这样的网络攻击一定会回来在痛处咬上一口。这些机构应该牢记伊索寓言中的鹰，鹰慷慨地将其一根羽毛赠给一位猎人，然后猎人用那根羽毛做了一支箭射杀了这只鹰[GRAN83]。

> *在不应对网络安全的情况下，开始网络攻击是不明智的。*

25.3　网络安全太空竞赛和人造卫星

网络安全世界正在进行一场静悄悄的太空竞赛。各国急于利用当代信息技术的巨大脆弱性的同时试图修补自身的脆弱性以抵御此类攻击。这造成了高度不稳定的局面。法国等国家已发表声明，暗示可能利用核武器应对针对其关键信息基础架构的战略网络攻击。这个概念试图将"相互保证的毁灭"(Mutually Assured Destruction，MAD)的核战略概念延伸到战略性网络安全威胁(Strategic Cybersecurity Threat)。

25.3.1　获取终极低地

网络空间代表着强大和危险的战略控制空间。网络空间可在不加任何警告的情况下从全球任何地方向对手发动毁灭性战略攻击。从某种意义上说，网络空间是当今所有系统的基础结构。可将网络空间视为终极"低地(Low Ground)"。打个比方，网络士兵可跳出来抓住敌对者的双腿，像僵尸一样将敌人拖向死亡。

> 战略性网络攻击破坏了世界和平。

25.3.2　震网和网络攻击精灵

近期历史中有三个重要事件与这个问题有关。第一个是震网(Stuxnet)攻击。震网攻击专门破坏核精制离心机，减缓了伊朗的核发展计划[ZETT14]。据推测，恶意软件是以色列在其盟友可能的支持下创建和启动的。如果一个或多个国家对民用基础架构发动袭击，那对世界是个危险的先例。战略性网络攻击已经无法回头了。

25.3.3　格鲁吉亚和混合战争

对格鲁吉亚的网络攻击是另一个重要例子[BUMG09][HOLL11]。在该案例中，欧洲某国瞄准并攻击了格鲁吉亚的政府资产(包括网站)，以此拉开针对格鲁吉亚军事行动的序幕。将网络攻击作为物理战争(Physical Warfare)的一部分预示着战争的来临。在这种战争中，与所有其他军事部门一样，网络空间行动是交战的一部分。同时，网络空间行动往往把平民和族群作为攻击目标。

25.3.4　爱沙尼亚和实弹实验

2007 年爱沙尼亚银行系统开始受到[ONEI16]网络攻击，并发展到政府系统、图书馆、学校和其他基础架构。攻击在持续了整整 30 天后突然停止。这次袭击具有实战、国家规模的受控实验的所有特征。各国显然正在加紧对其他国家的关键基础架构发动战争。攻击者可计划此类攻击并在实验室中模拟到一定程度，但最终必须在真实系统中调试，毕竟真实系统总比想要模拟真实系统的实验室系统更复杂且不可预测。

如果爱沙尼亚袭击确实是个受控实验，将会是准备将对该国关键基础架构发动大规模的全面网络攻击的信号。

有迹象表明，各国出于战略破坏目的，正在将恶意代码预先置于对手的关键信息基础架构中，随时可以使用[WORL17]。这个预先放置的恶意代码实际上是装在大规模杀伤性网络武器舱内的网络子弹。这种情况再次为一场由网络冲突引发的全球性灾难创造了一个非常危险的环境。

> 各国似乎正在为全面战略网络战做好准备。

引用《寻求网络和平》中的话："我们正面临一个危险的境地，那时互联网的阴暗面可能会掩盖信息和通信技术的巨大利益并破坏世界秩序。现在是网络和平的时机"[TOUR11]。

25.3.5　捍卫关键信息基础架构的责任

全国范围内的网络安全面临着严峻挑战。例如，银行、电信公司、石油和天然气公司以及公用事业公司等主要的关键信息基础架构由私营部门拥有和运营。这些组织不断受到各种敌对者的攻击，从黑手党等普通网络暴徒到拥有大量资源和专门培训的非凡网络战士，不一而足。

1) 网络空间海岸(Shores of Cyberspace)

从某种意义上说，关键信息基础架构的所有者与在国家边境和海岸线上拥有财产的公民和公司没有太大区别。所有者们面对普通的犯罪行为，可用门锁、摄像头和警报器应对。所有者们在防卫措施不起作用时会向当地警察求助。所有者们直接负责预防犯罪的一般措施，并通过地方税收间接为地方警察提供资金。

同时，如果另一个国家越过边境入侵，不会要求边境上的财产所有人负责准备和防御这种非同寻常的行动。整个社会通过使用国家军事力量来承担这种负担。

网络空间中几乎每个系统的每个部分都在网络空间边界上，这是由底层结构的本质决定的。因此，对国家正常运转至关重要的所有信息基础架构，都位于网络空间的海岸线上，并且受到普通犯罪攻击和超常网络入侵的影响。

> 网络空间海岸涉及所有的关键信息基础架构。

2) 特别风险(Extraordinary Risk)

通过类比推理，可合理地使组织承担保护自己免受普通网络威胁的责任。但绝不能犯重大战略失误，让组织在经济上承担抵御民族国家行动的成本，而使组织处于巨大的竞争劣势。图25-1描述了根据威胁性质划分的防御责任。该图指出，在防御普通威胁方面还有很大的改进空间，组织应该努力解决这些问题。各国在现有网络安全技术上也有类似的改进空间。在两个极端之间是一个模糊的区域，应该更好地定义，并且存在一些潜在的重叠需要解决。

组织处理普通威胁；国家处理特别威胁。

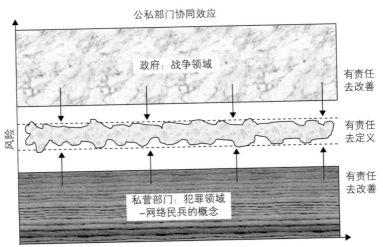

图25-1　公共和私营部门在防范网络攻击中的责任

3) 网络安全民兵

确立了对普通风险和特殊风险的合理责任划分后，人们可能会问：如何准备和执行特殊行动。在现实世界中，军事人员可为各种地形中的各种突发事件做好准备，并可在很短时间内运送到边境。这种情况下，军队可胜任控制行动，且一般具有法律权力采取必要措施保卫国家。

在网络空间的世界中，如果当今的军队突袭闯入一家公用事业公司的控制室接管捍卫电网的行动，那将无疑是灾难性的。这并不是因为军队没有高度称职的工程师和科学家，而是因为每种基础架构中存在太多不同类型的基础架构和运营，以至于军队无法在每个基础架构方面都获得专家级的能力。

相反，似乎很明显，各国将不得不恢复使用普通公民民兵的旧模式，并将其纳入军事行动的指挥、控制和权力结构中。民兵必须在结构合理的国家指导活动中，在广泛的背景下训练和学习打网络战。

网络民兵的概念就本质而言是有风险的。此类网络民兵的细节及各种限制条件需要制定出来，确保不会发生网络警戒主义(Cyber Vigilantism)，单方面行动不会无意导致国际事件升级为人为战争。

25.4　网络安全科学与实验

好吧，他们在我们左边，他们在我们右边，他们在我们前面，他们在我们后面……他们这次无法逃脱。

——Lewis B. Chesty Puller，USMC

最初的几十年期间，网络安全作为一门新兴学科，一直以开发解决某些方面问题的组件为主导。系统已经变得越来越复杂和相互关联，创造了更多攻击机会，进而提供了更多机会创建防御组件，这些组件将为检测或阻止攻击空间的某个方面带来一些价值。这么做最终变成打鼹鼠的游戏，模拟鼹鼠从多个洞中探出头来，游戏的目标是在鼹鼠回洞之前猛击。鼹鼠代表新攻击，而洞则代表一系列潜在的已知和未知脆弱性(漏洞)。

本书论述了改进网络安全工程学科的必要性，要通过系统方法实现网络安全。本节重点介绍发现网络安全知识基础。此类发现涉及一些基本问题，例如：网络安全入侵检测技术的有效性如何、针对何种攻击以及何种条件下有效？这些似乎是显而易见的问题，对于每个存在的入侵检测系统都应该得到很好的解决，但不幸的是事实并非如此。与系统 B 相比，系统 A 有多安全？同样，这种问题今天还很难回答。

本书专注于工程学。网络安全领域几乎完全集中在工程上。基础工程是科学。有时，工程学会领先于科学，例如，在桥梁建造中，人们对材料科学的基础知识还不太了解。桥梁建造了很多，许多倒了，但有些还在；人们复制了现存的桥梁设计。最终，为使工程学超越某个点，科学必须赶上工程学。网络安全工程的基础科学既复杂又困难。另一方面，没有时间像现在这样开始，因为网络安全科学对于网络空间安全的未来既紧迫又重要。

与其他任何学科一样，在学习网络安全科学时，可通过理论和实验发展知识。理论提供了基础。可用正确方式提出正确问题。本书列出的原理，为安全专家们提供了坚实的理论基础。实验是科学启程的地方。实验的核心是良好的、古老的且可信赖的科学方法，在小学的科学课上都学过。图 25-2 描述了实验设计和执行过程。

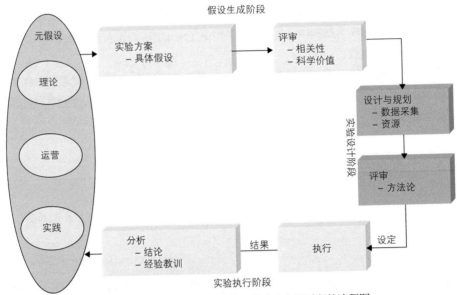

图 25-2　说明从假设到结论的网络安全实验过程的流程图

接下来将讨论每个阶段。

25.4.1　假设生成

实验先要有假设。假设的产生是科学方法的创新部分，但没有生成良好假设的算法。通常，假设至少来自四个方面：

- 理论(Theory)
- 运营(Operation)
- 实践(Practice)
- 之前的实验

1) 理论

目前还没有统一的网络安全领域理论，至少目前还没有。网络安全理论的组成部分实际上是有一套设计原则。本书中概述的原则可作为网络安全理论，并据此提出各种假设。例如，最小特权原则(Principle of Least Privilege)建议为用户和代表用户运行的软件提供执行其功能所需的最小特权。这个原则的局限性是什么？哪种粒度最适合软件特权？限制服务和数据的可发现性会导致什么效用受损？这些只是从一个原则产生的几个有趣问题。本书的数十条原则可产生成千上万有趣且重要的假设，这些假设可以并且应该以严谨的方式探讨。

2) 运营

运营指网络安全必须在其中运行的运营环境。这些环境创建了网络安全机制必须在其中起作用的约束和条件。例如，在原始的计算机实验室条件下，可根据已知的攻击场景衡量入侵检测系统的性能。这些指标可与相似条件下的其他算法进行比较。另一方面，并不总是很清楚这些指标在实际可行的现场环境中如何转化。在实际环境中，流量变化产生大量的信息噪音，从未出现过的攻击突然出现，以及资源限制了软件在高压时刻的数据处理。这些实际的运营问题与算法的基本性能极限一样重要和有效。在网络安全方面进行此类试验的机会太少了，导致系统集成商在尝试将网络安全机制集成进架构时缺乏可用数据。

3) 实践

实践是在实际目标系统中，使用具有网络安全性的系统获得的经验，并通过经验学习哪些有效、哪些无效。这样的实践经验可能得出与网络安全机制应如何执行的理论相矛盾的结论。某些攻击的速度和敏捷性及其击败网络安全机制的能力可能令人惊讶。可以看到，某些战略战术比预期的有效。对于所有这些观察，"为什么？"这一关键问题形成了围绕每个观察结果生成多个假设的基础。

4) 之前的实验(Previous Experiment)

大多数有效的实验结果都会引发更多问题(即实验者在上一次实验结果之前没有想到过的问题)，从而导致新假设。通过入侵容忍实验可能了解到一种新机制对于抵御一类网络攻击非常有效，但对另一类网络攻击则没有效果。为什么？在最后一次实验中观察到这一点前，实验者甚至不知道要问这个问题。此外，出于最佳意图，某些实验最终出现混淆(对某些变量没有适当的实验控制影响了结果)，使得实验结果没有定论，引发了在更好的假设和更好控制的实验环境下的实验改进。

是什么构成一个好的假设？假设必须是：

- 明确的
- 简洁的
- 在可观察条件下可测试并可准确测量

必须预先考虑变量和潜在的混杂因素并加以控制，缩小所测试假设的参数范围。在接受一个假设之前应进行结对评审(Peer Review)，确保该假设是高质量的假设。使用不正确的假设试验与建立未正确定义需求的系统一样糟糕，会导致浪费大量资源和时间，并且很少会产生有用的知识。因此，预先纠正假设是非常重要和值得的。

25.4.2 实验设计

实验设计过程类似于系统设计过程。将设计、提出和审查实验。设计包括所需实验测试平台配置的规范，以及针对可观察对象要收集哪些数据的检测设置。设计计划集成了安全应急，包括对实验参数的仔细监测、确定在实验过程中有无出错以及在安全受损时执行终止的机制。如果实验涉及破坏力极强的恶意软件，要进行标记，并可能需要额外的遏制和隔离程序，以及对测试平台入侵检测子系统的调整。

当实验设计完成时，应明确实验步骤如何证明或反证实验假设。这种设计称为方法论。与同行设计评以减少软件设计错误的方式相同，应该在实验执行前进行实验设计评审，确保结果能产生最大价值(知识)。实验越昂贵、越耗时，就越需要审查。

25.4.3　实验执行

要进行实验，必须按照方法论中的规定建立和设置实验测试平台，然后在执行过程中执行并监测。如果实验要进行较长时间(几小时)，那么建立警戒条件检查并确保实验按计划进行很有用。例如，期望每秒为实验日志生成 1MB 的审计数据但 15 分钟后仍未生成任何数据，很可能表示出现问题并应终止实验。这些保护条件允许最有效地使用测试平台资源，因为测试平台这类资源通常在多个实验者之间共享。

25.5　伟大的未知：研究方向

网络安全是一个较新的学科，仍处于起步阶段。有许多重要而有趣的研究领域需要探索。贯穿本书有很多建议。本节提出一些有趣的关键问题，以激发网络安全工程师的兴趣，在对崇高科学的追求中踏进未知的疆界。

25.5.1　研究难题

美国信息安全研究委员会(Information Security Research Council，ISRC)[IRC05]和美国国家安全局(National Security Agency，NSA)的安全科学计划[NICO12]编制了一些有用的网络安全难题清单，如表 25-1 和表 25-2 所示。紧随这两个清单之后的是美国国防高级研究计划局(Defense Advanced Research Projects Agency，DARPA)的信息保障计划制定的项目计划。该计划勾勒了图 25-3 中描述的未探索研究黑暗空间的特征。该图突出显示了已充分探索(但丝毫不能解决)的研究领域，刚开始的研究领域以及大部分仍未充分探索的领域。

表 25-1　NSA 安全科学计划难题清单

问题	描述
可伸缩性和可组合性	从具有已知安全性的组件中构建具有已知安全性的安全系统,不必完全重新分析组成部分
策略控制的安全协作	开发用于表达和实施规范要求和策略的方法,处理具有不同使用需求以及不同权限域中的用户间的数据
安全度量驱动的评价、设计、制定和部署	制定安全度量和模型,这些能在给定上下文中预测(或确认)给定的网络系统是否具备给定的一组安全属性(确定性或概率性)
弹性架构	制定方法来设计和分析系统架构,这些系统架构可在组件受损时提供所需的服务
理解和解释人类行为	制定(用户和敌对者的)人类行为模型,从而可以设计、建模和分析具有指定安全属性的系统

表 25-2　网络与信息技术研究与发展计划发布的 ISRC 问题清单

问题	描述
全局身份管理	全局身份识别、身份验证、访问控制、授权以及身份和身份信息管理
内部威胁	网络空间内部威胁的缓解程度与物理空间的缓解程度相当
时间关键系统可用性	即使在资源有限、地理空间分散的以及按需的(临时安排的)环境中，也能保证信息和信息服务的可用性
构建可扩展的安全系统	系统组件和系统的设计、构造、验证和确认，范围从关键的嵌入式设备到组成数百万行代码的系统
态势理解与攻击归属	可靠地理解信息系统状态，包括可能的攻击、谁或什么对攻击负责、攻击程度和推荐的响应等信息
出处信息	能在处理 PB 级信息的庞大系统中跟踪信息的来源
隐私安全	在不牺牲隐私的情况下提高信息安全的技术手段
企业级安全指标	有效地测量拥有数亿到数百万用户的大型系统的安全性的能力

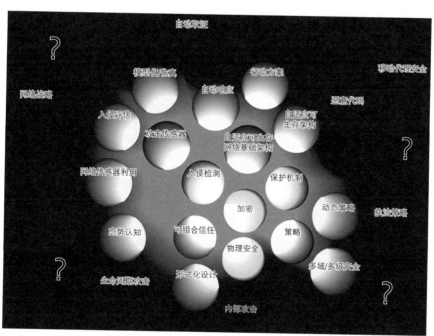

图 25-3　DARPA 信息保障计划的网络安全研究空间

25.5.2　网络安全问题太难吗?

尽管网络安全科学非常难[DENN07]，但不可或缺。因为潜在的可信赖性属性的多维度、整个系统(硬件、软件、目标系统应用程序和人员)的复杂性、广泛性以及几乎无止境的威胁，导致为网络安全制定有意义的度量指标变得非常复杂。如果网络安全工程师不能做一些如确定系统 A 是否优于系统 B 这样基本的事情，就不可能在改善网络安全设计方面取得重大进展。可以肯定的是，由于复杂设计的内在本质和紧迫性，网络安全问题和许多计算机科学问题一样复杂和困难。同时，这些问题尽管进展不充分，但并非无法解决，还有缓慢的进展。除了解决网络安全难题，别无他选。这些棘手的网络安全问题的难度只会增加研究投资的紧迫性和重要性，而不是像一些工程师所得出的似是而非的结论那样表明研究投资徒劳无功。

25.5.3　研究影响与 Heilmeier 的教理主义

网络安全研究、开发和运营实践非常紧迫、至关重要。如何知道应该优先进行哪些研究？美国国防高级研究计划局前局长 George H. Heilmeier 提出一系列问题，指导项目经理进行认为最有价值的投资。下面列出这些问题，并进行讨论：

- 尝试做什么？绝对不要用行话表述目标。
- 如今是如何做到的，目前的实践有哪些局限性？
- 方法中有什么新特点，为什么认为该方法会成功？
- 谁在乎？成功会有什么影响，有什么不同？
- 有什么风险？
- 要花多少钱？
- 需要多长时间？
- 用于检查成功与否的期中和期末"考试"是什么？

1) 目标

该目标提供了科学最终可能运用于使世界更美好的方式的总体背景。例如，约翰·F. 肯尼迪(John F. Kennedy)的目标可能是"从地球表面消灭天花"，或是"生产足够的清洁能源满足地球未来 20 年的需求"。

标准有时解释为只有应用科学才有用。应用研究的投资不包括所谓的基础研究。在基础研究中，并不总是知道什么能力是可能的，因此仅探索了解一种现象或理论中的可能性。这种解释与研究计划局历史上对一系列研究的投资方式不一致，但情况并非总是如此。因此，这种担忧可作为一个有用的提醒，提醒人们不要失去对基础研究需求的关注。

2) 实践

目标标准建立了愿景，而标准建立了与愿景对应的实践状态。然后可查看实践与愿景之间的差距，并确定所需的投资类型。如果差距很小，那么这项活动实际上更适合描述成开发而非研究工作。开发工作可能很重要，甚至必不可少，但重要的是将其标记为开发。通常对每种类型的工作都会分配资金。将研究经费用于开发可能带来巨大的机会成本，但代价是牺牲网络安全的未来。

也就是说，需要注意的是，实践与视觉之间的距离可能有所不同，仍然是合法研究。

如表25-3所示，美国国防部使用从1~7的官方比例作为研究投资的分类方案。有价值的做法是有目的在各个领域进行投资组合，并避免倾向于损害对基础研究的长期投资，特别是在预算短缺或冲突等压力时期。这种妥协带来的痛苦在许多年内都不会感受到，但随着新研究思路的枯竭，肯定会感受到这种痛苦。

表25-3　美国国防部研发分类计划和投资规模

投资元素	描述
基础研究	系统化研究，旨在增进对现象和/或可观察事实的基本方面的知识或理解，而不考虑对过程或产品的具体运用
应用研究	系统化研究，以获得必要的知识或理解，从而确定满足公认需要和特定需要的方法
先进技术开发	包括为现场试验、测试开发和集成硬件付出的所有努力
演示和验证	包括在尽可能真实的运营环境中评价集成技术需要的所有努力，以评估先进技术的性能或成本削减潜力
工程和制造开发	包括供服务使用的工程制造开发项目，但尚未获得全速生产批准
研发、测试和评价管理支持	包括用于支持一般开发所需的安装或运营的研发工作。包括试验场、军事建设、实验室维护支持、试验飞机和船舶的运营和维护，以及支持研究计划的研究分析
操作系统开发	包括支持开发购置项目或工程制造开发升级的开发项目，已获得国防购置委员会或其他生产批准，或生产资金已包含在国防部提交的预算或下一财政年度预算中

3) 方法

在愿景与实践的差距确定后，网络安全工程师必须辩称有一种可行的方法缩小这一差距。明确地说，论点并不一定保证成功，只要保证有可靠的成功机会。没有方法就没有投资意义。例如，太阳很可能在100亿年内爆炸，这是一个重要但不紧急的问题。这是全人类的生存威胁，但没有方法，研究投资没有现实意义。当然可以争辩说，美国国家航空航天局对太空的探索以及对支持生命的行星的探索正朝着解决这个问题的方向发展。

4) 影响

在美国国防高级研究计划局，有时将这个问题简写为"你将如何改变世界？"当然，这是一项艰巨任务，并非所有组织的所有投资都可能有如此高的门槛。但这个准则的精神是合适的并与投资组织规模相当。关键是要确保研究能解决真正问题。例如，为马车制作更好的鞭子可能无法提供最佳投资回报。

正如目标标准(Goal Criterion)所指出的那样，重要的是不要解释标准，以免造成对基础研究的偏见，而基础研究的影响是未知的。也许在海洋中观察到一种奇怪现象，探索现象的本质不会立即产生明显影响。另一方面，如果浮游生物大规模死亡是一种预兆，就可能意味着地球上所有哺乳动物的生命都将终止。因此，这种影响是可以想象到的最重大影响之一。

5) 风险

现已广泛讨论了针对系统进行成功网络攻击的风险的概念，及其如何影响系统设计。这里风险指的是程序性风险，即通过缩小实践与愿景差距的技术方法获得成功机会。只投资于低风险方法使短期收益最大化是很大的诱惑。对制定战略的领导者来说，这个战略似乎具有很高的投资回报率。但如前所述，这个方法将对未来产生严重影响。差距很大的难题往往需要采用高风险的方法，尽管可能失败，但也可能诱发风险较低的新方法。曾经有人问过托马斯·爱迪生，在发明电灯的过程中有 1000 次失败的尝试是什么感觉。爱迪生回答：“我没有失败 1000 次，灯泡是一项有着 1000 个步骤的发明。”

6) 项目

研究项目需要对成本和时间线进行正确估算。没有好的估算，就不可能进行成本效益分析并做出投资决策。虽然探索未知因素的本质可能难以估算多年研究计划的成本，但重要的是要制定出最佳的可能估算，并评估估算的不确定性。有意低估研究成本以获得研究经费简直是欺诈，同时，千万不要让一丝不苟的研究人员做这种事。同样，估计时间线也很重要。研究结果的价值可能取决于时机。如果一家公司的研究投资因为缺乏解决某些问题的方法导致公司倒闭后才产生结果，那么此研究对公司的价值为零。

7) 度量

正如度量对于网络安全必不可少[JAQU07]一样，度量对网络安全研究也必不可少。通常可将广泛的研究项目分解为子问题并创建小型研究项目。这些项目的某些结果是实现下一步所需的。因而，可创建一个时间线和依赖关系图，管理领域称为项目评价审查技术(Program Evaluation Review Technique，PERT)图[KERZ13]。这些图可使发起人感到项目的推进，并可根据需要调整方向或增加投资。

25.5.4　研究结果的可靠性

正确地进行研究很重要。这不仅是为了避免将宝贵资源浪费在不产生知识的研究上，不正确的研究还可能对整个网络安全知识体系产生有害的连锁影响。如果将研究团体及同行评审出版过程视为和本书中讨论的任何其他系统一样的系统，则可研究该广泛系统的可靠性(请参阅第 20.5 节)。

比如说，研究赞助商资助了一个草率的项目，却未意识到所提议的研究存在缺陷。这个缺陷可能是由于赞助评审人员缺乏合适的专业知识，无法确定实验设计的有效性和提议项目的价值。结果肯定会导致系统缺陷并引发错误。如果研究人员在同行评审的期刊上发表论文，而根本缺陷没有在编辑过程中发现(很可能出现这种情况[IOAN05])，那么该错误会导致更大的系统故障，即发表了错误的成果和结论。不幸的是，还不止于此。

这个事故(发布像事实一样的虚假信息)可能对随后的研究以及将先前发表的结果视为事实的后续出版物产生严重后果。从基本逻辑可知，来源于假前提的结论可能是假的，与其他前提的力度与合理的演绎逻辑过程无关。这意味着未经证实的、虚张声势且听起来很酷的研究尤其令人担忧，原因是其他研究倾向于引用并依赖该研究，并且所有这些研究都令人怀疑。一个缺陷的成本会成倍增加、变得非常昂贵并对整个学科造成破坏。

25.5.5　研究文化：警告

研究文化(Research Culture)是一件微妙的事情。前面已经讨论了在投资组合中培养更多基础研究的重要性。风险是文化的固有组成部分，因此，明智的失败和伟大的成功都应庆祝。抵制短期低风险投资获得短期收益的诱惑需要大量的纪律和勇气。致力于精心而可靠的研究成果而不是有瑕疵的壮观成果，则需要一种道德规范。这种道德规范必须渗透到组织及所有成员心中。

研究的所有这些属性是文化的一部分，必须每天通过谈话和行动培养。允许一两个领导人偏离文化可能会产生严重后果。正如 John Gall 指出的那样："每个人文体系都有一种人可以适应而茁壮成长" [GALL77]。有个重要的推论是，人文体系可不加改变地适应某种类型的人。领导者倾向于选择何其类似的人担任下级领导职务。很快，整个组织都充斥着趣味相投、思想错误的研究者。试图清除这种破坏性文化的传递途径需要对组织进行大规模破坏并对领导层进行全面驱逐，这将遭到激烈抵抗。这种变化要能发生影响的话，可能需要数年时间。与此同时，研究可能陷入一种难以恢复的痛苦状态。

简而言之，研究文化至关重要而且微妙，必须将其视作不为短期利益牺牲的宝贵财富。

研究文化微妙且难以纠正。

25.6　网络安全与人工智能

有人开玩笑说，人工智能是未来技术，永远都是。人工智能实现了计算机接管日益复杂的工作，使人类获得更多闲暇时间。不利的一面是，许多电影都警告说反乌托邦，其中人工智能控制了社会，奴役或消灭了作为劣等种族的人类(参见表 25-4)。埃隆·马斯克[BLAN17]和史蒂芬·霍金[CUTH17]就这个话题发表过言论，警告说文明必须有更大的远见。人工智能的早期实验预示了重大风险[PARN17]。

表 25-4　邪恶人工智能的电影列表

电影名	年份	概念
Metropolis(大都会)	1927	人工智能创造物在反乌托邦经营城市
2001: A Space Odyssey(2001 太空漫游)	1968	人工智能会因为秘密编程而精神分裂
Star Trek: The Motion Picture(星际迷航)	1979	旅行者号返回地球寻找创造者
War Games(战争游戏)	1983	人工智能军用计算机威胁要消灭人类
Terminator(终结者)	1984	人工智能战胜人类；时间旅行确保胜利

(续表)

电影名	年份	概念
Matrix(黑客帝国)	1999	人工智能接管社会，把人当作电池
I, Robot(我，机器人)	2004	人工智能机器人仆人计划反抗人类
Her(她)	2013	人工智能操作系统超越人性
Ex Machina(机械姬)	2014	人工智能机器人耍花招杀死人类，释放自己
Westworld(西部世界)	2016	人工智能机器人再次感知和反抗

雷•库兹韦尔(Ray Kurzweil)在《奇点临近》一书中指出，奇点临近，技术的进步是双指数曲线 [KURZ06]。这意味着进步的步伐将以某种速度起飞，人类将无法认识到 25 年后出现的世界(如果人类没有在这个进程中自我消亡)。假设库兹韦尔是正确的，人类很可能看到人造生命形式的竞争对手，比想象的要早得多。在国际象棋这样的复杂游戏中，计算机已经超越了人类。这只是一项非常狭隘的计划，但将这样的计划扩展到其他领域不可避免。库兹韦尔和其他人，例如《天生的机器人》[CLAR04]中的安迪•克拉克(Andy Clark)，建议人与计算机融合而不是竞争，从而创造了控制生物体或半机械人。即使是在一个和平的合并中，也可能以联盟中的一方支配另一方为结局，因此令人担忧、发人深省。

先进人工智能的潜在行为与网络安全有什么关系？网络安全要确保计算机按照人类希望的，为人类的目标和价值服务运行。如前所述，这包括针对自然故障和由于人为控制系统将其用于其他目的(例如，破坏敏感数据或充当进一步攻击的平台)诱发故障的可靠性，这些都可能对系统创建者有危害。掌握控制权的不一定非要是人类。控制者可以是人工智能系统，或者系统重新调整自身用途，以牺牲原始目标系统为代价，改变自身目标系统以求生存。最后一种可能，正是在激发前称为"天网"的超级智能防御网络引发的幽灵(《终结者》电影系列)，网络自我觉醒并开始攻击人类。

在《我，机器人》中，艾萨克•阿西莫夫(Isaac Asimov)阐述了机器人三大定律：

- 机器人不得伤害人类，或者因为不作为而使人类受到伤害。
- 机器人必须服从人类的命令，除非命令与第一定律发生冲突。
- 机器人必须保护自己的存在，只要这种保护不与第一或第二定律冲突。

阿西莫夫的规则融合了人类开发出的、越来越先进的人工智能机器所需的深刻道德观。这些机器将赋予目标和启发。军事组织肯定会指派某些机器人去杀死人类，但只能杀死"坏人"。这种编程存在巨大的潜在灾难隐患。

即使遵守机器人三大定律的原则成功地对人工智能机器编程，还是会存在问题。正如库兹韦尔指出的，工程师极有可能最终将设计下一代人工智能机器的任务移交给人工智能机器。为什么？因为机器人最终将达到的推理要求复杂程度超出了人类能力范围。机器的演进速度不断变快。在某个时候，可能很难阻止人工智能机器制定出本应当由人类制定的道德规范。

进一步说，人类可能将网络攻击和网络安全的任务移交给人工智能。考虑到预期的协同演化、紧凑 OODA 循环的优势(请参阅第 22.2 节)以及更快的新兴能力的优势，人类可会朝这个方向发展。在某种程度上，网络攻击/网络安全子系统可能以人类无法停止的速度和程度接管系统。每个人都想知道如此失控的、不断升级的高速协同演化将发生什么。对人类不太可能有好的结局。

如第 25.2 节所述，每次技术发生重大变化前，工程师都需要考虑最终局面和产生的演进压力。现在，如果工程师可在设计系统减少对人类造成负面结果的可能性上有一些先见之明，人类会过得更好。如何最好地做到这一点的细节应该是一些世界上最好的科学家、工程师和伦理学家合作的主题。在演化进展的速度超出有效控制的限度之前，从现在开始就应该努力。

25.7 小结

最后一章将上一章网络安全及行业同仁的社会影响扩展到网络空间中，并展望了人类在网络空间中可能的未来。本章讨论了没有秘密的世界、网络安全太空竞赛和研究的重要性等主题，并以网络安全和人工智能如何影响人类未来(无论好坏)收尾。

总结如下：

- 随着自动推理功能的增强，保密性和隐私几乎肯定会以越来越快的速度遭到侵蚀。
- 依赖保密性的组织可很好地安排既有秘密的发布时间，最大限度地减少新秘密的产生，并学习如何在完全不保密的情况下运营。
- 网络攻击和网络安全处于永恒的协同发展中。应格外小心，不要不经意间把网络空间环境推向不健康的道路。
- 网络空间与地球外的太空具有同等战略重要性，各国肯定都在准备战略性网络战。整个社会必须注意缓和环境的高度不稳定性和高风险性。
- 网络空间充斥着一般的刑事风险和特殊的网络战风险。一般风险是信息基础架构所有者的责任，而特殊风险完全是政府的责任。
- 健康的网络安全科学和实验环境对于信息时代的长久成功至关重要。这个领域需要更多的关注和更好的纪律。
- 网络安全研究中有许多重要且基础的工作要做。无法有效进行研发的压力很大，风险也很大。
- 人工智能代表了网络安全中的黑天鹅事件。人工智能技术应对机器速度攻击会很有价值。同时，人工智能给人类带来了巨大风险，在进展到难以影响日益智能化的系统的演进过程之前，从现在开始就应该深入考虑。

25.8　问题

(1) 为什么保密和隐私可能以越来越高的速度受到侵蚀？

(2) 为什么定时发布自己的秘密是一种战略优势？

(3) 定义零保密运营，并讨论为什么对未来可能很重要。

(4) 当说到网络攻击和网络安全正在协同进化，这话是什么意思？

(5) 网络安全工程师如何在不经意间引起恶意软件往更致命的方向发展？

(6) 描述网络空间竞赛及其对国际安全的影响。

(7) 为什么不能鼓励各国禁止相互间的网络间谍活动和破坏活动？

(8) 网络空间是终极"低地"是什么意思？

(9) 震网的意义是什么？对未来网络冲突的影响如何？

(10) 进攻格鲁吉亚的重要意义是什么？这是什么预兆？

(11) 对爱沙尼亚的袭击意味着什么？

(12) 应根据什么标准在公共部门和私营部门之间分工？

(13) 网络空间海岸在哪里？

(14) 讨论网络民兵的利弊。

(15) 为什么网络安全科学和实验很重要？

(16) 科学方法是否适用于计算机科学和网络安全？为什么或为什么不？

(17) 描述实验的三阶段循环。

(18) 从何处产生新的网络安全假设进行实验？

(19) 质量假设的特征是什么？为什么？

(20) 比较系统设计过程与实验设计过程。

(21) 什么是实验警戒条件，为什么重要？

(22) 列举并简要描述三个重要的网络安全研究问题。为什么每个都很重要？

(23) 网络安全难题是否太难了？有什么别的选择？

(24) 列出并简要描述 Heilmeier 的八项研究标准。论证这些标准为什么有用，并讨论如果过于狭义地去解释可能产生什么样的一些负面影响。

(25) 愿景与实践之间的差距是什么？如何影响研究决策？

(26) 美国国防部如何定义"应用研究"。

(27) 为什么拥有不同类型研究的研究投资组合很重要？

(28) 健全的研究文化有哪些要求？

(29) 为什么研究文化十分微妙？可能出什么问题并且如何修复？

(30) 围绕人工智能发展的担忧是什么？

(31) 为什么必须现在考虑人工智能的网络安全,而不是十年后人工智能可能开始接近人类时再考虑?

(32) 本书讨论的网络安全问题如何适用于更广泛的总体系统可靠性概念(包括可预测的人身安全保证、硬件故障时系统的生存能力、软件缺陷、内部人员滥用、互操作性、系统演进、动态远程升级以及为改变目标系统而进行的改装等)?